Klima. **Das Experiment mit dem Planeten Erde.**

Herausgegeben von Walter Hauser

für das Deutsche Museum und
die Münchener Rückversicherungs-Gesellschaft

THEISS

Inhalt

Grußworte

Kaum eine andere Einrichtung blickt auf eine derart erfolgreiche und populäre Tradition der Wissensvermittlung zurück wie das Deutsche Museum. Es war die ursprüngliche Mission seines Gründers Oskar von Miller gewesen, mit diesem Haus ein „Verständnis für die Fortschritte in Naturwissenschaft und Technik in der breiten Öffentlichkeit" zu fördern. Diesem Bildungsauftrag sind wir auch mit unserer neuen Sonderausstellung „Klima" verpflichtet, und er ist in unserer wissens- und technikbasierten Welt heute aktueller denn je. Das Millersche Konzept einer „Stadt des Wissens", wie ich sie einmal genannt habe, die Sammlungsbau, Bibliothek und Archiv sowie den früheren Kongress-Saal (heute Forum der Technik) auf der so prächtig gelegenen Museumsinsel vereint, erweist sich aus heutiger Sicht als zukunftsweisend.

Im hundertsten Jahr unseres Bestehens gilt es, diesen Bildungsauftrag zeitgemäß zu interpretieren und sich den drängenden Zukunftsfragen unserer Zeit zu stellen. Die Sonderausstellung „Klima" als erstes großes Projekt unseres im Aufbau befindlichen „Zentrums Neue Technologien" ist ein Schritt in diese Richtung – mit einem bewusst aktuellen Thema, das Forschung und Technologie unmittelbar ins Zentrum des gesellschaftlichen Diskurses stellt, das zugleich interdisziplinär und kontrovers angelegt ist und bei dem wir alle Register ziehen, die uns heute zur Verfügung stehen: „klassische" Ausstellung, interaktive Medien, das Internet, ein Forum für Veranstaltungen im Herzen der Ausstellung – und nicht zuletzt Begleitpublikationen wie diesen Katalogband.

Es war die Jahrhundertchance eines neuen Zweigmuseums auf der Münchner Theresienhöhe, dem im kommenden Jahr zu eröffnenden „Verkehrszentrum", das auf der Insel nicht nur Raum für ein Kindermuseum, sondern auch für die Idee eines weit ausstrahlenden Forums für Wissenschaft und Technik schuf. So befindet sich das Deutsche Museum derzeit im Umbruch wie kaum einmal seit seiner Gründung.

Die Vision des Zentrums Neue Technologien steht und fällt mit starken Partnern aus Wissenschaft, Wirtschaft und Politik, ohne die solche Projekte nicht möglich wären. In der Sonderausstellung „Klima" ist sie Wirklichkeit geworden: Vor allem in der Münchener Rückversicherungs-Gesellschaft fanden wir hier einen idealen Partner, der in vielerlei Hinsicht zum Gelingen des Ganzen beitrug. Bewährte Unterstützung erfuhr das Projekt nicht zuletzt auch durch das Bayerische Staatsministerium für Landesentwicklung und Umweltfragen und die Deutsche Bundesstiftung Umwelt. Ihnen allen gilt mein herzlicher Dank. Und selten ist das Museum auf eine derart große Hilfsbereitschaft seitens der Wissenschaftler und ihrer Forschungseinrichtungen gestoßen.

Prof. Dr. Dr. h.c. Wolf Peter Fehlhammer
Generaldirektor des Deutschen Museums

Führende Wissenschaftler sind sich einig: Extreme Wetterphänomene wie die starken Regenfälle und Überschwemmungen in Mitteleuropa in diesem Sommer passen in das Bild eines globalen Temperaturanstiegs. Ob Klimatologen, Katastrophenschutzbeauftragte, Umweltorganisationen oder die zunehmend besorgten Versicherer – schon seit Jahren warnen Fachleute davor, dass sich die Anzeichen für eine anhaltende globale Erwärmung mehren und inzwischen nicht mehr zu übersehen sind.

Die Auswirkungen dieser Entwicklung können vielfältig und schwerwiegend sein. Vegetationszonen verschieben sich, Gletscher schmelzen ab, der Meeresspiegel steigt und vor allem: Immer häufiger richten extreme Wetterphänomene gerade in dicht besiedelten Gebieten verheerende Schäden an. Dass all dies keine Laune der Natur ist, scheint inzwischen unbestritten zu sein. Mit hoher Wahrscheinlichkeit sind menschliche Einflüsse die Auslöser. Aber selbst wenn die wissenschaftlichen Klimamodelle noch keine verlässlichen Aussagen liefern und es letztlich doch „nur" eine der Klimaschwankungen ist, wie sie im Laufe der Jahrhunderte immer wieder zu beobachten waren: Angesichts der sich mehrenden und wachsenden Verwüstungen und Schäden ist sofortiges Handeln angesagt.

Die Münchener Rück beschäftigt sich mit dem Thema Klimawandel seit über 20 Jahren – lange bevor die gesellschaftliche Diskussion darüber einsetzte. In Sonderveröffentlichungen wies sie immer wieder auf die Veränderung des globalen Klimas und die damit verbundenen Risiken hin. Mit Informationsveranstaltungen machte sie die Versicherungswirtschaft, ihre Kunden und die interessierte Öffentlichkeit in aller Welt auf dieses wichtige Zukunftsthema aufmerksam.

Da lag es auf der Hand, dass sich das Deutsche Museum und die Münchener Rück – zwei Münchner Institutionen mit Weltruf – in einer partnerschaftlichen Initiative des Themas Klimawandel annahmen. Die Ausstellung „Klima. Das Experiment mit dem Planeten Erde." erläutert anschaulich und anregend die vernetzten Mechanismen, die den Entwicklungen im Klimageschehen zugrunde liegen. Darüber hinaus zeigt sie, welche Konsequenzen die globalen Klimaveränderungen haben, und wagt einen Blick in die Zukunft.

Die Münchener Rück hat über viele Jahre weltweit Erfahrungen gesammelt, im Umgang mit Großrisiken ebenso wie bei der Auseinandersetzung mit den drängenden Themen der Zukunft. Die Partnerschaft mit dem Deutschen Museum ist eine gute Gelegenheit, diese Erfahrungen im Sinne eines Public Understanding of Science in die Konzeption und Gestaltung der Klimaausstellung einfließen zu lassen.

Ihr

Hans-Jürgen Schinzler

Dr. Hans-Jürgen Schinzler
Vorsitzender des Vorstands der
Münchener Rückversicherungs-Gesellschaft

Vorwort von Klaus Töpfer

Die Gletscher schmelzen in den Alpen, im Himalaja, in Alaska. „Schnee am Kilimandscharo" wird kommenden Generationen als ein nostalgischer Titel eines bedeutsamen Buches bekannt sein – als Realität jedoch nicht mehr erfahrbar.

Dies ist ein Indikator dafür, dass Klimawandel keine Schreckensprognose für die Zukunft mehr ist, sondern dass dieser Wandel bereits jetzt ganz konkret stattfindet. Ebenso klar ist: Wenn nicht unverzüglich entscheidend mehr gegen die Ursachen des Klimawandels getan wird, dann wird sich die Erwärmung sogar beschleunigen. Ein Anstieg zwischen 1,4 und 5,8 °C, wie vom Globalen Wissenschaftsrat der Vereinten Nationen für Klimawandel (International Panel on Climate Change, IPCC) vorhergesagt, wird noch wesentlich weitreichendere Konsequenzen haben. Diese werden insbesondere die Ärmsten der Armen in den Entwicklungsländern tragen müssen. Sie haben diese Dramatik nicht verursacht, können sie nicht verhindern und haben die finanziellen und technischen Mittel nicht, um sich an diese Klimaveränderung anzupassen. All das ist somit bereits mehr als ein Experiment mit dem Planeten Erde. Denn die Veränderung können wir nicht einfach wie einen bösen Albtraum beseitigen oder wie mit einem Lichtschalter ausschalten.

Es stimmt, was der große Philosoph Hans Jonas gesagt hat, dass der Mensch der Natur gefährlicher geworden ist, als es die Natur dem Menschen jemals war. Das von Jonas eingeforderte Prinzip Verantwortlichkeit ist mehr denn je Herausforderung für individuelles und staatliches Handeln. Wenn wir den Menschen auf diesem wunderbaren blauen Planeten Erde in der Vielfalt der Schöpfung weiterhin eine Zukunft geben wollen – eine Zukunft, in der auch kommende Gesellschaften ihr Glück, ihr erfülltes Leben finden können – dann ist dieser Verantwortung in einer völlig neuen Dimension gerecht zu werden. Es sind eben nicht Almosen, die wir den Entwicklungsländern über Entwicklungszusammenarbeit verfügbar machen. Es ist nicht nur menschliches Mitgefühl, das zu einer wirklich neuen Dimension des Schuldenerlasses, der technischen und wirtschaftlichen Zusammenarbeit führen muss. Es ist die Einsicht, das nur auf diesem Wege die angehäuften ökologischen Schulden der entwickelten Länder abgetragen werden können. Und es bedarf des Engagements gerade der jungen Menschen in den Universitäten und in den Forschungslabors, damit umweltfreundliche Technologien entwickelt und für die Überwindung der unbeschreiblichen Armut genutzt werden können, die gegenwärtig noch die menschliche Gesellschaft so verzerrend prägt.

Das alles ist keine Schwarzmalerei, keine Grundlage für Resignation, sondern ist die entscheidende Herausforderung für ein konzertiertes globales Handeln.

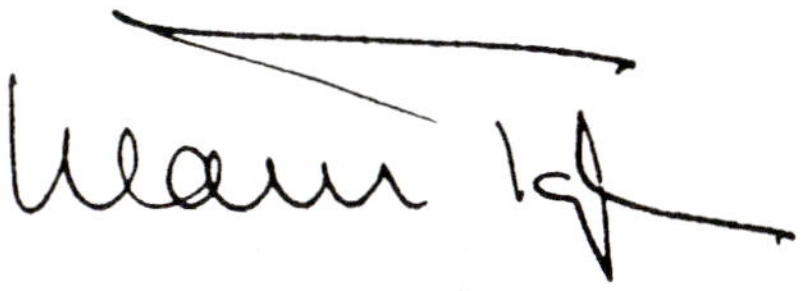

Prof. Dr. Klaus Töpfer
Exekutivdirektor, Umweltprogramm der Vereinten Nationen

Täglich von 9 bis 17 Uhr!*
Sand-sturm
- Sand führender Sturm in Trockengebieten
- kann Sand aus der Sahara bis nach Mittel-europa verfrachten
- oft begleitet von elektrischen Entladungen durch das Aneinander-reiben von Sandkörnchen
- kann den Flugverkehr erheblich beeinträchtigen

Abb. 1: Motive der Werbekampagne für die Klimaausstellung. (Helmut Rottke, Düsseldorf)

Klima: Eine Ausstellung zwischen Technik, Wissenschaft und Politik

Wetter und Klima, so möchte man meinen, sind kein Thema für ein Technisches Museum, sondern handeln von Natur. Die Unbilden des Wetters, die Widrigkeiten des Klimas einer Region, sie galten von jeher als Schicksal der Natur, gelegentlich auch als vermeintlich selbstverschuldete Strafe der Götter. Daran, an das alltägliche Ausgeliefertsein an die Launen der Natur, erinnert uns der Historiker Franz-Josef Brüggemeier in seinem Beitrag zu diesem Band eindrücklich. Heute sind Wetter und Klima – nicht zuletzt dank der Technik und jedenfalls für die hoch industrialisierten Länder der Welt – nicht mehr die Bedrohung, die sie früher einmal darstellten. Und wenn wir die (katastrophalen?) Folgen eines zu erwartenden Klimawandels heute wieder fürchten, so sieht sich der Mensch hier freilich nicht so sehr mit den Gewalten der Natur, als vielmehr zunehmend mit den Folgen seines eigenen Tun und Lassens konfrontiert. Natur und Kultur lassen sich allemal nicht mehr säuberlich voneinander trennen und so bildet denn auch ein prominentes Symbol technischer Kultur, eine Dampfmaschine, den Auftakt zur Klimaausstellung im Technischen Museum.

I. TECHNIK

Die Dampfmaschine ist ein Sinnbild unseres Industriezeitalters: Einerseits ermöglichte sie es erst, den Energieschatz der in der Tiefe abgelagerten fossilen Kohlenwasserstoffe in großem Stil „zu heben“. Andererseits war sie selbst der wichtigste Abnehmer für diese Energie: Indem sie den Energiegehalt der Kohle in mechanische Arbeit umsetzen konnte, trieb sie die sich selbst verstärkende Spirale einer von den fossilen Brennstoffen getragenen Industrialisierung an. Genau damit begann das erdhistorisch einmalige Experiment, von dem im Folgenden die Rede sein wird: die Umlagerung der in vielen Jahrmillionen sedimentierten unterirdischen Kohlenstoffmassen in die Erdatmosphäre, und zwar in planetarem Maßstab und im erdhistorisch winzigen Augenblick weniger Jahrhunderte. Dass dies tatsächlich ein Experiment mit dem Klima werden würde, konnte uns allerdings erst die Wissenschaft lehren – der späte Abkömmling jener Wissenschaft, die schon bei der Entwicklung der Dampfmaschine von James Watt Pate gestanden hatte.

Abb. 2: Eingangsinszenierung mit englischer Dampfmaschine aus der Mitte des 19. Jahrhunderts.
(Deutsches Museum 6592; Skizze: Haslbeck. Ausstellungsgestaltung)

In der Ausstellung breitet sich hinter der Dampfmaschine das Panorama des nächtlichen „Weltraumblicks" auf den Planeten Erde aus. Der Blick auf den Blauen Planeten ist nicht nur Sinnbild und sentimentale Ikone (Wolfgang Sachs) eines Zeitalters, das sich der Verletzlichkeit unserer einsamen Heimat im All bewusst wurde. Der nächtliche Blick aus dem All enthüllt uns vielmehr auch recht unsentimental den gewaltigen, fossil befeuerten Energieumsatz des Menschen, die Verdichtung in den industriellen Kernzonen über den alten Kohleregionen, die Förderung in den Öl- und Erdgasfeldern auf der Arabischen Halbinsel oder in Sibiren und die Ballung von Mensch und Energie in den Megacities dieser Welt.

Der Energieumsatz des Menschen im fossilen Zeitalter ist damit als Auftakt ins Bild gesetzt. Er ist tatsächlich ein recht guter Gradmesser für den Eingriff des Menschen in seine Umwelt, insbesondere in das Klima, das ja über das Treibhausgas Kohlendioxid an die fossile Verbrennung gekoppelt ist. Der Physiker Hans-Peter Dürr hat schon vor Jahren darauf hingewiesen, dass der Energieumsatz der Menschheit, global gemittelt und auf die Fläche bezogen, heute bereits den natürlichen Energieumsätzen der Biosphäre entspricht und damit eine kritische Größenordnung erreicht, die zwangsläufig erheblich in die natürlichen Prozesse eingreift. Dieses Argument mag sehr pauschal erscheinen, doch liegen heute sehr präzise Befunde dafür vor, dass der Mensch, wenngleich unbeabsichtigt, zu einem gestaltenden Faktor im planetaren Geschehen geworden ist. Diesen „Spuren des Menschen" im System Erde – hier vor allem in der Atmosphäre – gehen Meinrat Andreae, Martin Dameris und Michael Ponater in ihrem Beitrag nach; Christian Schönwiese und Ulrich Cubasch beschreiben je unterschiedliche Methoden, mit denen sich immer deutlicher der Fingerabdruck des Menschen in der Klimaentwicklung nachweisen lässt.

Die Ausstellung beginnt nicht nur mit Technik, sie endet auch mit Technik – und mit offenen Fragen. Mit welchen Energietechniken der Zukunft werden wir auf die von unse-

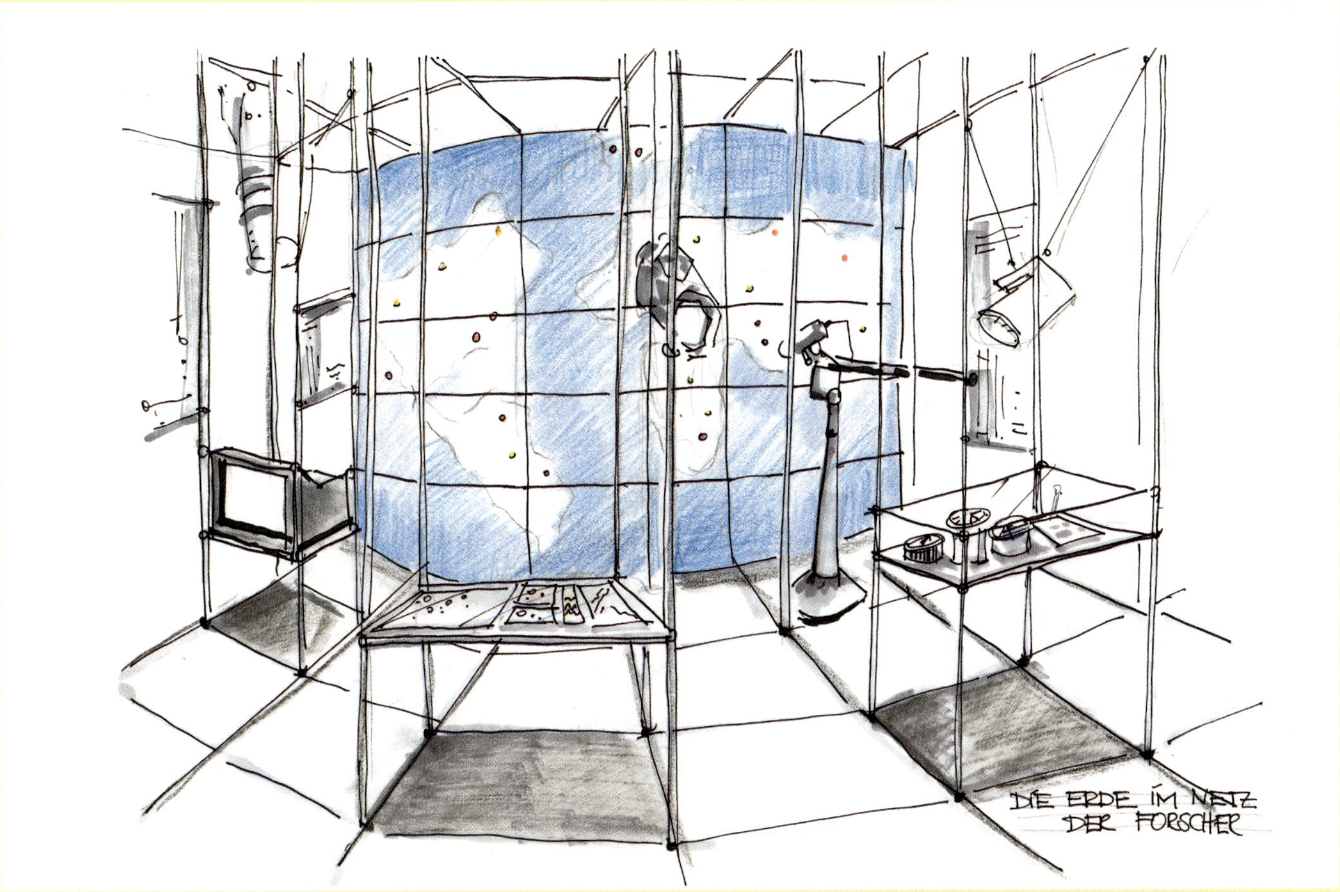

Abb. 3: Ausstellungsskizze „Die Erde im Netz der Forscher".
(Skizze: Haslbeck. Ausstellungsgestaltung)

rer (im doppelten Wortsinne) „fossilen" Energietechnik aufgeworfenen Probleme reagieren? Wird die Klimafrage auch ein aktives und gezieltes technologisches Erdmanagement erforderlich machen? Die Antworten auf diese Fragen werden für die in diesem Jahrhundert einzuschlagenden Pfade der Technikentwicklung entscheidend sein; ihnen gehen Gerd Eisenbeiß und David Keith nach. Die technischen Handlungsoptionen im Angesicht eines Klimawandels beschränken sich dabei grundsätzlich nicht nur auf energietechnische Optionen der Vermeidung von Emissionen („mitigation"), sondern umfassen auch mögliche Techniken einer Beseitigung oder Kompensation der Folgen (Geoengineering) oder auch Techniken einer Anpassung an ein verändertes Klima. Letzteres wird an zwei extremen Beispielen des Hochwasserschutzes illustriert – in Holland und in Bangladesch, die das Spektrum radikal unterschiedlicher Handlungsspielräume zwischen Low Tech und High Tech eindrucksvoll vorführen. Klima, so eine Botschaft dieser Ausstellung, ist auch, aber zweifellos nicht nur ein „technisches Problem".

II. WISSENSCHAFT

Klima als Gegenstand systematischer und quantitativer Wissenschaft ist ein vergleichsweise junges Feld. Erst im vergangenen Jahrhundert löste eine physikalische Klimatologie – die die irdische „Klimamaschine" in den Begriffen zu beschreiben suchte, in denen sie auch die energetischen Umwandlungsprozesse in den Wärmekraftmaschinen erfasste – die herkömmlich beschreibende Naturgeschichte des Klimas ab. Dies hat seinen Grund: Der Gegenstand der Klimaforschung ist ungewöhnlich anspruchsvoll und er hat sich in den letzten Jahren immer mehr zum globalen „System Klima", ja zum Erdsystem als Ganzes entwickelt – der Beitrag von Peter Lemke in diesem Band spiegelt diesen umfassenden Forschungsansatz wider. Klima ist raumgreifend, weltumspannend, d. h., seine Erforschung erfordert wie kaum ein anderer Forschungsgegenstand auch eine internationale Kooperation und Organisation zur weltweiten systematischen Erhebung von Messdaten zu Lande, zu Wasser und in der Luft. Darüber hinaus hat es die Klimafor-

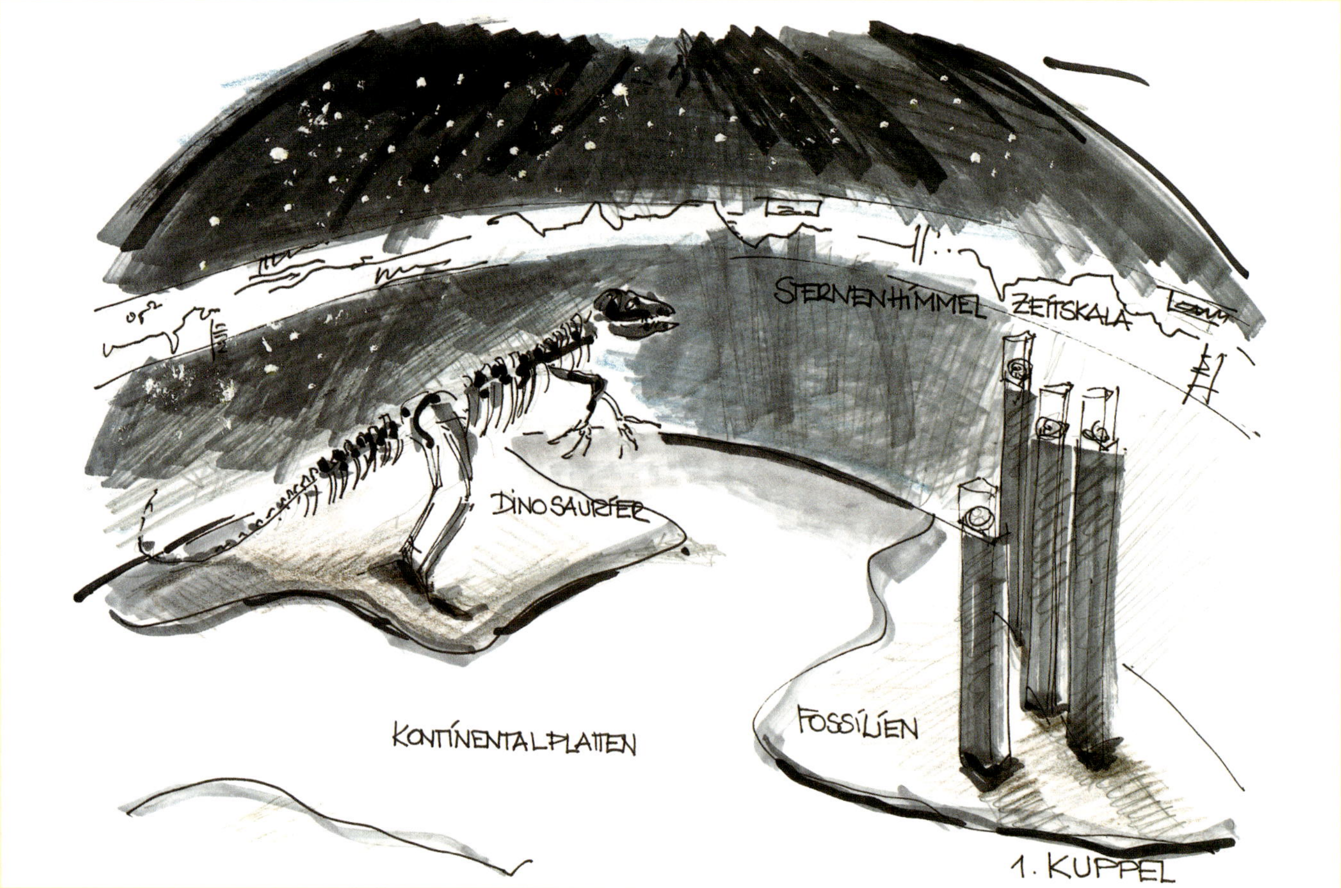

Abb. 4: Der Kuppelraum, der Klimaveränderungen auf der Zeitskala geologisch und astronomisch bedingter Ereignisse erläutert. Ein Sternenhimmel wölbt sich über einer „Wasserfläche" mit mehreren Inseln, die paläoklimatologische Dokumente zeigen.
(Skizze: Haslbeck. Ausstellungsgestaltung)

forschung angetriebenen internationalen Verhandlungsprozess, der zum Kioto-Protokoll führte. Dabei mag die klimapolitische Realität gelegentlich so manchen Absolutheitsanspruch der Wissenschaftler relativieren. Nico Stehr und Hans von Storch verweisen in ihrem Beitrag darauf, dass auch Klimaforscher nicht frei von überkommenen gesellschaftlichen „Vorurteilen" über ihren Gegenstand sind. Doch bilden die methodischen Maßstäbe der Wissenschaft noch immer den konkurrenzlos besten und zuverlässigsten Weg der Wissensproduktion, den wir kennen. Dies relativiert auch so manchen Anspruch der „Klimaskeptiker", die sich an diesen eben auch vom IPCC gesetzten Maßstäben methodischer Qualitätssicherung und breiter Fundierung messen lassen müssen.

VI. DIE AUSSTELLUNG

Ausstellungen sind – anders als Printmedien – nicht der Ort, um neueste Details einer aktuellen wissenschaftlichen Kontroverse auszubreiten oder gar zu bewerten. Freilich können sie im besten aufklärerischen Sinne dahin gehend wirken, einer breiteren Öffentlichkeit ein eigenes fundiertes Urteil in einer wichtigen Zukunftsfrage zu ermöglichen. Ausstellungen leben von authentischen Objekten, von ihren assoziativen Inszenierungen und spielerischen Elementen, die Zusammenhänge oft konkreter, bildhafter, aktiver und damit nachdrücklicher als andere Medien vermitteln können. Und in ihrer schlichten Abfolge von Räumen und Bildern setzen sie klare Akzente.

Ein zentrales Thema der Ausstellung im Deutschen Museum, das sich durch alle Räume hindurchzieht, sind das im ersten Teil zum Bild geronnene „Netz" der Forscher sowie der Prozess der Forschung selbst, sind ihre Methoden und Instrumente, auch die historische Entwicklung dieser weltweiten Messnetze. Originale Objekte aus der Forschung – vom historischen Barometer des weltweit ersten meteorologischen Messnetzes bis hin zu aktuellen Satellitensensoren – geben Einblicke in diese Forschungsarbeit

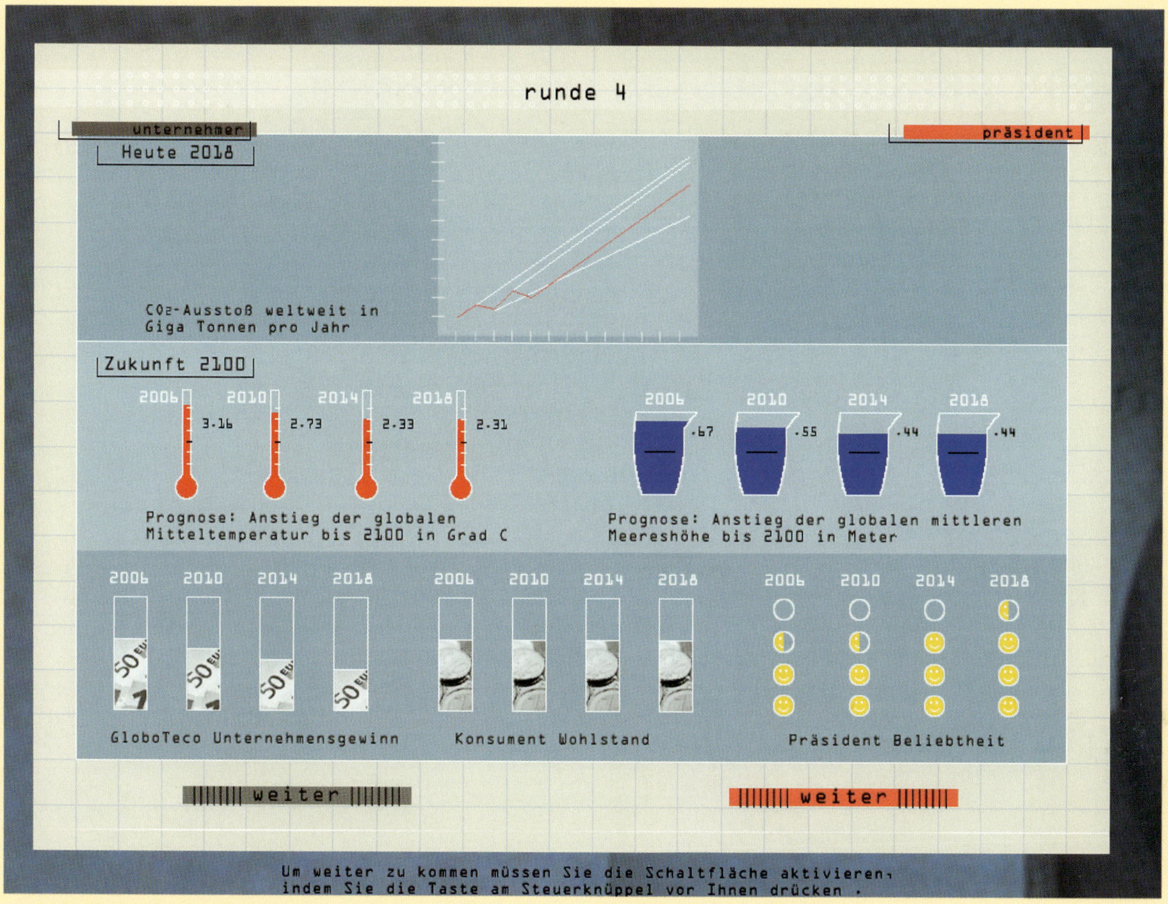

Abb. 5: Einer der Auswertungsbildschirme des Klima-Simulationsspiels, der den Spielern rückkoppelt, welche Folgen ihre Spielentscheidungen – z. B. eine Erhöhung der Energiesteuer oder eine Investition in klimaschonende Produkte – für die Klimaentwicklung der kommenden hundert Jahre hätten. (Screenshot: Inter/Aktion, München)

und die Wege, über die die Wissenschaft ihre Erkenntnisse gewinnt. Die in einem Container angedeutete Inszenierung einer Forschungsstation in der Antarktis zeigt die alltägliche und durchaus menschliche Seite des „Abenteuers Klimaforschung".

Was Klimawandel bedeutet und welche Ursachen er hat, erhellen in der Ausstellung konkrete Beispiele aus der Geschichte des Klimas; die hier gezeigten „Dokumente" bilden eine wesentliche Erkenntnisquelle für die Klimaforscher. Klimawandel findet auf extrem unterschiedlichen Zeitskalen – von Jahrmillionen bis zu Monaten und Jahren – statt, was für eine adäquate Einschätzung aktueller Klimaprognosen wichtig ist. Um dem gerecht zu werden, setzt die Ausstellung Klimawandel auf unterschiedlichen Zeitskalen in je verschiedenen Räumen und Bildern in Szene.

Klimaprognostik und Klimapolitik sind programmatisch in einem zentralen Raum zusammengebunden. Ein kleiner Supercomputer, eine Cray, dominiert die Szenerie – ein modernes „Orakel" der Wissenschaft, das die Szenarien, Klimaprognosen und Klimafolgenanalysen auswirft, die die Politik von ihr verlangt; ihm gegenüber werden an einem „Konferenztisch" die Akteure und Interessen auf der internationalen Bühne der Klimapolitik vorgestellt. Um die Handlungsoptionen der Akteure plausibel zu machen, wurde ein spielerisch-interaktiver Zugang gewählt: In einem strategischen Simulationsspiel können die Besucher in die Rolle eines Unternehmensführers oder eines Regierungschefs schlüpfen und die Folgen ihrer Entscheidungen durchspielen. Für das Spiel wurde in Zusammenarbeit mit dem Klimaforscher Klaus Hasselmann und seinen Mitarbeitern eigens eine Simulation entwickelt, die eine in vier unterschiedlich entwickelte Regionen aufgeteilte Weltwirtschaft simuliert und diese Weltwirtschaft an ein Modell für das irdische Klimasystem koppelt. Solche Modelle geben ein Gefühl für Rahmenbedingungen und Handlungsspielräume von Klimapolitik, auch für die damit verbundenen Kosten-Nutzen-Erwägungen bei Maßnahmen des Klimaschutzes.

Die Ausstellung endet mit verschiedenen technischen Handlungsoptionen im Umgang mit dem zu erwartenden Klimawandel, und dies programmatisch inmitten eines Forums für begleitende Diskussionsveranstaltungen. Denn die wichtigen kontroversen Debatten finden hier statt. Die Klimatologie mag zwar noch viele Überraschungen für uns bereithalten; entscheidend wird jedoch weniger die eine oder andere Neujustierung an den Modellen sein (etwa was die in den Medien oft diskutierte Rolle der Sonne angeht), sondern Fragen der Art, wie dringlich nun radikale energiepolitische Maßnahmen weg von den fossilen Brennstoffen tatsächlich sind, ob oder inwieweit man mit Maßnahmen der Anpassung an veränderte Klimabedingungen, eventuell sogar mit ganz neuen technischen Methoden einer Beseitigung des Kohlendioxids aus der Atmosphäre, auskommen könnte. Die Antworten darauf werden auch davon abhängen, wo die betreffende Person lebt. Hier möchte die Ausstellung zum Nachdenken anregen, ohne moralischen Zeigefinger und ohne einen Königsweg vorzuschlagen. Auch in diesem Begleitband zur Ausstellung sind kontroverse Positionen vertreten – etwa zur Rolle der Kernenergie oder zu der Frage, wie „katastrophal" der Klimawandel sich denn tatsächlich auswirken wird. Letzteres entscheidet sich vornehmlich daran, ob und inwieweit Extremereignisse wie Stürme, Fluten oder Dürren zunehmen werden; dieser Frage geht Gerhard Berz nach. Er zieht die einschlägigen Erfahrungen des Versicherers mit solchen Ereignissen zurate, die in der Ausstellung in einer multimedial aufbereiteten historischen Datenbank abrufbar sind.

Die Ausstellung spannt somit einen Bogen von einer Einführung in die Instrumente und Arbeitsweisen der Klimaforschung über eine Art Physik und Naturgeschichte des Klimas bis in einen zum Ende hin offenen Bereich, der Zukunftsprognosen der Klimaforschung im Kontext politischen Handelns und technologischer Optionen thematisiert. In ähnlicher Weise gliedern sich auch die Beiträge dieses Begleitbands grob in drei Gruppen: Die erste Gruppe thematisiert primär die Klimaforschung und ihr Instrumentarium, die mittlere ist ihren Ergebnissen und naturwissen-

Abb. 6: Verdampfer, Kompressor und Kondensator einer Auto-Klimaanlage: ein meist unsichtbares Alltagsobjekt, das heute in jedem dritten neu zugelassenen PKW in Deutschland steckt. Im Ausstellungskontext verweist es auf einen Zusammenhang, an dem sich bislang noch jede Klimaschutzpolitik abarbeitete, den „Rebound-Effekt". Wo immer man Erfolge einer Emissionsminderung verbucht – etwa durch geringeren Spritverbrauch effizienterer Motoren –, werden diese durch steigende Ansprüche, die dadurch erschwinglicher werden, größtenteils wieder kompensiert. Auto-Klimaanlagen, die wie Kühlschränke funktionieren, verbrauchen nicht nur mehr Kraftstoff (etwa 0,8 l auf 100 km), sie geben auch ständig einen Teil ihres Kältemittels (Tetrafluorethan) ab, ein äußerst wirksames Treibhausgas. (Leihgeber: Schindelar Autoverwertung, München)

schaftlichen Fakten gewidmet (dem Klimasystem und seinen Veränderungen in jüngster Zeit) und die dritte Gruppe schließlich im weitesten Sinne den Auswirkungen eines Klimawandels auf den Menschen, der Rolle, die er in diesem Geschehen spielt, und seinen Möglichkeiten, darauf zu reagieren. Zwischen die Beiträge sind Kataloge eingestreut, die ausgewählte Ensembles aus der Ausstellung vorstellen und vertiefen.

Ein solch umfangreiches Projekt hat viele Väter und Mütter. Mein Dank geht zunächst an die vielen beteiligten Wissenschaftler, ohne deren tatkräftige Unterstützung und Fachkompetenz eine solche Ausstellung überhaupt nicht möglich gewesen wäre, im Besonderen auch an die Autoren dieses Bands, und er geht an die Leihgeber, die die Ausstellung mit ihren Exponaten bereichert haben.

Die Ausstellung verdankt sich ganz besonders einem engagierten Partner, der Münchener Rückversicherungs-Gesellschaft, deren Beitrag nicht zuletzt auch für diesen Begleitband weit über die rein finanzielle Unterstützung hinausging, sowie einer Förderung durch das Bayerische Staatsministerium für Landesentwicklung und Umweltfragen. Das interaktive Simulationsspiel zur Klimapolitik wurde durch eine Förderung der Deutschen Bundesstiftung Umwelt ermöglicht, die neue Internetseite zur Ausstellung, die als ein ergänzendes Informationsangebot vor allem für Schüler konzipiert wurde, durch die Robert Bosch Stiftung. Last, but not least möchte ich dem Team im Hause danken, das in den Monaten vor der Ausstellung zweifellos nur noch wenig vom ganz realen Wetter und Klima außerhalb der Büros erfahren hat.

Abb. 1: Bodenmessstation bei Peking. (Foto: Michael Sachweh)

Messnetze zur Untersuchung des Klimas: Standardisieren und Globalisieren

Klimaforschung braucht einen langen Atem – und vor allem regelmäßige Beobachtungen über viele Jahrzehnte, ja Jahrhunderte hinweg. Ohne diese täglich anwachsende Flut an Messdaten, die den Zustand des Planeten Erde zu Wasser, auf dem Lande und in der Luft über lange Zeiträume verfolgen, wüssten wir so gut wie nichts über das Klima und seine Änderungen, gäbe es keine Klimadiskussion – und auch keine Ausstellung im Deutschen Museum. Hartmut Graßl, als Direktor am Max-Planck-Institut für Meteorologie und ehemaliger Leiter des Weltklimaforschungsprogramms maßgeblich am ...

1.1 Meteorologische Messungen zu Lande

Über 12500 Bodenstationen sind Teil des weltweiten meteorologischen Messnetzes. Sie werden als synoptische Stationen bezeichnet. Einige Stationen geben stündlich, andere im Abstand von drei oder sechs Stunden ihre Messwerte in das weltweite Netz ein. Die Daten dienen vor allem der Erstellung von Wetterberichten. Rund 1000 Stationen nehmen an einem weltweiten Programm der Klimabeobachtung (Global Climate Observing System, GCOS) teil. Sie werten ihre Daten zusammenfassend aus, um mittel- und langfristige Aussagen über das Klima treffen zu können.

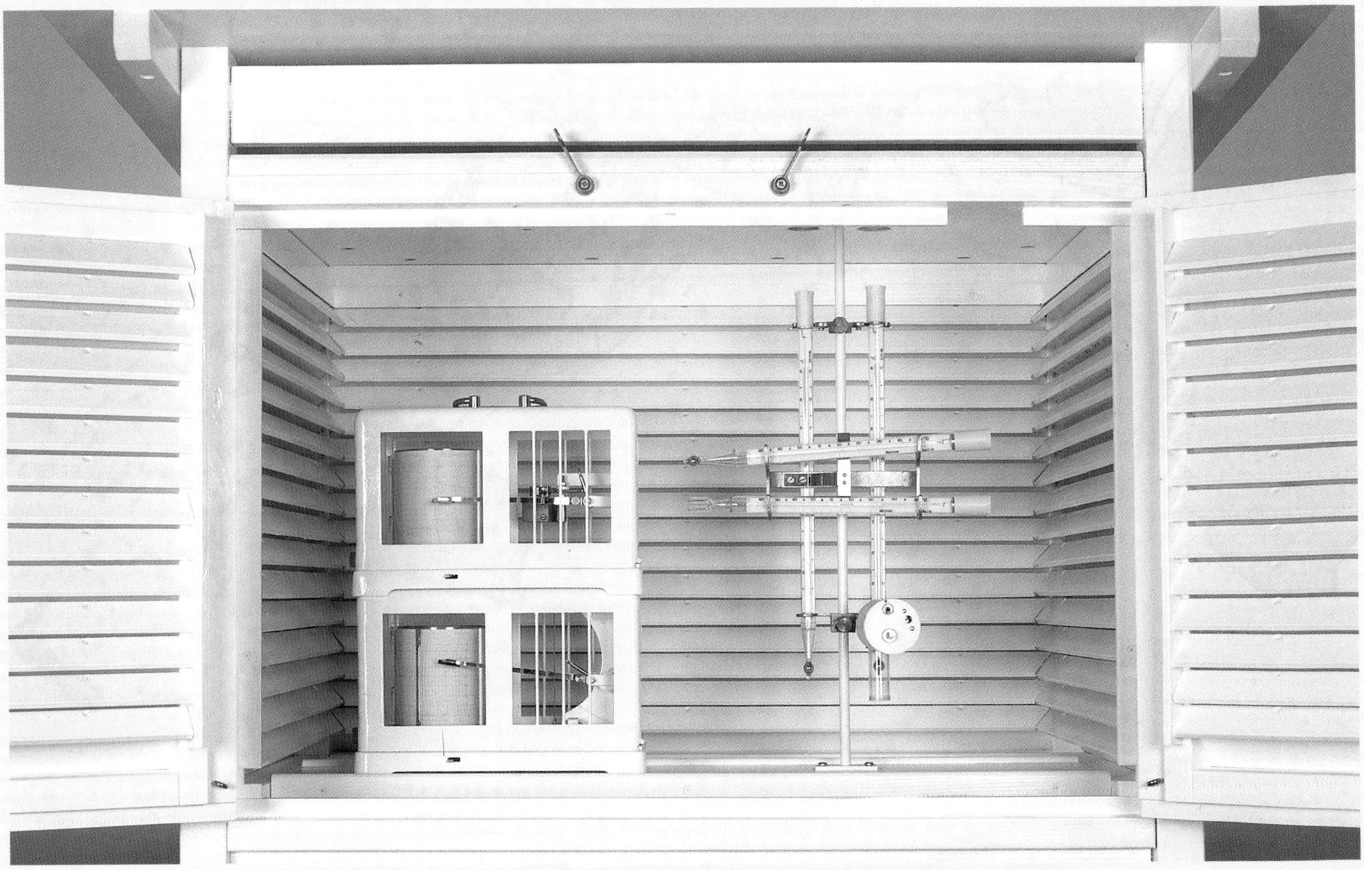

1.1.1 Messinstrumente in „Klimagärten"
Meteorologen beobachten viele verschiedene „Aspekte" des Wettergeschehens, die „meteorologischen Elemente". Diese Größen – Windrichtung und -geschwindigkeit, Temperatur, Feuchtigkeit, Luftdruck, Niederschlag und Sonnenscheindauer – werden in „Klimagärten" gemessen. Ihre instrumentelle Ausrüstung ebenso wie Durchführung und Reihenfolge der Messungen erfolgt nach international einheitlichen Vorgaben und zu standardisierten Zeiten. Immer mehr Größen werden mittlerweile „automatisch" erfasst und direkt in die Datennetze eingespeist.

1.1.1 a Englische Wetterhütte
1999; Holz; 270x73x117cm; Oberschleißheim, Deutscher Wetterdienst, Service und Logistik Süd

In der „Englischen Hütte" werden Lufttemperatur und Luftfeuchte gemessen. Um eine möglichst gute Vergleichbarkeit der gewonnenen Daten zu gewährleisten, misst man in einheitlichen, weiß gestrichenen und gut durchlüfteten Kästen in 2m Höhe. Die „Wetterhütten" sind nach Norden ausgerichtet und mit normierten Messgeräten ausgestattet. Der Thermograph (Temperaturschreiber, links oben) registriert den Verlauf der Lufttemperatur auf einer Papierrolle, der Hygrograph (Feuchteschreiber, links unten) die Luftfeuchtigkeit. Trockenthermometer (stehend, links) und Feuchtthermometer (stehend, rechts) sowie Maximum- und Minimumthermometer (liegend) werden zu festgelegten „synoptischen Terminen" mehrmals täglich abgelesen.

1.1.1 c Niederschlagsschreiber
1993; Metall; 113x24,5cm; Oberschleißheim,
Deutscher Wetterdienst, Service und Logistik Süd

Ein Schwimmer, der mit dem Wasserspiegel in einem Sammelbehälter (geschlossenes Gefäß rechts oben) steigt und fällt, überträgt diesen auf einen Schreibstreifen (links oben). Er registriert damit den zeitlichen Verlauf der Niederschlagsmenge. Das Überlaufgefäß am Boden muss regelmäßig geleert werden.

1.1.1 d Sonnenscheinautograph nach Campbell-Stokes
Casella London Ltd., London, um 1920; 17,5x19,5x23,4cm; München,
Deutsches Museum (1990–793)

Das Gerät zeichnet die tägliche Sonnenscheindauer auf. Das Sonnenlicht wird durch die Glaskugel auf den dahinter befindlichen Pappstreifen fokussiert und hinterlässt dort eine Brandspur. Deren Intensität lässt auf den Bewölkungsgrad im Tagesverlauf schließen. Das Gerät wurde Mitte des 19. Jahrhunderts in England entwickelt. Es wird bis heute nahezu unverändert eingesetzt und erst neuerdings durch elektronisch aufzeichnende Instrumente ersetzt.

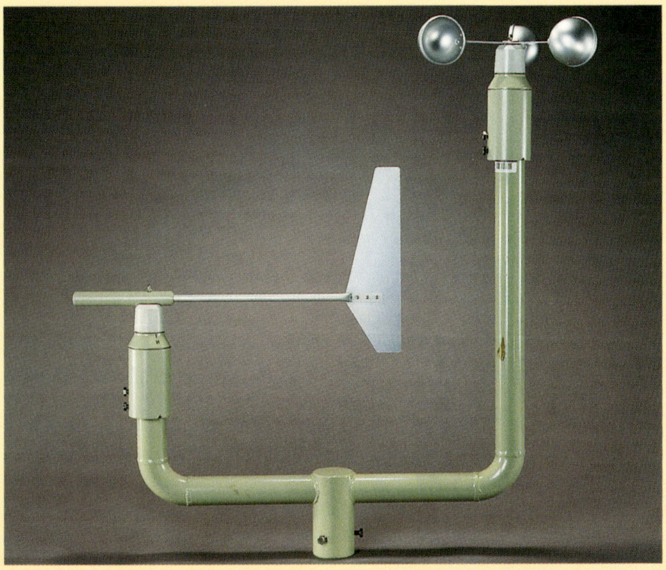

1.1.1 b Windmesser und Windfahne
um 2000; Metall; Windmesser: D 31,5cm, H 22cm,
Windfahne: 22x54cm; Oberschleißheim, Deutscher Wetterdienst,
Service und Logistik Süd

Der Wind wird durch Richtung und Geschwindigkeit beschrieben; beide misst man in 10m Höhe über ebenem, hindernisfreiem Gelände. Die Richtung zeigt eine Windfahne an, deren Stellung in ein elektrisches Signal umgesetzt wird; die Geschwindigkeit wird mit einem Schalenstern-Anemometer gemessen. Ein Dynamo wandelt dessen Drehbewegung in eine elektrische Spannung um, die mit der Windgeschwindigkeit wächst. Die elektrischen Messsignale werden automatisch ins Messnetz eingespeist.

1.2.2 Messungen in der Antarktis: eine Fotoserie

a) Meteorologischer Mast: Messgeräte in 2 m Höhe
Foto: Heidi Schmid, 1999; AWI

Seit März 1981 gibt es das meteorologische Observatorium und ein kontinuierliches meteorologisches Mess- und Beobachtungsprogramm in der deutschen Antarktisstation. Das Messprogramm besteht aus synoptischen Routinebeobachtungen alle drei Stunden, täglichen Ballonsondenaufstiegen und umfangreichen Strahlungsmessungen.

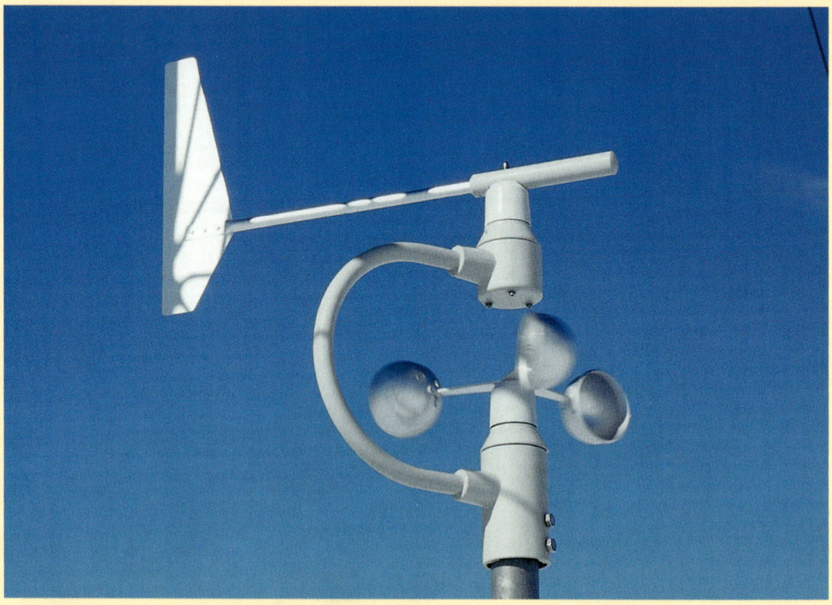

b) Windmessgerät (Schalenkreuzanemometer)
Foto: Heidi Schmid, 1999; AWI

Die Messung von Windgeschwindigkeit und Windrichtung (10 m über dem Boden) gehört zu den synoptischen Beobachtungen ebenso wie die Messung der Lufttemperatur (in 2 m Höhe), des Luftdrucks und des Taupunktes (in 2 m Höhe) sowie die Beobachtung der Wolken (Bewölkungsgrad, Wolkentyp und Wolkenhöhe), der horizontalen Sichtweite, des aktuellen Wetters, des Wetterverlaufs und der Schneedrift.

c) Ballonsondenaufstieg
Foto: Andrew Klaas, 2002; AWI

Ballonsondenaufstiege werden routinemäßig einmal am Tag durchgeführt. Dabei nimmt man Höhenprofile des Luftdrucks, der Temperatur, der relativen Feuchte und der Windrichtung auf. Seit 1992 werden mindestens einmal wöchentlich Ozonmessungen vorgenommen. Die Höhenprofile beginnen in Bodennähe und enden zwischen 15 und 37 km Höhe.

d) Sonnenfolger
Foto: Heidi Schmid, 1999; AWI

Strahlungsmessungen werden seit 1982 durchgeführt; 1992 wurde das Programm erweitert. Das Messprogramm umfasst u. a. die Bestimmung der Globalstrahlung, der direkten Sonnenstrahlung, der diffusen Himmelsstrahlung sowie der Sonnenscheindauer. Auf dem Sonnenfolger sind Messgeräte, die auf die Sonne ausgerichtet sind und die entweder direkt in die Sonne „blicken“, z. B. um die direkte Sonnenstrahlung zu messen, oder die gerade davon abgeschirmt werden müssen, um die diffuse Strahlung zu erfassen.

e) „Strahlungsgarten“
Foto: Heidi Schmid, 1999; AWI

Im „Strahlungsgarten“ befinden sich alle Strahlungsmessgeräte, die nicht auf die Sonne ausgerichtet werden, wie das Gerät zur Messung der Globalstrahlung (ganz links).

f) Luftchemisches Observatorium
Foto: Andreas Minikin, 1997; AWI

In der Antarktis kann man atmosphärenchemische Prozesse nahezu unbeeinträchtigt von menschlicher Luftverschmutzung untersuchen. Andererseits sind auch in der Antarktis langfristige, durch den Menschen verursachte Änderungen in der chemischen Zusammensetzung der Atmosphäre nachweisbar, die sich global auswirken. Beispiele hierfür sind der Anstieg der Treibhausgase Kohlendioxid und Methan oder das alljährlich auftretende Ozonloch über der Antarktis. Im luftchemischen Observatorium werden ganzjährig wichtige Spurenstoffe der Troposphäre registriert. Das Messprogramm umfasst unter anderem Kohlendioxid, Methan, Lachgas, Sulfat, Nitrat, Chlorid und Bromid. Zusätzlich werden Messungen an Schnee und Firn sowie in der Stratosphäre durchgeführt.

1.3 Expeditionen

Trotz mancher Lücken im Netz wird die Erde heute bis fast in die letzten Winkel wissenschaftlich erfasst. Die großen Forschungsexpeditionen des 19. und frühen 20. Jahrhunderts – ihre Anlässe mögen jeweils ganz verschieden gewesen sein – waren letztlich Pionierleistungen für diese wissenschaftliche „Eroberung" der Erde. Meteorologische Messungen gehörten auf solchen Expeditionen schon früh zum Standardprogramm.

1.3.1 Alexander von Humboldts Amerika-Expedition 1799–1804
Alexander von Humboldt (1769–1859) brach 1799 zu einer Forschungsreise nach Südamerika auf, die ihn durch das heutige Venezuela, die Anden, das heutige Mexiko, Kuba und schließlich über Philadelphia zurück nach Europa führte. Die Reise wurde Vorbild für viele spätere Forschungsreisen. Humboldt, der finanziell unabhängig war, konnte sich ganz seinen wissenschaftlichen Interessen widmen. Seine private Expedition unterschied sich darin von zeitgenössischen staatlichen Expeditionen, die vor allem den Nutzen der Kolonien für die Geldgeber im Blick hatten. Humboldts Forschungen umfassten auch die Atmosphäre mit Messungen von Luftdruck, -temperatur und -feuchtigkeit sowie die Erforschung von Meeresströmungen.

a) Alexander von Humboldt
Friedrich Georg Weitsch, 1806; Öl auf Leinwand, Reproduktion; Berlin, Bildarchiv Preußischer Kulturbesitz

Auf dem Bild, das kurz nach Beendigung der Forschungsreise entstand, werden zwei wesentliche Aspekte von Humboldts Reise deutlich: das Botanisieren und das Messen, veranschaulicht durch das Barometer links im Bild.

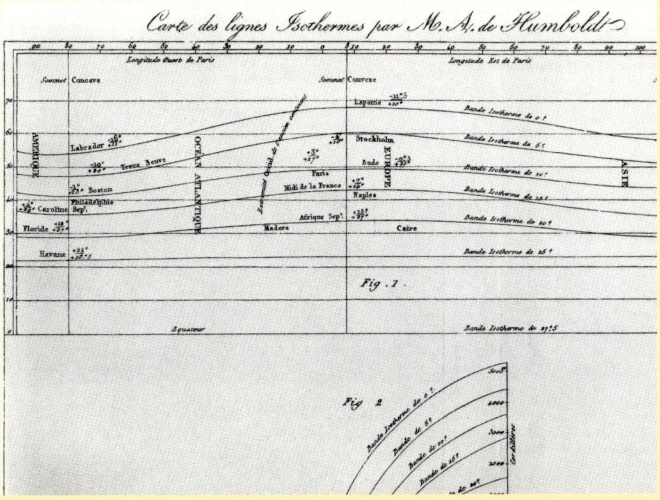

b) Isothermenkarte
Alexander von Humboldt, 1817; aus: Annales de Chimie et de Physique, Band 5, 1817 (S. 112–113); 38 x 21 cm; München, Bibliothek des Deutschen Museums (ZA 2773)

Auf Isothermenkarten werden Orte gleicher Temperatur durch Linien miteinander verbunden. Humboldt zeichnete diese erste Isothermenkarte auf der Grundlage der Daten seiner Amerikareise und europäischer Messstationen. Sie ist ein Ergebnis seiner 30-jährigen Auswertungen zu dieser Reise. Da erstmals weltweite Zusammenhänge beachtet wurden, kann sie als ein Ausgangspunkt heutiger Klimaforschung angesehen werden. Neben dem „solaren" Klima, das sich aus dem Breitengrad ergibt, berücksichtigte Humboldt regionale Gegebenheiten, die zur Wellenform der Isothermen führten. Im unteren Teil ist die durchschnittliche Temperatur in Abhängigkeit von der Höhe und der geografischen Breite eingezeichnet.

c) „Geographie der Pflanzen in den Tropen-Ländern, ein Naturgemälde der Anden"
Louis Bouquet, nach einer Zeichnung von Lorenz Adolf Schönberger und Pierre Jean François Turpin, auf der Grundlage einer Skizze von Alexander von Humboldt, Tübingen und Paris, 1807; kolorierter Kupferstich, Reproduktion; Berlin, Bildarchiv Preußischer Kulturbesitz

Die Zeichnung der verschiedenen Klimazonen des Vulkans Chimborasso am Äquator verdeutlicht, wie Humboldt seine meteorologischen Untersuchungen mit botanischen und zoologischen Beobachtungen in Zusammenhang brachte.

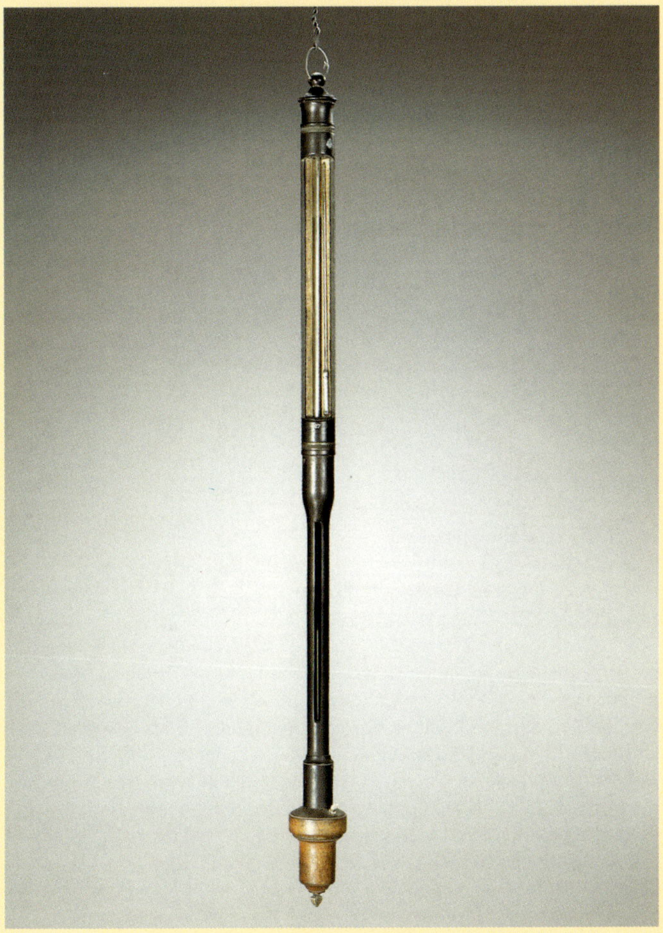

d) Gefäßbarometer nach Schiegg
um 1780; schwarz poliertes Holz, Papierskala (sign: Hiac. Vaccano); H 96 cm; München, Deutsches Museum (27)

Ein baugleiches Reisebarometer führte Humboldt mit, um den Luftdruck zu messen. Bei den Vulkanbesteigungen in den Anden bestimmte er damit die Höhe, indem er die Abnahme des Luftdrucks maß. Das Barometer, für das ein eigener Träger zuständig war, war eines von fünfzig hochwertigen Messinstrumenten, die zu Humboldts Ausstattung gehörten. Die Geräte hatte er vor Beginn der Reise in Europa zusammengestellt. Der unvermeidliche Verschleiß der Instrumente – Ersatz zu beschaffen war unmöglich – war einer der Gründe für Humboldt, die Reise nach fünf Jahren nicht zu verlängern.

1.3.2 Die deutsche Südpolarexpedition 1901–1903
Erich von Drygalski (1865–1949) leitete die deutsche Südpolarexpedition, die am 11. August 1901 von Kiel aus Richtung Antarktis aufbrach. Sein vielseitiges Forschungsprogramm befasste sich mit den Meeresströmungen, dem Erdmagnetfeld und meteorologischen Untersuchungen der Atmosphäre. Schwedische, englische und schottische Expeditionen führten zeitgleich ein ähnliches Forschungsprogramm durch; die Messpunkte der Forschergruppen lagen jedoch zu weit voneinander entfernt, um den erhofften Überblick über das Klima in der Antarktis erhalten zu können. Am 25. November 1903 kehrte Drygalski mit der Gauß nach einer Überwinterung im Eis und erfolgreich absolviertem wissenschaftlichem Programm zurück. Während die Expedition einerseits feierlich begrüßt wurde, zeigte sich Kaiser Wilhelm II. von seinem Prestigeprojekt enttäuscht: Der Engländer Robert Falcon Scott war nämlich auf seiner Expedition weiter in Richtung Pol vorgedrungen. Ein solcher Wettstreit war hingegen für den Wissenschaftler Drygalski selbst kein Ziel gewesen.

a) Polarforschungsschiff Gauß
Howaldtswerke Kiel, 1900; 46x11 m, Modell 1:50 (Zugang 1905); München, Deutsches Museum (2491)

Das Expeditionsschiff Gauß war das erste deutsche Polarschiff, das ausschließlich für Forschungszwecke gebaut wurde. Es stellte einen Kompromiss zwischen Seetüchtigkeit und Widerstandsfähigkeit im Eis dar und bot Platz für 32 Mann Besatzung und Vorräte für eine dreijährige Fahrt. Ausgestattet war es mit einem Laboratorium, um das sich in einem Umkreis von acht Metern wegen der Erdmagnetfeldmessungen kein Eisen befand. Nach Ende der Expedition wurde die Gauß an die kanadische Küstenwache verkauft – Polarforscher wie Robert Peary konnten mit ihren Geboten nicht mithalten.

b) Ballonaufstieg in der Antarktis
1902; SW-Foto, Reproduktion; Leipzig, Institut für Länderkunde

Am 29. März 1902 führte Drygalski den ersten Ballonaufstieg in der Antarktis mit meteorologischen Messungen durch. Dabei wurde erstmals eine bodennahe Inversion festgestellt, d. h., während des Ballonflugs wurde in der Höhe eine wärmere Luftschicht als am Boden gemessen.

c) Das Forschungsschiff Gauß im Bau
1900, Kiel; SW-Foto, Reproduktion; Leipzig, Institut für Länderkunde

Der Rumpf der Gauß wurde aus besonders dickem Holz gebaut. Er war so geformt, dass das Schiff bei zufrierendem Wasser aus dem Eis herausgehoben und nicht zerdrückt wurde. Die Schiffsschraube konnte zum Schutz vor dem Eis eingezogen werden.

1.3.3 Robert Pearys „Eroberung" des Nordpols 1909

Robert Pearys (1856–1920) persönliches Ziel war es, als erster Mensch den Nordpol zu erreichen. Bis heute ist ungeklärt, ob er und seine Begleiter am 9. April 1909 die Ersten waren oder sein Widersacher Frederick Cook, der behauptete, ein Jahr eher dort gewesen zu sein. Peary sah sich während seiner Polarreisen von insgesamt 20 Jahren als Mann der Wissenschaft; sein meteorologisches Forschungsprogramm wurde von der amerikanischen Regierung unterstützt. Ein Wissenschaftler, der die Expedition begleitete, maß Temperatur, Luftdruck und den Wechsel von Ebbe und Flut so weit nördlich wie niemand zuvor. Zur Wissenschaft gehörte es für Peary auch, Körper und Schädel verstorbener Eskimos aus Gräbern zu entfernen und in den USA an Museen zu verkaufen.

a) Meteorologische Messungen nahe dem Nordpol
1908/1909; SW-Foto, Reproduktion; aus: Robert Peary: Die Entdeckung des Nordpols, Berlin 1910

Der Wissenschaftler MacMillan bei der Messung von Temperatur und Druck auf dem Weg zum Pol

b) Hundeschlitten von Pearys Nordpolexpedition
um 1908; Holz, Metallkufen; 280 x 60 x 104 cm; München, Deutsches Museum (40307)

Peary benutzte auf seinem Weg zum Nordpol Hundeschlitten. Auf anderen Polarexpeditionen vor Peary hatten die Teilnehmer die Schlitten selbst gezogen, um die Nahrung für die Hunde einzusparen. Peary vertraute bei seiner Wahl auf die Erfahrungen der Eskimos; dabei konnte er für seine Schlitten jedoch Holz und Metall verwenden, das es für den Bau von Eskimoschlitten in der Polarregion kaum gab. Peary bediente sich des überlebenswichtigen Wissens der Eskimos, verhielt sich ihnen gegenüber aber sonst arrogant. So brüstete er sich: „Ich habe die Eskimos mehr benutzt als jeder andere Polarforscher."

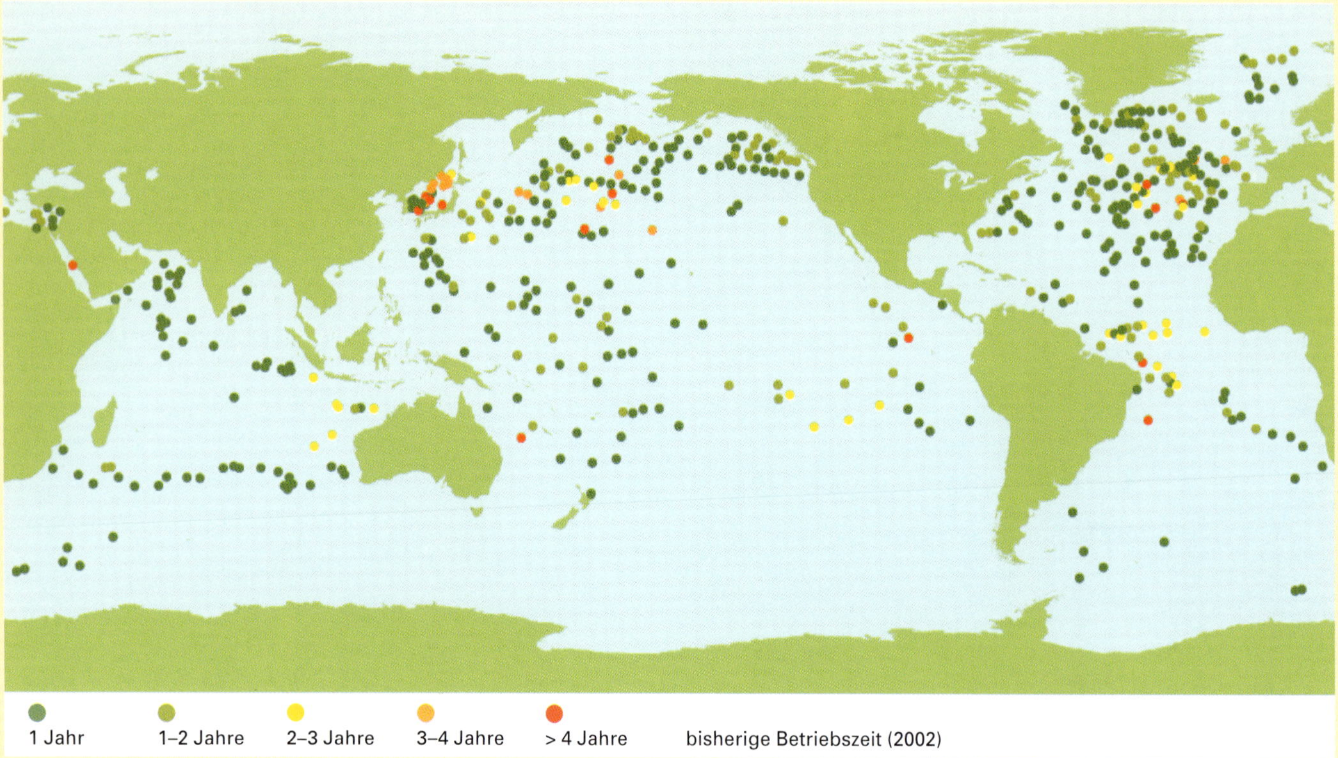

1.4.2 b Verteilung der Argo-Floats
Im August 2002 waren bereits gut 500 von geplanten 3000 Argo-Floats ausgesetzt. (Abbildung: ARGO Information Centre)

1.4 Meteorologische Messungen zu Wasser

Zwei Drittel der Erdoberfläche sind mit Wasser bedeckt. Will man weltumspannend meteorologische Daten erheben, so müssen auch auf dem Meer Messungen durchgeführt werden: Messungen einerseits der Luft über der Wasseroberfläche, andererseits des Wassers der Meere selbst. Dabei werden z. B. Verdunstung und Niederschlag, aber auch Strömungen an der Oberfläche und in den Tiefen der Ozeane erfasst. Nur so lassen sich die Wechselwirkungen zwischen den Meeren und der Atmosphäre verstehen, die immer stärker in den Blickpunkt der Klimaforscher rücken. Bekanntestes Beispiel für eine solche Wechselwirkung ist das Phänomen „El Niño“.

1.4.2 a Argo-Tiefsee-Float
Webb Research Corporation, East Falmouth, Massachusetts (USA), 2001; D 16,5 cm, H 130 cm (ohne Antenne); Bremerhaven, AWI

Um die Ozean-Atmosphäre-Wechselwirkung zu erforschen, reicht es nicht, Meeresströmungen an der Wasseroberfläche zu beobachten, sondern man muss die Umwälzungen bis in die Tiefen der Ozeane verfolgen. Dabei werden Argo-Floats eingesetzt, die von der Meeresoberfläche bis auf 2000 m Tiefe absinken und dort zehn Tage lang treiben. Während des Tauchgangs messen sie Wassertemperatur und Salzgehalt. Dann tauchen sie wieder auf und funken die Messdaten an einen Satelliten, der dabei ihre zwischenzeitlich zurückgelegte Bahn registriert. Anschließend beginnt ein neuer Tauchgang. In diesem zehntägigen Zyklus arbeiten die Floats fünf Jahre lang vollautomatisch. Die Daten der Floats im Pazifik sollen helfen, El-Niño-Ereignisse frühzeitig vorherzusagen. (Foto: AWI)

1.4.1 Waverider-Boje
Datawell b.v., Niederlande, nach 1989; D 90 cm; Geesthacht, GKSS-Forschungszentrum

Die Waverider-Bojen messen die Temperatur der Wasseroberfläche sowie die Höhe und die Richtung von Wellen. Die Messwerte senden sie per Funk entweder direkt an eine Bodenstation oder über einen Satelliten. Seebojen sind entweder frei schwimmend oder mit einem Anker am Meeresgrund befestigt. (Foto: GKSS)

1.4.3 Forschungsschiff METEOR
Schlichting Werft, Travemünde, 1985/86; L 97,50 m, B 16,50 m; Modell 1:100; München, Deutsches Museum (1999/739)

Klimatologische Fragestellungen sind fester Bestandteil des METEOR-Forschungsprogramms. So wurden auf der „Fahrt 52" von Istanbul (Türkei) nach Alexandria (Ägypten) Anfang 2002 im Roten Meer Sedimente geborgen, die Rückschlüsse auf das dortige Klima vor 20000 bis 70000 Jahren zulassen. Die Ergebnisse sollen mit denen aus anderen Regionen wie Grönland verglichen werden, um großräumige Zusammenhänge bei Klimaänderungen zu verstehen. Neben diesen Spezialuntersuchungen dient die METEOR auch als Wetterwarte. Sie liefert regelmäßig Temperatur-, Luftdruck- und Feuchtewerte sowie Daten von Wetterballonaufstiegen in das weltweite Messnetz. (Foto: FS Meteor)

1.5 Meteorologische Messungen in der Höhe

Wetter- und Klimaforscher benötigen „Höhenprofile“ der meteorologischen Größen. Dazu bringen sie ihre Instrumente mit unterschiedlichen Fluggeräten in die entsprechenden Höhenlagen. Schon 1783, noch im Jahr des ersten Heißluftballonflugs der Brüder Montgolfier, nahm Jacques A. C. Charles beim ersten Aufstieg mit einem Wasserstoffballon Barometer und Thermometer mit. Seitdem wurden vielfältige Messungen mit bemannten und unbemannten Ballons, Drachen, Luftschiffen und Flugzeugen durchgeführt. Heute gibt es ein weltweites Netz regelmäßiger Wetterballonaufstiege. Auch einige Linienflugzeuge haben meteorologische Messinstrumente im Auftrag von Wetterdiensten an Bord. Forschungsprogramme mit eigens dafür ausgerüsteten Ballons und Flugzeugen ergänzen die Standardmessungen.

1.5.1 Regulierdrachen
Rudolf Grund, Königlich Preußisches Aeronautisches Observatorium Lindenberg, 1927; Nachbau (Deutsches Museum, 1958); München, Deutsches Museum (73945)

Der „Drachenmeister“ am Aeronautischen Observatorium Lindenberg Rudolf Grund entwickelte den Regulierdrachen zum Einsatz für meteorologische Untersuchungen bei stürmischem Wetter. Der Drachen bestand aus zwei Zellen, die sich bei starkem Wind so zueinander stellten, dass der Anstellwinkel verringert wurde. Dadurch wurde die Belastung für den Drachen und den Stahldraht herabgesetzt und er konnte bei Windgeschwindigkeiten bis 100 km/h eingesetzt werden. Regulierdrachen mit hoher Flugstabilität waren bis zum Ausbruch des Zweiten Weltkriegs im Einsatz. Das Foto zeigt den Start eines früheren Drachentyps am Observatorium Lindenberg in der Zeit um 1915. (aus Richard Assmann: Das Königlich Preußische Aeronautische Observatorium Lindenberg, Berlin 1915)

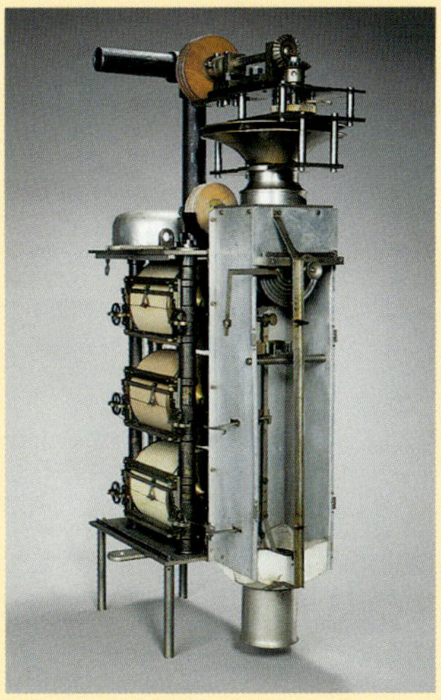
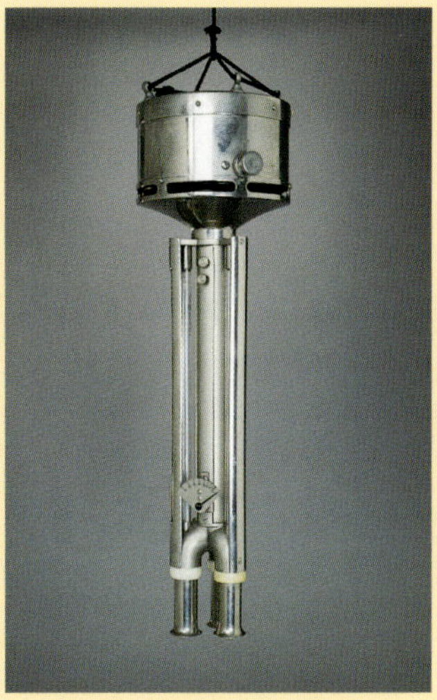

1.5.2 Aufzeichnungsgerät für bemannte Ballonaufstiege
um 1893; 32 x 20 x 64 cm; München, Deutsches Museum (22719)

In den Jahren 1893/1894 wurde am Meteorologischen Institut Berlin eine Serie von 47 bemannten Ballonaufstiegen unter der wissenschaftlichen Leitung von Richard Assmann vorgenommen. Teilweise wurden gleichzeitig Ballons in Stockholm und St. Petersburg gestartet. Assmann hatte für die Berliner Aufstiege ein Mess- und Aufzeichnungsgerät für Temperatur, Druck und Feuchte entwickelt. Drei Trommeln zeichneten jeweils eine der drei Größen auf. Das Gerät war an einem Seil von der Ballongondel herabgelassen. Der Ventilator oben am Gerät sorgte dafür, dass die Instrumente mit Luft umströmt wurden.

1.5.3 a Aspirationspsychrometer
R. Fuess, Berlin, ca. 1925; Gehäuse vernickelt, Signatur: R. Fuess, Berlin-Steglitz Nr. 1386; D 12 cm, H 41 cm; München, Deutsches Museum (55904)

Das Gerät wurde 1892 von dem Meteorologen Richard Assmann und dem Mechaniker Rudolf Fuess zur Messung der Luftfeuchte entwickelt. Es besteht gewöhnlich aus zwei Thermometern, von denen eines feucht umwickelt ist. Beide sind im Luftstrom eines Ventilators angebracht. Infolge des Luftstroms („Aspiration") kommt es zur Verdunstung am feuchten Thermometer, deren Stärke von der Luftfeuchtigkeit abhängt und die zu einer Abkühlung am feuchten Thermometer führt. Aus dem Temperaturunterschied zum trockenen Thermometer kann die Luftfeuchtigkeit berechnet werden. Das abgebildete Instrument mit einem dritten Thermometer wurde bei Ballonaufstiegen eingesetzt.

1.5.3 b „1000 Meter über München"
Theodor Pixis, 1890; Öl/Leinwand, Reproduktion; 132x74cm; München, Deutsches Museum (2001/799)

Das Gemälde zeigt meteorologische Messungen während einer Ballonfahrt über München. Ein Aspirationspsychrometer hängt an einem langen Stab, um Störungen durch die Gondel zu vermeiden. Mit an Bord ist Hans Bertsch von Sigsfeld (Mitte links), der selbst meteorologische Instrumente entwickelte. Ein 1889 durchgeführtes Experiment, bei dem in München und Berlin zeitgleich meteorologische Messungen von vier Ballons aus stattfanden, könnte Anregung für das Gemälde gewesen sein. Unten sind Maximilianeum, Praterinsel und Kohleninsel – heute Museumsinsel – zu erkennen.

1.5.4 Radiosonde
um 1944; 14 x 10 x 30 cm; München, Deutsches Museum (1986/631)

Radiosonden wurden ab Ende der 1920er-Jahre gebaut, um Messwerte aus unterschiedlichen Höhen per Funk automatisch an Bodenstationen zu senden. Das Gerät konnte Druck, Temperatur und Feuchte messen. Aus seiner Entwicklung sollte die Einheitssonde für die deutsche Luftwaffe und Marine entstehen.

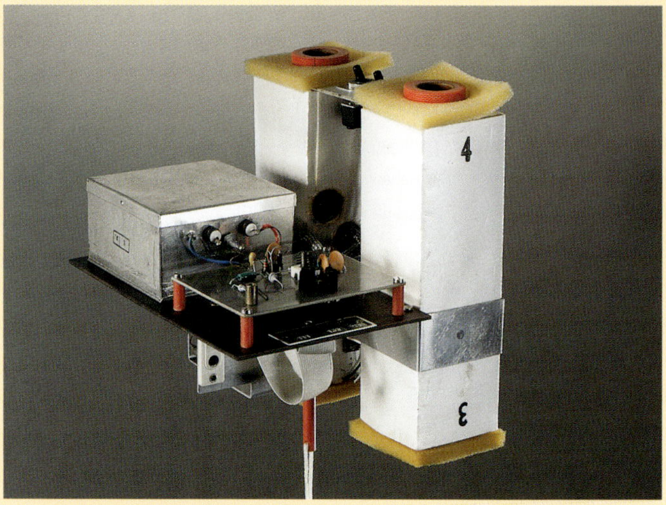

1.5.5 Albedo-Radiosonde
Dr. Graw Messgeräte, Nürnberg, 1970; 18 x 18 x 22 cm, Typenschild: Dr. Graw Messgeräte Nürnberg Typ III, Nr. 136, J 70, JG; München, Deutsches Museum (1986/630)

Radiosonde für Ballonaufstiege zur Messung der von oben einfallenden direkten Sonnenstrahlung und der von unten kommenden, von der Erde reflektierten Rückstrahlung (Albedo)

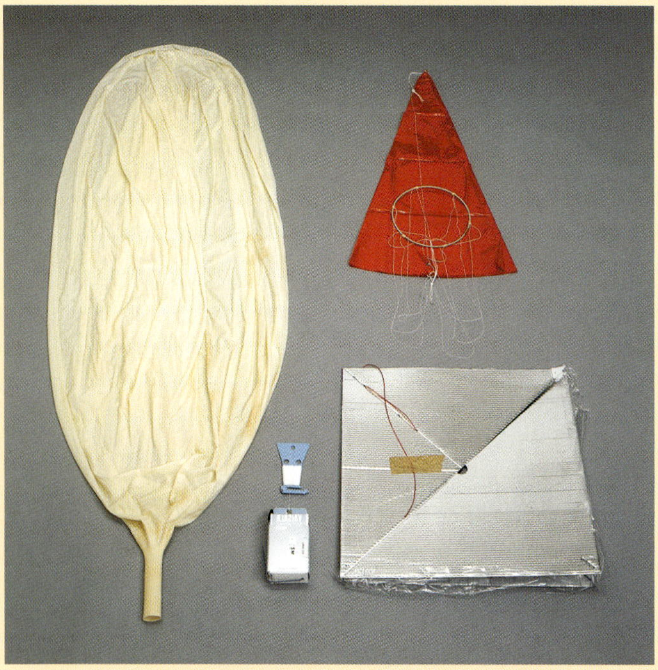

1.5.6 Bestandteile eines Wetterballons
Ballon: TOTEX, Japan, 2002; Latex; Radiosonde RS 80: Vaisala, Helsinki (Finnland), 2002; 15 x 9 x 5,5 cm; beide Oberschleißheim, Deutscher Wetterdienst, Service und Logistik Süd

Wetterballons werden für den Aufstieg mit Helium oder Wasserstoff gefüllt. Sie transportieren Radiosonden – in blauer Pappe verpackt –, die Temperatur-, Luftdruck- und Feuchtewerte an eine Bodenstation senden. Der silbrige Reflektor erlaubt, mittels Radar die Flugbahn beim Aufstieg zu verfolgen und so auf die Geschwindigkeit und Richtung des Windes zu schließen. Beim Aufstieg nimmt mit abnehmendem Luftdruck der Durchmesser des Ballons auf 10 m zu, bis er platzt. Die Radiosonde segelt an dem roten Fallschirm zurück zum Boden und kann wieder verwendet werden.

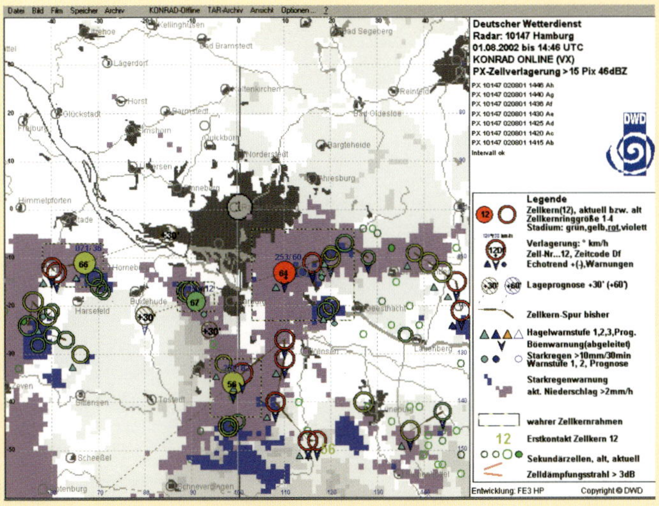

1.5.7 b Radarbild des Analysesystems KONRAD
Aufnahme: DWD, Radarstation Hamburg, 2002; Radarsignalanalyse; Meteorologisches Observatorium, Hohenpeißenberg, DWD

Herkömmliche Bilder des Wetterradars weisen lediglich die Stärke des Niederschlages aus. Das vom Deutschen Wetterdienst entwickelte System KONRAD bietet darüber hinaus die Möglichkeit, Konvektionszellen, wie sie sich bei Gewittern bilden, zu verfolgen und ihre Bahn vorherzusagen. Das Bild zeigt die KONRAD-Analyse eines Hamburger Unwetters vom 1. August 2002. Ab 2003 soll mit KONRAD in Deutschland flächendeckend mit größerer Zuverlässigkeit vor Unwettern gewarnt werden.

1.5.7 a Radar-Antenneneinheit METEOR 200
Gematronik, Neuss, nach 1959; H 246 cm, D 200 cm; Neuss, Gematronik

Mit dem Wetterradar können Niederschläge wie Regen und Hagel gemessen werden. Dafür sendet das Radar in festen Abständen ein Signal aus, das von den Niederschlagsteilchen reflektiert und anschließend in den Sendepausen vom Radar wieder empfangen wird. Ein weiteres Einsatzgebiet ist die Verfolgung von Wetterballons (siehe Katalog 1.5.6). Das Radarsystem METEOR 200 wurde von 1959 bis in die 1980er-Jahre beim Deutschen Wetterdienst (DWD) und bei den Fliegerhorsten der Bundeswehr eingesetzt. Mittlerweile betreibt der DWD eine neue Generation von Wetterradargeräten, mit der das gesamte Gebiet der Bundesrepublik abgedeckt wird. (Foto: Gematronik)

1.5.8 a Meteorologisches Forschungsflugzeug „Mystère Falcon 20 E5"
Avions Marcel Dassault, Frankreich, 1975; Länge 17,6 m, Spannweite 16,3 m; Modell 1:10 (Deutsches Zentrum für Luft- und Raumfahrt, um 1976); Oberpfaffenhofen, DLR

Das Forschungsflugzeug bietet ein großes Spektrum an Einsatzmöglichkeiten: niedrige Alpenüberflüge unterhalb umliegender Berggipfel ebenso wie Flüge in bis zu 13 km Höhe. Auch Spezialeinsätze in der Abgasfahne eines anderen Flugzeugs – in nur 50 m Abstand – wurden schon geflogen. Während des Flugs können Lufttemperatur, Luftdruck, Windgeschwindigkeit, Turbulenzen sowie Spurengase und Aerosole (Schwebeteilchen) gemessen werden. Dazu werden zum einen Instrumente eingesetzt, die diese Werte in unmittelbarer Umgebung des Flugzeugs aufzeichnen, zum anderen Geräte zur Fernerkundung, die Spurengase viele Kilometer unterhalb oder oberhalb messen.
(Foto: DLR)

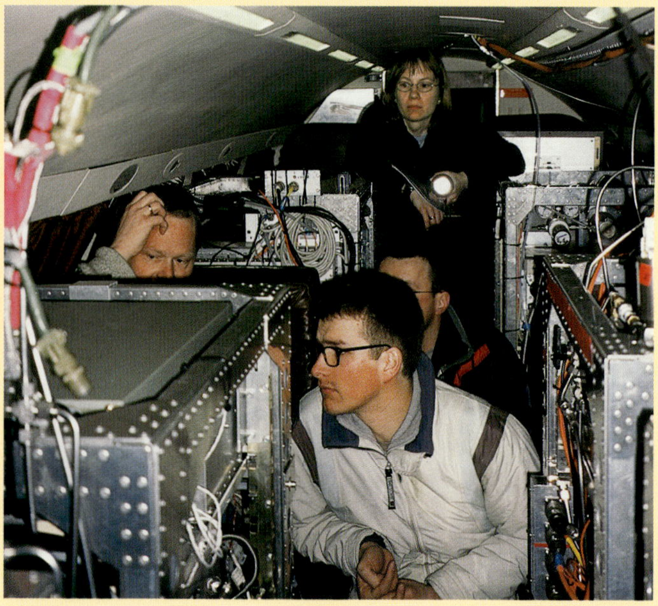

1.5.8 b Blick in die Kabine der Falcon
Foto: A. Minikin, DLR

Die Falcon ist mit ihrer geringen Größe – vergleichbar mit der eines Businessjets – robust und wendig und daher vielseitig einsetzbar. Dabei ist ein Kompromiss zu finden zwischen dem begrenzten Platzangebot und dem Wunsch der Wissenschaftler, möglichst viele Messgeräte einzubauen.

LITERATUR

Leseempfehlungen

Internetseiten der Weltorganisation für Meteorologie, welche die weltweiten Mess- und Beobachtungsprogramme koordiniert:
http://www.wmo.ch/.

Internetseiten des International Panel of Climate Change (IPCC), welche die weltweiten Ergebnisse der Klimaforschung aktuell auswertet und zusammenfasst:
http://www.ipcc.ch/.

Katalog

Dubois, P. (1993): Das Observatorium Lindenberg in seinen ersten 50 Jahren. Offenbach an Main, Deutscher Wetterdienst.

Holl, F. (1999): Alexander von Humboldt: Netzwerke des Wissens. Kunst- und Ausstellungshalle der Bundesrepublik Deutschland, Bonn

Humboldt, A. v. (1999): Reise in die Äquinoktial-Gegenden des Neuen Kontinents. 2 Bände, hrsg. von Ottmar Ette. Insel Verlag, Frankfurt a. M.

Lange, G. (Hrsg., 2001): Eiskalte Entdeckungen. Delius Klasing Verlag, Bielefeld

Lüdecke, C., H. P. Brogiato, I. Hönsch (2001): Universitas Antarctica. 100 Jahre deutsche Südpolarexpedition 1901–1903 unter der Leitung Erich von Drygalskis. Institut für Länderkunde e.V., Leipzig

Selinger, F. (2001): Von „Nanok“ bis „Eismitte“. Deutsches Schiffahrtsmuseum, Bremerhaven

Der **Autor** Hartmut Graßl ist seit 1989 Direktor am Max-Planck-Institut für Meteorologie im Hamburg und Professor für Allgemeine Meteorologie an der dortigen Universität. Er war von 1994 bis 1999 Direktor des Weltklimaforschungsprogramms der WMO in Genf und Mitglied der beiden Enquête-Kommissionen des Deutschen Bundestages zum Schutz der Atmosphäre. Derzeit ist er Vorsitzender des „Wissenschaftlichen Beirats der Bundesregierung Globale Umweltveränderungen (WBGU)“.

Jochen Hennig (**Katalog**) studierte in Münster, Edinburgh, Granada und Oldenburg Physik mit Schwerpunkt Wissenschaftsgeschichte. Er arbeitete an einer Ausstellung zur Physikgeschichte im Naturkundemuseum Oldenburg mit und ist derzeit wissenschaftlicher Volontär im Deutschen Museum (Katalog 1.2: Sabine Gerber).

Abb. 1: Der Ausblick von Apollo 17 am 7.12.1972. (Quelle: NASA)

Abb. 2: Professor Verner Suomi und Herman La Gow vor dem Explorer-7-Satelliten, der am 13. Oktober 1959 von der NASA zur Messung der Strahlungsbilanz der Erde gestartet wurde. (Quelle: University of Wisconsin, Madison)

Klimadiagnosen aus dem All: Satellitenklimatologie

Der Anblick des Blauen Planeten aus dem All ist nicht nur zur Ikone unseres globalisierten Zeitalters geworden: Der einzigartige Blick, den uns Instrumente auf Satelliten in erdnahen Umlaufbahnen auf Atmosphäre und Oberfläche der Erde bieten, bildet eine der wichtigsten Datenquellen für Wettervorhersage, Umweltüberwachung und insbesondere Klimadiagnose. Ulrich Schumann, Direktor des Instituts für Physik der Atmosphäre des DLR und dort ...

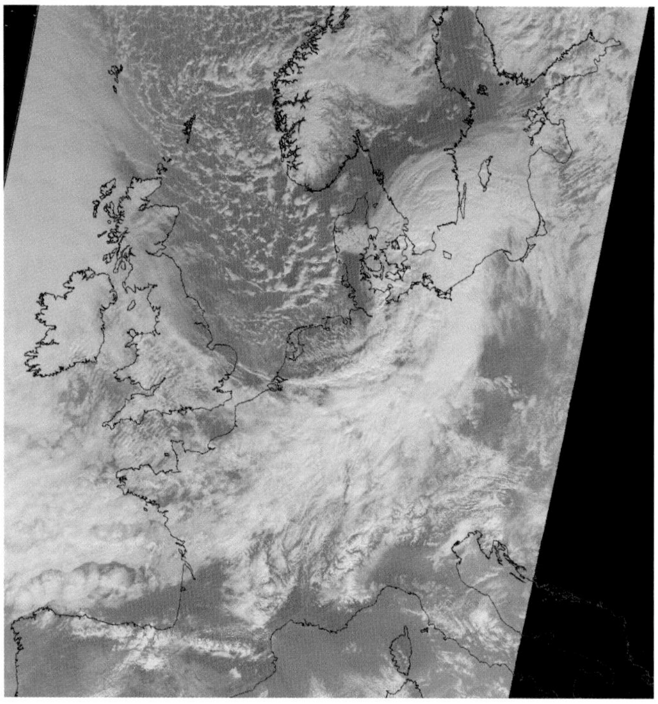

Abb. 6: Beispiel für eine Beobachtung des MODIS-Sensors auf dem polar umlaufenden Satelliten TERRA der NASA. Die Aufnahme vom 19. Februar 2002, 10:52 UT, wurde vom DLR empfangen und aufbereitet. Sie demonstriert die Vielfalt an Wolkenstrukturen, die mit Satelliten messbar sind. Ein Tiefdruckgebiet überquert von Nordwest her kommend Norddeutschland. Hinter der Kaltfront strömt über dem Nordatlantik subpolare Meeresluft nach, die hier durch das konvektive Zellenmuster aus durchbrochener niedriger Bewölkung sichtbar wird. Vor der Kaltfront ist ein breites Band hoher Wolken zu erkennen, aus denen es verbreitet regnet oder schneit. Über den Britischen Inseln sieht man wellenförmige Wolken infolge auf- und absteigender Luft bei der Überströmung der dortigen Gebirge. (Quelle: NASA)

ATS1 wurde 1966 gestartet; solche Satelliten haben auf einer äquatorialen Kreisbahn in 36000 Kilometer Höhe die gleiche Winkelgeschwindigkeit wie die Erde. Daher stehen sie scheinbar stationär über einem festen Punkt des Erdäquators. Geostationäre Satelliten „sehen" eine große Erdscheibe, die sie mit hoher zeitlicher Auflösung vermessen können. Der erste europäische geostationäre Wettersatellit, der Meteosat F1, wurde 1977 in den Raum gebracht, der erste (polar umlaufende) europäische Umweltsatellit ERS-1 wurde 1991 gestartet. Die Entwicklung geht weiter: Den bislang aufwändigsten Umweltsatelliten ENVISAT (siehe Katalog Nr. 2.2) startete die Europäische Raumfahrtagentur ESA am 28. Februar 2002 von Kourou (Französisch-Guyana) mit einer ARIANE 5, den ersten einer neuen Serie von geostationären Meteosat-Satelliten der zweiten Generation („Meteosat Second Generation", MSG) am 29. August 2002. Ende 2005 wird METOP folgen, der erste europäische Wettersatellit auf polarer Umlaufbahn. Die Abbildungen 5 und 6 zeigen Beispiele von Bilddaten, wie sie heute mit geostationären und polar umlaufenden Satelliten aufgenommen werden.

Satelliten beobachten das Strahlungsfeld der Erde. Daraus kann man auf das Wetter auf der Erde, also den aktuellen Zustand der Atmosphäre, schließen. Aus vielen Beobachtungen über lange Zeiträume lässt sich der mittlere Zustand der Atmosphäre ableiten und so das Klima der Erde beschreiben. Wegen der starken natürlichen Schwankungen (Variabilität) des Wetters benötigt man allerdings sehr viele Einzelbeobachtungen, ehe man daraus den mittleren Zustand des Wetters mit einem Fehler ableiten kann, der klein ist im Vergleich zur natürlichen Variabilität. Dies gilt vor allem für seltene Extremereignisse wie Gewitter oder Orkane. Um schließlich Änderungen des Klimas erkennen zu können, muss man über sehr lange Zeiträume beobachten – zumindest benötigt man mehrjährige Beobachtungen in lang auseinander liegenden Zeiträumen. Die erfasste Zeitspanne sollte dabei groß sein im Vergleich zu den wichtigsten natürlichen Schwankungsperioden des Klimasystems wie dem externen Sonnenzyklus (etwa elf Jahre) oder internen Schwankungen des Klimasystems wie El Niño, der mit Schwankungen der Temperatur des Pazifischen Ozeans in Perioden von drei bis acht Jahren einhergeht. Bis vor kurzem leitete man daher Klimaänderungen vorwiegend aus konventionellen Datenreihen ab. Erst im neuesten Bericht des Intergovernmental Panel on Climate Change (IPCC) zum Klimawandel wird jetzt auch eine Reihe von Satellitenbeobachtungen herangezogen, um einen beginnenden Klimawandel nachzuweisen (IPCC 2001).

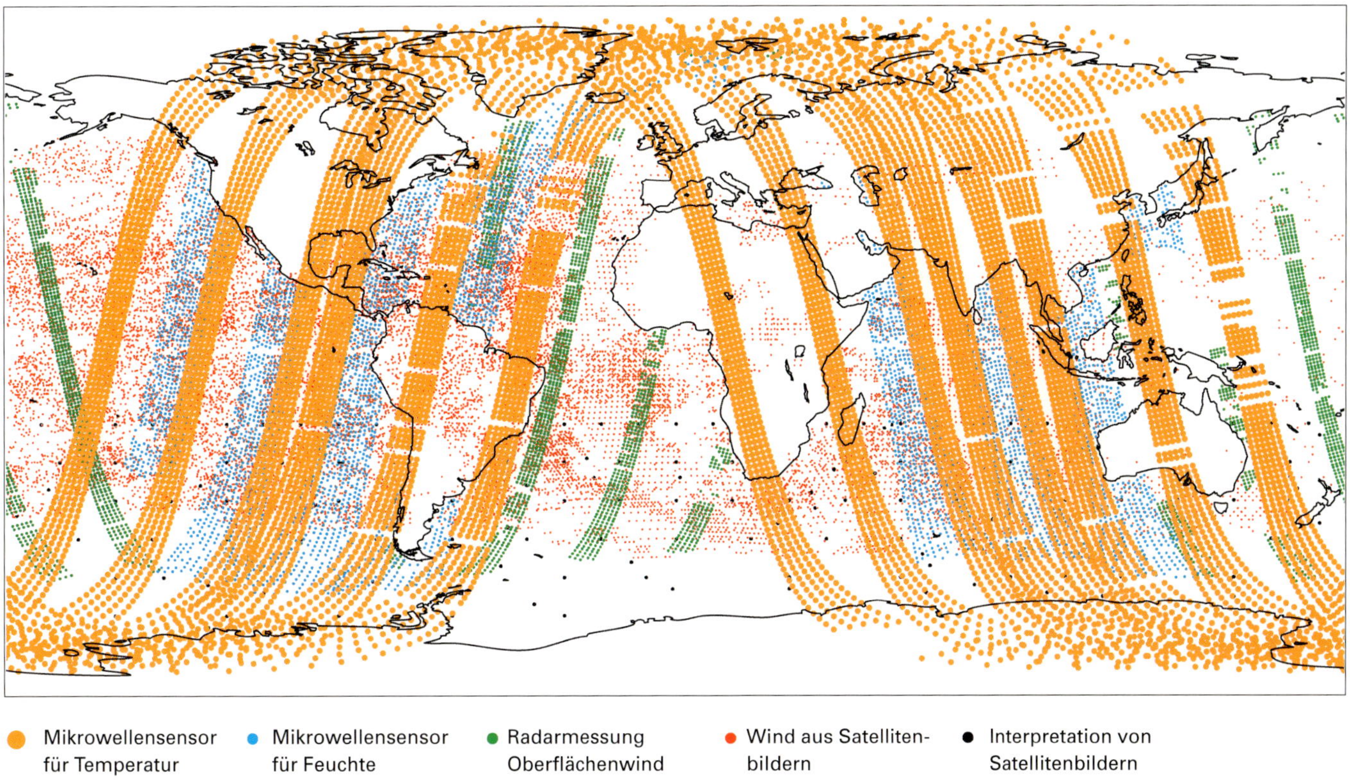

Abb. 7: Die Karte zeigt die Verteilung der Satellitenmessungen, die in die Erstellung der Wettervorhersage am ECMWF eingehen und die Messungen von Luftdruck, Wind, Temperatur und Feuchte an den Bodenstationen und in der Luft, an Bord von Flugzeugen (11 km Höhe) oder Ballonen (bis 30 km) ergänzen (siehe Netzkarte Katalog Nr. 1.0). Benutzt werden die Daten von fünf geostationären Satelliten, die über dem Äquator kreisen, und von vier polarumlaufenden Satelliten. (Quelle: ECMWF)

Satelliten sind Teil des globalen Beobachtungssystems, das von der Weltorganisation für Meteorologie (WMO) koordiniert wird. Besser noch als aus den Messungen der einzelnen Satelliten kann man das Wetter- und Klimageschehen aus so genannten „assimilierten" Daten ableiten. Bei dieser Datenassimilation passt man die Beobachtungen mehrerer Satelliten zusammen mit Beobachtungen anderer Messnetze (Bodenstationen, Radiosonden, Schiffe, Flugzeuge) so an die in Wettervorhersagemodellen abgebildete interne Dynamik des Wettersystems an, dass die Abweichung aller Messungen von den im Modell berechneten Werten (genauer: die Summe der Fehlerquadrate) minimiert wird. Die Netzkarte (Katalog Nr. 1.0) auf Seite 30 zeigt die derzeit am europäischen Zentrum für mittelfristige Wettervorhersage („European Centre for Medium Range Weather Forecasts", ECMWF) dafür herangezogenen Daten. Die Satellitendaten (Abbildung 7) ergänzen die konventionellen Beobachtungen von Ballonen, Flugzeugen und vom Boden aus besonders dort, wo diese Lücken aufweisen, d.h. über den Ozeanen und auf der Südhalbkugel. Das ECMWF assimiliert gegenwärtig alle verfügbaren Beobachtungen aus den Jahren 1957 bis 2001 mit einem solchen Analysemodell. Damit wird ein in sich physikalisch stimmiger Datensatz erzeugt, aus dem man in bisher nicht gekannter Vollständigkeit den Wetterzustand der Erde über mehrere Jahrzehnte statistisch ableiten kann (siehe auch Beitrag Graßl).

WETTER- UND KLIMABEOBACHTUNG

Die Fernerkundung des Wetters und des Klimas auf der Erde basiert auf der Messung bestimmter Aspekte des Strahlungsfelds der Erde. Dieses wird durch seine „spektrale Strahldichte" beschrieben; das ist die Strahlungsleistung, die am Sensor pro Flächeneinheit und Wellenlängenbereich aus einem bestimmten Raumwinkel ankommt. Sie hängt u.a. von der Wellenlänge der elektromagnetischen Strahlung ab. Der für die meteorologische Fernerkundung interessante Teil des elektromagnetischen Spektrums der Strahlung reicht von Wellenlängen von etwa 100 Nanometer (nm, milliardstel Meter) im Ultravioletten über den sichtbaren Bereich (0,4 bis 0,7 Mikrometer, kurz µm, also millionstel Meter) bis hin zu mehreren Zentimetern im Bereich der Mikrowellen (Abbildung 8). Die Sonne emittiert am stärksten im Bereich der für den Menschen sichtbaren Strahlung bei etwa einem halben Mikrometer, entsprechend ihrer „Strahlungstemperatur" von rund 6000 Kelvin und dem Wien'schen Verschiebungsgesetz. Der „solare" Spektralbereich, in dem die Sonne wesentlich zu den

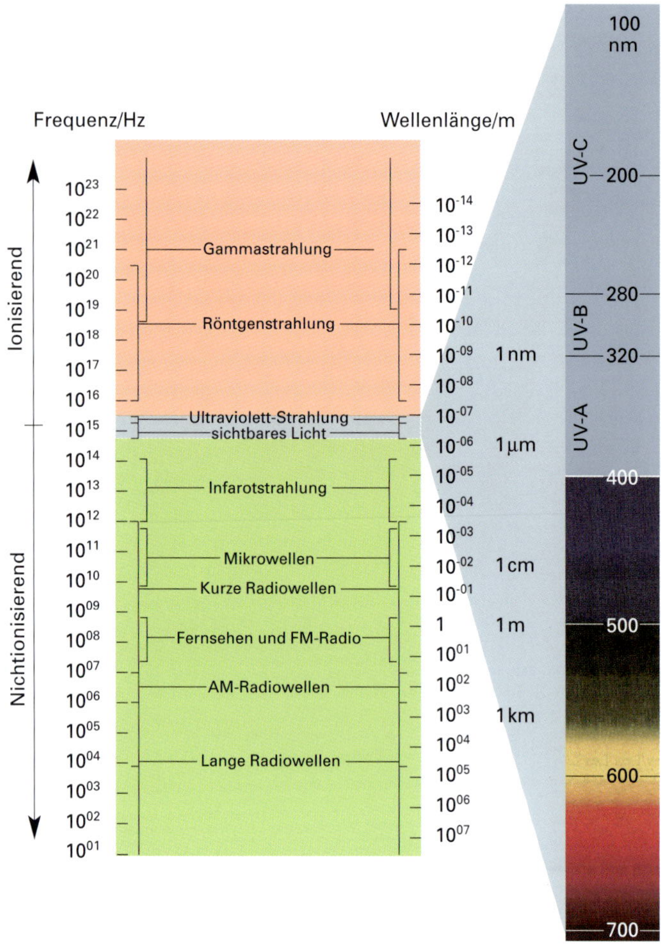

Abb. 8: Das elektromagnetische Spektrum im Bereich von Gammastrahlung bis zu langen Radiowellen. Für die Fernerkundung ist besonders der Bereich vom Ultravioletten bis zu den Mikrowellen relevant. Besonders herausgehoben ist der Bereich der UV-Strahlung (mit den Unterbereichen UV-A bis UV-C) und der sichtbaren Strahlung. (Quelle: Physik-Institut Universität Zürich)

Energieflüssen beiträgt, reicht dabei vom Ultravioletten bei etwa 0,3 µm bis in das nahe Infrarot bei 3,5 µm. Die Erde hingegen hat eine Strahlungstemperatur von nur etwa 255 Kelvin (oder –18 °C) und strahlt am meisten bei viel größeren Wellenlängen von rund 11 µm. Somit umfasst das terrestrische Strahlungsspektrum den Bereich oberhalb von 3,5 µm, wobei noch Abstrahlungen der Atmosphäre bis in den Mikrowellenbereich bei etwa 5 cm für die Erdbeobachtung aufgezeichnet werden.

Mit Satelliten misst man die von der Erde und der Erdatmosphäre absorbierte, reflektierte oder emittierte Strahlung. Satelliten für die Erdbeobachtung messen die Strahlung der Erde entlang der Spur der Satellitenbahn oder erzeugen mit abtastenden Sensoren ein flächenhaftes Bild der Erde, wobei jeder Messpunkt ein Bildelement (Pixel) liefert. Die Bilder lassen insbesondere Wolken und Muster an der Erdoberfläche erkennen. Zur Ableitung von Höhenprofilen der Temperatur und Feuchte sowie um Konzentrationen von Spurengasen in der Atmosphäre zu bestimmen, benutzt man Sondierer, welche die Strahlung bei ganz bestimmten, genau dafür geeigneten und geeichten Wellenlängen („Spektralkanälen") messen. Spektral hochauflösende Sondierer nennt man auch Spektrometer.

Sondierende Satelliteninstrumente beobachten die Erde zumeist in einer der in Abbildung 9 gezeigten Konfigurationen: So genannte Nadir-Sondierer beobachten die Erde senkrecht zur Erdoberfläche. Horizontabtaster, so genannte Limb-Sondierer, schauen tangential in die Erdatmosphäre und messen die von der Erdatmosphäre in Blickrichtung gestreute und emittierte Strahlung. In Okkultation messen Sondierer die von einem anderen Objekt am Himmel (Sonne, Mond, Sterne oder andere Satelliten) ausgehende und durch die Erdatmosphäre teilweise gebrochene, gestreute und absorbierte Strahlung. Je nach der Stärke der am Sensor ankommenden Strahlung und der Messzeit erreichen die Sensoren unterschiedliche räumliche und spektrale Auflösungen. Die räumliche Auflösung ist umso besser, je niedriger der Satellit fliegt und je kürzer die Wellenlänge des verwendeten Lichts ist im Vergleich zum Durchmesser der verwendeten Linsen oder Spiegel. Im sichtbaren Spektralbereich erzielen Satelliten in niedrigen Umlaufbahnen Auflösungen bis in den Meterbereich. Sie erfassen damit aber nur einen relativ schmalen Streifen auf der Erde (dessen Breite „Schwadbreite" genannt wird) und es dauert daher lange, bis die gesamte Erdoberfläche kartiert ist. Meteorologen müssen die komplette Erde möglichst oft kartieren, was einen Kompromiss zwischen Auflösung und Schwadbreite erfordert. Höchste Auflösungen für Wetter- und Klimaanwen-

Abb. 9: Die verschiedenen Beobachtungskonfigurationen Nadir (oben), Horizontabtastung (Limb, Mitte) und Okkultation (unten). Gelb kennzeichnet das direkte oder von der Erdatmosphäre gestreute Sonnenlicht, wie es z. B. von SCIAMACHY auf ENVISAT gemessen wird. Rot kennzeichnet die emittierte Strahlung vom Boden und aus der Atmosphäre der Erde, wie sie MIPAS misst. (Quelle: U. Schumann, DLR, und M. W. Wuttke, Universität Bremen)

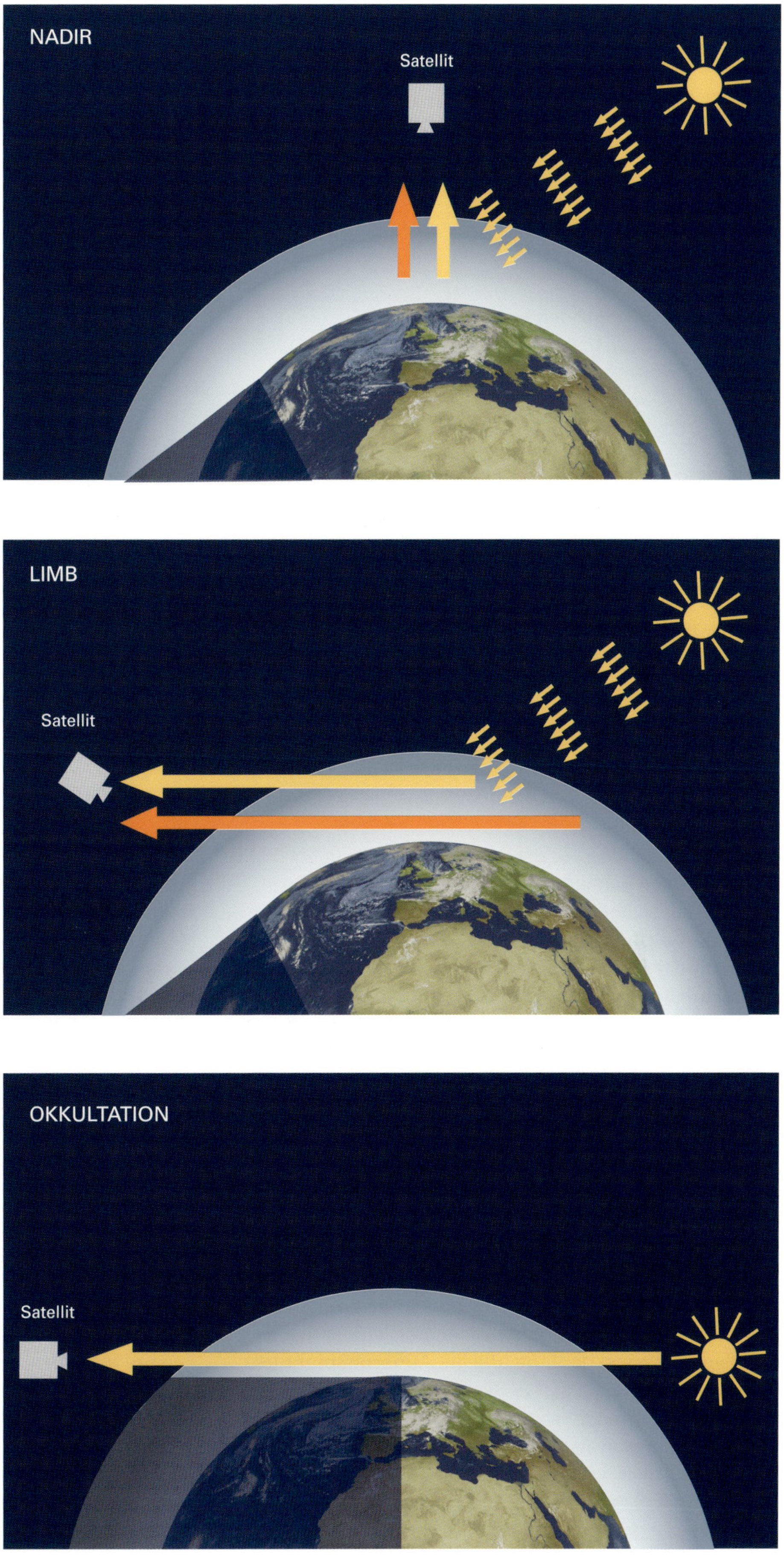

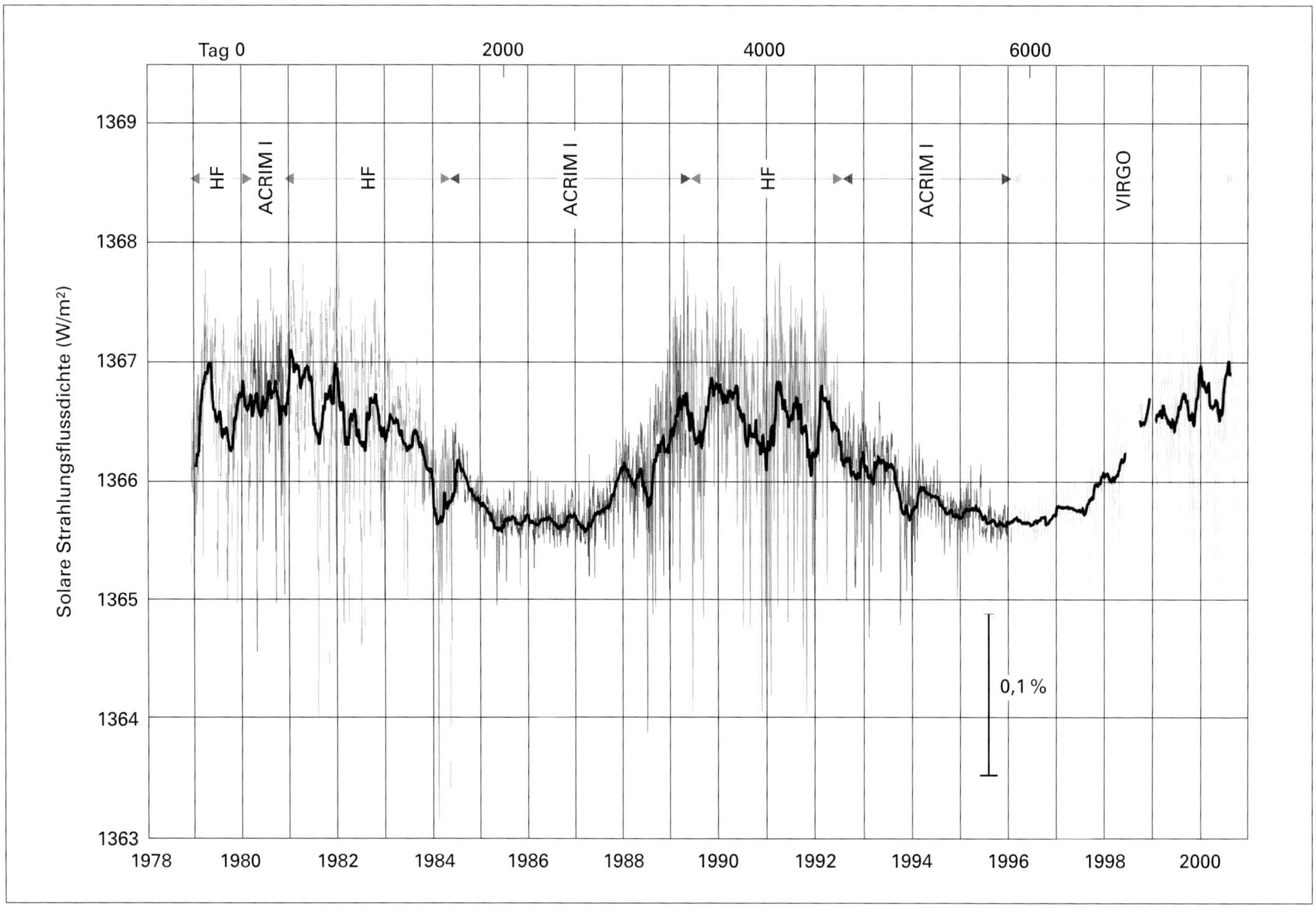

dungen erreichen derzeit die Sensoren MERIS auf ENVISAT und MODIS auf dem amerikanischen Satelliten TERRA: räumlich etwa 250 Meter im sichtbaren Spektralbereich bei einer spektralen Auflösung von 2,5 bis 10 nm und einer Schwadbreite von 2300 Kilometer (siehe Katalog Nr. 2.1.4). Bei der Messung von Spurengasen geringer Konzentration in der Atmosphäre (z. B. von Ozon) muss man sich häufig mit sehr viel gröberen horizontalen Auflösungen von einigen zehn bis hundert Kilometern begnügen. In der vertikalen Richtung kann man für Spurengase oft nur die vom Boden bis zum Oberrand der Atmosphäre aufsummierte Anzahl an Molekülen des Gases messen, bezogen auf eine Volumeneinheit. Diese Größe nennt man „Säulendichte".

Satelliten tragen passive oder aktive Sensoren. Lidar- und Radarinstrumente sind aktive Sensoren. Sie senden elektromagnetische Wellenpulse entweder im solaren Spektralbereich (Lidar) oder im Mikrowellenbereich (Radar) aus und empfangen die von der Erde und der Atmosphäre zurückgestreute Strahlung. Passive Sensoren messen die von der Erde oder der Atmosphäre reflektierte oder emittierte Strahlung. Mit aktiven Sensoren, die einen kleinen Ausschnitt der Atmosphäre gezielt mit einer Energiedichte „beleuchten", die stärker als die der Sonneneinstrahlung ist, lässt sich grundsätzlich eine sehr viel höhere vertikale und horizontale Auflösung erzielen als mit passiven Sensoren.

Die am Satelliten ankommende Strahlung stammt aus der Reflexion oder der Rückstreuung von Sonnenstrahlung sowohl an der Erdoberfläche als auch an Wolken, Partikeln (Aerosolen) und Luftmolekülen. Zudem gelangt infrarote Wärmestrahlung zum Sensor, die von der Erdoberfläche oder von der Atmosphäre ausgestrahlt wird. Strahlung aus den unteren Luftschichten wird auf dem Weg zum Sensor in der dazwischen liegenden Atmosphäre wiederum teils gestreut, teils absorbiert. All diese Prozesse kann man mathematisch in „Strahlungstransportgleichungen" beschreiben und – sofern man die Eigenschaften der Atmosphäre kennt – berechnen. Liegen viele Messwerte für die Strahldichte bei verschiedenen Wellenlängen vor, kann man diese Gleichungen auch umkehren und von den Strahlungsmessungen auf die Eigenschaften der Atmosphäre schließen. Allerdings ist dieser Rückschluss nicht eindeutig und man kann immer nur höchstens so viele Informationen ausrechnen, wie man unabhängige und genaue Messungen hat.

Die heute für die Wettervorhersage hauptsächlich eingesetzten Satelliten sind die polar umlaufenden Satelliten des amerikanischen Wetterdienstes („National Oceanic and Atmospheric Administration", NOAA) und der amerikanischen Marine („Defense Meteorological Satellite Programme", DMSP) sowie die geostationären Satelliten

Abb. 10: Messungen der gesamten Strahlungsflussdichte der Sonne („Solarkonstante") zwischen 1979 und 2000 von Satelliten-, Raketen- und Balloninstrumenten aus. (Fröhlich und Lean 1998)

METEOSAT der europäischen Organisation EUMETSAT, die amerikanischen GOES-West und GOES-East, der indische INSAT und der japanische GMS. Daneben gibt es eine Vielzahl weiterer Satelliten für die Klima- und Umweltbeobachtung, z. B. die europäischen Umweltsatelliten ERS-1 und ERS-2. Von einigen werden im Folgenden Beispiele gezeigt.

Anhand der Satellitenbeobachtungen wurde in den letzten Jahrzehnten eine Reihe grundlegender Klimaeigenschaften der Erde bestimmt. Die Liste der gemessenen Parameter ist lang und umfasst u. a. reflektierte Sonnenstrahlung, emittierte terrestrische Strahlung, Niederschlag und Aerosole sowie Feuchte in Höhen bis 30 Kilometer, außerdem Solarkonstante, Temperatur in der Atmosphäre, Oberflächentemperatur, Ozonsäule, Bewölkung, Schnee- und Eisbedeckung und verschiedene Landoberflächenparameter. Für die zweite Gruppe von Parametern wurden aus den Messdaten der Satelliten bereits Datenreihen abgeleitet, die Hinweise auf Klimatrends enthalten (IPCC 2001).

DIE STRAHLUNGSBILANZ DER ERDE

Wetter und Klima auf der Erde werden primär durch die von der Sonne eingestrahlte Energie „angetrieben". Die diesen Energiefluss beschreibende „Solarkonstante" bezeichnet das jährliche Mittel der solaren Strahlungsflussdichte durch eine Fläche senkrecht zur Einstrahlrichtung am Außenrand der Atmosphäre und bei mittlerer Entfernung der Erde von der Sonne. Abbildung 10 zeigt Messungen der Solarkonstante mit fünf verschiedenen Satelliten seit 1978; sie wurden durch Korrekturen vergleichbar gemacht („homogenisiert") und auf eine gemeinsame Referenzskala bezogen (Fröhlich und Lean 1998). Die Mittelwerte der ursprünglichen Messungen (siehe IPCC 2001) variieren bei den verschiedenen Systemen zwischen 1365 und 1372 Watt pro Quadratmeter. Diese Unterschiede zwischen den Messungen basieren auf Unsicherheiten in der Eichung der Instrumente. Die Messungen sind dennoch so präzise, dass sie die jährlichen Änderungen der Solarkonstanten erfassen. Die Solarkonstante scheint dabei dem Sonnenfleckenzyklus zu folgen. In diesem Zyklus schwankt die Aktivität der Sonne und bedingt Veränderungen der Solarkonstanten mit einer Standardabweichung von etwa 0,4 Watt je Quadratmeter. Im Mittel über der Oberfläche der Erdkugel beträgt dieser natürliche „Strahlungsantrieb" für Klimaänderungen nur ein Viertel dieses Werts.

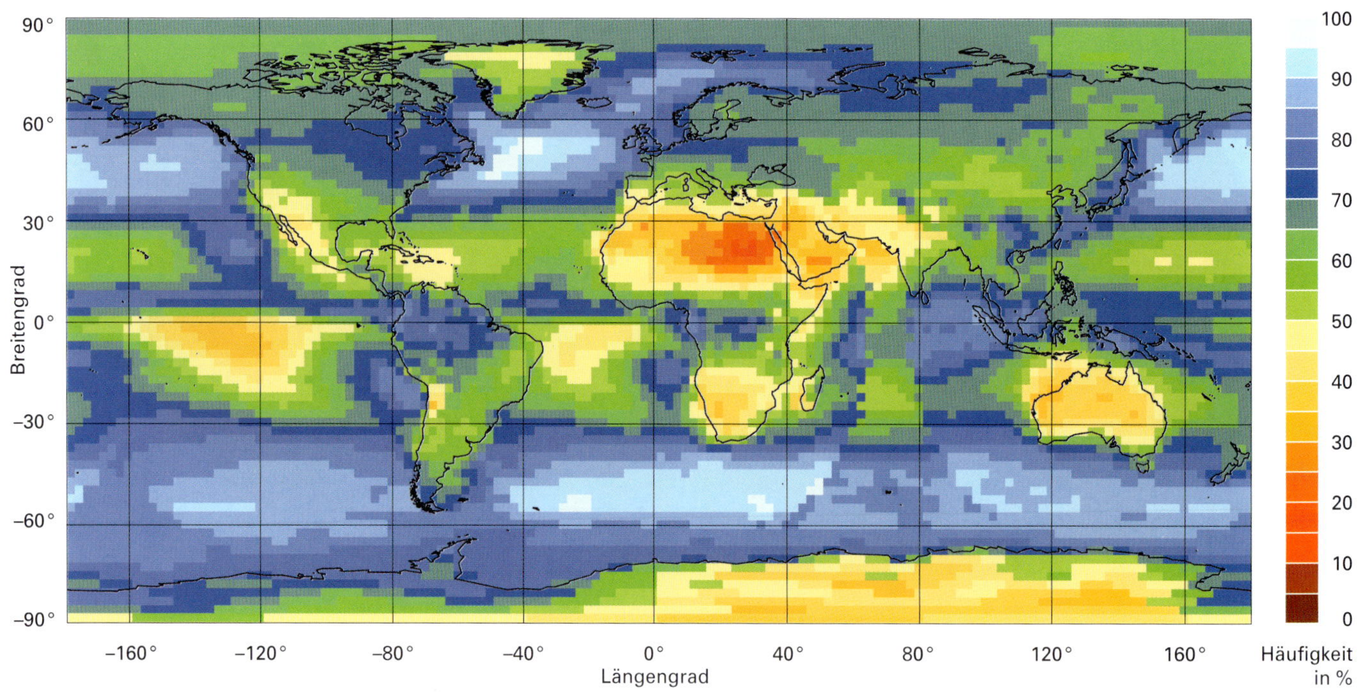

Abb. 13: Globale Bedeckung mit Wolken im Mittel der Jahre 1983 bis 1999. (Quelle: William B. Rossow, NASA, und WCRP-ISCCP)

Wegen der immensen Datenmengen und um kleinräumige Schwankungen auszumitteln, haben die globalen Wolkenklimatologien eine räumliche Auflösung von etwa 250 Kilometer. Die regionale Bewölkung und ihre Variabilität über Europa liefern polar umlaufende Satelliten mit deutlich höherer Auflösung von etwa einem Kilometer (siehe Abbildung 14). Aufgrund der hohen Schwankungen von Jahr zu Jahr besagen die Trends, die man aus diesen Daten formal ableiten kann, vorerst wenig.

Eine besondere Form von Wolken stellen Kondensstreifen dar. Sie bilden sich hinter Flugzeugen, wenn diese ihre warmen und feuchten Abgase in eine genügend kalte Atmosphäre (typischerweise unter −40 °C) freisetzen (IPCC 1999). Kondensstreifen werden in feuchter Umgebungsluft zum Teil mehrere Kilometer breit und mehr als hundert Kilometer lang. Sie sind dann im Satellitenbild gut sichtbar, wirken wie dünne Zirren und vermindern die Abstrahlung von Wärme vom Erdboden in den Weltraum. Eispartikel absorbieren Strahlung je nach Wellenlänge der Strahlung unterschiedlich stark, und zwar bei 11 µm deutlich mehr als bei 10 µm. Bei Wasserwolken wäre dies anders. Man kann daher Kondensstreifen von Wasserwolken und vom sich ändernden Untergrund unterscheiden, indem man die Differenz der Signale in den Spektralkanälen für etwa 11 µm und 10 µm bildet. Sodann lassen sich in den Differenzbildern Kondensstreifen aufgrund ihrer linienhaften Form mithilfe automatischer Mustererkennungsverfahren von anderen Eiswolken unterscheiden (Mannstein u. a. 1999). Nicht erkannt werden dabei allerdings gealterte Kondensstreifen, die nach einiger Zeit stark von der Linienform abweichen. So wurde aus mehr als 700 Satellitenszenen aus den Jahren 1995 bis 1997 ermittelt, dass Mitteleuropa zu etwa 0,7 % mit linienförmigen Kondensstreifen bedeckt war. Inzwischen umfasst diese Klimatologie sechs Jahre mit mehr als 2 000 Satellitenszenen (Abbildung 15). Aus den Satellitendaten der Kondensstreifen wurde deren mittlere optische Dicke, ein logarithmisches Maß für das Verhältnis von durchgehender zu einfallender Strahlung, zu 0,11 im solaren Bereich bestimmt (Meyer u. a. 2002): Sie ist damit dreimal kleiner als früher angenommen. Daher ist auch der Treibhauseffekt der Kondensstreifen kleiner, als man noch vor kurzem vermutete (IPCC 1999), und beträgt global weniger als 1 % des gesamten vom Menschen verursachten Klimaantriebs. Neben den linienförmigen Kondensstreifen gibt es aber Veränderungen von Zirren, die bisher nicht genau quantifiziert werden konnten. Mit Daten des neuen geostationären Satelliten MSG in Korrelation mit Daten über den tatsächlichen Luftverkehr versucht das DLR gegenwärtig, hier zu genaueren Ergebnissen zu gelan-

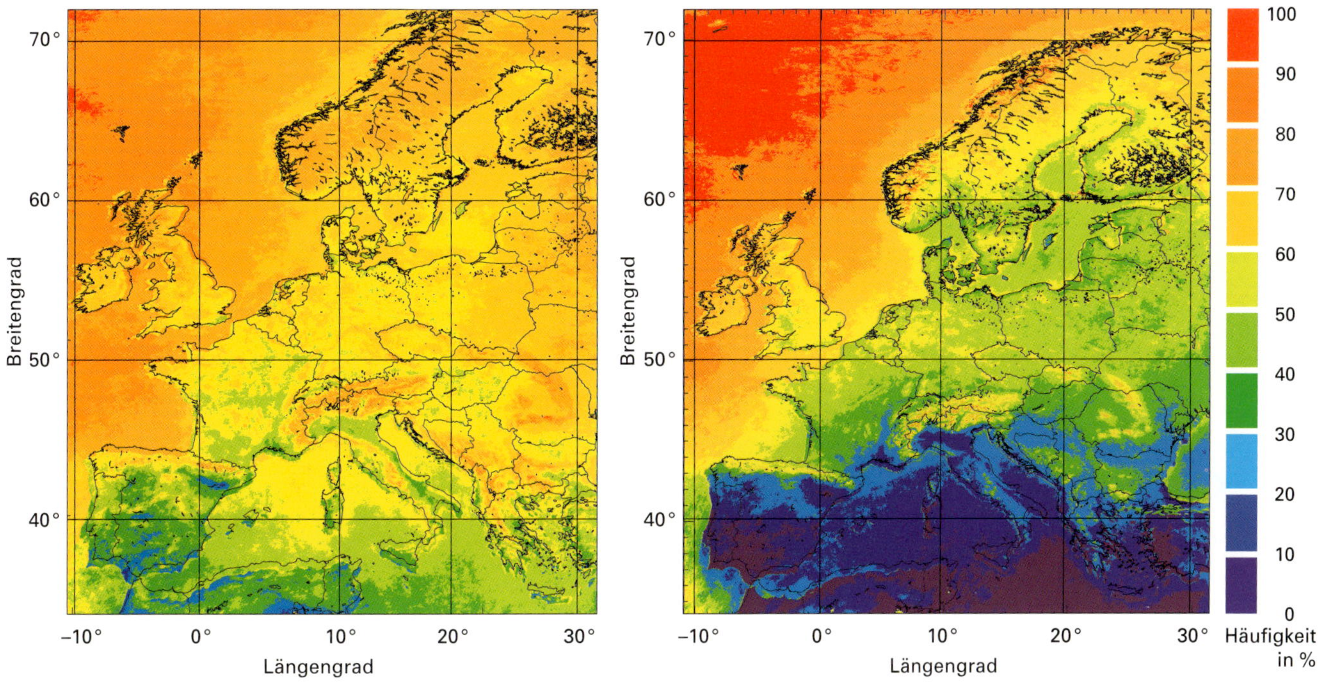

Abb. 14: Regionale Bedeckung mit Wolken im April (links) und Juli (rechts) über Europa im zehnjährigen Mittel (1991–2000), gewonnen aus Satellitendaten des AVHRR-Sensors der NOAA. (Quelle: R. Meerkötter, H. Mannstein und G. Gesell, DLR)

gen. Kondensstreifen haben nicht nur einen (kleinen) Treibhauseffekt, sondern vermindern regional auch den Unterschied zwischen der Maximaltemperatur am Tage und der Minimaltemperatur in der Nacht. Versuche, diese Wirkung des Luftverkehrs auf den Tagesgang der Temperatur aus Beobachtungen im Zeitraum vom 11. bis 13. September 2001 in den USA, als dort der Luftverkehr wegen der Terroranschläge aussetzte, abzuleiten, sind umstritten, da die Zeitspanne zu klein war, um zuverlässige Aussagen zu ermöglichen.

TEMPERATUR, FEUCHTE UND WIND

Eine der wichtigsten Aufgaben von meteorologischen Satelliten ist es, die Atmosphäre zu „sondieren", d.h. so genannte „Profile" für die Temperatur und für die Konzentration von Spurengasen, speziell von Wasserdampf und Ozon, zu bestimmen. Diese Profile geben den Wert als Funktion der Höhe über dem Erdboden an. Wasserdampf, Ozon und das Windfeld können am besten mithilfe von Lidar-Geräten, die im Prinzip wie ein Radar arbeiten, aber statt Radiowellen Laser-Impulse aussenden, aktiv fernerkundet werden; doch sind solche Systeme bis heute nur als Forschungsinstrumente auf Flugzeugen in Erprobung. Ihr Einsatz auf Satelliten wird derzeit bei der ESA vorbereitet. Ab 2007 könnte ein Doppler-Lidar zur Messung des Windfelds – es nutzt den Dopplereffekt für die Lichtwellen – auf einem Satelliten in der „Atmospheric Dynamics Mission" (ADM) und ab 2010 ein Wasserdampf-Lidar (WALES) im Probeeinsatz sein. Derzeit stützt man sich für die Sondierung der Atmosphäre ganz auf passive Sensoren, die die Strahlung in mehreren Spektralkanälen entweder im Nadir oder im Limb, also mit Blick zum Horizont, messen.

Die täglich etwa 160 000 Strahlungsmessungen der polar umlaufenden Wettersatelliten mit Spektrometern, dazu die rund 100 000 Windvektoren, die man den Bildern geostationärer Satelliten anhand der Verlagerung von Wolken und Wasserdampfstrukturen entnimmt, sowie die etwa 20 000 Beobachtungen der Mikrowellenemissionen von den Meeresoberflächen, woraus sich Wellenhöhen erkennen lassen und Wind dicht über den Ozeanen ableiten lässt – sie alle werden mit den konventionellen Daten aus Boden-, Schiffs- und Flugzeugmessungen sowie den Temperatur-, Feuchte- und Windmessungen der täglich etwa 600 alle sechs bis zwölf Stunden gestarteten Radiosonden zu einem assimilierten Datensatz von etwa 250 000 Messdaten verrechnet, der den globalen Zustand der Atmosphäre beschreibt.

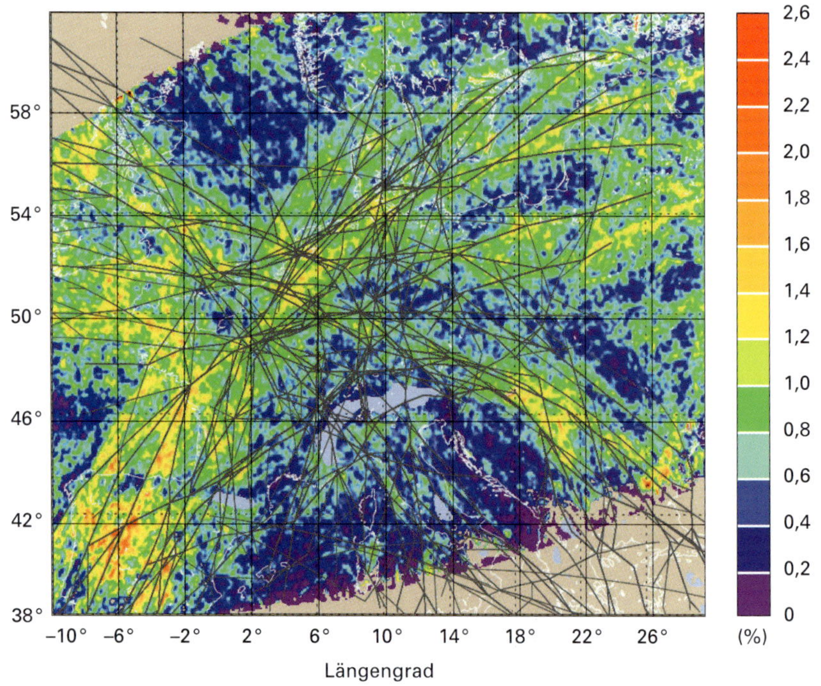

Abb. 15: Mittlerer Bedeckungsgrad durch linienförmige Kondensstreifen über Mitteleuropa im Mittel über sechs Jahre, beginnend im März 1995 (Mittelwert 0,74%, mittlere optische Dicke 0,11). Teile sind ausgeblendet wegen ungenügender Datendichte (beige) oder wegen zu geringer Homogenität des Untergrunds (grau, z.B. in den Alpen). (Quelle: R. Meyer, DLR)

Für Langzeitbeobachtungen der Temperatur sind Mikrowellensensoren besonders geeignet, da Wolken nur wenig zur Emission im Bereich von 50 bis 60 GHz (etwa 5 bis 6 Millimeter Wellenlänge) beitragen. Trotz relativ schlechter räumlicher Auflösung aufgrund der großen Wellenlängen kann die Microwave-Sounding-Unit (MSU) auf den NOAA-Satelliten auch längerfristige Temperaturtrends verfolgen, da der Sensor interne Schwarzkörper zur Eichung enthält. Die Messungen dieser Satelliten hatten Mitte der Neunzigerjahre einige Verwirrung ausgelöst, weil sie zunächst eher eine Abkühlung denn eine Erwärmung der Troposphäre anzuzeigen schienen (zu dieser Kontroverse siehe Beitrag Edwards). Inzwischen ist klar, dass dies an Änderungen der Satellitenbahnhöhe und Kalibrierungsproblemen lag. Die korrigierten Daten bestätigen heute die erwarteten Temperaturtrends mit einer klaren Abkühlung in der Stratosphäre und einer weniger deutlichen, aber doch erkennbaren langsamen Erwärmung in der Troposphäre (Abbildung 16).

WASSER AUF DER ERDE

Wasserdampf ist das wichtigste Treibhausgas. Er lässt die kurzwellige Sonnenstrahlung stärker durch als die langwellige Wärmestrahlung der Erde. Ohne Wasserdampf wäre es auf der Erde rund 20 Grad kälter. Wasserdampf verstärkt den Erwärmungseffekt durch die zunehmende Kohlendioxidkonzentration noch, weil die Luft umso mehr Wasserdampf ohne Wolkenbildung aufnehmen kann, je wärmer sie ist (etwa 8% mehr pro Grad Erwärmung). Die Verteilung des Wasserdampfs in der Atmosphäre kann bislang aber nur ungenau gemessen werden. Dies liegt vor allem an der bisher ungenügenden spektralen Auflösung der Satelliten-Radiometer, aber auch an der großen Variabilität von Wasserdampf: Über dem tropischen Ozean kann der Wasserdampf bis zu 4% der Luftmoleküle ausmachen, in der Stratosphäre ist Wasserdampf jedoch ein Spurengas mit Mischungsverhältnissen von 3 bis 6 millionstel, die noch kleiner sind als die des dortigen Ozons, von dem wir ja wissen, dass es sich bei Normaldruck und -temperatur auf eine Gassäule von nur etwa 3 Millimeter Dicke komprimieren ließe. Wasserdampf in der Stratosphäre und oberen Troposphäre wird daher mit Horizontabtastern wie dem „Mikrowellen-Limb-Sondierer" (MLS) fernerkundet. Beispielsweise zeigt Abbildung 17 die aus MLS-Daten abgeleitete relative Feuchte über Eis (Spichtinger u.a. 2002). Demnach ist es in der oberen Troposphäre in den Tropen, in der unteren Stratosphäre dagegen in der antarktischen Polregion erstaunlich feucht. Häufig ist dort die Atmosphäre sogar

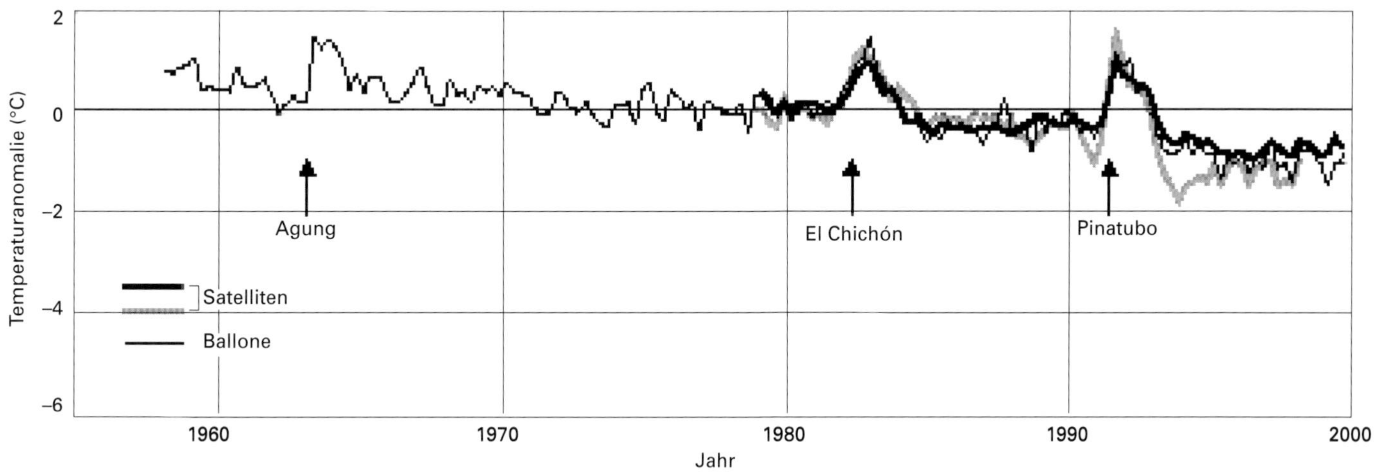

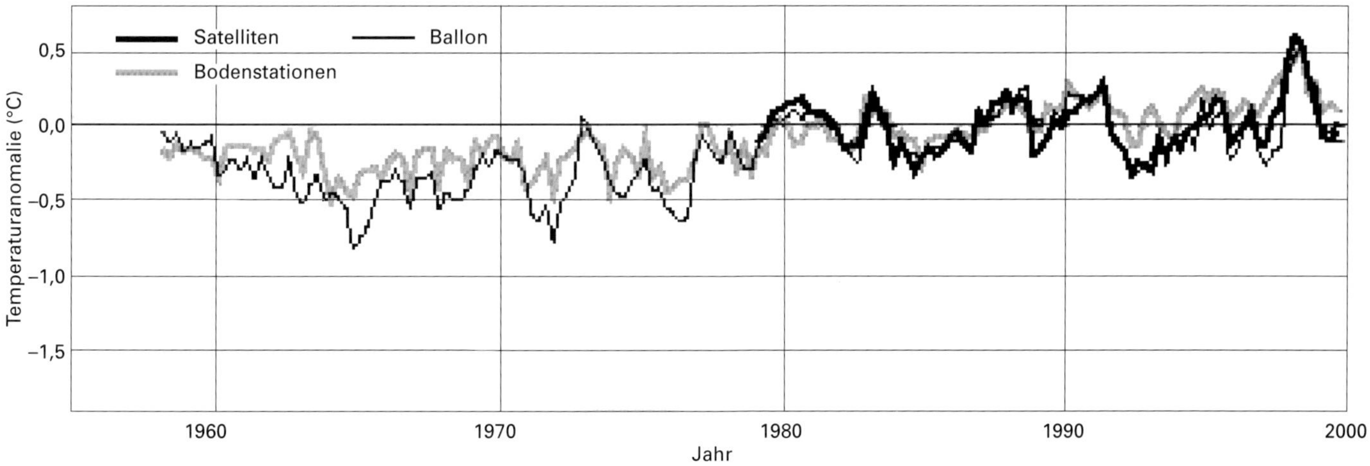

Abb. 16: Temperaturtrends in der Troposphäre (unten) und in der Stratosphäre (oben). Man erkennt die gute Übereinstimmung der von den verschiedenen Messsystemen (Satelliten, Bodenstationen und Ballonsonden) aufgenommenen Temperaturwerte, den deutlichen Einfluss bestimmter Vulkanausbrüche sowie Anzeichen eines Temperaturanstiegs in der Troposphäre und eine deutliche Temperaturabnahme in der Stratosphäre. (Quelle: IPCC 2001)

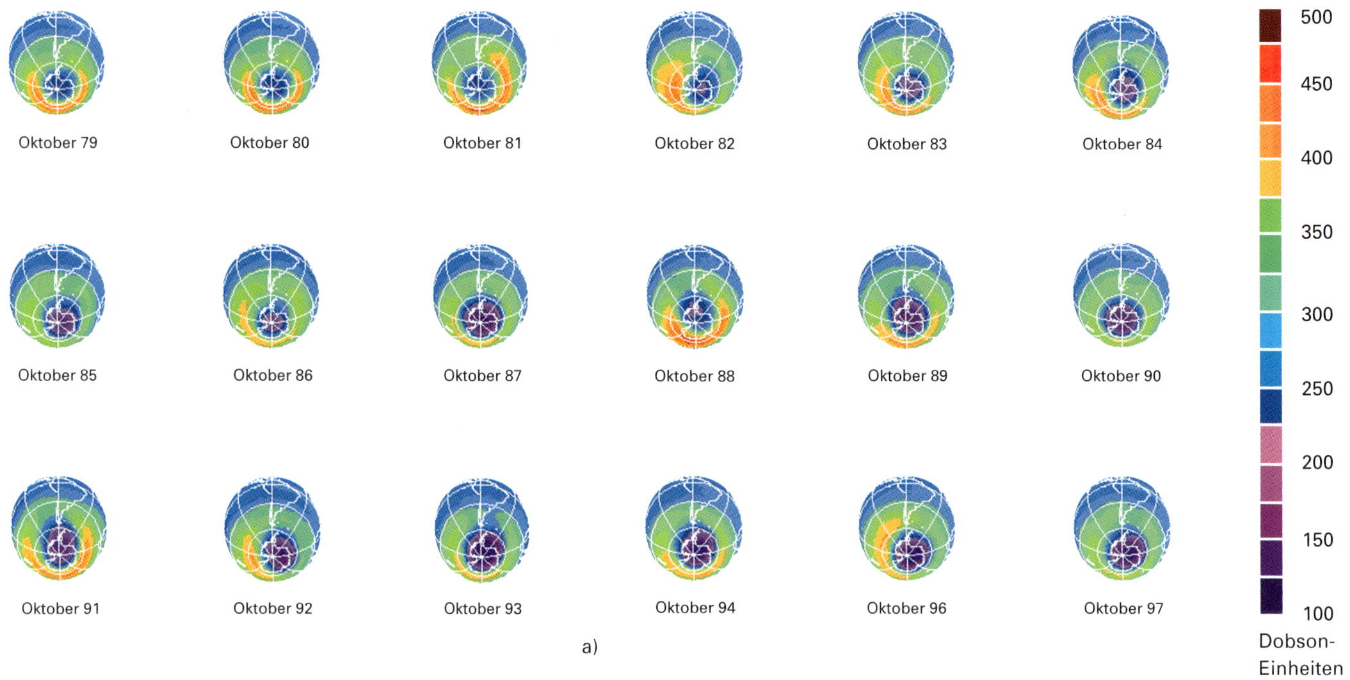

a)

Abb. 19: Die Entwicklung des Ozonabbaus auf Nord- und Südhalbkugel. a) Die Säulendichte des Ozons auf der Südhalbkugel mit dem „Ozonloch" über der Antarktis, zu sehen als violetter Bereich mit Ozonsäulen unter 200 Dobson-Einheiten, was 2 mm Ozonsäule bei Standardbedingungen entspricht, und ermittelt für die Jahre von 1979 bis 1997 aufgrund von Oktober-Monatsmittelwerten der Beobachtungen mit dem Sensor TOMS der NASA.

Stickoxidverteilungen stimmen recht gut überein. Die Säulenwerte sind am größten im Lee östlich der großen Industrieregionen über Nordamerika und den USA. Im Detail finden sich jedoch zahlreiche Unterschiede: Dies liegt an Fehlern im Modell – unsicheren Eingaben zu den Emissionen aus den verschiedenen Stickoxidquellen sowie unsicherer Wiedergabe der Verteilungsprozesse und der chemischen Umwandlungen –, Fehlern in den Messungen (z. B. durch den Einfluss der Wolken) oder auch an der Systematik des Vergleichs, der gerechnete Tagesmittelwerte Messungen in den Vormittagsstunden gegenüberstellt. Insgesamt zeigt dieser Vergleich aber, dass sich auch troposphärische Spurengase vom Weltraum aus mit Satelliten messen lassen.

Mit einer Vielzahl neuerer Sensoren (HALOE, MLS und SAGE) auf verschiedenen amerikanischen und russischen Satelliten (Kramer 2002), neuerdings auch mit GOME auf dem europäischen Satelliten ERS-2 sowie MIPAS, SCIAMACHY und GOMOS auf ENVISAT, gelingt es, in unbewölkten Gebieten Säulendichten und teilweise auch Konzentrationsfelder von Ozon, Wasserdampf, Methan, Salpetersäure, Lachgas, Stickstoffdioxid mit guter räumlicher Auflösung zu kartieren. Die Messungen mit HALOE haben auch den Nachweis von chemisch aggressiven Radikalen wie Chloroxid (ClO) und Bromoxid (BrO) in der Polarregion ergeben und dadurch eindeutig belegt, dass ein großer Teil des Ozonabbaus chemisch verursacht wird (siehe Beitrag Andreae u. a.).

Messungen mit diesen Systemen haben eine Reihe neuer Erkenntnisse über die Zusammensetzung der Atmosphäre und insbesondere die Veränderung der Ozonschicht geliefert (WMO 1999, SPARC 2000, IPCC 2001 und EU 2001): Das stratosphärische Ozon verminderte sich demnach in den letzten beiden Jahrzehnten deutlich; hierzu hat maßgeblich die Freisetzung von Fluorchlorkohlenwasserstoffen (FCKW) beigetragen. Dieser Ozonabbau hat etwa zurzeit seinen Höhepunkt erreicht. Es wird Jahrzehnte dauern, bis sich die Atmosphäre aufgrund der inzwischen stark verminderten Emissionen an FCKW wieder auf einen Stand wie etwa 1970 erholen kann. Diese Erholung könnte allerdings durch eine Abkühlung der Stratosphäre infolge der zunehmenden Treibhausgase noch verzögert werden (siehe Beitrag Andreae u. a.). Die Konzentration an Wasserdampf in der Stratosphäre hat aus bisher nicht verstandenen Gründen zugenommen. Diese Zunahme könnte den Treibhauseffekt weiter verstärken. Insgesamt führte die Zunahme an Treibhausgasen in der Atmosphäre zu einer messbaren Veränderung der von der Erde ausgehenden langwelligen Strahlung.

b) Dasselbe für die Nordhalbkugel im analogen Monat März von 1979 bis 1998. Auch hier ist ein etwa 20- bis 40%iger Ozonabbau über die Jahre zu beobachten, jedoch ist der Bereich wegen der größeren Vermischung nicht so scharf abgegrenzt wie auf der Südhalbkugel. Die starke Variation des Ozonverlusts von Jahr zu Jahr ist teilweise eine Folge der stark variierenden Temperaturen in der Stratosphäre über der nördlichen Polregion und von Änderungen in der Aerosolkonzentration, u. a. aufgrund der Eruption des Vulkans Pinatubo im Jahr 1991. (Quelle: NASA Goddard Space Flight Center)

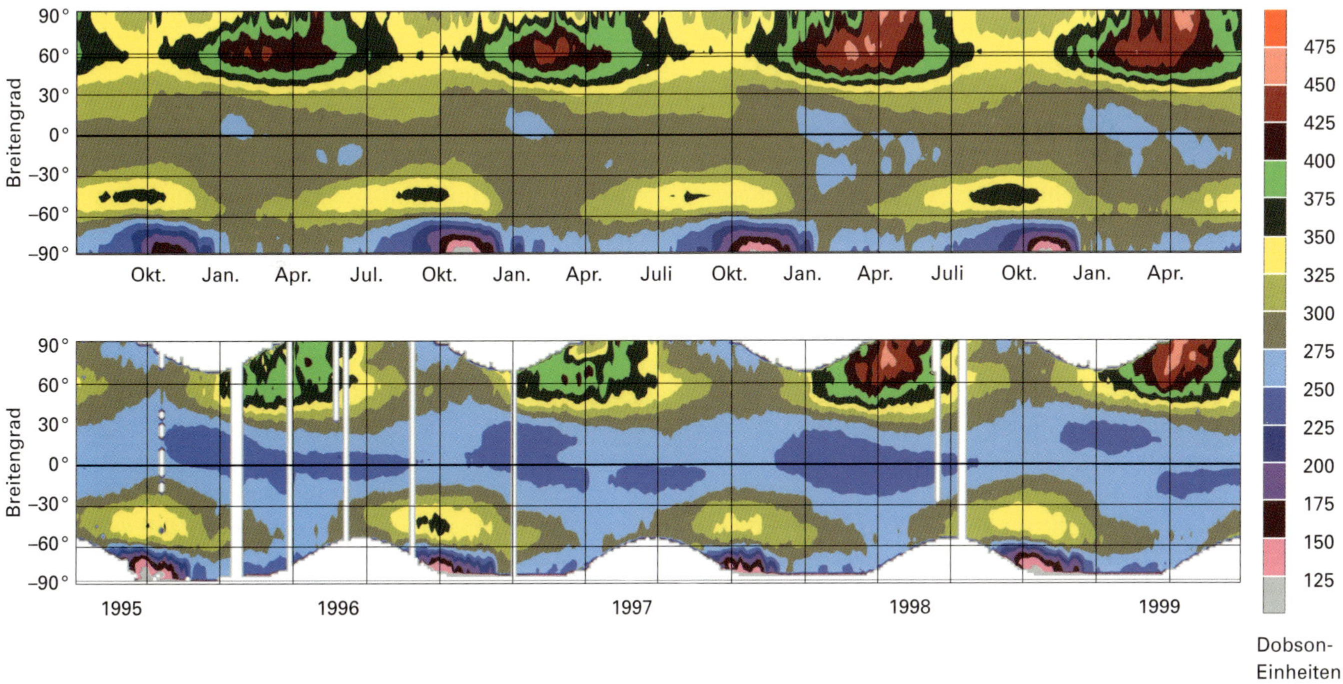

Abb. 20: Die gemittelte Säulendichte des Ozons als Funktion der geographischen Breite und der Zeit, berechnet mit dem gekoppelten Klima-Chemie-Modell ECHAM/CHEM (oben) und im Vergleich mit Satellitendaten des Sensors GOME auf dem Satelliten ERS-2 (unten). Die Werte wurden jeweils über Zonen konstanter geographischer Breite und über den Zeitraum eines Monats gemittelt. Da man nur im Sonnenlicht messen kann, liegen für Teile der Polarregionen im Winter keine Werte vor. Zudem war die Datenkette vom Sensor bis zur Verarbeitung am Erdboden gelegentlich ausgefallen, was die zeitlichen Lücken erklärt. Die beobachteten Messwerte und die gerechneten Modellergebnisse stimmen qualitativ gut überein: Man beobachtet ein Ozonmaximum in mittleren und hohen Breiten jeweils im Frühling, ein Minimum in den Tropen und jeweils von September bis Dezember die Ausbildung des Ozonlochs über der Antarktis. In den Aprilmonaten der Jahre 1996 und 1997 war die Ozonsäule auch über der Arktis ungewöhnlich niedrig, was teils mit einem chemischen Ozonabbau in den damals besonders kalten Wintern erklärt werden kann, ohne dass sich dies hier aber als „Ozonloch" zeigen würde. (Quelle: M. Dameris und M. Bittner, DLR)

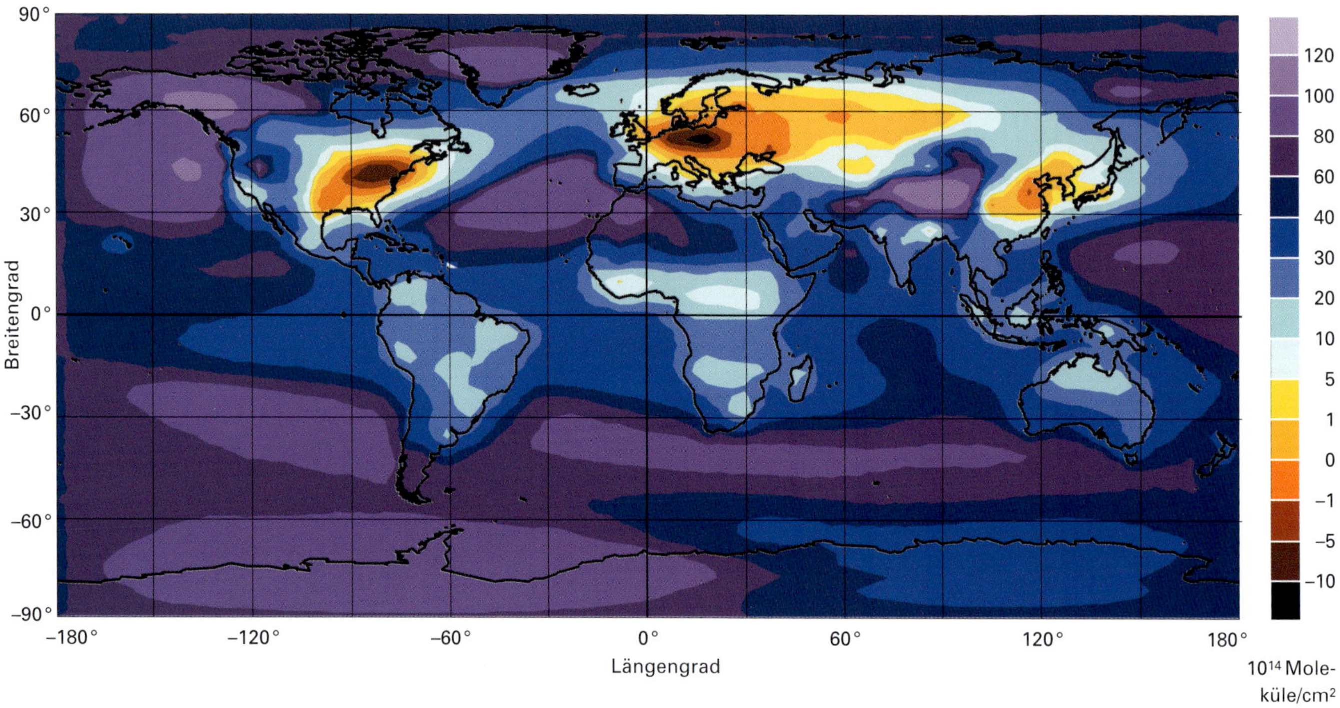

Abb. 21: Die Säulendichte des Stickoxids NO_2 in der Troposphäre, links berechnet mit dem Klima-Chemie-Modell ECHAM/CHEM, rechts ausgewertet aus Messungen des Satellitensensors GOME. (Quelle: Lauer u. a. 2002)

VERÄNDERUNGEN AUF DER ERDOBERFLÄCHE UND IM OZEAN

Aus den Daten der Fernerkundungssatelliten lässt sich eine sehr große Zahl von Eigenschaften der Landoberflächen und der Ozeane ableiten (eine Vielzahl eindrucksvoller Beispiele findet sich in Gurney u. a. 1993). Im dritten Bericht des IPCC von 2001 zum Klimawandel wird besonders Bezug genommen auf Satellitenbeobachtungen zur Schnee- und Eisbedeckung.

Weitere wichtige Anwendungsbeispiele sind die Kartierung der Erdtopographie, die Topographie der Meereshöhen und der ozeanischen Zirkulation, die Klassifizierung der Erdoberflächenbedeckung, die Kartierung der Schnee- und Eisbedeckung auf dem Land und auf den Ozeanen, die Kartierung der Vegetation auf dem Land und der biologischen Produktivität in den Ozeanen, der Wüstenbildung und vieles mehr (siehe z. B. Katalog Nr. 2.1.2). Selbst die Beleuchtung der großen Städte und Siedlungsgebiete auf dieser Erde lässt sich aus Satellitenbildern ableiten (siehe Titelbild Beitrag Edenhofer u. a.).

SCHLUSS

Instrumente, die auf Satelliten in erdnahen Umlaufbahnen kreisen, gehören zu den wichtigsten Hilfsmitteln der Wettervorhersage, Umweltüberwachung und Klimaforschung. Für die Klimaforschung kommt es dabei insbesondere auf die Kontinuität der Beobachtungen mit genauen und geeichten Sensoren an. Nur aus „kalibrierten" Langzeitreihen lassen sich zuverlässige Schlüsse über Klimaänderungen ableiten und mögliche Trends erkennen. Satellitenbeobachtungen dienen auch dazu, Computermodelle zu überprüfen und Eingabewerte für Wettervorhersagen festzulegen. Immer häufiger werden die Satellitendaten in Computermodellen für die Dynamik des Erdsystems auch mit anderen Beobachtungsdaten verknüpft, um den Zustand des Erdsystems so genau wie möglich zu bestimmen. Die so „assimilierten" Daten erlauben eine sehr viel genauere und vollständigere Ableitung des Zustands des Erdsystems und seiner Änderungen als die ursprünglichen individuellen Messungen. Zudem besteht ein Trend hin zu mehr regionalen Beobachtungen mit räumlich hochauflösenden Satelliten. Parallel dazu gelingt es mit zunehmender spektraler Auflösung und Empfindlichkeit der Sensoren, immer mehr Spurengase in der Atmosphäre zu identifizieren und ihre Höhenprofile zu bestimmen.

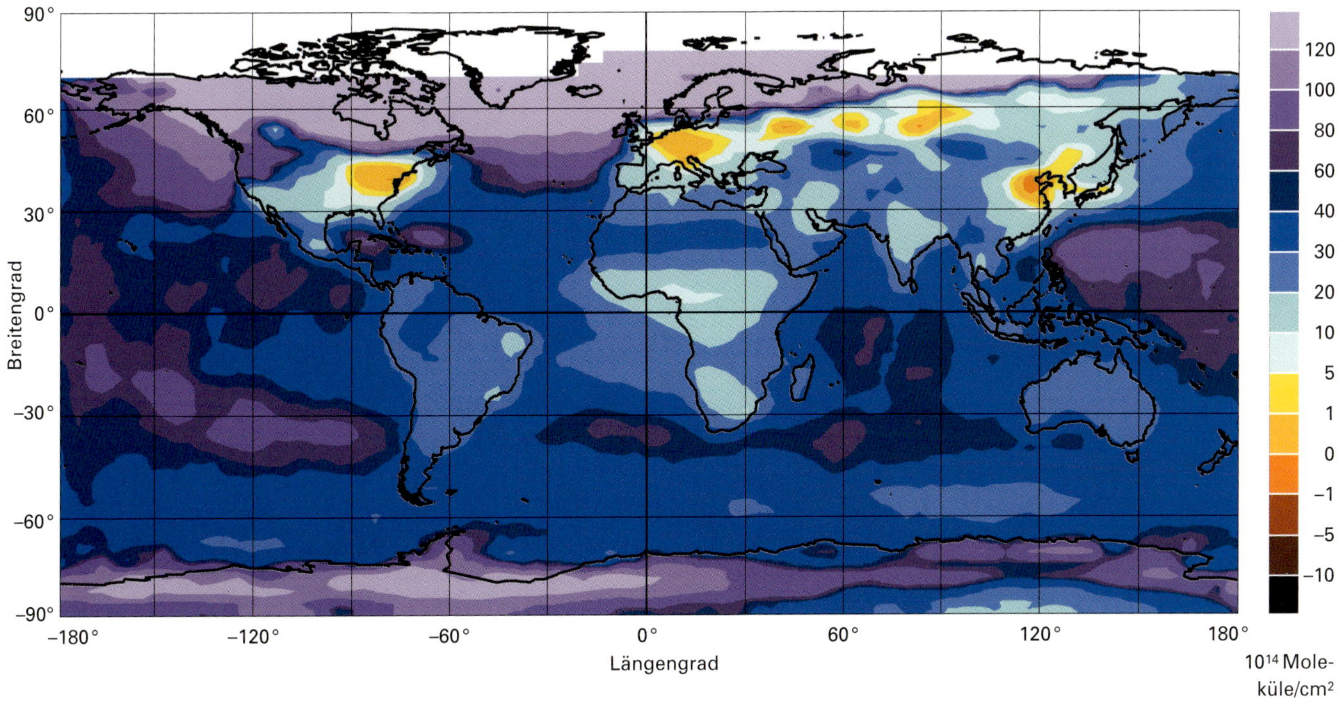

Im kommenden Jahrzehnt werden aktive Sensoren auf der Basis von Radar und Lidar auf Satelliten realisiert werden. Sie werden helfen, die räumliche Auflösung und die Genauigkeit von Messungen mit Satelliten zu erhöhen, und sie werden neue Datensätze liefern, z. B. Windfelder und genaue Wasserdampfprofile. Es ist zu hoffen, dass die Kontinuität der Satellitenbeobachtungen langfristig gesichert bleibt und sich genügend junge Leute finden, um die wachsende Menge an Daten zu analysieren und in Erkenntnisse und Handlungsempfehlungen umzusetzen.

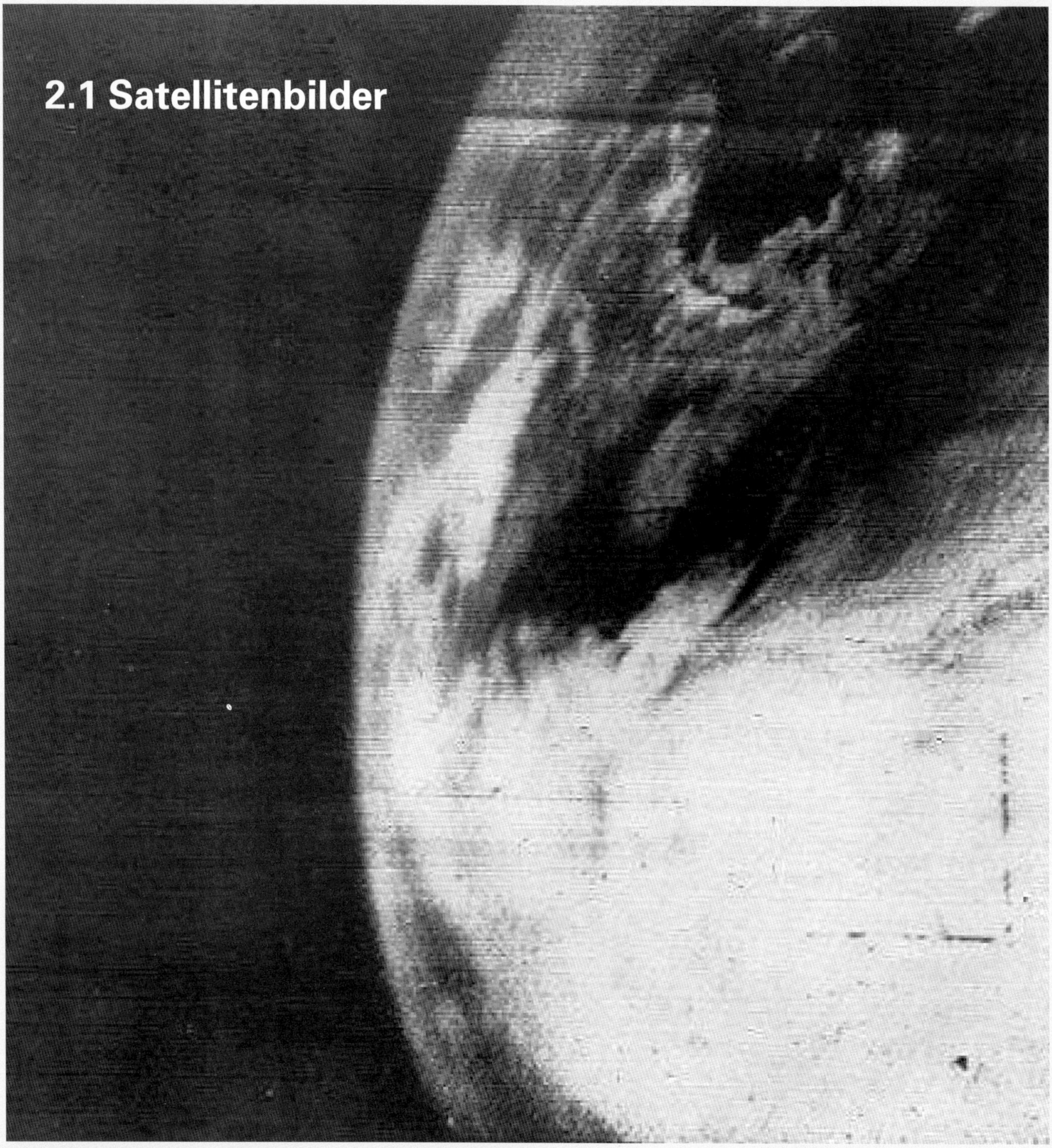

2.1.1 Das erste Foto aus dem All
Foto: NASA

Am 1. April 1960 funkte TIROS 1 aus rund 700 km Höhe das erste Satellitenfoto. Obwohl nur 78 Tage im Einsatz, zeigte TIROS 1 eine neue Perspektive auf die Welt und damit die prinzipielle Möglichkeit, Wolken- und Wettermuster in größeren Zusammenhängen zu erfassen, als dies von der Erde aus möglich ist.

2.1.2 Satellitenbeobachtungen des Wetters
Zwei Satellitensysteme werden für die tägliche Wettervorhersage in Mitteleuropa verwendet: ein geostationärer METEOSAT und polar umlaufende NOAA-Satelliten.

a) Blick vom polar umlaufenden Wettersatelliten
Aufnahme: NOAA-16, 19.9.2002; FU Berlin, Institut für Meteorologie

Der Wettersatellit NOAA-16 überflog an dem Tag zwischen 8.46 Uhr und 14.05 Uhr viermal in rund 800 km Höhe Europa. An den Schnittstellen des zusammengesetzten Wetterbilds ist die Veränderung der Wolkenmuster zwischen den einzelnen Umrundungen zu sehen.

b) Wetterbild aus geostationärer Perspektive
Aufnahme: Meteosat-7, 19.9.2002; EUMETSAT

Alle halbe Stunde nimmt METEOSAT aus einer Höhe von rund 36 000 km ein Bild der Erde aus dem immer gleichen Blickwinkel auf. Der Ausschnitt von Europa wurde im sichtbaren Bereich aufgenommen. Die räumliche Auflösung ist deutlich geringer als beim polar umlaufenden NOAA-Satelliten.

c) Wolkenbild im infraroten Spektralbereich
Aufnahme: Meteosat-7, 19.9.2002; EUMETSAT

Ein zeitgleiches Bild des METEOSAT, aufgenommen mit einer Infrarotkamera. Helle Stellen stehen für eine niedrige Temperatur und zeigen Bewölkung, dunklere Bereiche weisen auf höhere Temperaturen von unbewölkten Landflächen hin. Einige Wolkendetails lassen sich nicht so gut erkennen wie im sichtbaren Bereich, dafür stehen Infrarot-Wetterbilder auch nachts zur Verfügung.

2.1.3 Umweltmonitoring per Satellit: Waldbrände in Indonesien

Um die Auswirkungen von Waldbränden vom Satelliten aus zu analysieren, setzt man verschiedene Sensoren in unterschiedlichen Spektralbereichen ein. So konnte 1998 das Ausmaß der Brände auf der indonesischen Insel Borneo untersucht werden, bei denen große Mengen Kohlendioxid freigesetzt wurden. Die Ursachen waren vielfältig: Trockenheit infolge eines El-Niño-Ereignisses zusammen mit der Anfälligkeit der Wälder durch Vorschädigungen wie Holzeinschlag und Straßenbau sowie Brandstiftungen zur „Gewinnung" von Ackerland. Die Ergebnisse der Satellitenauswertung von 1998 sollen helfen, bei zukünftigen Trockenperioden das Feuerrisiko abzuschätzen und gezielte Maßnahmen zu treffen.

a) Aufnahme im sichtbaren und nahen infraroten Bereich
Bild: LANDSAT TM, RSS GmbH

Solche Aufnahmen des LANDSAT TM können bei klarer Sicht mit hoher Auflösung sogar einzelne Holzfällerstationen aufspüren, doch verdecken Wolken und während der Brände auch Rauchschwaden die Sicht auf die Erdoberfläche.

b) Infrarotaufnahme
Bild: ESA, RSS GmbH

Infrarotkameras von NOAA-Satelliten spüren Wärmequellen auf, sodass einzelne Brandherde (Hot Spots) erkannt werden, ohne jedoch ihre Größe abschätzen zu können. In dem Untersuchungsgebiet auf Borneo wurden von Januar bis Mai 1998 rund 52000 Hot Spots ermittelt.

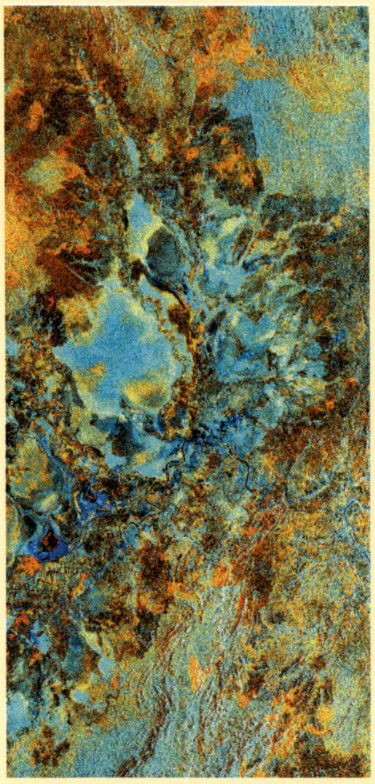

c) Radaraufnahmen im Abstand von zwei Wochen
Bild: ESA, RSS GmbH

Radaraufnahmen zeigen die Rauigkeit von Oberflächen. Aus dem Vergleich zweier Bilder des Radarsatelliten ERS-2 ist diese Abbildung entstanden, auf der Gebiete dargestellt sind, deren Oberfläche sich durch Waldbrand verändert hat: Orange markierte Flächen sind total verbrannt, gelbe stark geschädigt.

2.1.4 Auflösungen von Satellitenbildern
Aufnahmen: DLR, 2002

Für einige Untersuchungen ist es notwendig, auf einem Satellitenbild ein großes Gebiet zu erfassen, auch wenn die Auflösung gering ist. Für andere Zwecke ist eine große Auflösung wichtig, wobei nur eine kleine Fläche erfasst wird oder die Bilder seltener zur Verfügung stehen. Die Abbildungsreihe zeigt jeweils denselben Ausschnitt südlich von München.

a) Die Pixelgröße des geostationären Wettersatelliten Meteosat-7 beträgt etwa 5x5km – dafür liegt alle 30 Minuten eine Abbildung vor.

b) Der Wettersensor des polar umlaufenden Satelliten NOAA-AVHRR produziert mehrmals täglich Aufnahmen mit einer Auflösung von etwa 1x1km.

c) Die Abbildungen des Sensors MODIS mit 250x250m pro Bildpunkt sind ein- oder zweimal täglich verfügbar.

d) Auf Bildern von LANDSAT sind Details der Bodennutzung wie Siedlungen und Felder bei einer Auflösung von etwa 30x30m sichtbar. Alle 14 Tage wird ein solches Bild erstellt.

2.2 Der Umweltsatellit ENVISAT

2.2.1 Umweltsatellit ENVISAT
ESA, 2002; 26 x 10 x 5 m (mit Solarsegel); Projektion; Fotocollage: ESA

Groß wie ein Autobus fliegt der europäische Umweltsatellit ENVISAT seit dem 1. März 2002 in einer Höhe von 800 km um die Erde. Er soll u. a. das Plankton der Ozeane, die Größe eisbedeckter Flächen, Waldbrände an Landoberflächen und die Rolle verschiedener Gase in der Atmosphäre für den Treibhauseffekt untersuchen. Der Satellit fliegt in einer Bahn, von der aus jeder Punkt auf der Erdoberfläche mindestens einmal in drei Tagen aufgenommen werden kann. Die ersten Monate nach dem Start dienen dem Test der Instrumente; sie werden dabei über Vergleichsmessungen von der Erde aus kalibriert. Die Hersteller garantieren einen Betrieb von fünf Jahren; die Wissenschaftler hoffen, dass der zwei Milliarden € teure Satellit länger seinen Dienst tut. Schließlich erfordert die Klimaforschung möglichst lange Messreihen.

2.2.2 ENVISAT-Bilder aus dem All
Aufnahmen: ESA, 2002

a) Grönland am 17. Mai 2002
Auf dem Infrarotbild des MERIS-Sensors, das die Küste Grönlands zeigt, sind die vereiste Erdoberfläche (grünlich) und die Bewölkung in der Atmosphäre (rötlich) scharf getrennt sichtbar. Gut zu erkennen sind auch die Wirbel der Meeresströmungen im schmelzenden Eis entlang der Küste.

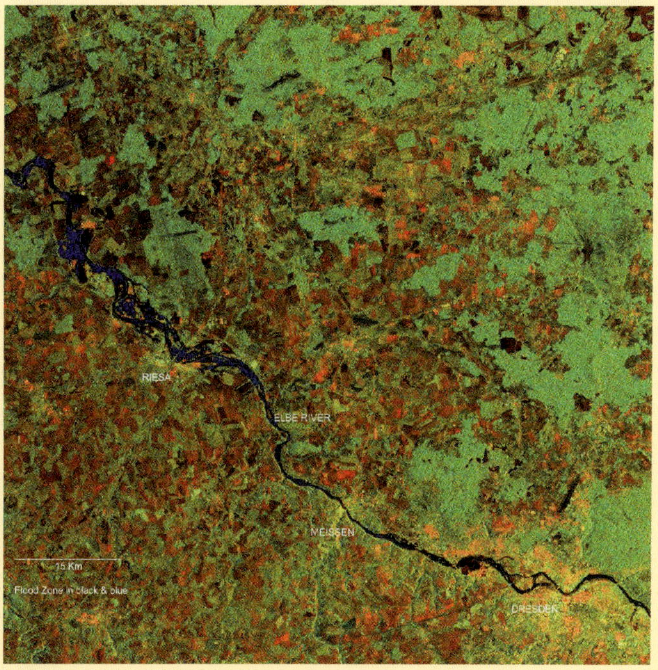

b) Die Elbe am 19. August 2002
Das Radarinstrument ASAR kann unterschiedliche Oberflächen und Landnutzungen voneinander trennen. Das Bild des Elbe-Hochwassers vom 19. August 2002 zeigt blau eingefärbte Überschwemmungen vor allem in der Umgebung von Riesa.

2.2.3 ENVISAT-Instrumente
ENVISAT hat zehn sich ergänzende Messinstrumente an Bord, um die Erde, von den Ozeanen bis zur Atmosphäre, zu untersuchen.

a) MIPAS-FT für den Einsatz im Flugzeug
Forschungszentrum Karlsruhe, Institut für Meteorologie und Klimaforschung (FZK-IMK), Karlsruhe, 1991; 120 x 100 x 200 cm; Karlsruhe, FZK-IMK

In der zu einem Forschungsflugzeug umgebauten Transall untersuchte das „Michelson-Interferometer für passive atmosphärische Sondierung" (MIPAS) in den Wintern von 1991 bis 1995 die arktische Stratosphäre. Das Gerät erfasst die Eigenstrahlung der Atmosphäre simultan für verschiedene Wellenlängen im infraroten Bereich mit hoher spektraler Auflösung. Aus der Stärke der einzelnen Spektrallinien berechnet sich die Konzentration der jeweils zugehörigen Spurenstoffe. Die Aufnahme zeigt MIPAS im Flugbetrieb. (Foto: FZK-IMK)

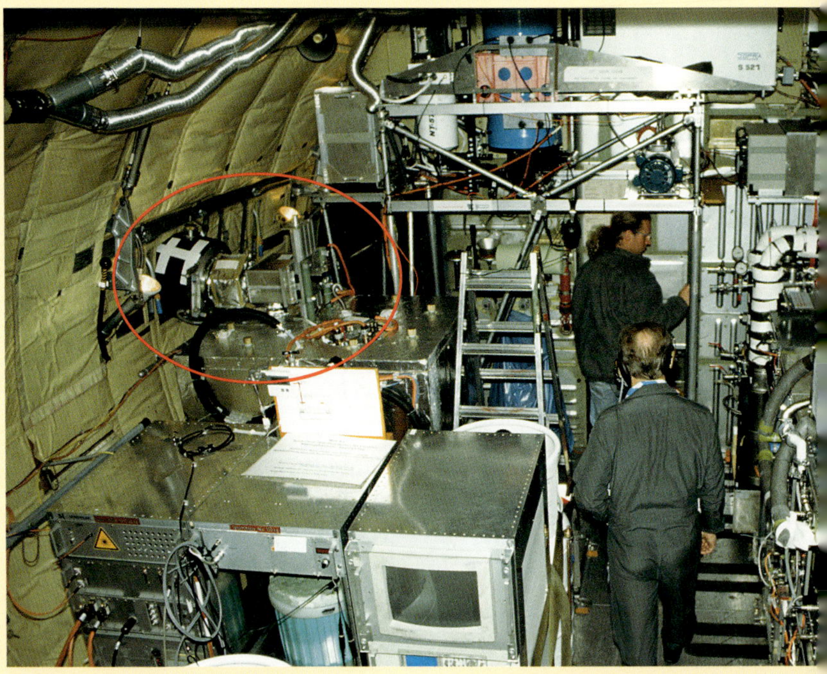

b) Zusammenbau von MIPAS für ENVISAT
Foto: Astrium GmbH

Seit 1986 werden am Forschungszentrum Karlsruhe MIPAS-Geräte für die Atmosphärenforschung entwickelt, deren Trägersysteme zunächst Stratosphärenballons und Flugzeuge waren. Die Geräte zeichnen sich durch große Präzision wie auch Stabilität gegen Vibrationen und Temperaturunterschiede beim Flug aus, sodass die ESA ein MIPAS für ENVISAT auswählte. Das Bild zeigt den Zusammenbau der Satellitenversion von MIPAS. Seine Aufgabe ist, etwa 30 Spurengase in einem Höhenbereich von 6 bis 70 km zu untersuchen, um Vorgänge in der Atmosphäre wie die Entwicklung des Ozonlochs besser zu verstehen.

d) Belastungstest vor dem Start
Foto: ESA

Auf dem Rüttelstand der ESA wurden die ENVISAT-Instrumente ohne die sonst so charakteristischen goldenen Isolationshüllen auf ihre Robustheit getestet. MIPAS (links) und SCIAMACHY (rechts) sind markiert.

c) SCIAMACHY
Astrium GmbH und Fokker Space, Friedrichshafen, OHB System, Noordwijk (Niederlande), 2001; Modell 1:2 (Fokker Space); Bremen, Universität Bremen, Institut für Umweltphysik und Fernerkundung

Das „Scanning Imaging Absorption Spectrometer for Atmospheric Chartography" (SCIAMACHY) ergänzt sich mit MIPAS bei der Untersuchung der Atmosphäre. Das Instrument kann Signale im ultravioletten, sichtbaren und infraroten Bereich sondieren und Messungen in unterschiedlichen Beobachtungskonfigurationen wie Nadir, Limb und Okkultation durchführen (siehe Abbildung 9 im Beitrag Schumann). SCIAMACHY misst u. a. die Konzentrationen der für den Klimawandel wichtigsten Treibhausgase Kohlendioxid und Methan in hoher Auflösung. Das Bild zeigt SCIAMACHY-Nachbesserungen zu einem Zeitpunkt, als das Instrument bereits auf ENVISAT montiert war. (Foto: ESA/TNO-TPD)

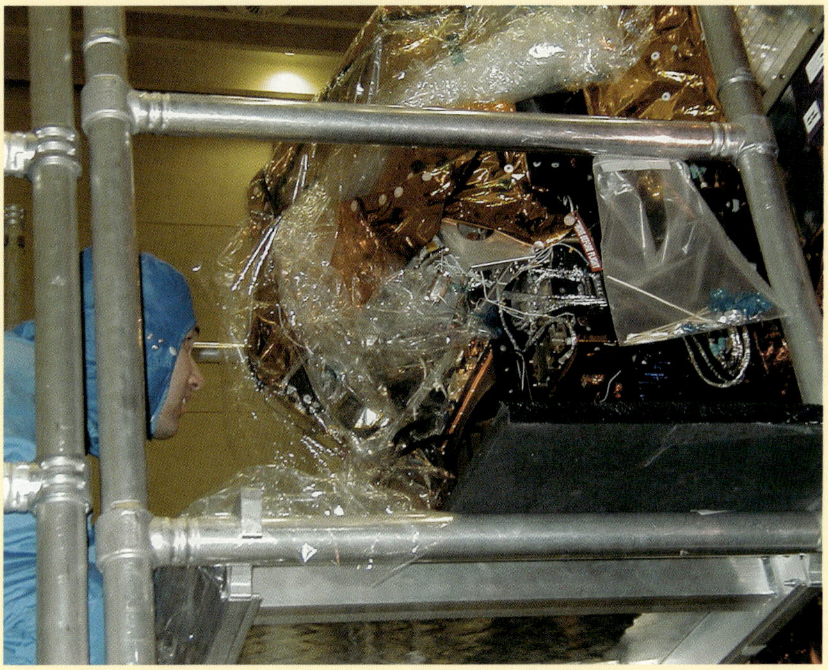

LITERATUR

Leseempfehlungen

Kidder, S.Q., T. H. von der Haar (1995): Satellite Meteorology. An Introduction. Academic Press, San Diego.

Für Bilddaten und wertvolle Hinweise danke ich: S. Ackerman, K. Dammann, G. Gesell, H. Graßl, C. Kurz, R. Meyer, H. Mannstein, R. Meerkötter, E. Raschke, W. Rossow und P. Wendling.

Der **Autor** Ulrich Schumann ist seit 1982 Direktor des Instituts für Physik der Atmosphäre des Deutschen Zentrums für Luft- und Raumfahrt (DLR) in Oberpfaffenhofen und apl. Professor an der Ludwig-Maximilians-Universität München. Seine Arbeitsgebiete sind Turbulenz, Spurenstoffverteilung, Wolkensysteme und Klimaauswirkungen des Luftverkehrs.

Jochen Hennig (**Katalog**) studierte in Münster, Edinburgh, Granada und Oldenburg Physik mit Schwerpunkt Wissenschaftsgeschichte. Er arbeitete an einer Ausstellung zur Physikgeschichte im Naturkundemuseum Oldenburg mit und ist derzeit wissenschaftlicher Volontär im Deutschen Museum.

Literaturbelege

Europäische Kommission (2001): European Research in the Stratosphere 1996-2000, Report EUR 19867, Brüssel.

Fröhlich, C., J. Lean (1998), Total solar irradiance variations: The construction of a composite and its comparison with models. In: Deubner, F. L. (Hrsg.): IAU Symposium 185: New eyes to see inside the sun and stars. Kluwer Academic Publications, Dordrecht, S. 89–102.

Graßl, H., V. Jost, R. Kumar, J. Schulz, P. Bauer, P. Schlüssel (2000): The Hamburg Ocean-Atmosphere Parameters and Fluxes from Satellite Data (HOAPS): A climatological atlas of satellite-derived air-sea-interaction parameters over the oceans. Max-Planck-Institut für Meteorologie, Report No. 312, Hamburg. (Siehe auch: Jost, V., u.a. (2002): Meteorologische Zeitschrift 11, S. 61–70).

Gurney, R.J., J.L. Foster, C.L. Parkinson (1993): Atlas of satellite observations related to global change. Cambridge University Press, New York.

House, F. B., A. Gruber, G. E. Hunt, A. T. Mecherikunnel (1986): History of satellite missions and measurements of the Earth Radiation Budget (1957-1984). In: Rev. Geophys. 24, S. 357–377.

IPCC (1999): Special Report: Aviation and the Global Atmosphere (1999). Hrsg. von Penner, J.E., D.H. Lister, D.J. Griggs, D.J. Dokken, M. McFarland, Intergovernmental Panel on Climate Change. Cambridge University Press, Cambridge, UK.

IPCC (2001): Climate Change 2001: The Scientific Basis. Hrsg. von Houghton, J.T., u. a., Cambridge University Press, Cambridge, UK.

Kramer, J.J. (2002): Observation of the Earth and its Environment. Springer, Berlin.

Lauer, A., M. Dameris, A. Richter, J.P. Burrows (2002): Tropospheric NO_2 columns: a comparison between model and retrieved data from GOME measurements. In: Atmos. Chem. Phys. 2, S. 67–78.

Mannstein, H., R. Meyer, P. Wendling (1999): Operational detection of contrails from NOAA-AVHRR-data. In: Internat. Journal Remote Sensing 20, S. 1641–1660.

Meyer, R., H. Mannstein, R. Meerkötter, U. Schumann, P. Wendling (2002): Regional radiative forcing by line-shaped contrails derived from satellite data. In: Journal Geophys. Res. 10, ACL 17-1 bis ACL 17-16.

Raschke, E., T. H. Von der Haar, W. R. Bandeen, M. Pasternak (1973): The annual radiation balance of the Earth atmosphere system during 1969-1970 from Nimbus 3 measurements. In: Journal Atmos. Science 30, S. 341–364.

WMO/SPARC (2000): Assessment of Upper Tropospheric and Stratospheric Water Vapour. Report WRCP-113. WMO, Genf.

Spichtinger, P., K. Gierens, W. Read (2002): The global distribution of ice-supersaturated regions as seen by the microwave limb sounder. In: Quart. Journal Royal Meteorological Society (eingereicht 2002).

WMO (1999): Scientific Assessment of Ozone Depletion 1998. World Meteorological Organization, Global Ozone Research and Monitoring Project – Report No. 44. WMO, Genf.

Abkürzungen von Bezeichnungen im Zusammenhang mit Satelliten

Einzelheiten zu Satellitensensoren und -systemen in Kramer 2002.

ADM	Atmospheric Dynamics Mission der ESA
ATS1	Application Technology Satellite 1
AVHRR	Advanced Very High Resolution Radiometer
CERES	Clouds and the Earth's Radiant Energy System
DLR	Deutsches Zentrum für Luft- und Raumfahrt
DMSP	Defense Meteorological Satellite Program, USA
DOAS	Differential Optical Absorption Spectroscopy
ECHAM	ECMWF Climate Model, Hamburg Version
ECHAM/CHEM	ECHAM with Chemistry Module
ECMWF	European Centre for Medium Range Weather Forecasts
ENVISAT	European Environmental Satellite
ERBE	Earth Radiation Budget Experiment
ERS	ESA Remote Sensing Satellite
EUMETSAT	European Organisation for the Exploitation of Meteorological Satellites
GERB	Geostationary Earth Radiation Budget
GMS	Geostationary Meteorological Satellite (Japan)
GOES	Geostationary Operational Environmental Satellite
GOME	Global Ozone Monitoring Experiment
GOMOS	Global Ozone Monitoring by Occultation of Stars
HALOE	Halogen Occultation Experiment
HOAPS	Hamburg Ocean-Atmosphere Parameters and Fluxes from Satellite Data
INSAT	Indian National Satellite
IPCC	Intergovernmental Panel on Climate Change
ISCCP	International Satellite Cloud Climatology Project
MERIS	Medium Resolution Imaging Spectrometer
METEOSAT	European Meteorological Satellite Series, EUMETSAT
METOP	Meteorological Operational Satellite Series, EUMETSAT
MIPAS	Michelson Interferometer for Passive Atmospheric Sounding
MLS	Mikrowave Limb Sounder
MODIS	Moderate-Resolution Imaging Spectrometer
MSG	Meteosat Second Generation
MSU	Microwave Sounding Unit
NASA	National Aeronautics and Space Administration, USA
NIMBUS	NASA Earth Observation Mission Series
NOAA	National Oceanic and Atmospheric Administration, USA
SAGE	Stratospheric Aerosol and Gas Experiment
ScaRaB	Scanner for Radiation Budget
SCIAMACHY	Scanning Imaging Absorption Spectrometer for Atmospheric Cartography
SPARC	Stratospheric Processes and their Role in Climate
SSM/I	Special Sensor Microwave Imager
TERRA	Polar Orbiting Satellite of the Earth Observing System (EOS), NASA
TIROS	Television and Infrared Observation Satellite
TOMS	Total Ozone Mapping Spectrometer
WALES	Water Vapor Lidar Experiment in Space
WCRP	World Climate Research Program, WMO
WMO	World Meteorological Organization

Abb. 1: Eine mächtige Sedimentwand bei Ptolemais in Griechenland (Ptolemais-Formation, Miozän). In der Schichtung haben sich die „Milankovitch-Zyklen“ – der astronomisch bedingte Wechsel von Warm- und Kaltzeiten – niedergeschlagen. (Foto: Jörg Negendank)

Klima im Wandel: Lesen in den Archiven der Natur

Die wechselvolle Vergangenheit des irdischen Klimas bietet reiches Material, an dem sich Einsichten in das Klimasystem gewinnen oder überprüfen lassen. Die Veränderlichkeit des Klimas auf verschiedenen Zeitskalen – vom Zeitmaß einer menschlichen Generation bis zu Zyklen von Jahrmillionen, die unser menschliches Vorstellungsvermögen übersteigen – bildet die Folie, vor der wir den jüngsten, vom Menschen verursachten Klimawandel erst erkennen. Aus einer Vielzahl natürlicher „Klimaarchive“ konnten Paläoklimatologen in jüngster ...

Dauer und Verlauf der einzelnen Warmzeiten werden durch die astronomischen Parameter der Erdbahn bestimmt. Das Holozän, unsere aktuelle Warmzeit, in der wir seit 11600 Jahren leben, könnte nun der Anfang einer möglicherweise 50000 Jahre andauernden Warmphase sein; denn das komplexe Zusammenspiel der einzelnen Parameter ergibt derzeit eine Situation, in der die in der Regel ellipsenförmige Bahn der Erde nahezu einen Kreis darstellt, was nur etwa alle 400000 Jahre auftritt.

DIE ARCHIVE DES KLIMAS

Um zu einem vollen Verständnis des Klimasystems zu kommen, muss man also seine Vergangenheit analysieren. Da bei allen Klimaprozessen, die sich mindestens über einige Jahre (mehr als zehn) erstrecken, immer alle am Klima beteiligten Systeme und Faktoren involviert sind, müssen auch alle in der Analyse berücksichtigt werden. Dabei steht man vor zwei Problemen: Zum einen gibt es für die Zeit von vor mehr als 300 Jahren keine direkten Messungen der Klimaelemente. Man ist für diese Zeiten auf „Stellvertreterdaten" oder so genannte Proxydaten angewiesen, auf Informationen aus unterschiedlichen „Archiven" der Natur, wie es z. B. Eisbohrkerne, Sedimente oder fossile Lebewesen sind (Abbildungen 3 und 4). Aus ihnen schließt man dann indirekt auf das Klima. Zum anderen kann man keine Experimente mit dem Klima anstellen. Um das Klima zu untersuchen, muss man Simulationsexperimente am Computer durchführen (siehe Beiträge Edwards und Cubasch). Die entsprechenden Klimamodelle sind allerdings noch weit davon entfernt, das besagte komplexe Zusammenspiel aller Teile des Klimasystems abzubilden. Im Folgenden gehen wir zunächst auf die historische Klimarekonstruktion anhand verschiedener Proxydaten ein, um am Schluss des Beitrags nochmals auf die Modelle und ihre Verknüpfung mit diesen Daten zurückzukommen.

TIEFGEFROREN: EISBOHRKERNE

Das Eis der Erde ist neben der Atmosphäre und dem Ozean eine wichtige Komponente des Klimasystems der Erde und steht mit diesen in enger Wechselwirkung. Neben der Eigenschaft der Eisoberflächen, die Sonnenstrahlung zu reflektieren (Albedo), und der Dicke der Eisschilde, die sich auf die atmosphärische Zirkulation auswirkt, spielt klimatisch die Beziehung zwischen dem globalen Eis- und Meeresvolumen eine große Rolle. Da dem Ozean beim Aufbau von Inlandeis das Süßwasser entzogen wird, das Meer also salziger wird, erhöht sich dabei die Dichte des Meerwassers. Schon geringe Änderungen im Salzgehalt der Meere können jedoch die Tiefenzirkulation im Ozean beeinflussen, den „Motor" des gewaltigen Massen- und Energieaustauschs in den Ozeanen, der das weltweite Klima bestimmt. Eis kommt an Land dort vor, wo die Temperaturen ganzjäh-

Was wird gemessen?	
Seit ca. 150 Jahren	**Meteorologische Messwerte** Temperatur, Niederschlag, Feuchtigkeit etc.
Seit ca. 3000 Jahren (lückenhaft, zufällig, Extremereignisse)	**Historische Aufzeichnungen über** Fluten, Dürren, Kälteperioden (zugefrorene Seen), Winterstrenge, andere Beobachtungen
Von heute weit in die Erdgeschichte zurück (bis maximal Millionen von Jahren): verschiedene Klimaarchive mit 1-, 10- und 100-jähriger Auflösung	**Proxy- bzw. Stellvertreterdaten** für Niederschlag, Temperatur etc. in verschiedenen Archiven; indirekte Ableitung der Klimawerte: Baumringe, Eis, Korallen, See- und Meeressedimente

Abb. 3: Die verschiedenen Informationsquellen zur Rekonstruktion des Klimas vergangener Zeiten.

Kurzfristig	Mittelfristig	Langfristig	Ultralangfristig
Daten aus jüngster Zeit, die auf meteorologischen Messreihen basieren	Meteorologische Messreihen; Proxydaten: warvierte Seesedimente, Eis, ^{14}C in Baumringen, kosmogene Isotope	Proxydaten (marine Sedimente)	Geologisch rekonstruiert
Nordatlantische Oszillation (NAO) (5–7 Jahre) z. B. El Niño	Kleine Eiszeit holozänes Klimaoptimum, Dansgaard-Oeschger-Zyklen Perioden von 11, 22, 88, 210, ~500, 1050 Jahren, ~1500, 2500 Jahren	Wechsel von Warm- und Kaltzeiten, z. B. im Quartär Milankovitch-Zyklen Perioden von 19000, 23000, 41000, 100000, 413000 Jahren	z. B. Vereisung der Nordhemisphäre seit ca. 2,8 Millionen Jahren, Entwicklung des Monsuns in Asien
Mögliche Ursachen: Rotation der Erde Atmosphärenbewegung, Ozeanströme Treibhausgase, Aerosole, CO_2-Senken, Albedo-Änderungen Sonnenaktivität	Mögliche Ursachen: Jahre – Jahreszeiten durch Rotation der Erde Erdbahnparameter Sonnenaktivität (korreliert mit Sonnenfleckenzyklus) Änderung der ozeanischen Zirkulation	Mögliche Ursachen: Erdbahnparameter solare Einstrahlung	Mögliche Ursachen: Schließung der Panamastraße Hebung von Tibet

Abb. 4: Klimaschwankungen auf unterschiedlichen Zeitskalen.

Abb. 5: Das Bohrcamp mit dem GISP2-Bohrdom auf Grönland. (Quelle: NOAA, Foto: Mark Twickler, University of New Hampshire)

Abb. 6: Der Isländer Thorstein Thorsteinsson mit einem besonders langen Eisbohrkernstück. Es wurde während einer GRIP-Kampagne in Nordgrönland geborgen. (siehe auch Katalog 1.2; Foto: AWI)

rig unter dem Gefrierpunkt liegen, z. B. in polaren Breiten und in höheren Bergregionen. Die wichtigsten Eisarchive für das Klima im Spätquartär (also in der Zeit von vor 400 000 Jahren bis heute) sind die bis auf mehrere Kilometer Tiefe erbohrten Eiskerne aus den mächtigen Eisschilden Grönlands (z. B. GRIP und GISP2, Abbildungen 5 und 6) und aus der Antarktis (z. B. Vostok und Byrd), aber auch kürzere Eiskernsequenzen aus tropischen und subtropischen Berggletscherregionen (wie Anden und Himalaja).

Das Inlandeis (teilweise auch die Gebirgsgletscher) ist in Schichten aufgebaut, die durch hellere Winter- und dunklere Sommerlagen gekennzeichnet sind und jährlich durch eine neue Schneeschicht ergänzt werden (Abbildung 7). Diese jahreszeitlich geschichteten Ablagerungen kann man abzählen; neben der Datierung anhand vulkanischer Aschen und diverser anderer Parameter (z. B. der Anteile bestimmter stabiler Isotope oder von Staub- und Mikropartikeln) bildet das Zählverfahren die wichtigste Grundlage für die Alterseinstufung der Eiskerne.

Unterschiede in der Dicke der Jahreslagen liefern wichtige Informationen etwa über die Schneefallmenge im Winter oder das Abschmelzen des Eises im Sommer. Jede Jahreslage speichert zudem in den Luftblasen der Eiskristalle den damals aktuellen Gehalt an atmosphärischen Gasen (Abbildung 8). Schwankungen in den Konzentrationen (z. B. von Kohlendioxid, Methan und Lachgas) spiegeln somit kurz- wie auch langfristige Änderungen in der Zusammensetzung der Atmosphäre wider. Aus den relativen Werten bestimmter Sauerstoff- und Wasserstoffisotope, dem ^{18}O- bzw. dem Deuterium-Anteil (^2H) im Eis, kann man zudem die Temperaturen der Eisoberflächen zum Zeitpunkt der Entstehung abschätzen. Mehr oder weniger große Anteile an feinkörnigen Staubpartikeln liefern Hinweise auf Windstärke und Windrichtungen in der Vergangenheit. Schließlich gibt der Ionengehalt im Eis Auskunft über die damals in der Atmosphäre vorhandenen Aerosole (Staubpartikel). Anhand dieser Ionen kann unterschieden werden zwischen Mineralstaub aus trockenen und vegetationsarmen Gegenden (Ca^{2+}-Anteile), Seesalz, das durch Stürme in die Atmosphäre gelangte (Cl^-, Br^-, Na^+, Mg^{2+}), Aerosolen aus meeresbiologischer Produktion (NO_3^-, SO_4^{2-}), Verbrennungsrückständen von Biomasse (NH_4^+) sowie vulkanischen Aktivitäten (SO_4^{2-}). Die vulkanischen Säuren spielen besonders in den Eiskernen Grönlands eine große Rolle, da sich aus den zahlreichen Signalen eine nahezu komplette Abfolge der hochexplosiven vulkanischen Aktivitäten auf der Nordhalbkugel ableiten lässt. Ferner kann man aus dem enormen Anstieg an chemischen Verunreinigungen wie Blei, Ruß und Nitraten im jüngsten Abschnitt der Eiskernprofile den jüngsten Einfluss des Menschen auf die Umwelt nachweisen.

Abb. 7: Sommer- und Winterlagen im antarktischen Eis, zu sehen im Durchlicht zwischen zwei Schneeschächten; dunkel ist in der Regel der feinkörnige, fest verpresste Winterschnee. Auf dem hoch gelegenen Plateau in Dronning Maud Land lagern sich pro Jahr etwa 20 cm Schnee ab. (Foto: AWI)

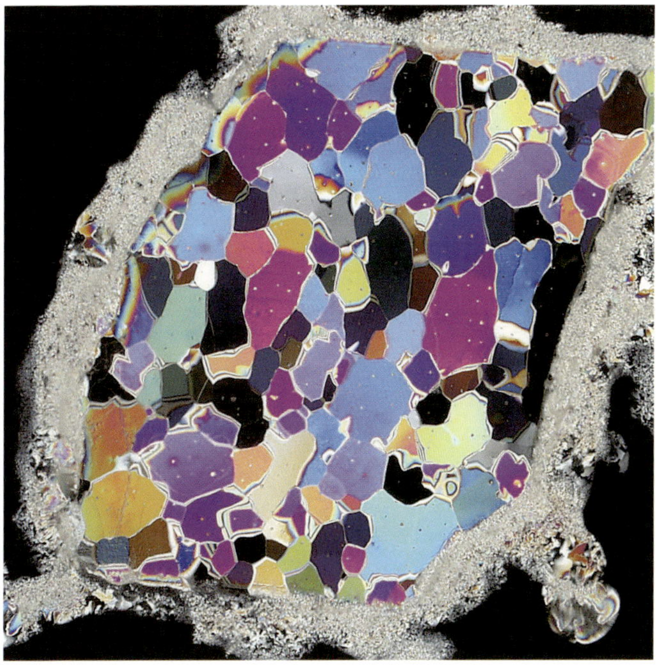

Abb. 8: Die Eiskristalle in einem Dünnschliff eines Eisbohrkerns unter dem Polarisationsmikroskop. (Quelle: AWI)

AUFGESCHICHTET: WARVEN (JAHRESLAGEN)

Ablagerungen am Grund von Seen, so genannte Sedimente, sind regelmäßig geschichtet. Der schwedische Geologe Gerard De Geer erklärte diese Schichtungen Anfang des 20. Jahrhunderts erstmals anhand der durch die Jahreszeiten gesteuerten Ablagerungsprozesse. Aus dem schwedischen Begriff „varvig lera" (geschichteter Ton), den De Geer für die Sedimente benutzte, leitet sich der Terminus „Warve" ab. Eine Warve bezeichnet heute ganz allgemein eine Schicht oder Lage im Sediment, die während eines Jahres entstand und die durch eine bestimmte Abfolge von Materialien charakterisiert ist. Die meist sehr dünnen Lagen kann man nur unter dem Mikroskop bei entsprechender Vergrößerung untersuchen. Dazu stellt man in einem speziellen Verfahren einen Dünnschliff her, eine sehr feine Gesteinsscheibe auf einem Glasobjektträger. Durch Auszählen der Jahreslagen, wobei man von dem Jahr ausgeht, in dem der Sedimentbohrkern entnommen wurde, bestimmt man den Zeitpunkt der Entstehung jeder einzelnen Warve und entwickelt daraus eine Warvenchronologie.

Klastische Warven entstehen in kalten Klimaten, wie sie heute in arktischen und hochalpinen Regionen vorherrschen. Während der letzten Eiszeit bis vor etwa 14 500 Jahren bildeten sich solche Warven auch in deutschen Seen, z. B. in den Eifelmaaren. Aufgrund der Klimabedingungen ist der organische Anteil in diesen Warven extrem niedrig (kleiner als 1 %). Sie bestehen fast ausschließlich aus feinen, zerbrochenen Mineralkörnern (0,002–0,06 Millimeter im Durchmesser), die durch Wasser und Wind von außen in den See eingetragen werden. Der jahreszeitliche Ablagerungszyklus ist an den Korngrößen ablesbar, was auf die je nach Gewicht und Form unterschiedlichen Absetzgeschwindigkeiten der Mineralkörner zurückzuführen ist (Abbildung 10). Am schnellsten sinken die größten, schwersten und runden Körner auf den Seeboden. Kleine und diskusförmige Mineralkörner können hingegen je nach Turbulenz des Seewassers Wochen bis Monate in der Schwebe bleiben. Dabei findet in kalten Klimaten der überwiegende Eintrag in die Seen mit der Gletscher- und Schneeschmelze im Frühsommer statt.

Der wichtigste Parameter klastischer Warven, der für paläoklimatische Rekonstruktionen genutzt wird, ist die Warvendicke; sie variiert mit der Menge des Schmelzwassers. Die Schmelzwassermenge wiederum wird durch die Temperaturen während der Tauphase sowie die vorhandene Schneedecke (also den Winterniederschlag) bestimmt. Anhand der Warvendicke kann auch festgestellt werden, ob sich ein größerer Gletscher in der Nähe des Sees befand (proglazialer See). In diesem Fall können die Warven aufgrund des hohen Anteils von Sand und Mineralstaub im Gletschereis mehrere zehn Zentimeter dick werden. Solche Warven sind charakteristisch für die Zeit des Abschmelzens der großen Gletscher am Ende der letzten Eiszeit. In allen

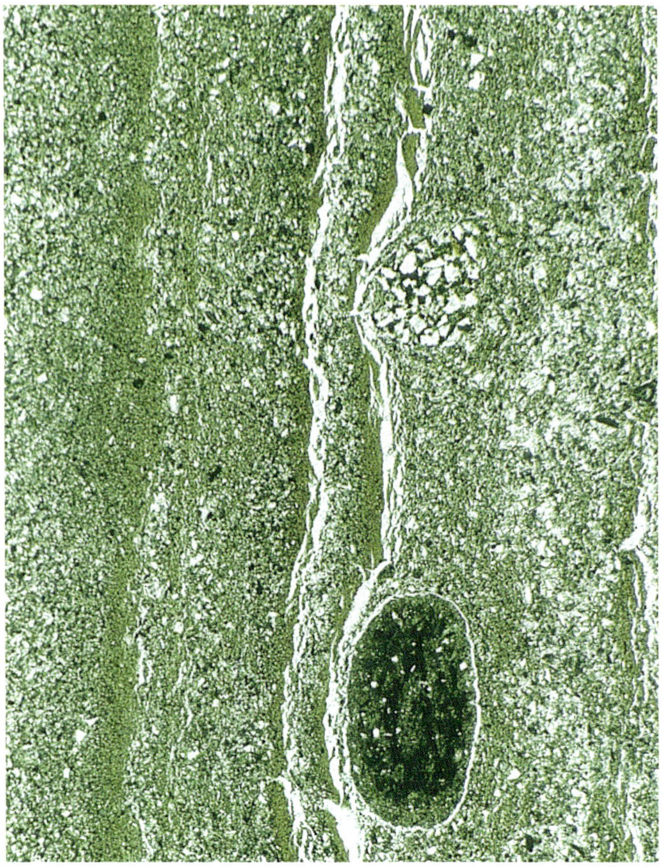

Abb. 9: Dünnschliffaufnahme klastischer Warven aus dem Holzmaar (17 500 Jahre alt) mit zwei Sandkörnern, die durch Eisdrift transportiert wurden und sich nach dem Auftauen im Frühjahr auf einer Winterlage abgesetzt haben. (Foto: Achim Brauer, GFZ)

anderen (periglazialen) Seen wird der Sedimenteintrag ausschließlich durch die Schneeschmelze bestimmt. Die Warvendicken sind dort deutlich geringer und erreichen maximal einige Millimeter (Abbildungen 9, 10 und 11).

Biogen-klastische Warven bestehen im Unterschied zu rein klastischen Warven zum Teil oder sogar überwiegend aus organischem Material, das nur in wärmeren, gemäßigten Klimaten entstehen kann. Für diese organischen Teile sind vor allem die Temperatur und das Angebot an Nährstoffen im Wasser eines Sees ausschlaggebend. Neben den im Wasser selbst entstandenen Organismen (hauptsächlich sind das Algen, doch auch Planktontierchen, z. B. Wasserflöhe) gehören zum organischen Anteil einer Jahreslage aber auch vom Land eingetragene Pflanzenreste wie Falllaub und Pollen.

Welche Algen wann und wie häufig in einem See von Frühjahr bis Herbst vorkommen, hängt stark von den im Wasser vorherrschenden Temperaturverhältnissen ab. In gemäßigten Breiten mit vier ausgeprägten Jahreszeiten bildet sich bei hohen Sommertemperaturen wie auch bei winterlicher Eisbedeckung eine Temperaturschichtung in der Wassersäule; im Frühjahr und Herbst hingegen wird das Wasser stärker umgewälzt und durchmischt. Reguliert wird das Auftreten der Algen zudem durch das Nährstoffangebot und durch das Massenvorkommen an Planktontierchen, die im Sommer die Algen „abweiden". Umwälzungen des Wassers und Einträge von außen durch Niederschläge bestimmen, was sich an Pflanzenresten und umgeschichtetem Material ablagert (Abbildung 12). Dazu gehören Mineralkörner, d. h. klastische Anteile (siehe oben), ebenso wie organische Teile, Pflanzenreste und Algenarten, die im Uferbereich des Sees leben (organischer Anteil, Abbildung 14).

Je nach Auftreten der einzelnen jahreszeitlichen Lagen, nach ihrer Dicke und Ausprägung kann man also auf die Bedingungen in dem und um den See schließen. Für den mineralischen (klastischen) Anteil der biogen-klastischen Warven gilt dieselbe Abhängigkeit von Schmelzwasserzuflüssen wie für die klastischen Warven, nur dass in gemäßigten Klimaten die Niederschlagsmenge und die Vegetationsbedeckung im Seeumfeld die steuernden Faktoren sind.

Evaporitische Warven schließlich entstehen unter trockenheißen Bedingungen, z. B. im Toten Meer in Israel (Abbildung 13) oder am Großen Salzsee in Utah, USA. In solchen Seen kann es zur Ablagerung von chemischen Mineralausfällungen kommen. Sie erfolgen im jahreszeitlichen Rhythmus und klimatische Schwankungen spiegeln sich dabei in einem Wechsel der Materialien wider. Im Winter schwemmen Niederschläge feine Gesteinsbruchstücke aus dem

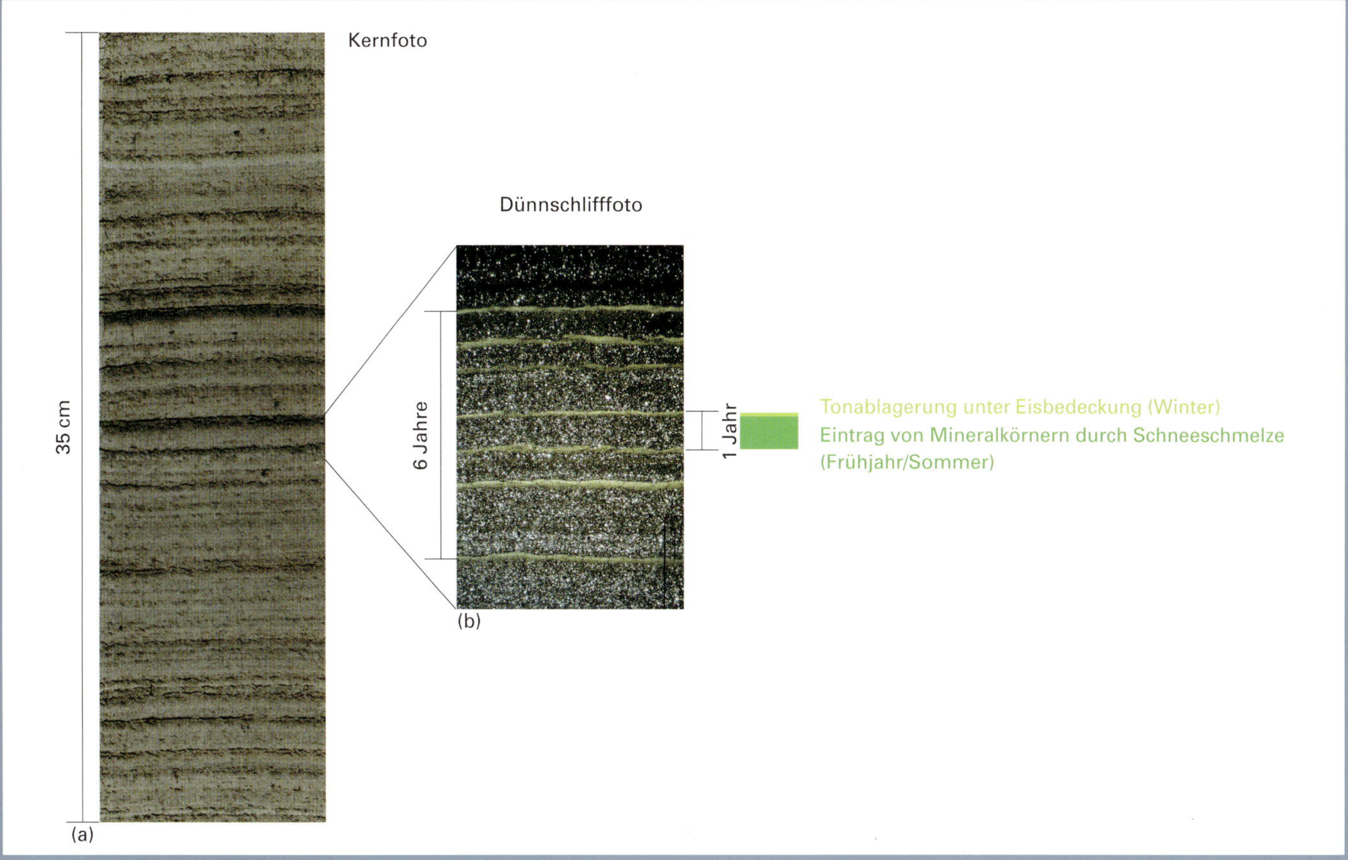

Abb. 10a und b: Ein Bohrkern mit klastischen Warven aus dem Holzmaar, einem Kratersee in der Vulkaneifel; links (a) ein Foto des erbohrten Kerns, rechts (b) ein Dünnschliff unter dem Mikroskop. Gröbere Mineralkörner zeigen die Phase des Schmelzwassereintrags an (Sommerlage). Davon deutlich abgetrennt bildet sich am Ende dieser Ablagerungsphase eine Lage aus feinem Ton, die sich erst unter den Stillwasserbedingungen des wieder zugefrorenen Sees absetzen kann. (Foto: Achim Brauer, GFZ)

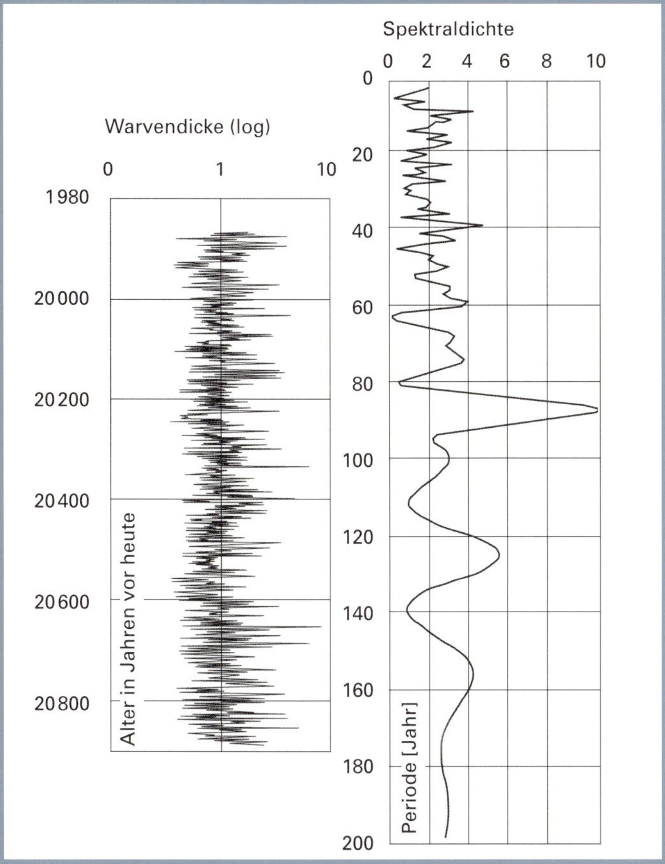

Abb. 11: Analyse von klastischen Warvendicken. Die unter dem Mikroskop vermessenen Warvendicken stellen paläoklimatische Zeitreihen dar, die man durch eine mathematische „Spektralanalyse" auf in ihnen verborgene Periodizitäten untersucht. Eine 20000 Jahre alte Warvenreihe aus dem Holzmaar zeigte dabei einen deutlichen Zyklus von 88 Jahren. Er entspricht dem „Gleissberg-Zyklus" von Schwankungen der Sonnenstrahlung und lässt einen Zusammenhang von Sonnenaktivität und Klima vermuten. (Quelle: GFZ)

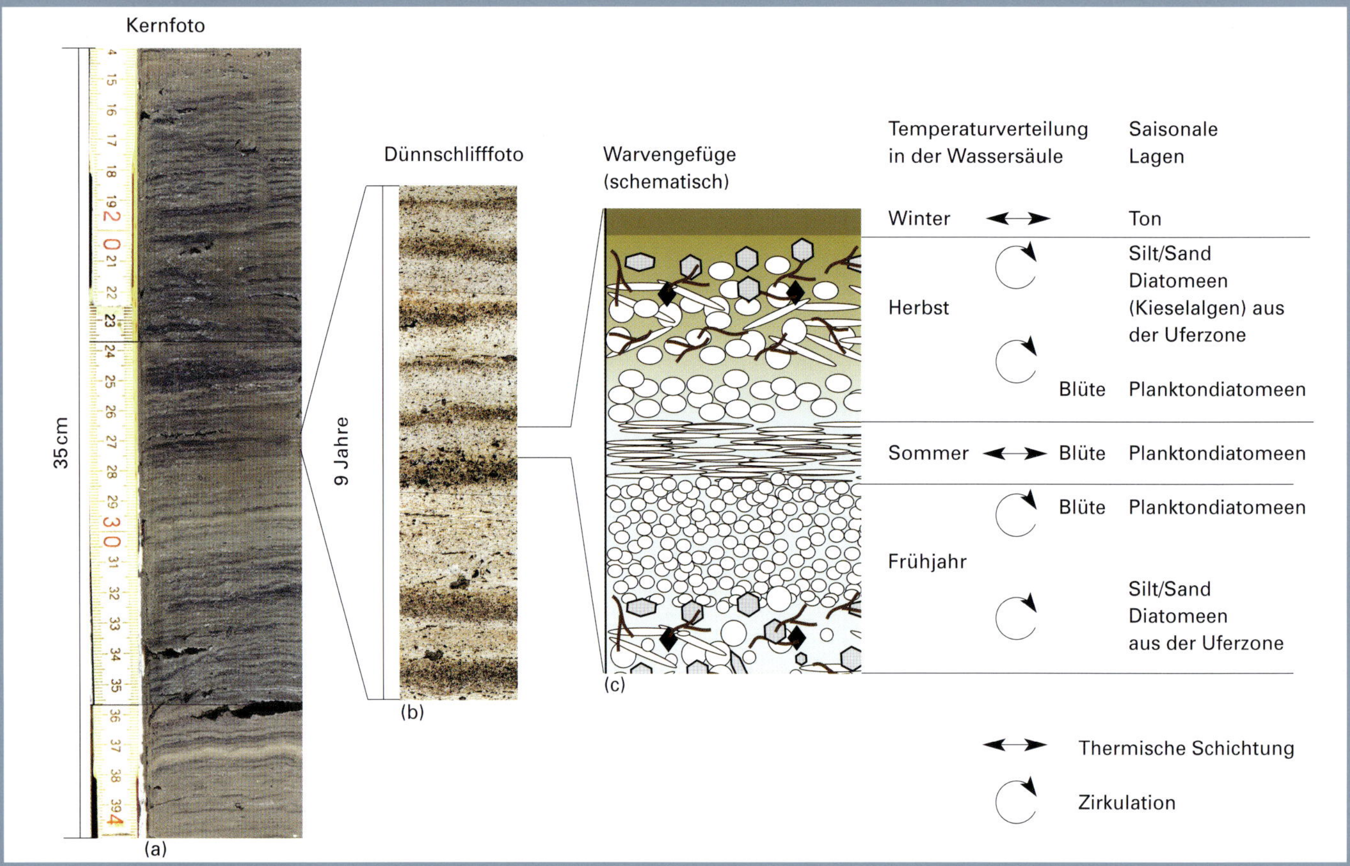

Abb. 12a bis c: Der typische Aufbau biogen-klastischer Warven am Beipiel von Jahreslagen im Holzmaar aus der kleinen Eiszeit; links (a) ein Foto des dem Seegrund entnommenen Sedimentbohrkerns, in der Mitte (b) die Dünnschliffaufnahme unter dem Mikroskop und rechts (c) der schematische Aufbau einer kompletten Jahreslage. (Fotos: Markus Schwab (a), Cathrin Brüchmann (b), Ulrike Krienel (c) GFZ)

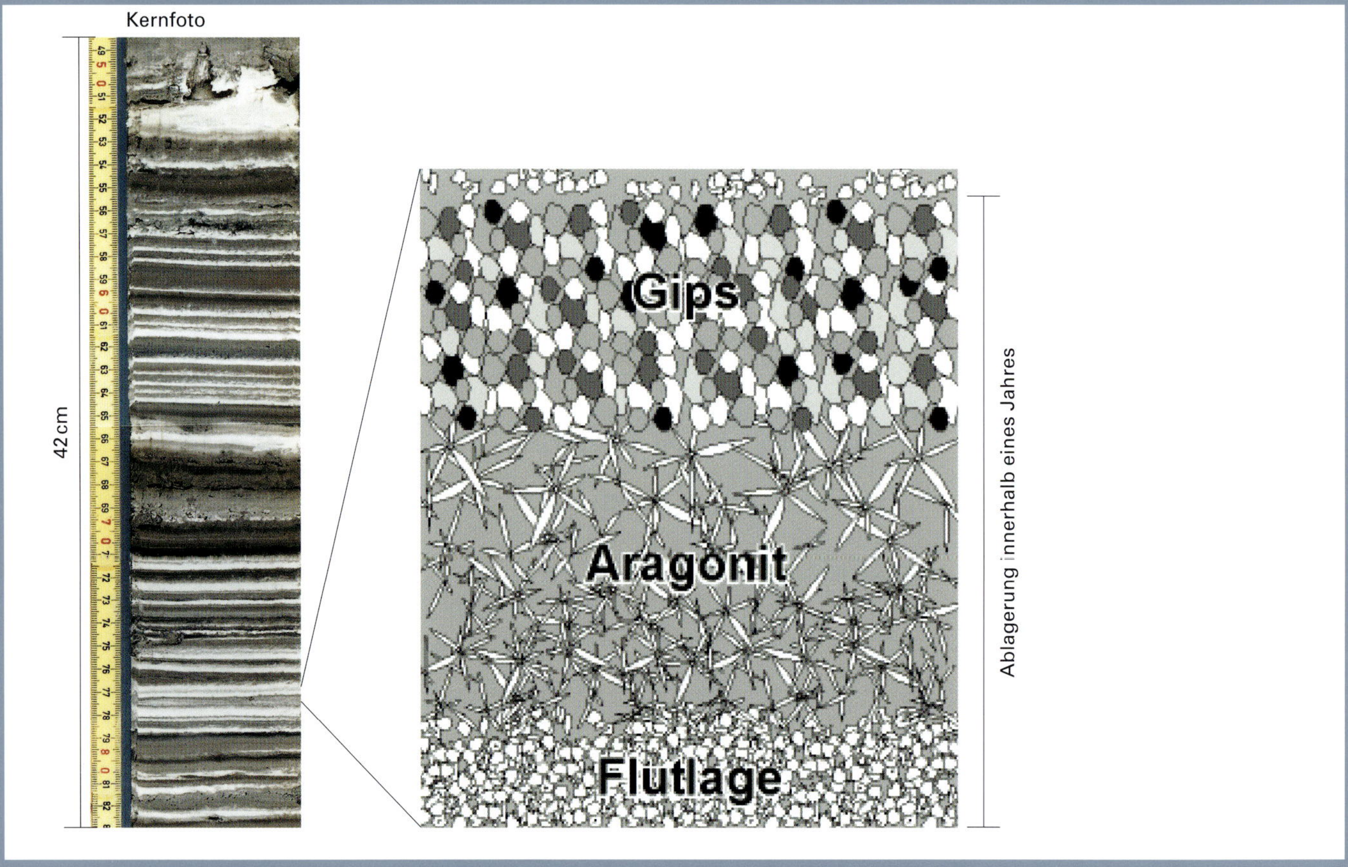

Abb. 13: Der typische Aufbau evaporitischer Warven am Beispiel eines Kerns aus dem Toten Meer. Ablagerungen von Schwemmfluten aus dem umliegenden Bergland wechseln sich mit Schichten von Aragonit ($CaCO_3$) und Gips ($CaSO_4 \cdot 2H_2O$) ab, die im Wasser auskristallisieren, wenn durch die dort starke Verdunstung die Ionenkonzentration bis zur Übersättigung ansteigt. (Quelle: Claudia Migowski, GFZ)

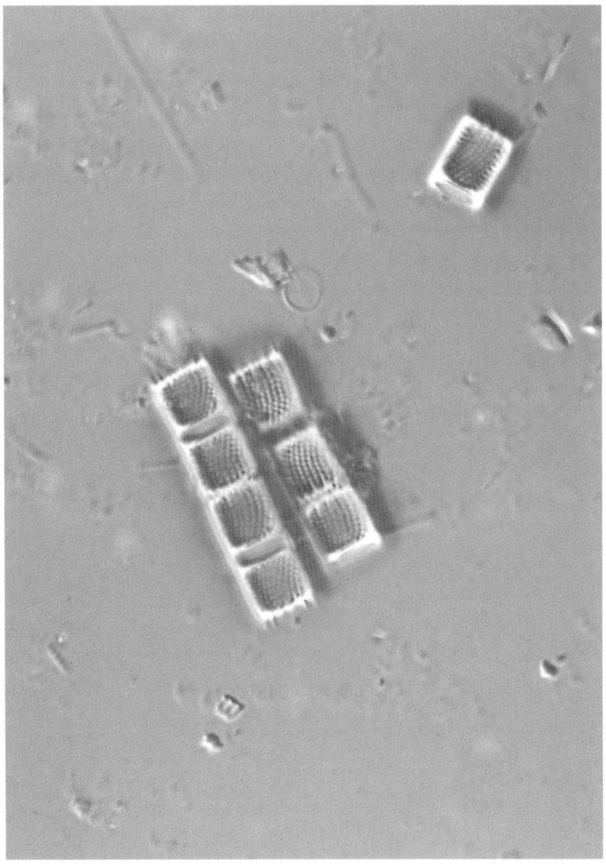

Abb. 14: Das Auftreten bestimmter Diatomeen (im Bild *Aulacoseira subarctica*) in Lagen des frühen 18. Jahrhunderts lässt auf eine besonders kühle Phase der Kleinen Eiszeit schließen. Die Kieselalge kann mit wenig Licht unter einer Wintereisbedeckung leben. Dazu benötigt sie wegen ihrer schweren Schale durch Wind erzeugte Turbulenzen, um in der oberen, hellen Zone schweben zu können. Die Art kommt heute nur in höher gelegenen alpinen und in nordischen Seen vor. (Foto: Ulrike Kienel)

Seeumfeld ein; in den übrigen Monaten kommt es aufgrund starker Verdunstung zu einer Übersättigung des Gewässers; dann fallen vor allem Kalk, Gips und verschiedene Salze aus und sinken zum Seeboden ab. Da unter anderem der Grad der Verdunstung von den klimatischen Bedingungen abhängt, kann man aus der Abfolge der Ablagerungen Rückschlüsse auf das Klima ziehen.

Im Labor zählt man an den Dünnschliffen die meist nur 0,1 bis 2 Millimeter mächtigen Ablagerungsschichten aus und vermisst sie. Die in das Sediment eingeschwemmten feinen Pflanzenreste datiert man mit der Radiokohlenstoffmethode. Aus der Untersuchung der mit dem Sediment abgelagerten Pollen schließt man auf die Pflanzenwelt in der näheren Umgebung. Weitere Informationen erhält man aus der genauen mineralischen und geochemischen Zusammensetzung der Probe.

Alle Einzeldaten zusammengenommen ergeben ein detailliertes und chronologisch exaktes Bild der klimatischen Veränderungen der jeweiligen Region in der Vergangenheit. Für die Warvenchronologie bestehen grundsätzlich keine zeitlichen Beschränkungen, jedoch liegen bisher erst für die letzten 150 000 Jahre gute Ergebnisse vor.

GEWACHSEN: BAUMRINGE

Bei so genannten jahrringbildenden Bäumen (wie Eichen oder Fichten) wachsen an den Baumstämmen Jahr für Jahr Ringe hinzu; ihre Breite hängt von verschiedenen inneren und äußeren Einflüssen ab, wie Nährstoffzufuhr, Konkurrenz zu Nachbarbäumen, Beschädigungen und Schädlingsbefall. Der wichtigste Faktor ist jedoch die Witterung des jeweiligen Jahres. Damit entstehen Folgen von Ringbreiten, die typisch sind für die jeweilige Baumart, die Region und ihr Klima sowie die zeitliche Epoche. Vereinfacht gesagt entstehen bei warmem und feuchtem Klima breite, bei kaltem und trockenem Klima schmale Jahrringe. Die Abfolge der Ringmuster ist deshalb ein unverwechselbarer Fingerabdruck für die prägenden Bedingungen in der Zeit, in der die Ringe entstanden sind.

Um die Jahrringbildung von Bäumen – lebenden oder fossilen – zu untersuchen, entnimmt man dem Stamm mehrere Bohrkerne mit wenigen Millimetern Durchmesser. Im Labor zählt man die Ringe aus, vermisst die Ringbreiten und erstellt aus diesen Daten eine Verlaufskurve. Über Vergleiche des Kurvenverlaufes von Bäumen derselben Art mit sich überlappenden Lebenszeiten kann man in einem „Überbrückungsverfahren" immer weitere Jahrringfolgen aneinander anschließen, sodass jahrtausendelange Kurven

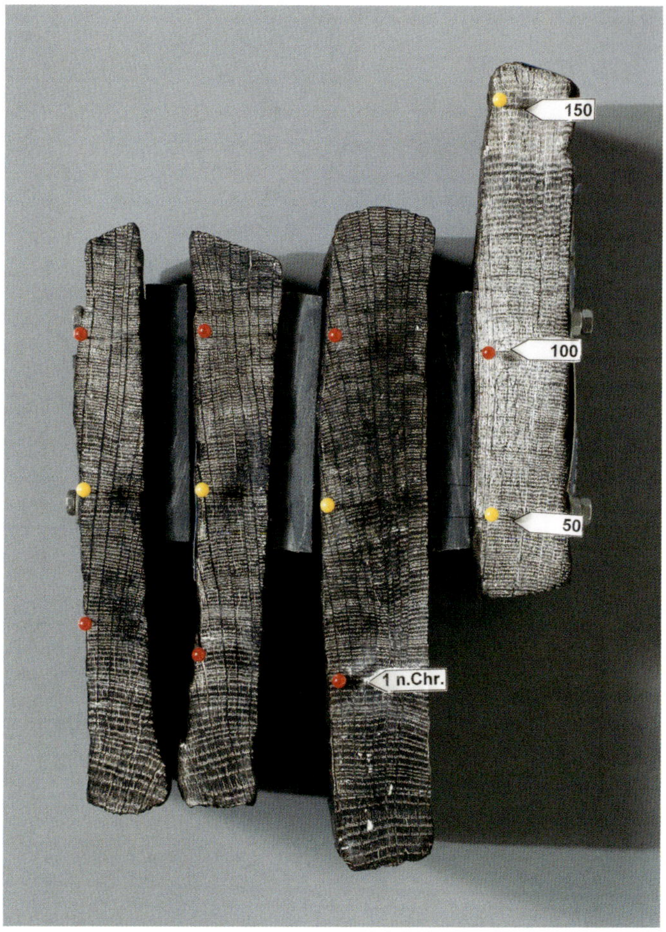

Abb. 15a bis m: Der „Hohenheimer Jahrringkalender" für die letzten 2000 Jahre, von dem hier 13 Teile aus Tannen (hell) und Eichen (dunkel) gezeigt sind. Er endet mit den 400 Jahrringen einer mächtigen Tanne aus dem Schwarzwald. Bohrkerne und Balkenabschnitte stammen von Fachwerkhäusern und anderen Holzkonstruktionen in Süddeutschland. Im älteren Abschnitt sind es „subfossile" Auwaldeichen, die in Kiesgruben von Main, Donau und Rhein gefunden wurden, sowie Hölzer aus archäologischen Ausgrabungen, z. B. von einem römischen Brunnen. Da sich die Lebenszeiten der Bäume überlappen, kann man die für diese Zeiten gleichen Ringmuster von je zwei Bäumen „übereinander legen" und damit eine durchgehende Zeitreihe erzeugen. Trockene Sommer oder strenge Winter ergeben schmale Ringe, feuchte und milde Jahre dagegen breite. (Quelle und Leihgeber: Institut für Botanik, Universität Hohenheim)

a) 150 v. Chr. – 1 n. Chr.; römischer Brunnen, Rheinau/Buch; 18 x 2,5 cm; die roten Nadeln zeigen den Beginn eines neuen Jahrhunderts an, die gelben Nadeln einen Abschnitt von 50 Jahren.

(Jahrringkalender) entstehen. Die Standardkurve reicht mittlerweile von der Gegenwart lückenlos zurück bis zum Ende der letzten Eiszeit vor rund 12000 Jahren.

Eine Beurteilung der einzelnen Baumproben durch den Fachmann ist aber unerlässlich, weil regionale Unterschiede, z. B. im Bodentyp, in Hangneigung und Höhenlage, zu Unterschieden im Wuchsverlauf zweier Bäume derselben Art führen können. Deshalb fasst man verschiedene Baumchronologien immer nur innerhalb einer Region zusammen, wie in der Westdeutschen Eichenchronologie oder in der Süddeutschen Fichtenchronologie (Abbildung 15).

Die Methode der Altersbestimmung durch Auszählen und Vermessen von Baumjahrringen, die so genannte Dendrochronologie oder auch „Baumzeitlehre", wurde ursprünglich für archäologische Zwecke entwickelt. Mithilfe der Dendrochronologie konnte man die Fälldaten von Bauhölzern auf das Jahr genau bestimmen. Neben der Erstellung einer absoluten Zeitskala auf Jahresbasis ermöglichen die im Holz gespeicherten Informationen aber auch Rückschlüsse auf die klimatischen Bedingungen zu Lebzeiten der Bäume. Nicht nur die Jahrringbreiten, sondern auch die Verhältnisse bestimmter natürlich vorkommender stabiler Isotope ($^{2}H/^{1}H$, $^{18}O/^{16}O$, $^{13}C/^{12}C$) in der Zellulose der Jahrringe sind von den Wachstumsbedingungen, insbesondere den Einflüssen von Temperatur und relativer Luftfeuchte, geprägt (Abbildung 16).

EINGELAGERT: KORALLEN

Riffkorallen leben unter relativ festgelegten Bedingungen: bei Wassertiefen unter 20 Meter und einem Temperaturoptimum von 26 °C, wobei sie ein Minimum von 18 °C und ein Maximum von 30 °C noch tolerieren. Die nördlichsten Vorkommen tropischer Korallen liegen bei den Bermudas und im Roten Meer, die südlichsten vor der Südwestküste Australiens. Die meisten Arten wachsen kontinuierlich mit Raten von drei bis zwanzig Milimeter pro Jahr; dabei bilden sie Zuwachsbänder mit einer im Jahresrhythmus schwankenden Dichte des Materials aus.

Zur Untersuchung dieser Bänder entnimmt man, wie in Abbildung 17 gezeigt, der Koralle mit einem pneumatischen Handbohrer Kerne von 41 Millimeter Durchmesser. Um eine Bioerosion im Inneren der Koralle zu verhindern, verschließt man die Bohrlöcher anschließend mit einem

b) 100 v. Chr. bis 200 n. Chr.; Sand/Main; 37 x 21 cm;

c) 200–300 n. Chr.; Neu-Ulm/Donau; 29 x 22 cm;

d) 300–450 n. Chr.; Breitenthal/Donau; 33 x 15 cm

e) 450–650 n. Chr.; Blindheim/Donau; 37,5 x 22 cm

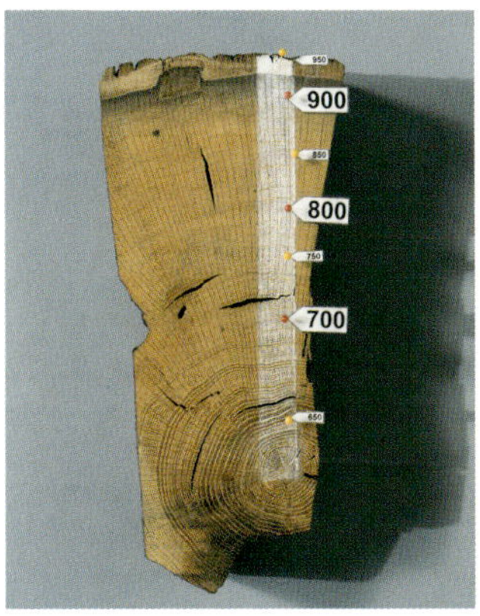

f) 650–950 n. Chr.; Lauterbourg/Rhein; 31 x 11 cm

g) 850–1000 n. Chr.; Wintersdorf/Rhein; 53 x 5,5 cm;

h) 1000–1250 n. Chr.; Regensburg/Watmarkt; 65 x 28 cm

i) 1200–1300 n. Chr.; Regensburg/Gravenreuther Haus; 27 x 5,5 cm; 1179 war ein besonders kaltes Jahr mit geringem Wachstum.

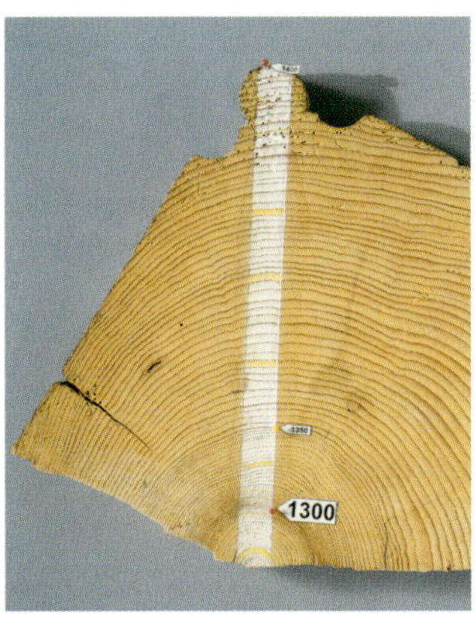

j) 1300–1400 n. Chr.; Lindau/In der Grub; 28 x 35 cm; 1342 war ein sehr feuchtes Jahr mit einem geringen Zuwachs

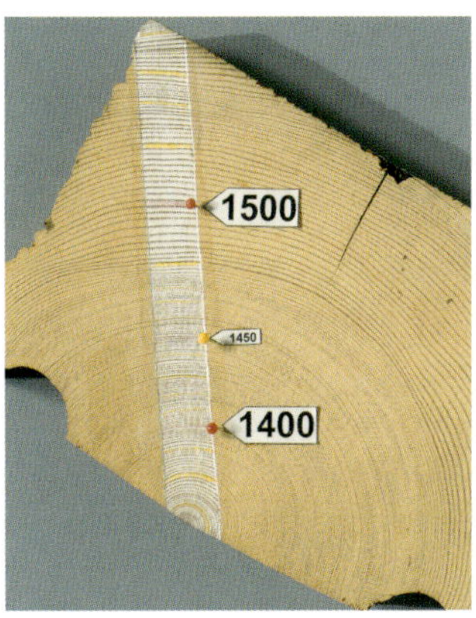

k) 1350–1550 n. Chr.; Regensburg/Malergasse; 16 x 25 cm; 1437 war ein sehr kaltes, 1515 ein besonders nasses Jahr; beides führte zu einem schmalen Jahresring.

l) 1600–1750 n. Chr.; Mainroth/Hauptstraße; 19 x 19 cm; sowohl 1640 als auch 1682 waren sehr nasse Jahre; 1720 war es besonders kalt, alle drei Jahresringe sind auffallend schmal.

m) 1550–1960 n. Chr.; Tanne aus Pfalzgrafenweiler Schwarzwald; Pfalzgrafenweiler/Schwarzwald; D 88 cm

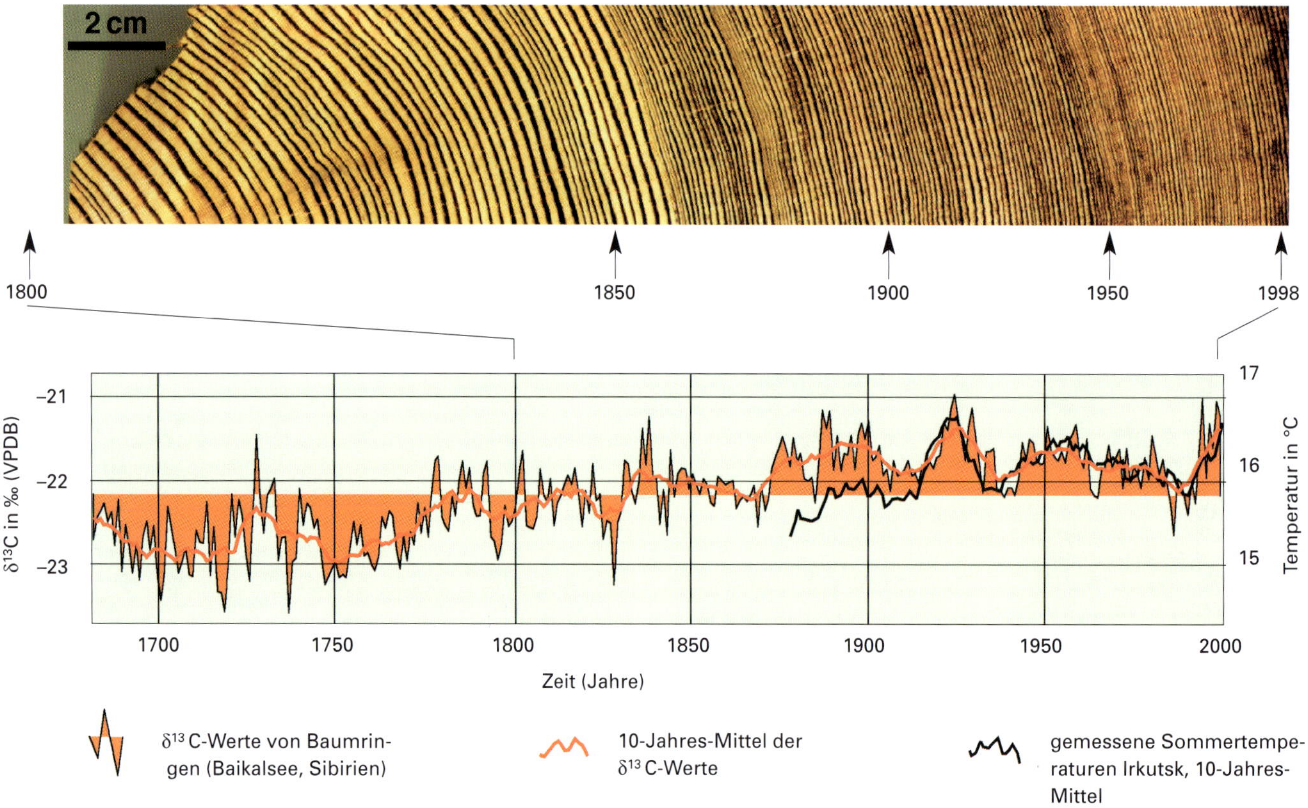

Abb. 16: Der Anteil, in dem Baumholz das Kohlenstoffisotop ^{13}C aufnimmt, hängt von den Witterungsbedingungen am Standort ab. Die gezeigte sibirische Lärche bildete breitere Jahrringe unter kühleren und feuchten, schmalere unter wärmeren und trockeneren Bedingungen. Die gemessenen ^{13}C-Werte, gemittelt von sieben Bäumen (rot), zeigen in ihrem Verlauf eine gute Übereinstimmung mit dem Verlauf der Sommertemperaturen in den letzten knapp 100 Jahren (schwarz); die dick eingezeichneten Kurven sind über 10 Jahre gemittelt. (Quelle: Andreas Helle, Gerhard Schleser, Victor I. Voronin, FZJ)

Zementpfropfen. Die erbohrten Kerne werden in zwei Hälften geteilt, in 5 Millimeter dünne Scheiben gesägt und schließlich geröntgt. Im Röntgenbild sieht man die Unterschiede in der Skelettdichte entsprechend den jährlichen Wachstumsringen der Koralle und kann durch Zählen der Ringe das Alter der Koralle in einer ersten Annäherung abschätzen (Abbildung 18).

Eine zuverlässige Aussage über das Alter erhält man erst über die Bestimmung des Verhältnisses von leichten zu schweren Sauerstoffisotopen (^{18}O). Das Verhältnis, in dem die Koralle verschiedene Isotope des Sauerstoffs während des Wachstums in ihr Skelett einbaut, ist nämlich von der Wassertemperatur, dem im Wasser vorliegenden Sauerstoffisotopenverhältnis und dem Salzgehalt des Meerwassers abhängig. Das gemessene Signal zeigt dann einen jahreszeitlichen Verlauf: Der schwerste Isotopenwert wird dem kältesten Monat zugeordnet, der leichteste dem wärmsten Monat. Als unabhängigen Stellvertreterwert für die Temperatur bestimmt man dazu noch das Massenverhältnis von Strontium und Calcium (Sr/Ca) im Korallenskelett. Dieses ist nur von der Wassertemperatur und nicht vom schwankenden Salzgehalt des Meerwassers abhängig. Die Kombination beider Methoden – Sauerstoffisotopie und Sr/Ca-Verhältnis – erlaubt dann die Rekonstruktion der Temperatur an der Meeresoberfläche wie auch des Salzgehaltes.

Die gewonnenen Zeitreihen werden mit instrumentellen Daten, direkten Messwerten von Temperatur und Salzgehalt, geeicht. Auf der Grundlage der damit erhaltenen Beziehung zwischen den Messwerten und den Stellvertreterwerten können mittlere Meerestemperaturen und Salzgehalte bis weit vor die Zeit instrumenteller Messungen auf Schiffen – sie reichen bis 1856 zurück – rekonstru-

Abb. 17: Taucher entnehmen einer Koralle einen „Bohrkern“ mit einem Handbohrer. (Foto: NOAA)

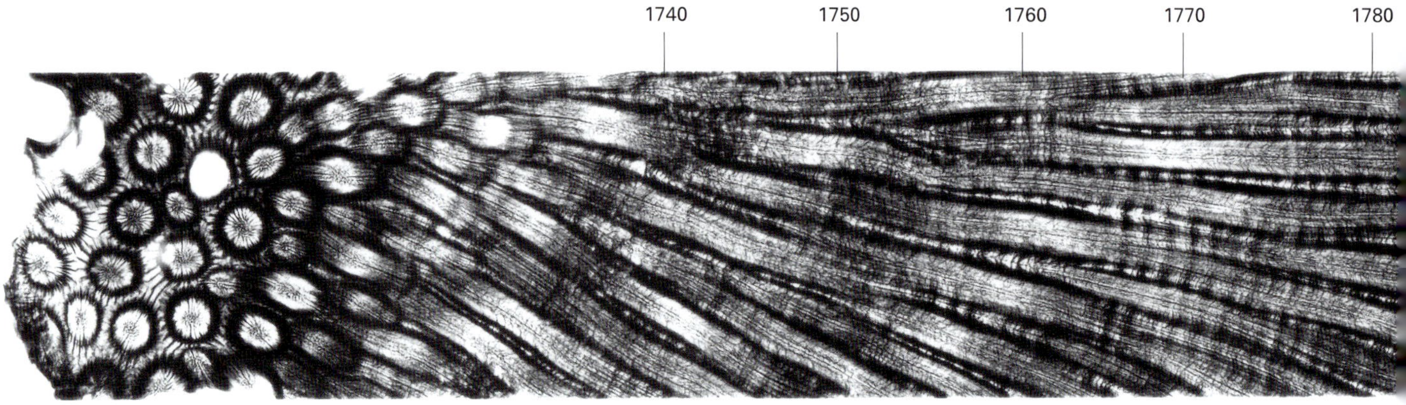

Abb. 18b: Die Zuwachsbänder sind meist nur im Röntgenbild sichtbar. Für die Aufnahmen wurden 5 mm dicke Scheiben aus einer Korallenkolonie gesägt und geröntgt. Jedes Jahr wird durch ein dünnes dunkles Band hoher Dichte und ein breites helles Band niedriger Dichte repräsentiert. Die Röntgenaufnahmen zeigen die Bänder von etwa 1740 bis 1840. Der mittlere jährliche Skelettzuwachs dieser Kolonie liegt bei 3,2 mm, wobei niedrige Wachstumsraten und hohe Dichten mit warmen Jahren zusammenfallen. Die meisten Korallen wachsen freilich schneller bei höheren Temperaturen. (Aufnahmen: H. Kuhnert, FB Geowissenschaften, Universität Bremen)

Abb. 18a: Koralle (*Montastrea cavernosa*, etwa 100 x 80 x 150 cm groß). Das jährliche Wachstum von Korallen ist von der umgebenden Wassertemperatur und dem Salzgehalt abhängig, sodass sich diese beiden Größen durch die Analyse des Skelettwachstums einer Koralle rekonstruieren lassen. Diese über 550 Jahre alte Koralle, die 1987 von G. Wefer und Kollegen aus 11 m Tiefe geborgen wurde, ermöglicht die Rekonstruktion der Wasserbedingungen für ihren Herkunftsort Bermudas. (Leihgabe: J. Pätzold, FB Geowissenschaften, Universität Bremen)

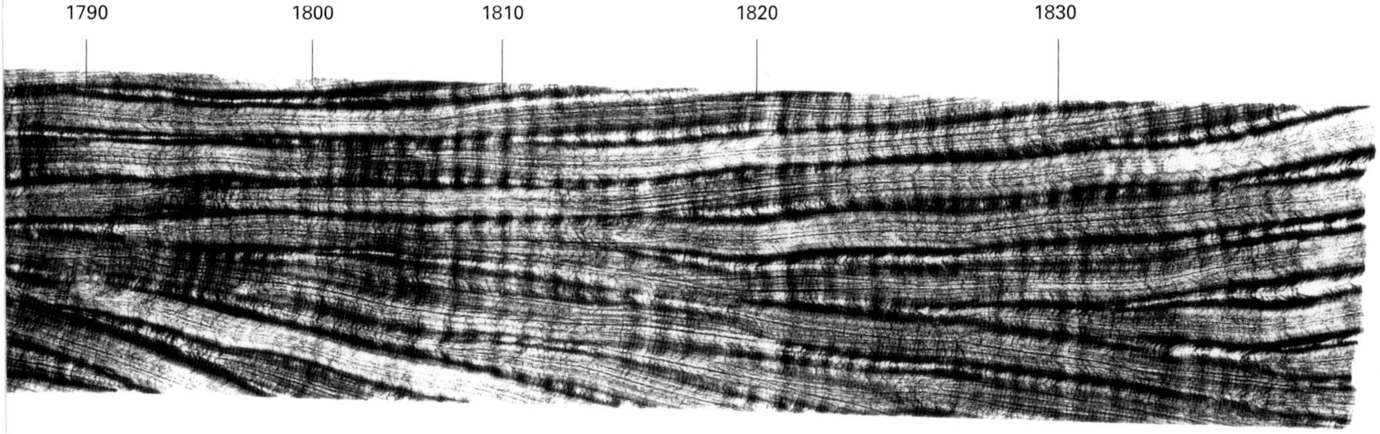

iert werden. Somit ist es möglich, Aussagen über natürliche Klimaschwankungen zu treffen und Klimaphänomene wie El Niño oder den Monsun über Jahrhunderte zurückzuverfolgen. Die gewonnenen Daten können schließlich mit Klimamodellen verglichen werden und deren Datengrundlage erheblich verbessern. So konnte die Kleine Eiszeit, die sich nach Modellrechnungen auch in der globalen Zirkulation ausprägt, in Korallen wie in anderen Archiven wiedergefunden werden. Sie scheint mit einem Strahlungsminimum der Sonne zusammenzufallen, das man auch Maunder-Minimum nennt (siehe Beitrag Cubasch).

ABGELAGERT: MARINE SEDIMENTE

Weite Teile der Ozeanböden sind mit Karbonat- oder Kieselschlamm bedeckt, der hauptsächlich aus Überresten kleinster Mikrofossilien besteht. Diese meist kontinuierlich abgelagerten Tiefseesedimente stellen ein besonders weit – Jahrmillionen – in die Vergangenheit zurückreichendes Klimaarchiv dar. Proben dieses Materials werden mithilfe von Forschungsschiffen gewonnen, die weltweit Bohrkerne aus den Tiefen der Meere bergen (Abbildung 19).

Als Stellvertreterdaten (Proxydaten) zur Klimarekonstruktion werden in den gemäßigten Breiten meist die gut erhaltenen Kalkschalen der Foraminiferen (Kammerlinge) und Coccolithophoriden verwendet, während in den hohen Breiten die sedimentierten Kieselskelette der Radiolarien (Strahlentierchen) und der Kieselalgen als Indikatoren dienen (Abbildung 20). Vergleicht man die heute lebenden Tier- und Pflanzenwelten mit denen aus früheren geologischen Zeiten, dann ist es möglich, Rückschlüsse auf die Lebensbedingungen zur Zeit der Ablagerung zu ziehen. So zeigt z. B. die Artengemeinschaft der planktischen, im Wasser schwebenden Foraminiferen, die im Eozän – also vor rund 50 Millionen Jahren – in Nordwestdeutschland abgelagert wurden, typische Warmwasserformen und lässt auf subtropische Temperaturen schließen. Mithilfe statistischer Verfahren kann man aus solchen Veränderungen innerhalb der verschiedenen Gruppen von Mikrofossilien die damalige Temperatur, den Nährstoffgehalt oder auch den Salzgehalt des Oberflächenwassers abschätzen.

Eine von den Paläoozeanographen besonders oft angewandte Methode zur Rekonstruktion der Wassertemperatur ist die Messung der Sauerstoffisotope an abgelagerten Foraminiferenschalen. Ähnlich wie bei den Korallen folgt das Verhältnis, in dem die beiden Sauerstoffisotope ^{16}O und ^{18}O in die Kalkschalen eingebaut werden, dem Isotopenverhältnis im Meerwasser. Da das Isotopenverhältnis im Ozean hauptsächlich temperaturabhängig ist, kann so auf die damalige Meerestemperatur geschlossen werden. Die Aufzeichnungen der Isotopenwerte in verschiedenen Teilen der Weltmeere zeigen einen ähnlichen Verlauf mit einem typischen Sägezahnmuster, das durch Wechsel zwi-

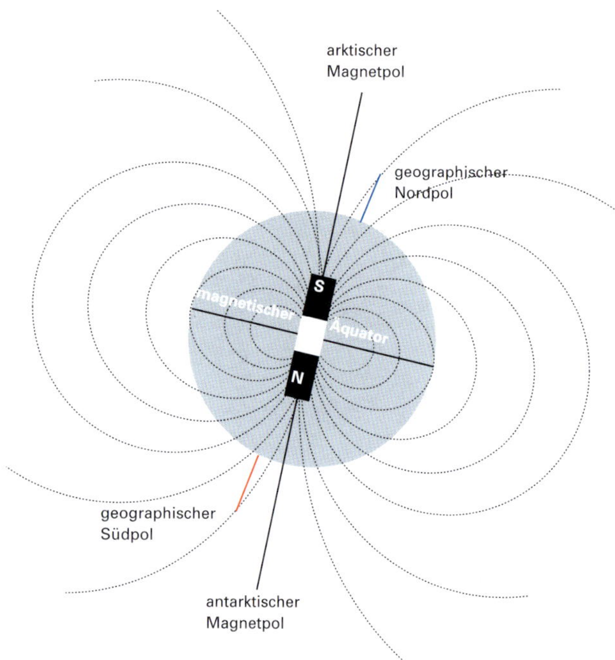

Abb. 22: Das magnetische Feld der Erde als Dipol.

Das Magnetfeld der Vergangenheit ist in archäologischen Fundstücken und in Gesteinen gewissermaßen archiviert und kann anhand von deren Magnetisierung rekonstruiert werden. Bestimmte Materialien bilden beim Abkühlen unter eine bestimmte Temperatur – etwa Keramiken und Ziegelsteine nach dem Brennen oder vulkanisches Gestein nach dem Ausfließen – spontan eine Magnetisierung parallel zum aktuellen Magnetfeld aus. Die Stärke dieser Magnetisierung wird dabei von der Feldstärke des Erdmagnetfelds und der Konzentration magnetischer Minerale im untersuchten Material bestimmt. Um die Variationen des Erdmagnetfelds daraus rekonstruieren zu können, ist es erforderlich, die genaue räumliche Orientierung der untersuchten Objekte sowie den Zeitpunkt der Abkühlung zu kennen.

Die Variationen des Erdmagnetfelds können auch anhand der Magnetisierung von Meeres- oder Seesedimenten bestimmt werden. Magnetische Minerale richten sich beim Absinken in der Wassersäule wie kleine Kompassnadeln parallel zum Erdmagnetfeld aus und werden in dieser Orientierung im Sediment mechanisch fixiert. Der Grad der Ausrichtung ist dabei in gewissem Maß von der Stärke des Erdmagnets abhängig, sodass auch anhand von Sedimenten Aussagen über die relativen Schwankungen in der Intensität des Erdmagnetfelds getroffen werden können. Ein Vorteil solcher Sedimente ist, dass sie sich meist kontinuierlich ablagern und somit das Erdmagnetfeld gewissermaßen kontinuierlich aufzeichnen.

Abbildung 23 zeigt eine solche Rekonstruktion am Beispiel der Sedimente des Lago di Mezzano. Dabei wurden über einen Zeitraum von 3000 Jahren die Schwankungen von Inklination und Deklination sowie die relativen Änderungen der Feldstärke bestimmt und daraus wurde die jeweilige Lage des magnetischen Nordpols abgeleitet. Indem man die erhaltenen Schwankungskurven mit datierten Referenzkurven vergleicht, kann man die untersuchten Sedimente zeitlich einordnen. Liegen jedoch hinreichend viele und genaue absolute Datierungen für das untersuchte Sediment vor, so können die Daten zum Aufbau oder zur Verfeinerung eben einer solchen Referenzkurve herangezogen werden. In längeren Zeiträumen kann es auch zu Magnetfeldumkehrungen kommen, Nord- und Süpol werden vertauscht, wie es für die Erdgeschichte dokumentiert ist. Damit hat sich eine weitere Methode der Alterseinstufung (Magnetostratigraphie) ergeben.

LERNEN AUS DER GESCHICHTE: MODELLE UND PROXYDATEN

Da Proxydaten keine meteorologischen Größen sind, muss man diese Größen (wie die Temperatur) entweder aus bekannten Beziehungen zwischen den Proxydaten und den meteorologischen Größen erschließen, wie an einigen Beispielen schon skizziert, oder man ermittelt die meteorologischen Klimaparameter über ein komplexes wechselseitiges Abstimmungsverfahren von Klimamodellen und Proxydaten.

iert werden. Somit ist es möglich, Aussagen über natürliche Klimaschwankungen zu treffen und Klimaphänomene wie El Niño oder den Monsun über Jahrhunderte zurückzuverfolgen. Die gewonnenen Daten können schließlich mit Klimamodellen verglichen werden und deren Datengrundlage erheblich verbessern. So konnte die Kleine Eiszeit, die sich nach Modellrechnungen auch in der globalen Zirkulation ausprägt, in Korallen wie in anderen Archiven wiedergefunden werden. Sie scheint mit einem Strahlungsminimum der Sonne zusammenzufallen, das man auch Maunder-Minimum nennt (siehe Beitrag Cubasch).

ABGELAGERT: MARINE SEDIMENTE

Weite Teile der Ozeanböden sind mit Karbonat- oder Kieselschlamm bedeckt, der hauptsächlich aus Überresten kleinster Mikrofossilien besteht. Diese meist kontinuierlich abgelagerten Tiefseesedimente stellen ein besonders weit – Jahrmillionen – in die Vergangenheit zurückreichendes Klimaarchiv dar. Proben dieses Materials werden mithilfe von Forschungsschiffen gewonnen, die weltweit Bohrkerne aus den Tiefen der Meere bergen (Abbildung 19).

Als Stellvertreterdaten (Proxydaten) zur Klimarekonstruktion werden in den gemäßigten Breiten meist die gut erhaltenen Kalkschalen der Foraminiferen (Kammerlinge) und Coccolithophoriden verwendet, während in den hohen Breiten die sedimentierten Kieselskelette der Radiolarien (Strahlentierchen) und der Kieselalgen als Indikatoren dienen (Abbildung 20). Vergleicht man die heute lebenden Tier- und Pflanzenwelten mit denen aus früheren geologischen Zeiten, dann ist es möglich, Rückschlüsse auf die Lebensbedingungen zur Zeit der Ablagerung zu ziehen. So zeigt z. B. die Artengemeinschaft der planktischen, im Wasser schwebenden Foraminiferen, die im Eozän – also vor rund 50 Millionen Jahren – in Nordwestdeutschland abgelagert wurden, typische Warmwasserformen und lässt auf subtropische Temperaturen schließen. Mithilfe statistischer Verfahren kann man aus solchen Veränderungen innerhalb der verschiedenen Gruppen von Mikrofossilien die damalige Temperatur, den Nährstoffgehalt oder auch den Salzgehalt des Oberflächenwassers abschätzen.

Eine von den Paläoozeanographen besonders oft angewandte Methode zur Rekonstruktion der Wassertemperatur ist die Messung der Sauerstoffisotope an abgelagerten Foraminiferenschalen. Ähnlich wie bei den Korallen folgt das Verhältnis, in dem die beiden Sauerstoffisotope ^{16}O und ^{18}O in die Kalkschalen eingebaut werden, dem Isotopenverhältnis im Meerwasser. Da das Isotopenverhältnis im Ozean hauptsächlich temperaturabhängig ist, kann so auf die damalige Meerestemperatur geschlossen werden. Die Aufzeichnungen der Isotopenwerte in verschiedenen Teilen der Weltmeere zeigen einen ähnlichen Verlauf mit einem typischen Sägezahnmuster, das durch Wechsel zwi-

Abb. 19: Das Forschungsschiff Meteor (siehe Katalog Nr. 1.4.3) im Mittelmeer, das Sedimentbohrkerne vom Grund des Meeres erbohren und bergen kann. (Foto: Marum, Universität Bremen)

schen wachsenden und schmelzenden Eismassen während der Kalt- und Warmphasen entstanden ist.

Auffallend kurzfristige Klimawechsel dokumentieren einige sporadisch vorkommende Sedimenthorizonte mit erhöhten Anteilen von eisverfrachtetem Material. Diese in nordatlantischen Tiefseekernen gefundenen „Heinrich-Lagen" haben ihre Entsprechung in den durch grönländische Eisbohrkerne dokumentierten Phasen rascher Erwärmung, den „Daansgard-Oeschger-Zyklen" am Ende der letzten Eiszeit (Abbildung 21). Sie lagerten sich wahrscheinlich wenige hundert Jahre nach Beginn dieser Erwärmungen ab. Eine genaue Datierung der Treibeisablagerungen wird allerdings durch die am Meeresboden lebenden Organismen erschwert. Sie verwühlen jeweils die obersten Sedimentlagen und verhindern damit eine hohe zeitliche Auflösung der marinen Sedimente.

Nur in wenigen marinen Archiven sind Ablagerungsbedingungen erfüllt, die eine hohe zeitliche Auflösung ermöglichen, nämlich anoxische (sauerstofffreie) Verhältnisse am Ozeanboden und eine hohe biologische Produktivität. Beispiele für warvierte marine Sedimente mit hohen Sedimentationsraten sind die Ablagerungen im Cariaco-Becken vor Venezuela, im Santa-Barbara-Becken im Nordostpazifik oder vor der Küste von Pakistan.

EINE GEOPHYSIKALISCHE UHR: DAS ERDMAGNETFELD

Die Erde besitzt ein Magnetfeld, das man vereinfacht durch ein Dipolfeld in der Art eines Stabmagneten beschreiben kann. Da dieses Magnetfeld sich im Laufe der Erdgeschichte verändert hat und dabei in Gesteinen und Sedimenten seine Spuren hinterlassen hat, kann man diese Informationen zur Datierung beispielsweise von Sedimenten nutzen.

Der Verlauf und die Stärke des Erdmagnetfelds unterliegen räumlichen wie zeitlichen Veränderungen, die als geomagnetische Säkularvariation bezeichnet werden. So ist die magnetische Dipolachse der Erde zurzeit um etwa zehn Grad gegenüber ihrer Rotationsachse geneigt (Abbildung 22). Über einige tausend Jahre gemittelt fallen der magnetische und der geographische Pol allerdings zusammen. Aktuell registriert man die Veränderungen des Erdmagnetfelds von Satelliten sowie auf der Erdoberfläche in magnetischen Observatorien. Die längsten Observatoriumsmessungen reichen allerdings nur etwa vierhundert Jahre zurück. Die Messungen zerlegen den Magnetfeldvektor an einem Ort in verschiedene Komponenten. Der Winkel zwischen magnetischem und geographischem Nordpol wird als Deklination bezeichnet, er entspricht der „Missweisung" eines magnetischen Kompasses; der Winkel zwischen Feldrichtung und Horizontebene wird Inklination genannt.

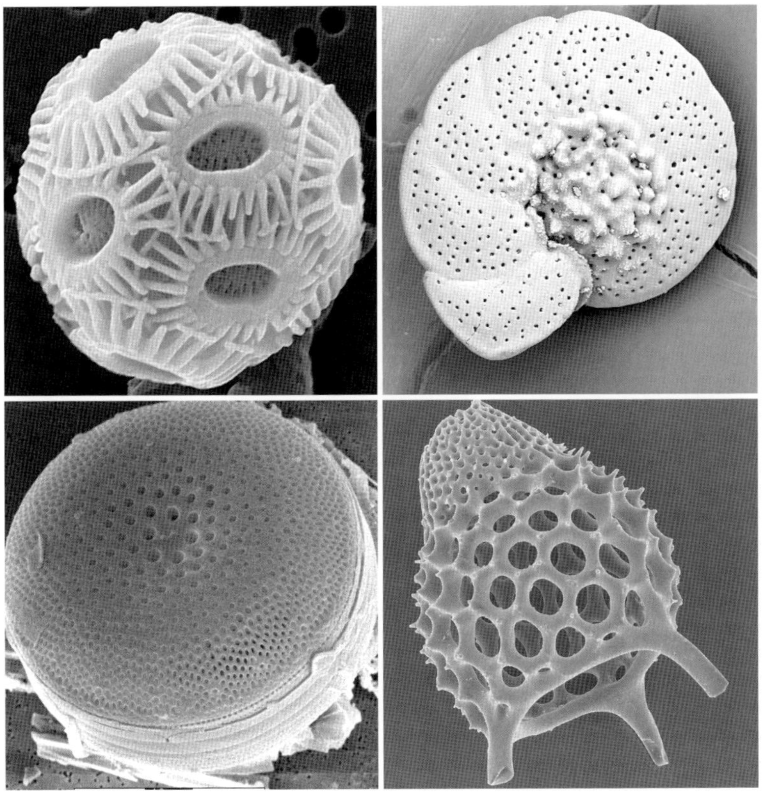

Abb. 20 a bis d: Marine Mikrofossilien. Aus den in den Sedimenten gefundenen Arten und ihrer Häufigkeit lässt sich auf die Lebensbedingungen zum Zeitpunkt ihrer Ablagerung schließen:

a) Coccolithophoride (Foto: K. Macknapp, Deutsches Museum)
b) Foraminifere (Foto: Cathrin Brüchmann)
c) Diatomee (Foto: H. Cremer, Utrecht)
d) Radiolarie (Foto: K. Macknapp, Deutsches Museum)

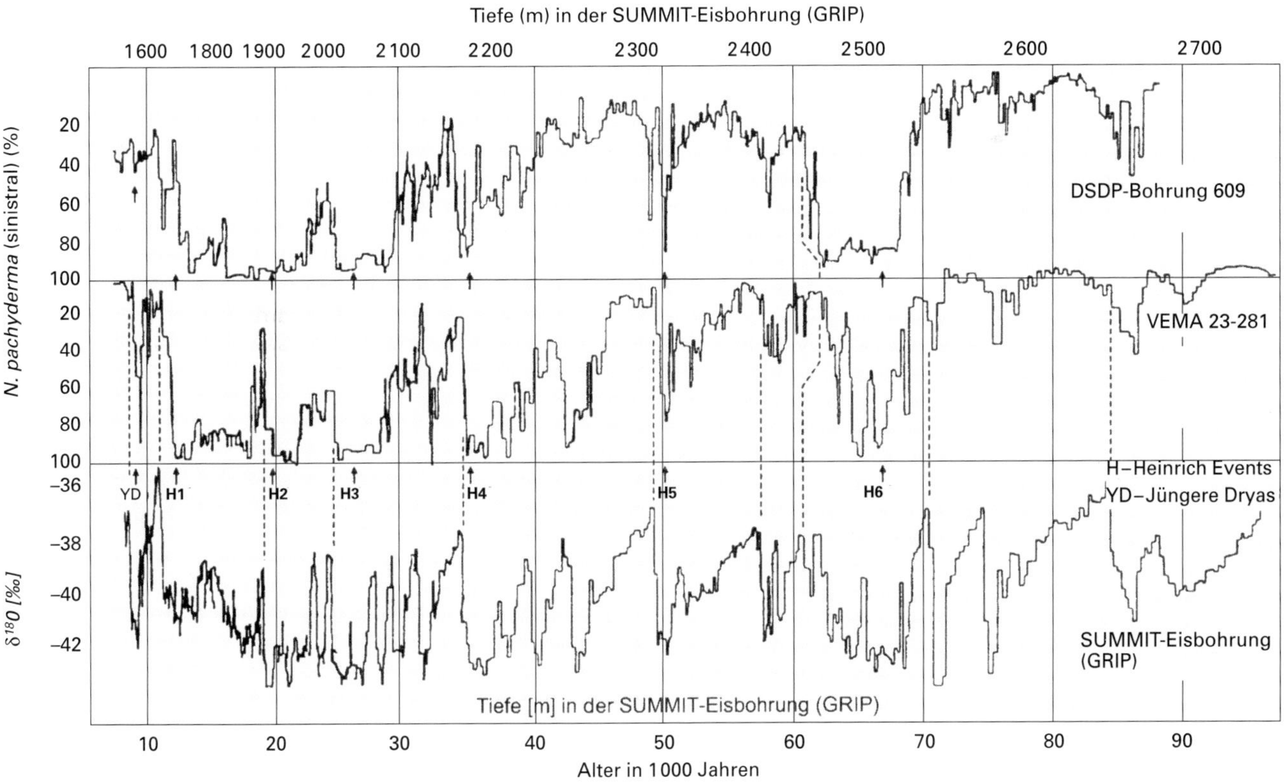

Abb. 21: Ein Vergleich der Häufigkeit einer planktischen Foraminifere, wie sie in zwei marinen Bohrkernen gefunden wurde, mit der Sauerstoffisotopenkurve aus dem grönländischen GRIP-Bohrkern. Die Isotopenkurve, die die damalige Wassertemperatur widerspiegelt, zeigt einige schnelle Erwärmungen, die „Dansgaard-Oeschger-Zyklen". H1 bis H6 bezeichnen die damit korrespondierenden „Heinrich-Lagen" in den marinen Bohrkernen. (Quelle: nach Bond u. a. 1993)

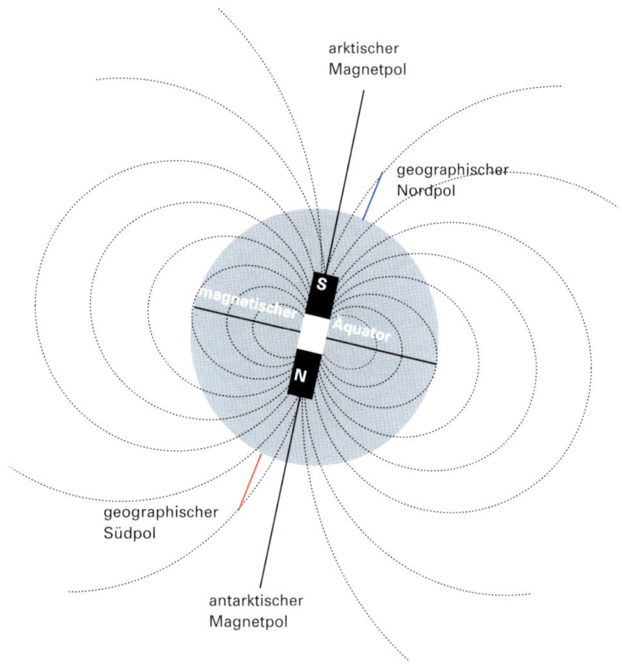

Abb. 22: Das magnetische Feld der Erde als Dipol.

Das Magnetfeld der Vergangenheit ist in archäologischen Fundstücken und in Gesteinen gewissermaßen archiviert und kann anhand von deren Magnetisierung rekonstruiert werden. Bestimmte Materialien bilden beim Abkühlen unter eine bestimmte Temperatur – etwa Keramiken und Ziegelsteine nach dem Brennen oder vulkanisches Gestein nach dem Ausfließen – spontan eine Magnetisierung parallel zum aktuellen Magnetfeld aus. Die Stärke dieser Magnetisierung wird dabei von der Feldstärke des Erdmagnetfelds und der Konzentration magnetischer Minerale im untersuchten Material bestimmt. Um die Variationen des Erdmagnetfelds daraus rekonstruieren zu können, ist es erforderlich, die genaue räumliche Orientierung der untersuchten Objekte sowie den Zeitpunkt der Abkühlung zu kennen.

Die Variationen des Erdmagnetfelds können auch anhand der Magnetisierung von Meeres- oder Seesedimenten bestimmt werden. Magnetische Minerale richten sich beim Absinken in der Wassersäule wie kleine Kompassnadeln parallel zum Erdmagnetfeld aus und werden in dieser Orientierung im Sediment mechanisch fixiert. Der Grad der Ausrichtung ist dabei in gewissem Maß von der Stärke des Erdmagnets abhängig, sodass auch anhand von Sedimenten Aussagen über die relativen Schwankungen in der Intensität des Erdmagnetfelds getroffen werden können. Ein Vorteil solcher Sedimente ist, dass sie sich meist kontinuierlich ablagern und somit das Erdmagnetfeld gewissermaßen kontinuierlich aufzeichnen.

Abbildung 23 zeigt eine solche Rekonstruktion am Beispiel der Sedimente des Lago di Mezzano. Dabei wurden über einen Zeitraum von 3000 Jahren die Schwankungen von Inklination und Deklination sowie die relativen Änderungen der Feldstärke bestimmt und daraus wurde die jeweilige Lage des magnetischen Nordpols abgeleitet. Indem man die erhaltenen Schwankungskurven mit datierten Referenzkurven vergleicht, kann man die untersuchten Sedimente zeitlich einordnen. Liegen jedoch hinreichend viele und genaue absolute Datierungen für das untersuchte Sediment vor, so können die Daten zum Aufbau oder zur Verfeinerung eben einer solchen Referenzkurve herangezogen werden. In längeren Zeiträumen kann es auch zu Magnetfeldumkehrungen kommen, Nord- und Süpol werden vertauscht, wie es für die Erdgeschichte dokumentiert ist. Damit hat sich eine weitere Methode der Alterseinstufung (Magnetostratigraphie) ergeben.

LERNEN AUS DER GESCHICHTE: MODELLE UND PROXYDATEN

Da Proxydaten keine meteorologischen Größen sind, muss man diese Größen (wie die Temperatur) entweder aus bekannten Beziehungen zwischen den Proxydaten und den meteorologischen Größen erschließen, wie an einigen Beispielen schon skizziert, oder man ermittelt die meteorologischen Klimaparameter über ein komplexes wechselseitiges Abstimmungsverfahren von Klimamodellen und Proxydaten.

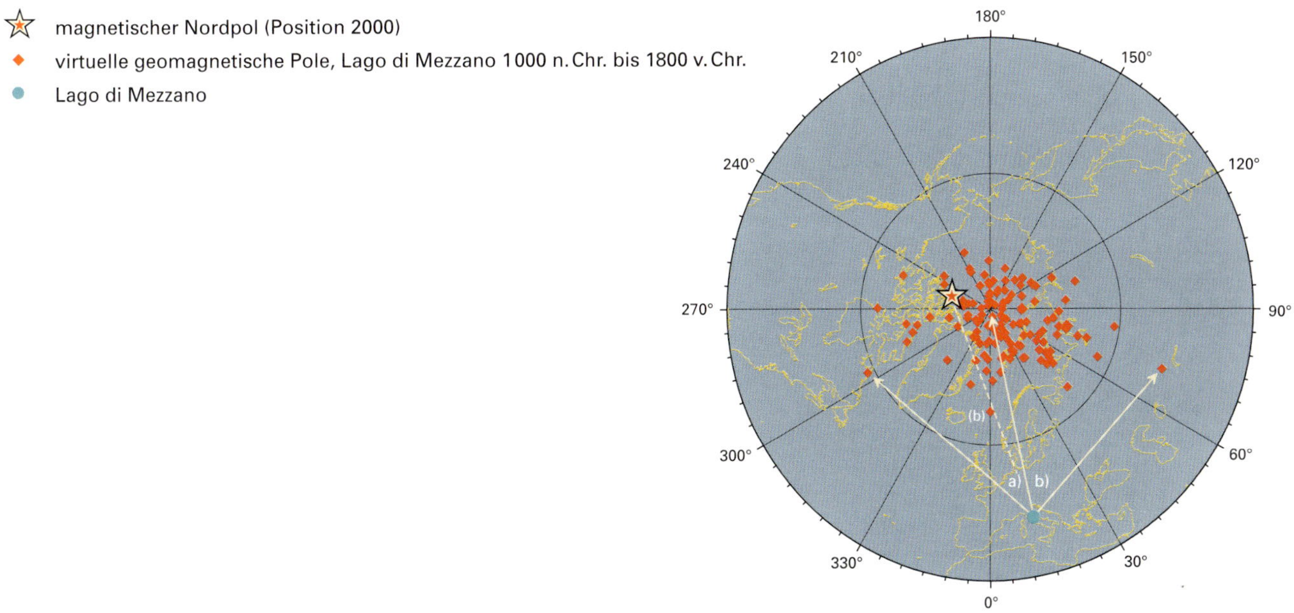

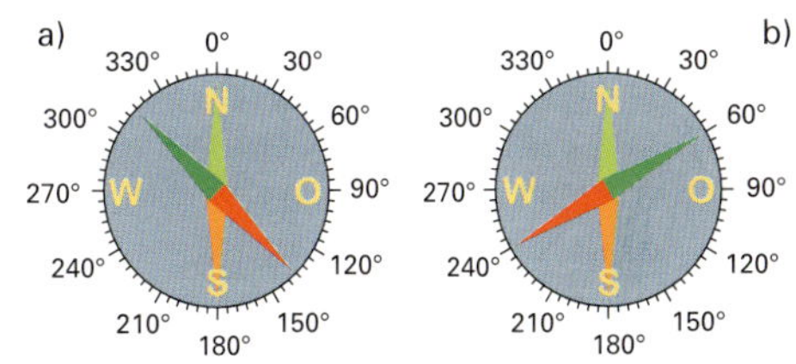

Abb. 23: Die Lage des magnetischen Nordpols zu früheren Zeiten, bestimmt aus dem in einem Sediment des Lago di Mezzano ermittelten Verlauf von Inklination und Deklination des Erdmagnetfelds. Als Stern eingezeichnet ist die Lage des magnetischen Nordpols im Jahr 2000, außerdem sind zwei besonders extreme Fälle magnetischer Missweisung um etwa 1700 v. Chr. (a) und etwa 500 n. Chr. (b) angegeben. (Quelle: Ute Frank, N. Nowaczyk).

Die heutigen Klimamodelle gehen im Wesentlichen von meteorologischen Überlegungen aus, d. h. von den Zirkulationsprozessen der Atmosphäre und der Ozeane. Sie haben bisher keine Proxydaten genutzt. Das aktuelle Projekt „Natürliche Klimavariationen in historischen Zeiten bis 10 000 Jahre vor heute" (KIHZ) bringt nun erstmals Modelle und Proxydaten aus den beschriebenen Klimaarchiven zusammen: Es versucht diese Proxydaten in physikalisch konsistenter Weise räumlich und zeitlich zu interpolieren, indem die Klimazustände eines globalen Computermodells gezwungen werden, sich den aus den Proxydaten abgeleiteten Zuständen anzunähern. Letztere wiederum basieren auf bestimmten Beziehungen zwischen den Proxydaten und großräumigen Klimaschwankungen (Anomalien), die sich über mehrere tausend Kilometer erstrecken (Upscaling). Diesen wechselseitigen Abstimmungsprozess von Daten und Computermodellen nennt man Datenassimilation (siehe Beiträge Graßl und Edwards). Am Ende erhält man aus den Proxydaten quasimeteorologische Messreihen von Klimaelementen, wobei solche Rekonstruktionen immer mit gewissen Unsicherheiten behaftet sind.

FOLGERUNGEN: UNSER KLIMA IM HOLOZÄN

Das vergleichsweise klimastabile Holozän, also die Warmzeit, in der wir leben, zeigt nicht die extremen Klimaschwankungen der zurückliegenden Kaltzeiten, jedoch sind die Schwankungen größer als bisher angenommen. So lässt sich verschiedensten Archiven entnehmen, dass im Früh- und Mittelholozän (im 5. Jahrtausend v. Chr.) ein Klimaoptimum bestand: Es war wärmer als heute. Selbst während des letzten Jahrtausends hat es klar erkennbare Klimaschwankungen gegeben (siehe Beitrag Schönwiese, Abbildung 12, Seite 196) und in der Römerzeit muss mindestens im Alpenraum ein wärmeres Klima als heute geherrscht haben, da der große Aletsch-Gletscher weiter zurückgezogen war. Archive mit jährlicher und jahreszeitlicher Auflösung (wie Baumringe oder warvierte Seesedimente) zeigen u. a. charakteristische Rhythmen von 11, 22, 88, etwa 210 und etwa 550 Jahren, die auf einen Einfluss der Sonnenaktivität bei den kurzfristigeren Klimaschwankungen im Holozän verweisen. Klimasimulationen mit verschiedenen Modellen legen nahe, dass in den letzten tausend Jahren die Klimaschwankungen der ersten beiden Drittel solar geprägt waren, danach solar und vulkanisch (jeweils einschließlich der internen Variabilität des Klimasystems); die letzten 150 Jahre scheinen immer stärker durch menschliche (anthropogene) Einflüsse überprägt zu sein (siehe Beitrag Cubasch). Das ist besonders seit 1970 der Fall, wie das

Abb. 24: Der Bohrkern stammt aus der Bohrung Mirow 1/74 (südlich des Müritzsees) aus einer Tiefe von über 6 000 m. Das Gestein ist 265 Millionen Jahre alt (Rotliegend) und umgekehrt zum heutigen Erdmagnetfeld polarisiert. Im Labor wurde der Kern in kleine Würfel zersägt und die mittlere Richtung und Intensität ihrer Magnetisierung wurden gemessen. Die Richtung gibt die ehemalige Ausrichtung des Gesteins an; aus der Inklination (Neigungswinkel der Kraftlinien des Erdmagnetfelds) kann die geographische Breite zur Zeit der Gesteinsbildung bestimmt werden. (Leihgeber: GFZ, Potsdam)

eingehend im letzten Bericht des International Panel on Climate Change (IPCC 2001) dargestellt wird.

Klimamodelle sagen in verschiedenen Szenarien einen Temperaturanstieg zwischen 1,4 und 4,5 °C durch anthropogene Einflüsse (im Wesentlichen Kohlendioxidemissionen) voraus. Man sollte sich dabei bewusst bleiben, dass es sich um Szenarien handelt, die auf vereinfachten Annahmen beruhen. Das Klimasystem ist aber bei weitem komplexer und wird auch in Zukunft Überraschungen bereithalten. Man sollte nicht übersehen, dass das Erdsystem gemäß dem GAIA-Modell bisher auch wie eine Art Thermostat gewirkt hat und dass etwaige „Pufferungsmöglichkeiten" möglicherweise bisher übersehen wurden.

Die Lage der heutigen Kontinente vor etwa 240 Millionen Jahren

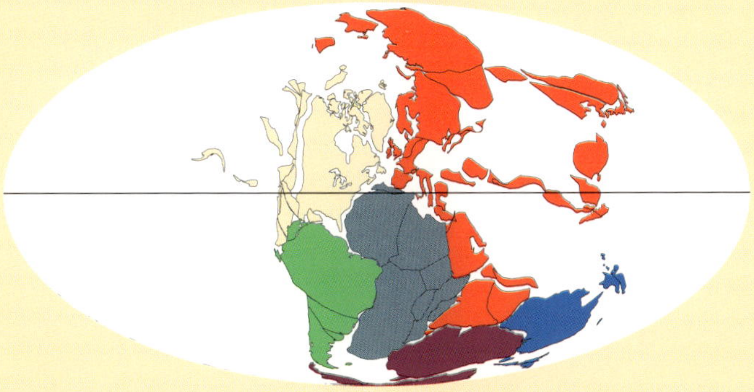

Die Lage der heutigen Kontinente vor etwa 60 Millionen Jahren

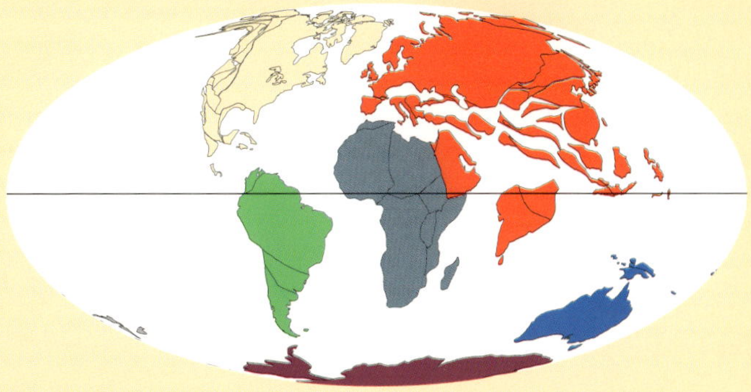

Die Lage der heutigen Kontinente vor etwa 30 Millionen Jahren

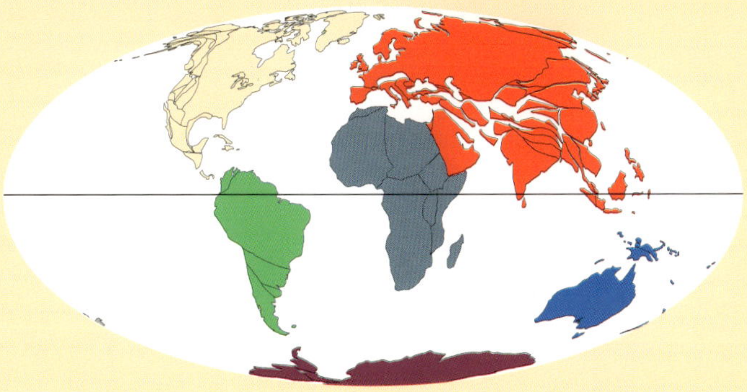

Die Lage der heutigen Kontinente vor etwa 2 Millionen Jahren

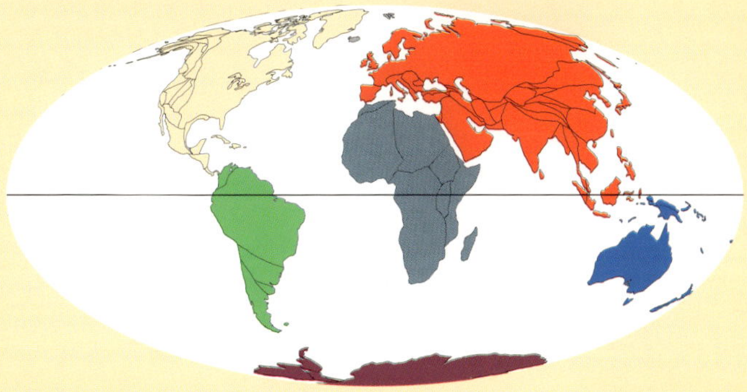

3 Klimawandel im Laufe der Erdgeschichte

Das Klima hat sich im Laufe der Erdgeschichte mehrfach stark verändert, was oftmals zum Aussterben vieler Tier- und Pflanzenarten und zu anschließenden Evolutionsschüben geführt hat. Beispielhaft werden im Folgenden vier solcher Klimawechsel erörtert.

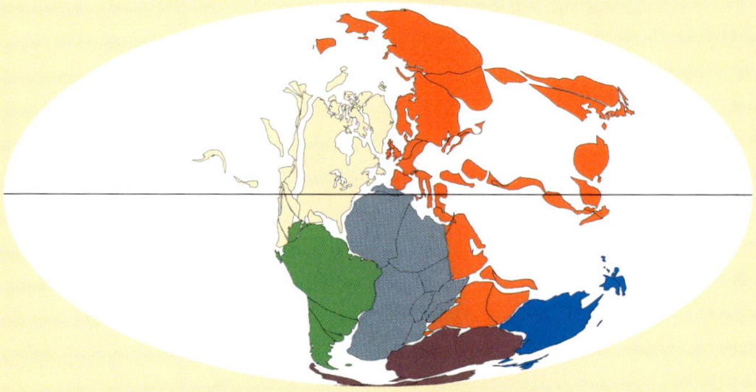

3.1.1 Die Lage der heutigen Kontinente vor etwa 240 Millionen Jahren
Grafik: Christopher R. Scotese, Paleomap Project, 1997;
http://www.aqd.nps.gov/grd/usgsnps/pltec/scplseqai.html

Am Ende des Perms bewegen sich die Kontinente durch die Kontinentaldrift aufeinander zu und bilden einen großen Kontinent – Pangäa; das hat erhebliche Auswirkungen auf das Erdklima. Änderungen des Meeresspiegels sind in dieser „paläogeographischen Rekonstruktion" nicht berücksichtigt. Diese Kartendarstellung entspricht deshalb nicht dem tatsächlichen Gesicht der Erde zur damaligen Zeit.

3.1 Krisenzeiten: Klimawandel am Ende des Perms (250 Millionen Jahre)

Während des Perms (vor 280 bis 250 Millionen Jahren) herrschte auf der Nordhalbkugel ein warmgemäßigtes Klima, das im Laufe des Perms trockener wurde. Die Südkontinente erlebten eine Eiszeit. Das Tethys-Meer, ein Meeresgürtel in Ost-West-Richtung, bildete den tropischen Bereich. Im ausgehenden Perm verschmolzen die Kontinente zu einer einzigen großen Landmasse, Pangäa. Weite Landstriche fern der Ozeane wurden zu Binnenwüsten ähnlich der Wüste Gobi. Die Verschiebung der Kontinente führte zur Abkühlung der Meere, zu instabilen Klimabedingungen mit extremen Temperatur- und Niederschlagswechseln und zu stark erhöhtem Vulkanismus. Nahe der Perm-Trias-Grenze vor etwa 250 Millionen Jahren starben dadurch ein Großteil der Landlebewesen und rund 96% der marinen Arten aus. Mit der Trias begann ein neues Erdzeitalter: das Mesozoikum (Erdmittelalter).

3.1.2 Zungenfarn *(Glossopteris browniana)*:
FO: Dunedoo, Neusüdwales (Australien); Oberperm (250 Mio. Jahre); 24x17x4cm; München, Deutsches Museum (2002/597)

Die fossilen Blätter stammen von einem baumförmigen Samenfarn, der bis 8 m hoch werden konnte. Dieser Farn wuchs vermutlich in warmgemäßigtem Jahreszeitenklima und warf im Herbst sein Laub ab. Die in der Trias ausgestorbene Art findet man heute als Fossil in allen „Gondwana"-Ländern (Antarktis, Südamerika, Südafrika, Indien, Australien). Deshalb diente sie Alfred Wegener zum Nachweis, dass es einst einen großen Südkontinent „Gondwana" gegeben hat, und damit auch dafür, dass sich die Kontinente verschieben.

3.1.3 Bruckstücke von Dreilapperkrebsen *(Proetiden, Neoproetus siculus* und *Permosoetus postcarbonarius)*
FO: Provinz Palermo (Italien); Mittelperm (279 Mio. Jahre); *N. siculus:* 2 Pygidien (Schwanzschilde), 0,6x0,3cm und 0,9x0,6cm, *P. postcarbonarius:* 1 Pygidium, 0,6x0,3cm; Berlin, Museum für Naturkunde der Humboldt-Universität (1187 und 1186)

Die auf Grund ihrer dreigeteilten Quer- und Längsgliederung „Dreilapperkrebse" (Trilobiten) genannten hoch entwickelten Tiere sind entfernt mit den heutigen Krebsen verwandt. Als einzige Gruppe innerhalb der Trilobiten konnten Vertreter der hier gezeigten Proetiden noch bis ins Perm überleben. Sie bewohnten vorwiegend küstennahe Flachmeere, in denen sie sich vermutlich von organischem Schlamm oder kleinen Organismen ernährten. Wegen ihres Formen- und Individuenreichtums, ihrer relativ leichten Bestimmbarkeit und ihrer raschen Entwicklung werden Trilobiten für das ganze Paläozoikum (570 bis 250 Millionen Jahre) als biostratigraphische Zeitmarker genutzt.

3.1.4 Fusuline
FO: Zottachkopf, Karnische Alpen (Österreich); Unterperm (ca. 270 Mio. Jahre); Dünnschliff aus einem Bohrkern; D 0,4cm; Freiburg i.Br., Universität Freiburg, Geologisches Institut

Die mit bloßem Auge gerade noch sichtbaren Fusulinen sind ungewöhnlich große marine Einzeller aus der Gruppe der Foraminiferen (Kammerlinge). Die spindelförmigen Großforaminiferen lebten im Perm im Tethys-Meer, das sich südöstlich der eurasischen Landmasse erstreckte. Ihre Kalkschalen, die bis zu 60mm groß werden konnten, sind in so großen Mengen in Meeressedimenten erhalten, dass sie oft sogar gesteinsbildend als „Fusulinenkalk" auftreten. Am Ende des Perms starben die Fusulinen aus.

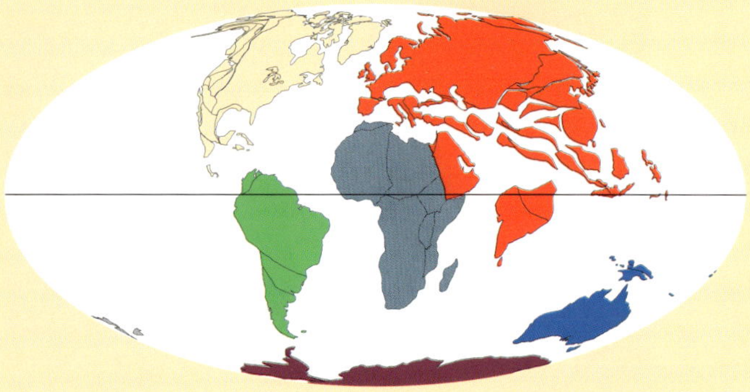

3.2.1 Die Lage der heutigen Kontinente vor etwa 60 Millionen Jahren
Grafik: Christopher R. Scotese, Paleomap Project, 1997;
http://www.aqd.nps.gov/grd/usgsnps/pltec/scplseqai.html

Am Ende der Kreidezeit beginnt sich der Atlantik zwischen Europa und Amerika zu erweitern. Alpen und Himalaja bilden sich.

3.2 Labile Zeiten: Klimaturbulenzen an der Grenze von der Kreide zum Tertiär (65 Millionen Jahre)

Während der Kreidezeit (vor 135 bis 65 Millionen Jahren) war es im Allgemeinen wärmer als heute. In ihrer Spätphase verschlechterten allerdings Klimaabkühlungen und ein schrittweiser Rückzug der Meere die Bedingungen für wärmeliebende und marine Lebewesen. Noch wesentlich kühler wurde es im Übergang zum Tertiär: Das Meer zog sich von den Kontinenten zurück, flache Randmeere gingen als Lebensraum verloren. Gleichzeitig veränderten geologische Prozesse die Umweltbedingungen: Der Nordatlantik verbreiterte sich zwischen den alten Großkontinenten, große Gebirgsblöcke falteten sich in Europa und Asien auf, riesige Vulkangebiete entstanden. Langfristige Klimaänderungen führten zusammen mit plötzlich eintretenden Katastrophen, z. B. Vulkanausbrüchen und vor allem einem gewaltigen Meteoriteneinschlag, zum großen Aussterben am Ende der Kreidezeit. So stellt die Wende zum Tertiär für einige Tiergruppen eine in der Erdgeschichte einmalig scharfe Grenze dar.

3.2.2 Eisenmeteorit (grobkörniger Oktaedrit IA)
FO: Odessa, Texas (USA); 36x21x15cm, 19985g; München, Museum Reich der Kristalle

Der Einschlag eines großen Meteoriten in das flache Meer vor der Küste Mexikos am Ende der Kreidezeit führte dazu, dass an der Einschlagstelle Wasser verdampfte sowie Karbonat- und Sulfatgestein schmolz oder zerfiel. Enorme Mengen an Wasserdampf, Kohlendioxid und Schwefeldioxid wurden in die Atmosphäre geschleudert. Staub und sich bildende Schwebeteilchen (Aerosole) verdunkelten die Erde so stark, dass es zu einer drastischen Abkühlung kam, die sich erst nach Jahren langsam minderte. Man geht heute davon aus, dass der Einschlag viele „gestresste", aber bis dahin noch überlebende Organismengruppen auslöschte und damit Ursache der in der Erdgeschichte einmalig scharfen Grenze zwischen Kreide und Tertiär war.

3.2.3 Schädel eines Dreihornsauriers *(Triceratops horridus)*
FO: Wyoming (USA); Oberkreide (70 Mio. Jahre); Abguss; 157x80x150cm; München, Bayerische Staatssammlung für Paläontologie und Geologie

Mit etwa 9m Länge und rund 10t Gewicht gehörte der Triceratops zu den größten und schwersten der Horndinosaurier. Drei auffällige Hörner – eins auf der Nase, zwei über den Augen – gaben ihm seinen Namen und dienten wahrscheinlich der Verteidigung. Am Hinterkopf befand sich ein stark vergrößertes Nackenschild zum Schutz vor Angreifern. Wie viele andere Pflanzenfresser wird wohl auch dieser Saurier in großen Herden den Westen Nordamerikas durchzogen haben. Er war einer der letzten Dinosaurier, die am Ende der Kreidezeit ausstarben.

3.2.4 Riesenammonit *(Parapuzosia seppenradensis)*
FO: Seppenrade (Münsterland); Oberkreide (70 Mio. Jahre); Abguss; D 190cm; Münster, Westfälisches Museum für Naturkunde

Ammoniten gehören wie unsere heutigen Tintenfische zu den Kopffüßern. Sie bewohnten Flachmeere und waren im Laufe ihrer gesamten Geschichte seit dem frühen Devon (vor 400 Millionen Jahren) anfällig für Massensterben. So hatten sie bereits im Oberdevon heftige Verluste erlitten und waren der Permkrise nur knapp entkommen. Vor ihrem endgültigen Aussterben am Ende der Kreide (vor 65 Millionen Jahren) entfalteten die Ammoniten noch einmal eine Vielzahl morphologisch verschiedenster Formen. Neben normal gestalteten Gattungen wie dieser Parapuzosia, die teils erhebliche Ausmaße annahmen, begegnet man Ammoniten mit schraubig oder unregelmäßig aufgerollten Gehäusen.

3.3.2 Fossilien aus der Grube Messel bei Darmstadt

In den Ölschiefern der Grube Messel findet man eine Vielzahl Fossilien – Fische, Krokodile, Säugetiere, Vögel und Pflanzen –, die in einem tertiären „Messelsee" starben oder in den See eingetragen worden waren. Neue Untersuchungen ergaben, dass der Messelsee ein ehemaliger Vulkankrater war, der sich mit Wasser füllte und über mehrere 100 000 Jahre bestand. Aus den faulschlammhaltigen Ablagerungen im See entstanden Ölschiefer; da in der Tiefe kein Sauerstoff vorhanden war, sind die Fossilien im Ölschiefer gut erhalten.

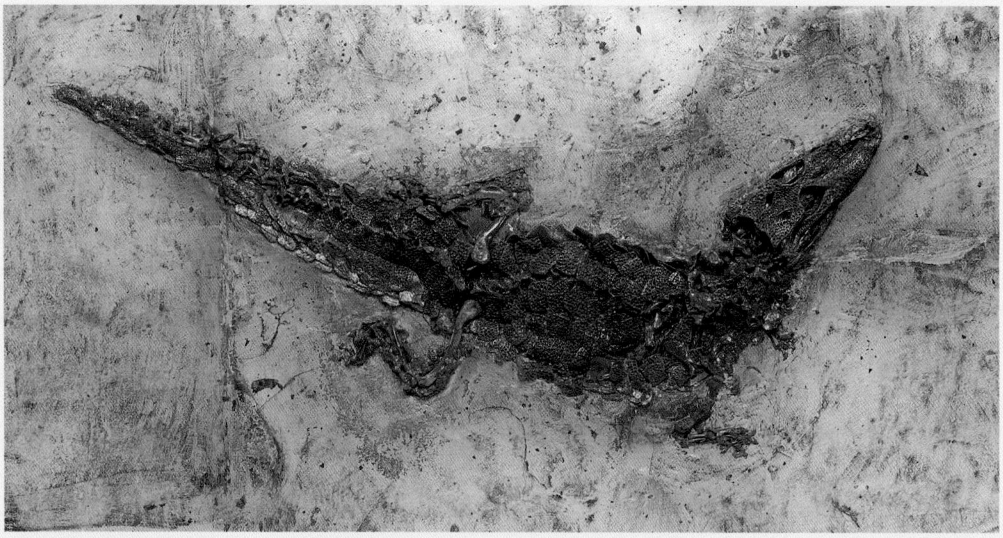

a) Krokodil *(Baryphracta deponiae)*
FO: Messel bei Darmstadt; Mitteleozän (50 Mio. Jahre); 74x34cm; Darmstadt, Hessisches Landesmuseum (HLMD-Be147)

Das Vorkommen von Alligatoren und Krokodilen in den tertiären Ölschiefern belegt ein subtropisch-tropisches Klima mit Jahresmitteltemperaturen von über 20°C. Das Verbreitungsgebiet der Krokodile reichte zu dieser Zeit bis in das Gebiet des heutigen Englands.

b) Schlammfisch *(Amia kehreri)*
FO: Messel bei Darmstadt; Mitteleozän (um 50 Mio. Jahre); Ölschiefer; 27x11x6cm; Deutsches Museum (70879)

Der räuberische Schlammfisch ist einer der häufigsten Funde im Ölschiefer der Grube Messel. Er war eine willkommene Beute für die dort oft vorkommenden Alligatoren.

3.2.2 Eisenmeteorit (grobkörniger Oktaedrit IA)
FO: Odessa, Texas (USA); 36x21x15cm, 19985g; München, Museum Reich der Kristalle

Der Einschlag eines großen Meteoriten in das flache Meer vor der Küste Mexikos am Ende der Kreidezeit führte dazu, dass an der Einschlagstelle Wasser verdampfte sowie Karbonat- und Sulfatgestein schmolz oder zerfiel. Enorme Mengen an Wasserdampf, Kohlendioxid und Schwefeldioxid wurden in die Atmosphäre geschleudert. Staub und sich bildende Schwebeteilchen (Aerosole) verdunkelten die Erde so stark, dass es zu einer drastischen Abkühlung kam, die sich erst nach Jahren langsam minderte. Man geht heute davon aus, dass der Einschlag viele „gestresste", aber bis dahin noch überlebende Organismengruppen auslöschte und damit Ursache der in der Erdgeschichte einmalig scharfen Grenze zwischen Kreide und Tertiär war.

3.2.3 Schädel eines Dreihornsauriers *(Triceratops horridus)*
FO: Wyoming (USA); Oberkreide (70 Mio. Jahre); Abguss; 157x80x150cm; München, Bayerische Staatssammlung für Paläontologie und Geologie

Mit etwa 9m Länge und rund 10t Gewicht gehörte der Triceratops zu den größten und schwersten der Horndinosaurier. Drei auffällige Hörner – eins auf der Nase, zwei über den Augen – gaben ihm seinen Namen und dienten wahrscheinlich der Verteidigung. Am Hinterkopf befand sich ein stark vergrößertes Nackenschild zum Schutz vor Angreifern. Wie viele andere Pflanzenfresser wird wohl auch dieser Saurier in großen Herden den Westen Nordamerikas durchzogen haben. Er war einer der letzten Dinosaurier, die am Ende der Kreidezeit ausstarben.

3.2.4 Riesenammonit *(Parapuzosia seppenradensis)*
FO: Seppenrade (Münsterland); Oberkreide (70 Mio. Jahre); Abguss; D 190cm; Münster, Westfälisches Museum für Naturkunde

Ammoniten gehören wie unsere heutigen Tintenfische zu den Kopffüßern. Sie bewohnten Flachmeere und waren im Laufe ihrer gesamten Geschichte seit dem frühen Devon (vor 400 Millionen Jahren) anfällig für Massensterben. So hatten sie bereits im Oberdevon heftige Verluste erlitten und waren der Permkrise nur knapp entkommen. Vor ihrem endgültigen Aussterben am Ende der Kreide (vor 65 Millionen Jahren) entfalteten die Ammoniten noch einmal eine Vielzahl morphologisch verschiedenster Formen. Neben normal gestalteten Gattungen wie dieser Parapuzosia, die teils erhebliche Ausmaße annahmen, begegnet man Ammoniten mit schraubig oder unregelmäßig aufgerollten Gehäusen.

3.2.5 Rostrum eines Belemniten *(Belemnella occidentalis)*
FO: Halbinsel Wittow (Rügen); Oberkreide, Untermaastricht (um 100 Mio. Jahre); versteinertes Skelett; H 9,3 cm, D 2,1 cm; Potsdam, Markus Schwab, GFZ

Das auf Rügen häufige Fossil ist Teil des kalkigen Innenskeletts eines Belemniten. Diese massiven Überreste, so genannte Rostren, sind meist das Einzige, was von den marinen Tieren erhalten blieb. Sie werden wegen ihrer Form als Donnerkeile, Fingersteine oder Teufelsfinger bezeichnet. Belemniten gehören wie die Ammoniten zu den Kopffüßern und starben ebenfalls am Ende der Kreide aus. Sie lebten vermutlich küstennah in Schwärmen und waren schnelle Dauerschwimmer wie ihre noch lebenden Verwandten, die Kalmare. Rechts die rekonstruierte Ansicht eines Belemniten. (aus Karl von Zittel: Grundzüge der Paläontologie, 1911)

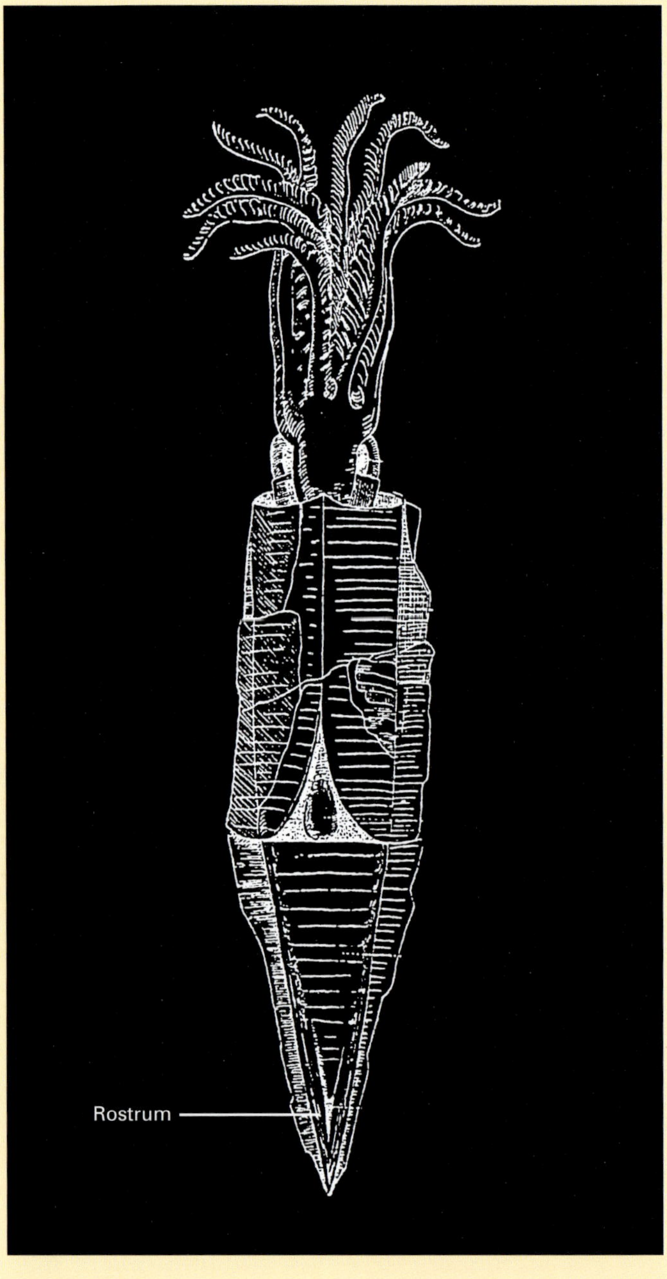

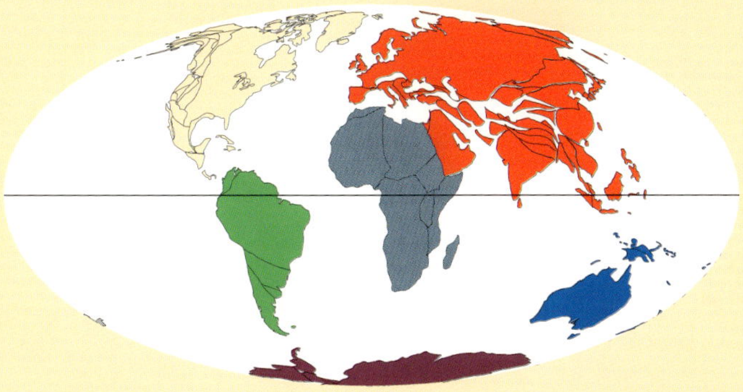

3.3.1 Die Lage der heutigen Kontinente vor etwa 30 Millionen Jahren
Grafik: Christopher R. Scotese, Paleomap Project, 1997;
http://www.aqd.nps.gov/grd/usgsnps/pltec/scplseqai.html

Südamerika, Antarktis und Australien driften deutlich auseinander. So kann es zur Ausbildung einer kalten „zirkumantarktischen" Strömung kommen, die die polare Region vom ozeanischen Wärmetransport aus niederen Breiten abkoppelt.

3.3 Frostige Zeiten beginnen: Abkühlung am Ende des Eozäns (34 Millionen Jahre)

Während des Eozäns (vor 53 bis 37 Millionen Jahren), einer Epoche des Tertiärs, wuchsen in Mitteleuropa üppige tropische und subtropische Urwälder, Palmen waren bis nach Grönland und Alaska verbreitet. Als der südliche Kontinent in Südamerika, Antarktis und Australien zerbrach, konnte sich eine kalte Meeresströmung rund um die Antarktis ausbilden, wodurch die Temperaturen am Ende des Eozäns drastisch abfielen. Im frühen Oligozän gab es dann keine polaren Laubwälder mehr und die Antarktis trug eine Eiskappe. Durch den Aufbau des Eisschildes wurden große Mengen Wasser gebunden und der Meeresspiegel sank weltweit.

3.3.2 Fossilien aus der Grube Messel bei Darmstadt

In den Ölschiefern der Grube Messel findet man eine Vielzahl Fossilien – Fische, Krokodile, Säugetiere, Vögel und Pflanzen –, die in einem tertiären „Messelsee" starben oder in den See eingetragen worden waren. Neue Untersuchungen ergaben, dass der Messelsee ein ehemaliger Vulkankrater war, der sich mit Wasser füllte und über mehrere 100 000 Jahre bestand. Aus den faulschlammhaltigen Ablagerungen im See entstanden Ölschiefer; da in der Tiefe kein Sauerstoff vorhanden war, sind die Fossilien im Ölschiefer gut erhalten.

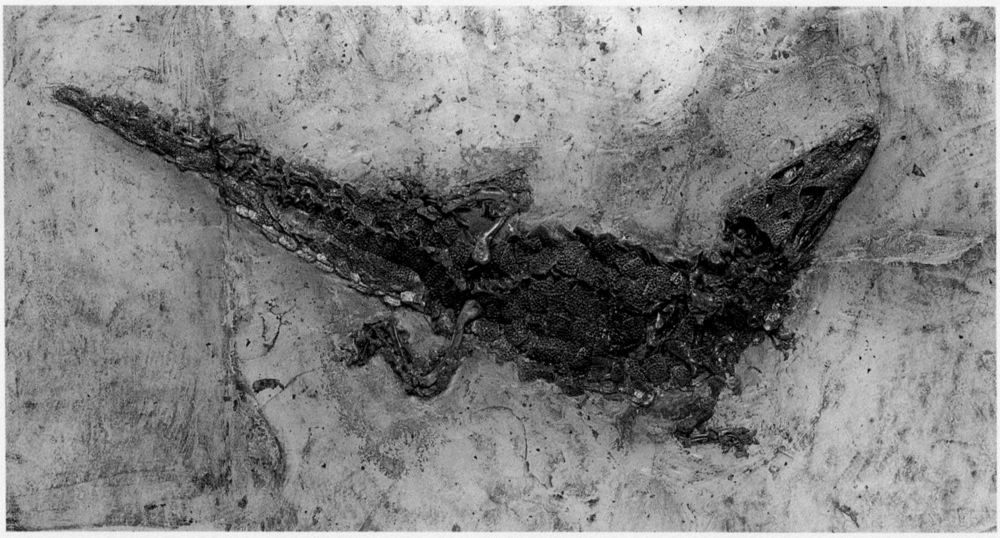

a) Krokodil *(Baryphracta deponiae)*
FO: Messel bei Darmstadt; Mitteleozän (50 Mio. Jahre); 74x34cm; Darmstadt, Hessisches Landesmuseum (HLMD-Be147)

Das Vorkommen von Alligatoren und Krokodilen in den tertiären Ölschiefern belegt ein subtropisch-tropisches Klima mit Jahresmitteltemperaturen von über 20°C. Das Verbreitungsgebiet der Krokodile reichte zu dieser Zeit bis in das Gebiet des heutigen Englands.

b) Schlammfisch *(Amia kehreri)*
FO: Messel bei Darmstadt; Mitteleozän (um 50 Mio. Jahre); Ölschiefer; 27x11x6cm; Deutsches Museum (70879)

Der räuberische Schlammfisch ist einer der häufigsten Funde im Ölschiefer der Grube Messel. Er war eine willkommene Beute für die dort oft vorkommenden Alligatoren.

3.3.3 Fossilien aus dem Eckfelder Maar

Das mitteleozäne Eckfelder Maar liegt bei Manderscheid in der Vulkaneifel. Nach Abschluss der Vulkanausbrüche vor etwa 44 Millionen Jahren füllte sich der bis zu 1000 m breite und bis zu 210 m tiefe Krater mit Grundwasser und bildete den Eckfelder Maarsee. Das Eckfelder Maar ist das älteste Maar der Eifel und etwa fünf Millionen Jahre jünger als der Messelsee. An seinem Ufer wuchs eine feuchtwarm geprägte Waldvegetation mit Pflanzen, deren heutige Nachfahren nur in den Subtropen vorkommen. Neben Abdrücken der Blätter mit gut erhaltenen Blattnerven und Oberflächenstrukturen wurden auch verschiedene Blütenfossilien in den Sedimentschichten gefunden.

a) Teil eines Fächerpalmen-Blatts *(Arecaceae)*
FO: Eckfelder Maar; Eozän (um 44 Mio. Jahre); Ölschiefer, H ca. 40 cm; Mainz, Landessammlung für Naturkunde Rheinland-Pfalz, Naturhistorisches Museum Mainz (MNHM PB 1999/1-LS)

Auch die Eckfelder Fossilien sind – wie dieses Blattstück einer Fächerpalme – Indizien für das im Eozän bis in die hohen Breiten gleichmäßig warme Klima.

b) Palmblüte *(Arecaceae)*
FO: Eckfelder Maar; Eozän (um 44 Mio. Jahre); Ölschiefer; D 0,6 cm; Mainz, Landessammlung für Naturkunde Rheinland-Pfalz, Naturhistorisches Museum Mainz (MNHM PB 1995/559-LS)

c) „Honigbiene" *(Electrapis)*
FO: Eckfelder Maar; Eozän (um 44 Mio. Jahre); Ölschiefer; Körperlänge ca. 0,9 cm; Mainz, Landessammlung für Naturkunde Rheinland-Pfalz, Naturhistorisches Museum Mainz (MNHM PE 2000/848-LS)

Die Biene trägt ihre letzte Pollenfracht noch auf Körper und Hinterbeinen. Damit liefert sie wichtige Informationen zur Koevolution von Insekten und Blütenpflanzen.

d) Palmenpollen auf dem Hinterleib einer Eckfelder „Honigbiene"
FO: Eckfelder Maar; Eozän (um 44 Mio. Jahre); Laserscanningmikroskop-Aufnahme; Pollenlänge ca. 0,001 cm; Mainz, Landessammlung für Naturkunde Rheinland-Pfalz, Naturhistorisches Museum Mainz

Wegen der großen Ähnlichkeit mit heutigem Palmenpollen vermutet man, dass es sich hierbei um Palmenpollen aus dem Eozän handelt.

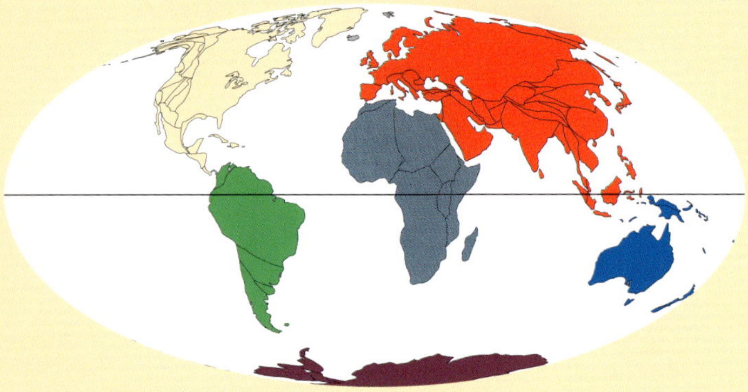

3.4.1 Die Lage der Kontinente seit Beginn des Quartärs vor 2 Millionen Jahren
Grafik: Christopher R. Scotese, Paleomap Project, 1997;
http://www.aqd.nps.gov/grd/usgsnps/pltec/scplseqai.html

3.4 Tauwetter: Am Ende der letzten Eiszeit (vor 10000 Jahren)

Die Abkühlung, die Ende des Tertiärs begonnen hat, setzt sich im Quartär, in dem wir uns seit zwei Millionen Jahren befinden, grundsätzlich fort. Das Quartär ist jedoch durch einen zyklischen Wechsel von Kaltzeiten (Eiszeiten) und Warmzeiten (Zwischeneiszeiten) gekennzeichnet, dessen Ursache wohl in periodischen Schwankungen der Bahnbewegung der Erde um die Sonne liegt. Die letzte Eiszeit, die vor rund 70 000 Jahren begonnen hatte, ging vor rund 11000 Jahren zu Ende. Dies markiert die Grenze zum Holozän, einer warmen Zwischeneiszeit, in der wir heute leben. Die „Kältesteppen" während der letzten Vereisung beherbergten an die Kälte angepasste Lebensformen, von denen Mammut, Wollhaar-Nashorn und Höhlenbär die auffälligsten Tiere waren. Gegen Ende dieser Eiszeit zog sich auf der Nordhalbkugel die Kältesteppe zurück und die markanten Großsäugetiere verschwanden.

3.4.2 Säbelzahnkatzen-Schädel mit Unterkiefer ***(Smilodon californicus)***
FO: Rancho La Brea, Kalifornien (USA); Pleistozän (um 1 Mio. Jahre); Abguss; L 31 cm; München, Deutsches Museum (2002/596)

Die amerikanische Säbelzahnkatze, deren Skelette man in großer Zahl in den Teergruben von Rancho La Brea in Los Angeles fand, hatte etwa die Größe eines afrikanischen Löwen; ihre oberen Eckzähne wurden bis zu 18 cm lang. Damit konnten sie selbst großen Tieren wie Nashörnern und Elefanten tödliche Wunden beibringen. Die Säbelzahnkatzen starben in Nordamerika zusammen mit ihrer Beute am Ende der letzten Eiszeit aus.

3.4.3 Stoßzahnstück eines Mammuts ***(Mammuthus primigenius)***
FO: Münchener Schotterebene; Pleistozän, Würmeiszeit (15000–20000 Jahre); H 85 cm, D 10 cm; München, Deutsches Museum (79394)

Das Wollhaar-Mammut konnte mit seinem dichten Fell – die Wollhaare waren bis zu 35 cm und die Deckhaare bis zu 50 cm lang – gut der Kälte trotzen. Eine 3 cm dicke Haut und ein Fetthöcker hinter dem Kopf halfen dem Tier, eisige Winter zu überstehen. Wegen des schwankenden Klimas der letzten Eiszeit machten die Mammuts weite Wanderungen: Wurde es wärmer, folgten sie dem weichenden Eis nach Norden. Sie verschwanden mit dem Abklingen der extrem kaltzeitlichen Verhältnisse gegen Ende der letzten Eiszeit, der Würmeiszeit, endgültig aus Mitteleuropa.

3.4.4 Pollenpräparate

Pollenanalysen geben Aufschluss über die Vegetation und damit indirekt über das Klima. Der in Sedimenten oder Torfschichten fossil erhaltene Niederschlag von Pollen und Sporen früherer Pflanzengemeinschaften wird quantitativ ausgewertet und ein „Pollendiagramm" erstellt. Durch den Vergleich der rekonstruierten Pflanzengemeinschaften mit heute bekannten Vegetationstypen und deren Standortbedingungen ist es möglich, indirekte Aussagen über Veränderungen des Klimas zu treffen.

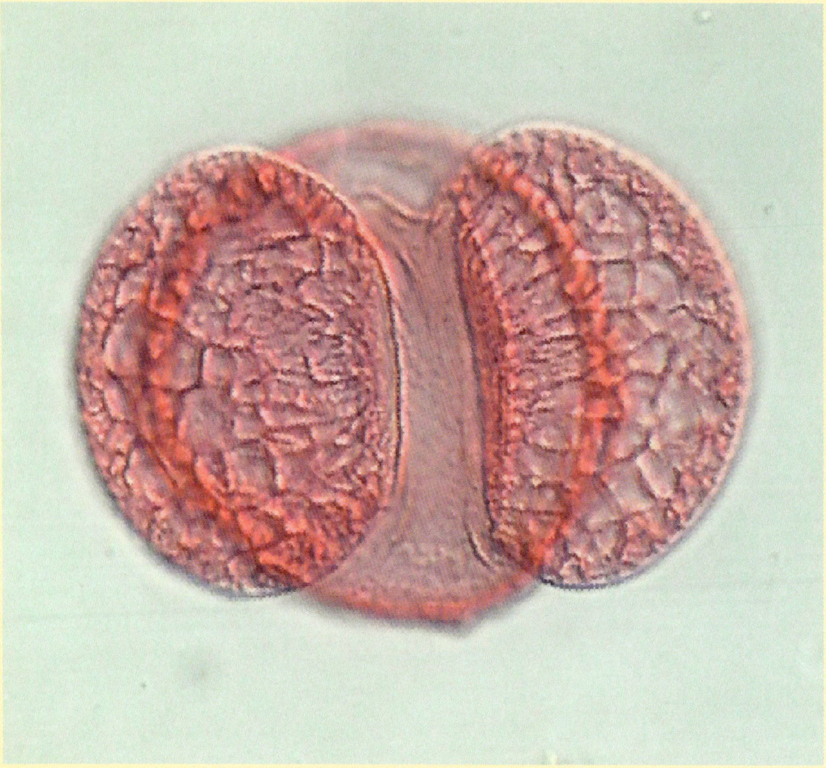

a) Kiefernpollen
Foto: M. Stebich; 2002; Frankfurt a.M., Naturmuseum und Forschungsinstitut Senckenberg

Während einer Eiszeit erstreckte sich südlich des Inlandeises ein breiter Gürtel kälteangepasster Grassteppen. Hauptpollenproduzenten waren Süß- und Sauergräser. Charakteristisch ist darüber hinaus Blütenstaub von Beifuß, Sonnenröschen, Wiesenraute, Gänsefuß- und Nelkengewächsen. Aus großen Entfernungen wurde insbesondere Kiefernpollen hereingeweht.

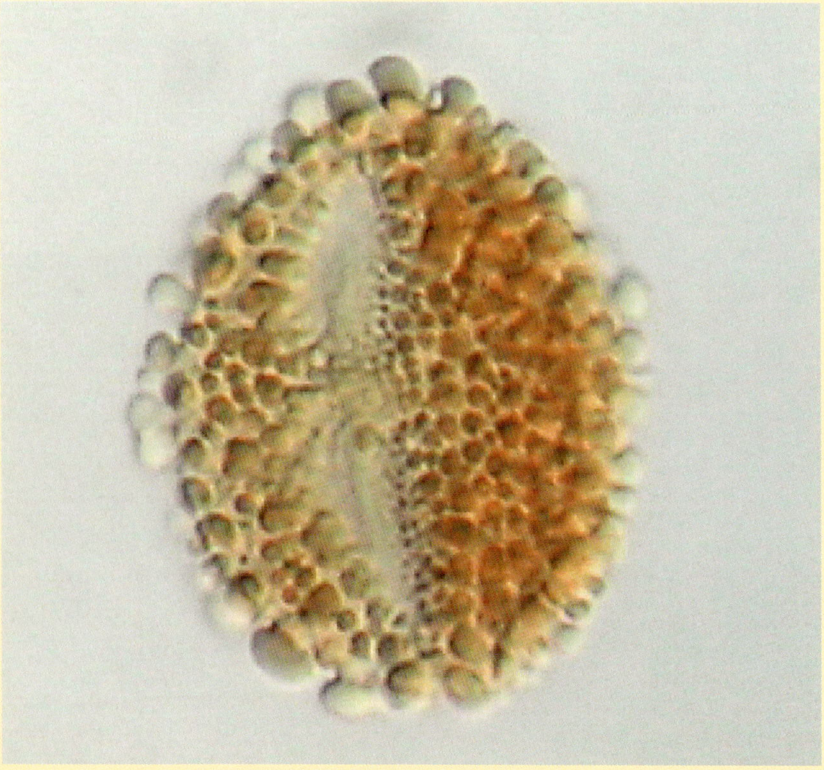

b) Pollen der Stechpalme *(Ilex)*
Foto: M. Stebich, 2002; Frankfurt a.M., Naturmuseum und Forschungsinstitut Senckenberg

In Warmzeiten war Europa überwiegend von sommergrünen Laubmischwäldern bedeckt. Kennzeichnend für warmzeitliche Ablagerungen sind u.a. der Pollen von Eiche, Ulme, Linde, Hasel, Esche, Hainbuche und Tanne. Besonders günstige Klimaverhältnisse zeigen Pollenfunde von Mistel, Efeu und Stechpalme an.

LITERATUR

Leseempfehlungen

Calder, N. (1997): Die launische Sonne. Wiesbaden.

Joussaume, S. (1996): Klima. Gestern – Heute – Morgen. Springer, Berlin

Lovelock, J. (1993): Das GAIA-Prinzip. Die Biographie unseres Planeten. Insel, Frankfurt a. M.

Lozán, J.L., H. Grassl, P. Hupfer (Hrsg.,1998): Warnsignal Klima. Das Klima des 21. Jahrhunderts. GEO, Hamburg.

Spektrum der Wissenschaft, Dossier (2002): Klima. Spektrum Akademischer Verlag, Heidelberg.

Literaturbelege

Bond, G., W. Broecker, S. Johnsen, J. McManus, L. Labeyrie, J. Jouzel, G. Bonani (1993): Correlations between climate records from North Atlantic sediments and Greenland ice. In: Nature 365, S. 143–147.

Cronin, T. M. (1999): Principles of Paleoclimatology. Perspectives in Paleobiology and Earth History. Columbia University Press, New York.

Herterich, K. (1998): Eis der Erde. In: Lozán, J. L., H. Graßl, P. Hupfer (Hrsg.): Warnsignal Klima. Wissenschaftliche Auswertungen, Hamburg, S. 59–64.

KIHZ-Consortium: J. Zinke, H. von Storch, B. Rein, H. Fischer, S. Kipfstuhl, B. Mieding, H. Miller, H. Oerter, M. Schwager, W. Graf, A. Lücke, G. H. Schleser, M. Schwab, J. F. W. Negendank, U. Kienel (2002): Evidence for the climate during the Late Maunder Minimum from proxy data available within KIHZ, In: Miller, H., J. F. W. Negendank, G. Flöser, H. von Storch, H. Fischer, G. Lohmann, T. Kumke (Hrsg.): The KIHZ project: towards a synthesis of Holocene proxy data and climate models. Springer, Berlin (im Druck).

Leuschner, H. H. (1994): Jahrringanalysen. In: B. Herrmann (Hrsg.): Archäometrie. Naturwissenschaftliche Analyse von Sachüberresten. Springer, Berlin, S. 121–136.

Loutre, M. F., A. Berger (2000): Future climatic changes: Are we entering an exceptionally long Interglacial? In: Climatic Change 46, S. 61–90.

Lowe, J. J., M. J. C. Walker (1997): Reconstructing Quaternary environments. Addison Wesley Longman, Essex (2. Auflage).

Schweingruber, F. H. (1983). Der Jahrring: Standort, Methodik, Zeit und Klima in der Dendrochronologie. Verlag Paul Haupt, Bern.

Thouveny, N., D. Williamson (1991): Paleomagnetic secular variations as a chronological tool for the Holocene. In: Frenzel, B., A. Pons, B. Glaeser (Hrsg.): Evaluation of climate proxy data in relation to the European Holocene. Paläoklimaforschung 6, S. 13–27.

Zachos, J., M. Pagani, L. Sloan, E. Thomas, K. Billlups (2001): Trends, rhythms, and aberrations in global climate 65 Ma to present. In: Science 292, S. 686–693.

Der **Autor** Jörg F. W. Negendank ist Geologe und arbeitet seit etwa 15 Jahren in der Paläoklimatologie. Er ist Leiter des Projektbereichs „Sedimente und Beckenbildung“ und Direktor des Aufgabenbereichs „Struktur und Evolution der Lithosphäre“ am GeoForschungsZentrum Potsdam sowie Universitätsprofessor am Institut für Geowissenschaften der Universität Potsdam (seit 1992).

Mitarbeit: Achim Brauer (Geowissenschaftler), Cathrin Brüchmann (Geologin), Ulrike Kienel (Geologin), Claudia Migowski (Mineralogin – Geologin), Norbert R. Nowaczyk (Geophysiker), Markus Schwab (Geologe), Sabine Wulf (Geologin). Sie sind alle Mitarbeiter im Projektbereich „Sedimente und Beckenbildung“.

Sabine Gerber (**Katalog**) studierte Biologie und Chemie an der Universität Bonn und promovierte über ein ökophysiologisches Thema an der Universität Erlangen. Seit 1996 arbeitet sie als wissenschaftliche Mitarbeiterin am Deutschen Museum in den Themenbereichen Umwelt, grüne Gentechnik und Klima.

Cathrin Brüchmann (**Katalog**) ist Geologin und promovierte über Kieselalgen in laminierten Seesedimenten am GeoForschungsZentrum Potsdam. Seither ist sie wissenschaftliche Mitarbeiterin in der dortigen Paläoklima-Arbeitsgruppe von Prof. J. F. W. Negendank.

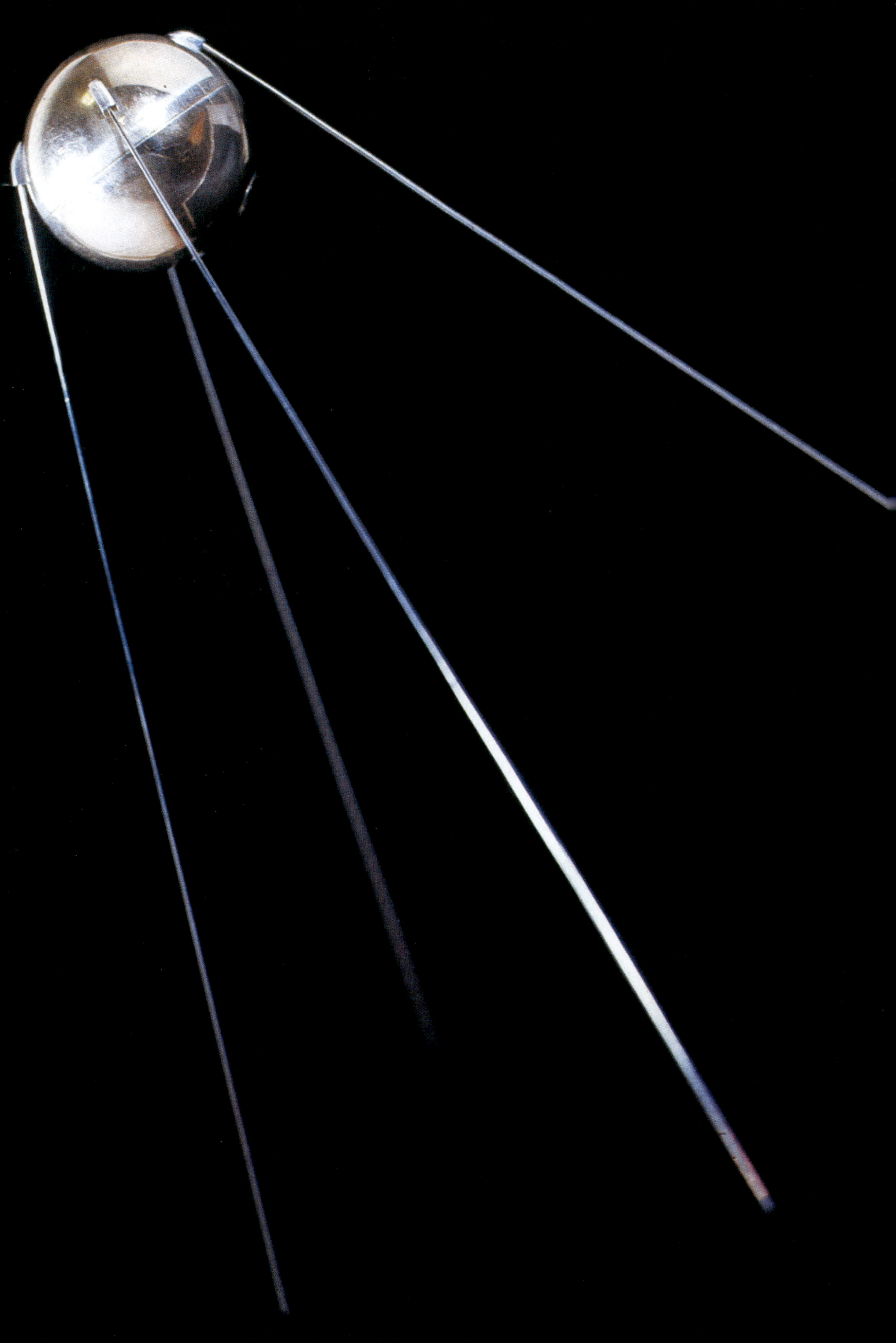

Abb. 1: Am 4. Oktober 1957 startete die Sowjetunion den „Sputnik“ und machte ihre Ankündigung wahr, zum Internationalen Geophysikalischen Jahr 1957/58 den ersten Satelliten in den Kosmos zu schießen. Sein wissenschaftliches Programm umfasste auch die Untersuchung der Atmosphäre: Die Flugbahn gab Aufschlüsse über ihre Dichte, die funktechnische Überwachung erlaubte Rückschlüsse auf die Fortpflanzung von Radiowellen in großer Höhe. Das Forschungsjahr war ein Meilenstein in der Entwicklung der modernen Geowissenschaften und der Klimaforschung. Unter den Bedingungen des Kalten Krieges gestaltete sich die internationale Kooperation aber noch schwierig. (Quelle: Deutsches Museum)

Die Global Player des Klimawissens: Die Herausbildung der internationalen Klimaforschung

Klimaforschung ist ein junges Wissenschaftsfeld und sie gilt als Prototyp einer neuartigen, global agierenden Megascience. Seit ihrer Frühzeit – und heute mehr denn je – waren große internationale Forschungsprogramme eine treibende Kraft ihrer Entwicklung. In ihnen spiegelten sich immer auch zeitgenössische Motivlagen und Deutungsmuster: in den frühen Jahren des Kalten Krieges ein ungebrochener Technik- und Wissenschaftsoptimismus, seit den späten Sechzigerjahren das erwachende politische und gesellschaftliche Umweltbewusstsein und schließlich in der jüngsten Phase der Trend zu einer ...

Klimapolitik auf globaler Basis. Der Historiker Ralph Boch, der derzeit an einer Geschichte der Geowissenschaften im Potsdamer Raum arbeitet, erzählt diese Geschichte – vom Internationalen Geophysikalischen Jahr 1957/58 bis hin zu den aktuellen Großprojekten.

KLIMAFORSCHUNG HEUTE: EINE MEGASCIENCE

Populäre Bilder der modernen Klimaforschung zeigen einen weit gespannten globalen Forschungszusammenhang, dessen Praxis von traditionellen meteorologischen und geologischen Arbeiten bis zum Einsatz aufwändiger Hochtechnologien reicht: Polarstationen, Spezialbohranlagen, Laboratorien, Rechenzentren und Supercomputer, aber auch Satelliten, Wetterstationen und Messballons kennzeichnen heute ein Forschungsfeld, das seinen Schwerpunkt in der Untersuchung des menschlich beeinflussten (anthropogenen) Klimawandels gefunden hat und damit zu einem Leitsektor der Forschung zum „globalen Wandel" (Global Change) geworden ist. Weltweite Forschungsaktivitäten werden dabei in zuvor ungekanntem Maße von globalen Konsortien koordiniert und sind in entsprechende globale Programme eingebettet. Beobachter sehen gerade in Bereichen wie der Klimaforschung eine neue Form der Wissenschaftsorganisation – eine Megascience oder Global Science – Gestalt annehmen. Solch fachübergreifende, personell und apparativ aufwändige Forschung richtet sich mehr und mehr an Problemen von globaler Relevanz bzw. an Strategien zu ihrer Lösung aus. Damit spielen Zusammenarbeit, Koordinierung und Steuerung über nationale, wissenschaftliche und institutionelle Grenzen hinweg eine große Rolle: Chemiker, Physiker, Geowissenschaftler, Biologen und Mediziner, aber auch Juristen, Ökonomen, Sozial- und Politikwissenschaftler sind heute mit der Untersuchung von Klimafragen im weiteren Sinn befasst; Ingenieure und Techniker arbeiten in großer Zahl an der Entwicklung und Durchführung der entsprechenden Projekte, Experimente und Missionen. Staatliche, militärische und auch private Forschungseinrichtungen sehr unterschiedlichen Zuschnitts sind Teil einer hochgradig vernetzten internationalen Forschungslandschaft geworden. Klima und Klimawandel haben sich damit zu bemerkenswerten Integrationsthemen entwickelt, die auf immer mehr Disziplinen, Technikfelder und nationale Wissenschaftssysteme einwirken. In mindestens ebenso bemerkenswerter Weise wurde das Thema gleichzeitig zum Gegenstand einer nationalen und internationalen Umweltpolitik, einer stark veränderten gesellschaftlichen Umweltwahrnehmung und einer oft von Hysterie und Katastrophenrhetorik geprägten massenmedialen Berichterstattung, was die zunehmende, durchaus prekäre Politik- und Öffentlichkeitsnähe solcher Global Science deutlich vorführt.

Der folgende Beitrag versucht Entwicklungslinien der naturwissenschaftlichen Forschung zum Klima in einer zentralen Phase, nämlich in der Zeit zwischen den Fünfzigerjahren und dem Ende der Achtzigerjahre des letzten Jahrhunderts, darzustellen. In den rund drei Jahrzehnten dazwischen bildete sich in einem komplexen Zusammenspiel von wissenschaftlichen, technischen und politisch-sozialen Faktoren jenes Forschungsfeld heraus, das man heute gemeinhin als Klimaforschung bezeichnet. Eine kleine Zahl führender Wissenschaftsnationen mit ihren technischen Möglichkeiten war dabei über die Jahrzehnte der Motor einer expansiven Entwicklung. Am Ende hatte sich ein über die Beschäftigung mit Zuständen und Prozessen in der Atmosphäre weit hinausgehendes dynamisches Systemverständnis von Klima durchgesetzt und das Teilproblem der Beeinflussung des Klimas durch menschliches Handeln war mehr und mehr in den Mittelpunkt der inter-

Abb. 2: Das Leitungsgremium CSAGI des Internationalen Geophysikalischen Jahres (IGJ) mit den Wissenschaftlern (von links) Belussow (UdSSR), Berkner (USA), Nicolet (Belgien), Coulomb (Frankreich) und Chapman (Großbritannien; Quelle: Sullivan, 1962).

nationalen Forschung gerückt. Deren Perspektiven und Problemdefinitionen wandelten sich ebenso stark wie ihre Institutionen, Praktiken und Methoden, wobei man über die Jahrzehnte hinweg immer wieder sehr zeitnah von den „Revolutionen" in Mess-, Beobachtungs- und Computertechnologie profitierte, ja diese mitprägte und nicht selten zu den zivilen Erstanwendern militärtechnologischer Schlüsselinnovationen zählte. Zäsuren, mindestens aber doch symbolische Wendepunkte bildeten dabei Projekte der internationalen Forschungskooperation: So endete in den Fünfzigerjahren mit einem spektakulären, folgenreichen Großunternehmen eine jahrzehntelange Krise der internationalen Zusammenarbeit in den Geowissenschaften und es begann am Ende der Achtzigerjahre eine qualitativ neue Phase der Kooperation, in der sich die internationalen Geo- und Umweltforschungsprojekte mehr und mehr an den Bedürfnissen und Strukturen einer globalen Klimapolitik orientierten und zur maßgeblichen Stimme in deren wissenschaftlicher „Orchestrierung" wurden (Elzinga 1996).

„ANGRIFF AUF DAS UNBEKANNTE"*: DAS INTERNATIONALE GEOPHYSIKALISCHE JAHR 1957/1958

In den frühen Jahren nach 1945 war die wissenschaftliche Beschäftigung mit dem Klima noch ganz auf die Meteorologie beschränkt. Deren Teilbereich Klimatologie beschäftigte sich mit der Beschreibung und Klassifizierung von meteorologischen Langzeitvorgängen und wandte sich nur am Rande dynamischen, klimabildenden Prozessen in der Erdatmosphäre zu. Das Klima stand nicht im Mittelpunkt des damaligen Forschungsinteresses, und die Klimatologie hatte an der immensen Expansion der meteorologischen Dienste und Forschungsinstitute in der ersten Jahrhunderthälfte nur geringen Anteil. Diese hatten schon seit dem späten 19. Jahrhundert, insbesondere aber in den beiden Weltkriegen, von steigenden staatlichen und militärischen Zuwendungen profitiert. Sie zielten vor allem darauf ab, die Vorhersage des Wetters zu verbessern, wofür die Forschung mehr und mehr auch die allgemeinen Zirkulationsprozesse in der Atmosphäre in Betracht zog. Doch nicht nur die in Landwirtschaft, Industrie und Militär massiv nachgefragten meteorologischen Prognosen verstärkten das wissenschaftliche Interesse an den Eigenschaften der Atmosphäre: Der Durchbruch der Luftfahrt- sowie der Rundfunk- und Nachrichtentechnik hatte seit den Dreißigerjahren des 20. Jahrhunderts eine große Zahl neuer Forscher für das Thema interessiert. Militärische und zivile Anwender dieser neuen Technikfelder waren auf Detailkenntnisse über die physikalischen Eigenschaften der irdischen Gashülle angewiesen. Zugleich eröffneten sich für die meteorologische Forschung ganz neue methodische Möglichkeiten: Gerade die Aussicht auf die Anwendung von Radar-, Raketen- und schließlich Satellitentechnik ließ in den späten Vierziger- und frühen Fünfzigerjahren in einigen Staaten eine dynamische Mischung aus wissenschaftlicher Aufbruchstimmung und massiver staatlicher Förderungsbereitschaft entstehen.

In diese Zeit fiel der Vorschlag einer Hand voll amerikanischer und britischer Wissenschaftler, ein älteres Projekt der internationalen Zusammenarbeit fortzusetzen und 1957/1958 – nach 1882/1883 und 1932/1933 – ein drittes so genanntes Internationales Polarjahr zu veranstalten, insbe-

* Zitiert nach Walter Sullivan: Angriff auf das Unbekannte. Das Internationale Geophysikalische Jahr. Frankfurt a. M. 1962.

Abb. 3: Das Logo des IGJ.

sondere um von den Polarregionen aus die höheren Atmosphärenschichten zu untersuchen. Der wissenschaftliche wie auch international mobilisierende Erfolg der ersten Polarjahre – am ersten hatten sich 12, am zweiten 49 Nationen beteiligt – war bereits beachtlich gewesen, doch das Echo auf den Vorschlag des Jahres 1950 sollte beispiellos sein. Der International Council of Scientific Unions (ICSU) erklärte sich sofort bereit, die Planung und Koordinierung des Projekts zu übernehmen. Auf Betreiben der ebenfalls zentral beteiligten Weltorganisation für Meteorologie (WMO) wurde die alte Beschränkung auf die Polarregionen fallen gelassen und jetzt ein „Internationales Geophysikalisches Jahr" (IGJ) ausgerufen, das alle physikalisch orientierten Geowissenschaften zu einer 18-monatigen Untersuchung des Planeten Erde und seiner Atmosphäre zusammenführen sollte. Bis zum offiziellen Beginn am 1. Juli des Jahres 1957 erklärten weltweit 67 Nationen ihre Teilnahme im Rahmen nationaler Forschungsprogramme. Nachträgliche Schätzungen gehen davon aus, dass insgesamt 40 000 bis 60 000 Wissenschaftler, Techniker und sonstiges Personal an diesem historisch kaum erforschten Großprojekt beteiligt waren, darunter auf Initiative der Sowjetunion auch das Gros der Staaten des Warschauer Paktes. Die von 14 Fachkommissionen ausgearbeiteten Programme des IGJ räumten der Erforschung des „Ozeans über uns" (Walter Sullivan), also der Atmosphärenhülle des Planeten, einen großen Stellenwert ein. Generell waren die Kenntnisse über deren physikalische und chemische Eigenschaften, über die dynamischen Vorgänge und Kreisläufe trotz beachtlicher wissenschaftlicher Traditionen noch so gering, die Aufgaben aber so gewaltig und kompliziert, dass ein führender deutscher Meteorologe Anfang der Sechzigerjahre offen die Frage in den Raum stellte, ob eine intensive Förderung der Atmosphärenforschung überhaupt erfolgversprechend sei. Das Thema Klima tauchte im IGJ nur am Rande der meteorologischen Forschungsprogramme auf, doch waren neben den zahlreichen Aktivitäten der Atmosphärenforschung viele andere Disziplinen prominent vertreten, die zum festen Bestandteil der modernen Klimaforschung geworden sind. Die Rahmenprogramme des IGJ etwa für die Gletscherkunde, die Meeresforschung und die Polarforschung regten die Errichtung, den Ausbau und vor allem die dauerhafte Unterhaltung von Forschungsstationen und Messkampagnen an, die sich einer systematischen Erfassung bisher vernachlässigter physikalischer und chemischer Variablen annahmen. Weltweit verbreitete Handbücher und Messanleitungen sowie Methoden- und Instrumentenempfehlungen zielten

Abb. 4: Die Beobachtungsstation Mauna Loa auf Hawaii, die im IGJ eingerichtet wurde und später durch ihre Messungen des ansteigenden Kohlendioxidgehalts der Atmosphäre bekannt wurde. (Quelle: NOAA)

auf eine Standardisierung und Verstetigung der massiv verdichteten Messnetze ab, die mit der im großem Stil zum Einsatz kommenden Funk- und Nachrichtentechnik erstmals auch zeitlich über so genannte World-Days und World-Alerts koordiniert werden konnten. Für die Errichtung neuer Stationen wurden regionale Schwerpunkte definiert, die die immensen geographischen Lücken der geowissenschaftlichen Datensammlungen ein Stück weit ausgleichen sollten: Neben den beiden Polen stellten vor allem der afrikanische und der südamerikanische Kontinent sowie die Weltmeere weitgehend „ungemessenes" Terrain dar, auf das die Wissenschaft nun mit Vehemenz ausgriff. Eine dieser zahlreichen während des IGJ neu eingerichteten Stationen sollte für die Klimaforschung großen Bekanntheitsgrad erlangen: die meteorologische Beobachtungsstation auf dem Vulkan Mauna Loa auf Hawaii, wo der Chemiker Charles D. Keeling im März 1958 mithilfe eines Gasanalysators seine bis zum heutigen Tage fast ununterbrochen durchgeführten Messungen des Kohlendioxidgehalts (CO_2) der Atmosphäre aufnahm. Die wellenförmige, in der Tendenz steigende Kurve seiner Messwerte sollte zu einem viel zitierten Indiz und weit verbreiteten Symbol werden (siehe Seite 235): Sie war 1972 einer der Schlüsselbelege für eine „exponentiell zunehmende Umweltverschmutzung" im einflussreichen Bericht an den Club of Rome „Die Grenzen des Wachstums" (Meadows u.a. 1972). Im Kontext des IGJ waren Keelings Messungen noch eine Marginalie, vor allem der Unbeirrbarkeit Keelings und nicht etwa dem Interesse an einem durch Gasemissionen verstärkten „Treibhauseffekt" zu verdanken. Auch begann im IGJ eine neue Ära der Messungen des atmosphärischen Ozongehalts, vor allem mithilfe von Ballon-, aber auch Raketensonden. Hier wurde mit der Errichtung von Stationen mit standardisierter Ausstattung und Methodik die Basis für ein dauerhaftes, international verbundenes Messsystem gelegt, das als „Global Ozone Observing System" (GO_3OS) noch während des IGJ seine Arbeit aufnahm. Einer der ersten Messpunkte war die britische Antarktisstation Halle Bay, wo drei Jahrzehnte später das so genannte Ozonloch über der Antarktis entdeckt wurde.

Über diese neue Qualität der Messungen im erdnahen Bereich hinaus sollte das IGJ auch einen Epoche machenden Durchbruch in eine ganz neue Dimension bringen. Schon 1954 hatten die beiden Großmächte USA und UdSSR mit großem öffentlichem Echo angekündigt, während des IGJ künstliche Satelliten für wissenschaftliche Untersuchungen in eine Erdumlaufbahn zu bringen. Ein

plinär und problemorientiert dem neuen Königsthema Klimawandel zuwendete. Von Anthropologen und Medizinern über Agrarwissenschaftler, Ökonomen und Ökologen wurde eine Vielzahl von Experten eingeladen, Probleme des Klimawandels aus ihrer Perspektive darzustellen, womit auch das später entstehende Feld der hier nicht behandelten „Klimafolgenforschung" erste Konturen annahm.

Der Durchbruch der Klimaforschung war begleitet von einer ganzen Reihe extremer und außergewöhnlicher Wetterereignisse – von Dürreperioden in der Sowjetunion und in Europa, einer Kältewelle in Brasilien, diversen extremen Wintern –, was vor allem in den westlichen Industriestaaten die öffentliche und politische Sensibilität für die Frage eines möglichen Klimawandels deutlich steigerte. Anfang des Jahres 1979 trat auf Initiative der WMO und verschiedener UN-Organisationen in Genf eine „Weltklimakonferenz" zusammen, um den internationalen Stand der Forschung zum Klimawandel zu diskutieren und eventuelle Folgen abzuschätzen. Die 300 Experten aus 50 Ländern verabschiedeten eine Deklaration, die es aus wissenschaftlicher Perspektive als wahrscheinlich bezeichnete, dass menschliche Aktivitäten dramatische Veränderungen des globalen Klimas verursachen könnten. Das Abschlusspapier enthielt Empfehlungen für ein neues internationales Forschungsprogramm zur Erhebung und Bereitstellung von Klimadaten und zur Abschätzung möglicher Zukunftsfolgen. Sie formulierte zudem das Ziel, die Aufmerksamkeit für das Problem nicht nur in der Wissenschaft, sondern auch in Öffentlichkeit und Politik weiter zu steigern. Ein „World Climate Research Programme" (WCRP) sollte die Zustandsbeschreibung des Klimas, die Modellbildung, die entscheidenden Klimaprozesse und die zukünftige Entwicklung des Klima erforschen helfen, wobei jetzt die Untersuchung der vielfältigen Austauschprozesse zwischen den verschiedenen Sphären der Erde (Atmosphäre, Ozeane, Eis und Landoberflächen der Kontinente) als zentraler Untersuchungsgegenstand benannt wurde. Außerdem sollte sich das WCRP mit den Hilfsmitteln der Paläoklimatologie der Rekonstruktion vergangener Klimate zuwenden. Dieser Zweig der Forschung hatte seit den Sechzigerjahren durch methodische Innovationen und die Verfügbarkeit z. B. von Eisbohrkernen aus den Arktisregionen erhebliche Fortschritte gemacht und bot für die Einschätzung des Klimawandels in der jüngsten Zeit wesentliche Vergleichsgrößen.

Mit Beginn der Achtzigerjahre trat das WCRP in die konkrete Planungsphase. Gemeinsame Kommissionen der ICSU und der WMO (seit 1993 auch die „Intergovernmental Oceanic Commission" der UNESCO) erarbeiteten die Hauptprojekte, von denen nur zwei noch in den Achtzigerjahren anliefen: das TOGA-Projekt, das zwischen 1985 und 1994 Wechselwirkungen zwischen tropischem Ozean und der Atmosphäre analysierte, und das seit 1988 laufende GEWEX-Projekt, das den Strahlen-, Wärme- und Wassertransport in der Atmosphäre und an der Erdoberfläche untersucht (siehe Beitrag Graßl). Jedes dieser WCRP-Hauptprojekte unterhält ein eigenes Sekretariat, von dem aus die vielfältigen nationalen Beiträge und Unterprojekte koordiniert werden. Die Messnetze, die das WCRP für seine deutlich ausgeweitete Fragestellung benötigte, gingen über die verschiedenen Programme zur Beobachtung von Atmosphärenvariablen hinaus: Im Mittelpunkt stand schon bald, ein umfassendes „Global Climate Observing System" (GCOS) zu schaffen, in das die World Weather Watch, die „Global Atmosphere Watch" (GAW, 1989 aus GO_3OS und BAPMoN entstanden) sowie die entsprechenden in den Neunzigerjahren gegründeten Ozean- und Landbeobachtungssysteme („Global Ocean Observing System" und „Global Terrestrial Observing System") eingehen sollten. Die Klimaforschung stellte in diesem Zusammenhang ganz

DAS WELTKLIMAFORSCHUNGSPROGRAMM (WCRP)

In den vergangenen zwei Dekaden wurden verschiedene internationale Programme eingerichtet. Ihre Aktivitäten umfassen im Wesentlichen naturwissenschaftlich ausgerichtete Programme zur Erforschung des Globalen Wandels. Hierzu zählt in erster Linie das World Climate Research Programme (WCRP), in dessen Rahmen seit Beginn der 1980er-Jahre das globale Klimasystem mit mathematisch-physikalischen Methoden erforscht und die Prognose globaler und regionaler Klimaänderungen ermöglicht werden soll. Außerdem wurde 1986 das International Geosphere-Biosphere Programme (IGBP) gegründet (siehe oben).

Das WCRP, ein Teilprojekt des World Climate Programme, wurde 1980 gemeinsam von ICSU (International Council of Science) und WMO (World Meteorological Organisation) gegründet. Seit 1993 wird das WCRP von der International Oceanographic Commission (IOC) der UNESCO unterstützt. Ziel des WCRP ist es festzustellen, in welchem Umfang natürliche Klimaschwankungen sowie der anthropogene Einfluss auf das Klima vorhergesagt werden können. Dazu ist ein quantitatives Verständnis der vier Hauptkomponenten des physikalischen Klimasystems notwendig: Atmosphäre, Ozean, Kryosphäre und Landoberflächen. Die Projekte des WCRP sind (http://www.wmo.ch/web/wcrp/wcrp-home.html).

1. Arctic Climate System Study (ACSYS, 1994-2003; Nachfolgeprojekt: Climate and Cryosphere (CliC), seit 2000): ACSYS befasst sich mit der Beobachtung und Modellierung des arktischen Ozeans, der darüber liegenden Atmosphäre und des durch beide Medien bewegten Meereises. Untersucht wird die Rolle der Arktis im globalen Klimasystem, insbesondere aber der Süßwasserexport aus der Arktis, der auf Schwankungen der Tiefenwasserbildung im Nordatlantik einwirkt und damit auch die globale thermohaline Zirkulation beeinflusst. Das Projekt CliC untersucht die globale Kryosphäre, d.h. alle Formen von Eis im Klimasystem (außer dem Eis in den Wolken), also Meereis, Schelfeis, Landeis, Gletscher, Eiskappen, Permafrost und Schnee und deren Wechselwirkung mit dem Rest des Klimasystems, insbesondere mit Atmosphäre und Ozean (http://www.npolar.no/acsys).

2. Climate Variability and Predictability Programme (CLIVAR, seit 1995): CLIVAR beschäftigt sich mit den Grundlagen der natürlichen Klimavariabilität, untersucht anthropogene Einwirkungen und hat zum Ziel, das Klima auf Zeitskalen von Jahreszeiten bis zu Jahrhunderten vorherzusagen. CLIVAR besteht aus drei Komponenten: der Untersuchung von Variabilität und Vorhersagbarkeit des globalen gekoppelten Klimasystems (Ozean-Atmosphäre-Land) auf Zeitskalen von Jahreszeiten bis zu mehreren Jahren (GOALS), sowie Dekaden bis Jahrhunderten (DecCen), und der Modellierung und Zuordnung einer anthropogenen Klimaänderung (ACC) (http://www.clivar.org).

3. Global Energy and Water Cycle Experiment (GEWEX, seit 1988): GEWEX untersucht den globalen Wasser- und Energiekreislauf. Ziel ist es, den Transport und den Austausch von Strahlung, Wärme und Wasser in der Atmosphäre und an der Erdoberfläche zu bestimmen, zu modellieren und vorherzusagen sowie die Auswirkungen einer Klimaänderung auf globale und regionale Niederschlagsregime abzuschätzen http://www.gewex.com, siehe Beitrag Graßl).

4. Stratospheric Processes and their Role in Climate (SPARC, seit 1993): SPARC befasst sich mit der Beobachtung und Modellierung von Klimaänderungen in der Stratosphäre, insbesondere aber mit der Frage, welche Prozesse in der Stratosphäre auf das globale Klima einwirken. Einen neuen Schwerpunkt bildet der Einfluss chemischer Prozesse in der gesamten Atmosphäre auf die Entwicklung des Klimasystems http://www.aero.jussieu.fr/~sparc/).

5. World Ocean Circulation Experiment (WOCE, 1990-2002): WOCE hat in einer großangelegten internationalen Zusammenarbeit ozeanographische Beobachtungen aus allen Weltmeeren zusammengetragen und damit die Basis für die Entwicklung von realistischen numerischen Modellen der globalen Ozeanzirkulation geliefert (http://www.woce.org).

6. Tropical Ocean B Global Atmosphere Project (TOGA, 1985-1994): TOGA beschäftigte sich mit der Untersuchung der Wechselwirkungen zwischen dem tropischen Ozean und der globalen Atmosphäre und trug wesentlich zum Verständnis der Ursachen der Südlichen Oszillation und des dazugehörigen El Niño-Phänomens bei. Die Ergebnisse führten zu einer deutlichen Verbesserung der saisonalen Vorhersage in den Tropen (siehe Beitrag Graßl).

Neben den WCRP-Forschungsprogrammen gibt es noch internationale Beobachtungsprogramme für das globale Klima (Global Climate Observing System, GCOS), für den Ozean (Global Ocean Observing System, GOOS) und die Landoberflächen (Global Terrestrial Observing System, GTOS), die eine langfristige Datenerhebung zum Ziel haben.

In den letzten Jahren wurden neben disziplinären Fragen in verstärktem Maße Wechselwirkungen zwischen physikalischen, biologischen, geologischen und chemischen Komponenten des Klimasystems untersucht und auch deren Relation zu Änderungen der Gesellschaftssysteme betrachtet. Aus diesem Grund haben die vier großen internationalen Umweltprogramme WCRP, IGBP, IHDP (International Human Dimensions Programme on Global Environmental Change, gegründet 1990) und DIVERSITAS (International Programme of Biodiversity Science, Neugründung 2001) im Juli 2001 die Earth System Science Partnership (ESSP) gegründet. ESSP soll die gemeinsamen interdisziplinären Projekte fördern, von denen zunächst drei definiert wurden: Carbon, Food und Water (siehe http://www.ess-p.org). Es wird erwartet, dass neben diesen globalen Aktivitäten auch regionale interdisziplinäre Projekte eingerichtet werden.

Peter Lemke

Abb. 6: Logo von GCOS, dem Global Climate Observing System.

andere Anforderungen an eine dauerhafte Förderung, um diese Systeme mitsamt der dazugehörigen Datenübermittlung, -analyse und -verarbeitung aufrechtzuerhalten. Die Neunzigerjahre sollten die Forschung nach Jahrzehnten der Verdichtung und Verbesserung der Erdbeobachtung erstmals mit dem Problem konfrontieren, dass die Boden- und Satellitenmessnetze in manchen Regionen aufgrund finanzieller Probleme vom Zerfall bedroht waren.

Einen wichtigen Teil des seit den frühen Siebzigerjahren immer wieder in den Vordergrund gerückten Systemverständnisses von Klima stellte die biologische Komponente dar, der Einbezug der so genannten Biosphäre als weitere Einflussgröße. Das WCRP hatte zwar den „biogeochemikalischen Zyklen", worunter die globalen Kreislaufprozesse von Elementen wie Kohlenstoff, Sauerstoff, Stickstoff und Schwefel mitsamt den in sie eingehenden pflanzlichen und tierischen Stoffwechselprozessen verstanden wurden, ursprünglich große Bedeutung zugeschrieben. Es beschränkte sich dann aber doch auf die Hauptkomponenten des physikalischen Klimasystems und schrieb ein traditionelles Nebeneinander von biologischer und geowissenschaftlicher Forschung fort: Mit den großen internationalen Forschungsprogrammen der Biologie (dem „International Biological Programme" von 1965 bis 1975 und dem „Man and the Biosphere Programme" seit 1971) hatte es in den beiden vorangegangenen Jahrzehnten praktisch keine Berührungspunkte gegeben. Vonseiten der National Academy of Sciences der USA wurde dieses Manko Anfang der Achtzigerjahre aufgegriffen und man wandte sich mit dem Vorschlag, ein entsprechend umfassendes Programm einzurichten, erneut an die ICSU. Nach mehrjährigen Vorarbeiten unter der Leitung des prominenten Klimaforschers Bert Bolin – der zwei Jahrzehnte zuvor bereits das GARP maßgeblich mit konzipiert hatte – startete 1986 das „International Geosphere-Biosphere Programme: A Study of Global Change" (IGBP), das trotz zahlreicher Überschneidungen neben dem WCRP eingerichtet wurde. Sein Hauptanliegen gilt den physikalischen, chemischen und biologischen Wechselwirkungen von organischen (Biosphäre) und anorganischen Teilen (den verschiedenen Geosphären) des „Systems Erde" sowie deren Auswirkungen auf Mensch und Umwelt. Im Mittelpunkt stehen dabei Prozesse, die man als empfindlich für „anthropogene Störungen" einschätzte, aber auch – als Ausdruck eines neuen, auf Handeln ausgerichteten Selbstverständnisses – solche, deren Untersuchung praktische, d. h. auch politisch verwertbare Vorhersagen erwarten ließ.

FORSCHUNG ALS POLITIKBERATUNG

Mit dem WCRP und dem IGBP hatten sich in den Achtzigerjahren die zentralen internationalen Programme der naturwissenschaftlichen Klimaforschung etabliert, die mit einer Vielzahl von Kern- und Unterprojekten noch heute laufen. Eine erhebliche Ausbauphase setzte in den späten Achtzigerjahren ein, als die Folgen eines menschlich verursachten Klimawandels international zu einem großen Thema von Politik und Medien wurden. Es waren nicht zuletzt politik- und öffentlichkeitsnahe Konferenzen der internationalen Forschungsprogramme, von denen entscheidende Signalwirkungen auf diesen Politisierungs- und Mediatisierungsprozess ausgingen. Die zunehmende Konzentration der Forschung auf den vom Menschen beeinflussten Treibhauseffekt der Atmosphäre sowie das zum Teil alarmistische Auftreten einzelner Wissenschaftler in der Öffentlichkeit hatten jedenfalls erheblichen Anteil daran, dass auf nationaler, transnationaler und internationaler Ebene nach und nach Strukturen einer wissenschaftlichen Politikberatung zum Thema entstanden. In Deutschland nahmen seit 1987 verschiedene Enquêtekommissionen des Deutschen Bundestages die Arbeit auf und bildeten die Vorläufer für dauerhafte

Beratungsorgane auf Regierungsebene wie den „Wissenschaftlichen Beirat Globale Umweltveränderungen" (WBGU; siehe Beitrag Edenhofer u. a.). Aufseiten der internationalen Wissenschaftsorganisationen gab es ganz entsprechende Bestrebungen, sich zunehmend politik- und problemlösungsorientiert zu organisieren und auch aufzutreten. Eine von ICSU, WMO und UNEP einberufene Expertenkonferenz zur Einschätzung der Rolle des Kohlendioxids für Klimaänderungen im österreichischen Villach 1985 sowie die Gründung entsprechender Gremien der WMO ließen auch aufseiten der internationalen Politik das Interesse an entsprechenden Einrichtungen aufkommen. 1988 wurde von der WMO und der UNEP der „Intergovernmental Panel on Climate Change" (IPCC) gegründet, dessen verschiedene Arbeitsgruppen seitdem periodisch Berichte zur Einschätzung des Stands der Klimaforschung, zur Klimafolgenforschung und zu den Möglichkeiten einer Reduzierung der Treibhausgasemissionen vorlegen. Diese IPCC-Berichte sollten zu Schlüsseldokumenten der sich in den Neunzigerjahren etablierenden Klimapolitik werden (siehe Beitrag Grundmann und Stehr). Sie fassen die durchaus widersprüchlichen, mindestens aber untereinander abweichenden Ergebnisse der internationalen Forschung – zu einem guten Teil aus WCRP- und IGBP-Projekten – zusammen und bewerten diese für politische Entscheidungsträger. Das WCRP und das IGBP sowie das 1990 ins Leben gerufene sozialwissenschaftlich ausgerichtete „International Human Dimensions Programme on Global Environmental Change" (IHDP) wiederum verstehen sich heute als komplementäre Projekte, als eine „Forschungsachse" zum System Erde und zu dessen globalem Wandel; als solche stehen sie in direkter Verbindung zur „Politikachse" des IPCC und verorten sich explizit im Vorfeld der globalen Umweltpolitik. Mit diesem Selbstverständnis hat sich die Qualität der internationalen Forschungsprojekte nicht unerheblich verändert. Zur Kooperation bei einer „grenzenlosen" Problematik der Grundlagenforschung trat die Orientierung an der Verwendung der Ergebnisse zur wissenschaftlichen Politikberatung, für die es wiederum essenziell ist, dass der Dissens in der Wissenschaft in eine wenn auch vorsichtig formulierende Stimme gewandelt wird und Aussagen vor allem zu „politikfähigen" Facetten des Themas gemacht werden.

EIN RESÜMEE

Der Rückblick auf ein halbes Jahrhundert Forschung nach 1950 zeigt, wie in sehr unterschiedlichen Phasen der Forschung mehr und mehr wissenschaftliches Wissen über das Klima angesammelt wurde. Die Katalysatoren dieser Entwicklung hin zu einem Mehr an Wissen und gleichzeitig einem Mehr an Fragen waren dabei immer wieder internationale, ja globale Forschungsprojekte, deren Reihe seit den Fünfzigerjahren praktisch nicht mehr abriss. Die Intentionen und Institutionen, die Motive und Methoden der Forschung und auch ihrer Förderung veränderten sich dabei dramatisch: Ihre heutige Prägung gewann die Klimaforschung seit Beginn der Siebzigerjahre, wobei man auf Personen, Strukturen und Vorarbeiten sehr verschiedener Forschungsfelder zurückgreifen konnte. Die Entstehung einer eigenen Klimaforschung war dann in hohem Maße verknüpft mit Schwellenprozessen der späten Sechziger- und Siebzigerjahre, als in vielen Staaten die Kosten der industriellen Moderne in Form globaler Umweltprobleme mehr und mehr in den Problemhorizont von Wissenschaft, Politik und Gesellschaft eindrangen und teils erhebliche Dynamiken entwickelten. Die Klimaforschung und ihre internationalen Projekte wurden zu einer wichtigen Größe der Problemdefinition, der Prognose und der möglichen politischen Lösung in diesem Feld und gleichzeitig näherte ihre Expansion und zunehmende Öffentlichkeitspräsenz die Agenda von Forschung und Klimapolitik einander an. Mit der zunehmenden Komplexität der Modelle, Ansätze und Theorien dehnten sich die Fragen des Klimas sukzessive auf eine ganze Reihe angrenzender Naturwissenschaften und im Hinblick auf die natürlichen, sozialen und ökonomischen Folgen möglicher Klimaveränderungen noch auf ein breites Spektrum geistes-, sozial- und humanwissenschaftlicher Disziplinen aus. Für die Wissenschafts- und Technikgeschichtsschreibung ergibt sich aus diesen Entwicklungen ein ganzes Bündel von Fragen, die mit grundsätzlichen Problemlagen der jüngsten Geschichte in engem Zusammenhang stehen. So verspricht eine umfassende Bearbeitung, die die zahlreichen Interaktionsflächen von Politik, Wissenschaft und Öffentlichkeit, von Technikentwicklung und Wissenschaft im zeitlichen Wandel berücksichtigt, Aufschluss zu geben über Formen des Wandels unserer Gesellschaften hin zu Wissensgesellschaften, die nicht nur durch eine Pluralität der Wissensformen, sondern auch durch die ständige Neustrukturierung eben dieser Interaktionsflächen charakterisiert sind.

LITERATUR

Leseempfehlungen

Fleagle, Robert G. (1994): Global Environmental Change. Interactions of Science, Policy, and Politics in the United States. Westport.

Good, A. Gregory, u.a. (Hrsg., 1998): Sciences of the Earth: an Encyclopedia of Events, People and Phenomena. 2 Bände, New York.

Weiner, Jonathan (1990): Die nächsten 100 Jahre. Wie der Treibhauseffekt unser Leben verändern wird. München.

Weingart, P., A. Engels, P. Pansegrau (2002): Von der Hypothese zur Katastrophe. Der anthropogene Klimawandel im Diskurs zwischen Wissenschaft, Politik und Massenmedien. Opladen.

Literaturbelege

Elzinga, A. (1971): Shaping worldwide consensus: The orchestration of global climate change research. In: Elzinga, A., C. Landström (Hrsg.): Internationalism and Science, London, 1996, S. 233–253.

Inadvertent Climate Modification (1971): Report of the Study of Man's Impact on Climate (SMIC). MIT, Cambridge MA.

Meadows, Dennis L. (1972): Die Grenzen des Wachstums. Bericht des Club of Rome zur Lage der Menschheit, Stuttgart.

Sullivan, Walter (1962): Angriff auf das Unbekannte. Das Internationale Geophysikalische Jahr. Frankfurt a.M.

Weather and Climate Modifications (1996), Problems and Prospects. Washington.

Der **Autor** Ralph Boch ist Historiker mit den Schwerpunkten Zeitgeschichte von Wissenschaft und Technik und seit 2001 wissenschaftlicher Mitarbeiter am Forschungsinstitut für Technik- und Wissenschaftsgeschichte des Deutschen Museums in München. Er arbeitet zur Geschichte der Geo- und Kosmosforschung im Potsdamer Raum, zu wissenschaftlichen Großprojekten im 20. Jahrhundert und zur europäischen Technikgeschichte.

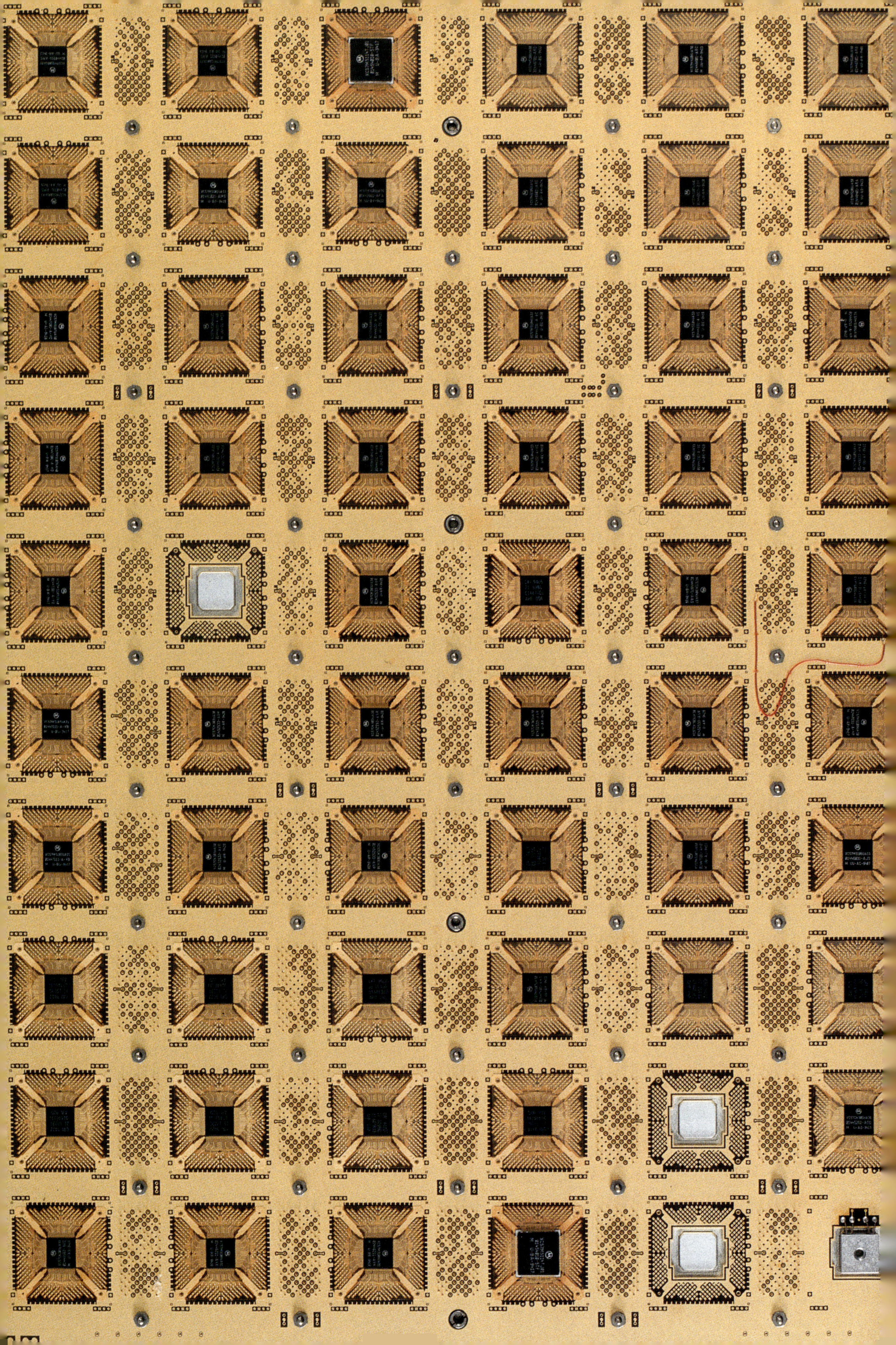

Abb. 1: Ein CPU-Modul (central processing unit) einer Cray C90, eines in den Neunzigerjahren verbreiteten parallelen Vektor-Großrechners. Solche Rechner werden vor allem für Strömungsrechnungen, z. B. in der Klimaforschung, eingesetzt. Die Maschine hatte im Vollausbau 16 solcher Module. (Leihgabe: Cray Computer Deutschland GmbH, München)

Modelle, Daten, Ungewissheit und die Politik in der weltweiten Klimawissenschaft

Nicht nur die tägliche Wettervorhersage, auch die Klimaforschung ist heute nicht mehr ohne komplexe Computermodelle zu denken. Mit ihnen versucht man die kurzfristige Entwicklung des Wetters, aber auch die langfristige Klimaentwicklung zu simulieren. Der Wissenschaftshistoriker Paul Edwards erläutert diese aufwändigen Simulationsverfahren und zeigt, dass jegliche Klimaforschung auf solche Modelle angewiesen ist: Ohne sie können die für die Berechnungen erforderlichen Daten nicht bestimmt werden und umgekehrt hängen die Modelle ...

ein wichtiges und legitimes Anliegen ist. Die meisten sehen die Beseitigung der Unsicherheit als ein Ziel, dem man sich zwar asymptotisch annähern, das man aber nie erreichen kann. Aber Unsicherheit hat viele Gesichter in der Wissenschaft und diese verschiedenen Facetten werden von den Wissenschaftlern nicht alle mit derselben Aufmerksamkeit behandelt. Es gibt empirische Unsicherheiten wie diejenigen, die auf die Eichung von Sensoren (bei Daten) oder die physikalisch basierte Parametrisierung (bei Modellen) zurückzuführen sind. Andere rühren aus der begrenzten Leistungsfähigkeit der Computer her, die die Auflösung des Modells beschränken. Empirische Unsicherheiten sind quantifizierbar und (im Prinzip) reduzierbar. Die Wissenschaftler können mit ihnen leben und arbeiten.

Aber die komplexe Beziehung zwischen Modell und Daten in der Klimawissenschaft stellt eine Form der Unsicherheit dar, die weitgehend nicht quantifizierbar und nicht reduzierbar ist. Empirische Beobachtung ist die ultimative Kontrollinstanz, durch die die Wissenschaft verfälschende Artefakte aus der Theorie ausschließt. Aber da globale Modelle auf eingebetteten Daten (Parametern) aufgebaut sind und globale Daten durch Modelle gefiltert werden müssen, ist diese Kontrollinstanz grundsätzlichen Beschränkungen unterworfen: Beide werden immer einen nicht zu ermittelnden Grad der Verfälschung durch Artefakte enthalten.

Die Wissenschaftler tun sich verständlicherweise mit diesen epistemologischen Unsicherheiten schwerer, vielleicht weil sie nur wenig daran ändern können. Der größte Teil der wissenschaftlichen Debatte über die Unsicherheit betrifft die quantifizierbaren und potenziell reduzierbaren Unsicherheiten. Soweit über epistemologische Unsicherheiten diskutiert wird, werden sie häufig mit anderen Arten der Unsicherheit in einen Topf geworfen; dadurch sind sie leichter zu vergessen. Unsicherheit kann somit zu einer Art konzeptionellem Papierkorb werden, in den alle nicht lösbaren Probleme geworfen werden.

Die Unsicherheit ist somit eine Kategorie mit mehreren Facetten. Sie hat sowohl reduzierbare und quantifizierbare (empirische, praktische) als auch nicht reduzierbare und nicht quantifizierbare (epistemologische) Elemente. Genau deshalb, weil die Unsicherheit – besonders die der letzteren Art – nicht ausgeschlossen werden kann, spielen auch soziale Auslegungsprozesse eine fundamentale und nicht reduzierbare Rolle in der wissenschaftlichen Erkenntnis. Die Wirklichkeit schränkt ein, aber legt niemals gänzlich fest, was wir daraus machen. Wissenschaftliche Methoden sind die besten Verfahren, die wir kennen, um den Grad zu steigern, in dem die physikalische Welt unser Verständnis bestimmt. Aufgrund der Unsicherheit ist es auch unvermeidbar, dass es mehrere wissenschaftliche Meinungen gibt, die alle nach derzeitigen Standards als legitim und gut belegt angesehen werden können. Innerhalb dieses Spektrums von Optionen sind es soziale Auslegungsprozesse, die im Wesentlichen bestimmen, was als Wissen zählt. In einem von Natur aus unbestimmten Maße formen sie auch die Standards, nach denen das Wissen beurteilt wird.

WELCHE PRAKTISCHEN SCHLUSSFOLGERUNGEN KÖNNEN WIR AUS DIESER DISKUSSION ZIEHEN?

Erstens sollten Klimawissenschaftler ausdrücklich die verschiedenen Formen der Unsicherheit anerkennen und diese Kategorie nicht dazu benutzen, unlösbare epistemologische Probleme zu verbergen. Die Klimawissenschaftler müssen die Gründe deutlich machen, warum die komplexe Beziehung zwischen Modell und Daten kein Fehler ist, der dadurch behoben werden kann, dass man sich auf „reine" Beobachtung verlässt. Sie ist vielmehr ein grundsätzliches und unvermeidbares Merkmal modellbasierter Wissenschaft auf globaler Ebene.

Zweitens sollten alle, die an der Klimawissenschaft und der Klimapolitik beteiligt sind, sorgfältig darauf achten, wie die Aussagen in die jeweils andere Arena übersetzt werden. In der Politik wird wissenschaftliche Ungewissheit zu einem rhetorischen Instrument, das von verschiedenen Interessensvertretern unterschiedlich genutzt werden kann und wird (Shackley und Wynne 1996). Für die Gegner sofortiger Vorbeugemaßnahmen sind die Unsicherheiten der globalen Modelle ein bewährtes Argument dafür, Forschungsgelder und Aufmerksamkeit wieder der Grundlagenforschung zukommen zu lassen oder jegliche Gültigkeit von Prognosen über den Klimawechsel abzulehnen. Politiker, die Maßnahmen aufschieben wollen, tun sich mit den High-Proof-Scientists zusammen und fordern einen sehr hohen Grad an empirischer Bestätigung.

Aber auch die Befürworter kurzfristiger Maßnahmen können Unsicherheiten politisch ausnutzen. Da Unsicherheiten niemals ganz ausgeschlossen werden können, ist die Entscheidung darüber, wie viel empirische Bestätigung ausreicht, letztendlich eine Wertfrage – und die wird am besten in der politischen Arena entschieden. Diese Strategie verlangt, dass Modelle nicht als Prognosen dessen dargestellt werden, was passieren wird, sondern als heuristische Projektionen oder allgemeine Vorhersagen der wahrscheinlichen Richtung und Art des weltweiten Wandels. Wenn Modelle heuristische Leitfäden sind, dann geht es in der politischen Debatte darum, wie wir unsere Karten am besten ausspielen. Sollten wir unsere Planung an dem Ergebnis ausrichten, das wir als das wahrscheinlichste ansehen? In welchem Umfang sollten wir uns auf extreme, zwar relativ unwahrscheinliche, aber dennoch mögliche Ergebnisse einstellen? Dies läuft auf die Frage hinaus, wie groß das Risiko ist, das eine Gesellschaft bereit ist auf sich zu nehmen, und wie viel sie bereit ist für die Verringerung dieses Risikos zu zahlen. Dieser Ansatz – und nicht eine Karikatur von Wissenschaft als Quelle unfehlbarer Sicherheit – ermöglicht es der Wissenschaft, ihre wertvollste und verantwortungsvollste Rolle zu spielen.

LITERATUR

Leseempfehlungen

Clark, William C., J. Jäger, J. van Eijndhoven, N.M. Dickson (Hrsg., 2001): Learning to Manage Global Environmental Risks: A Comparative History of Social Responses to Climate Change, Ozone Depletion, and Acid Rain. MIT Press, Cambridge MA.

Committee on the Science of Climate Change, National Research Council (2001): Climate Change Science: An Analysis of Some Key Questions. National Academy Press, Washington DC.

Miller, Clark A., Paul N. Edwards (Hrsg., 2001): Changing the Atmosphere: Expert Knowledge and Environmental Governance. MIT Press, Cambridge MA.

Literaturbelege

Brown Jr., George E., Rep (1996): Environmental science under siege: fringe science and the 104th Congress, Report. Democratic Caucus of the Committee on Science, U.S. House of Representatives, October 23, 1996, Washington DC.

Edwards, Paul N. (2001): Representing the global atmosphere: computer models, data and knowledge about climate change. In: Miller, Clark A., P.N. Edwards (Hrsg.): Changing the Atmosphere: Expert Knowledge and Environmental Governance. MIT Press, Cambridge MA, S. 31–66.

Edwards, Paul N., St.H. Schneider (2001): Governance and Peer Review in Science-for-Policy: The Case of the IPCC Second Assessment Report. In: Miller, Clark A., P.N. Edwards (Hrsg.): Changing the Atmosphere: Expert Knowledge and Environmental Governance. MIT Press, Cambridge MA, S. 219–246.

Hays, Samuel P. (1987): Beauty, Health, and Permanence: Environmental Politics in the United States, 1955–1985. Cambridge University Press, New York.

Karl, T.R., R.W. Knight, J.R. Christy (1994): Global and hemispheric temperature trends: uncertainties related to inadequate spatial sampling. In: Journal of Climate 7, Heft 7, S. 1144–1163.

Norton, Stephen D., F. Suppe (2001): Why atmospheric modeling is good Science. In: Miller, Clark A., P. N. Edwards (Hrsg.): Changing the Atmosphere: Expert Knowledge and Environmental Governance. MIT Press, Cambridge MA, S. 67–105.

Oreskes, Naomi, K. Shrader-Frechette, K. Belitz (1994): Verification, Validation, and Confirmation of Numerical Models in the Earth Sciences. In: Science 263, S. 641–646.

Schneider, Stephen H. (1992): Introduction to climate modeling. In: Trenberth, Kevin E. (Hrsg): Climate System Modeling. Cambridge University Press, Cambridge MA, S. 3–26

Shackley, Simon, S. Parkinson, P. Young, B. Wynne (1998): Uncertainty, complexity and concepts of good science in climate change modelling: Are GCMs the Best Tools? In: Climatic Change 38, S. 159–205.

Shackley, Simon, B. Wynne (1996): Representing uncertainty in global climate change science and policy: boundary-ordering devices and authority. In: Science, Technology and Human Values 21, Heft 3, S. 275–302.

Der **Autor** Paul N. Edwards lehrt an der School of Information der Universität von Michigan, wo er das Programm „Science, Technology & Society" leitet. Er veröffentlichte „The Closed World: Computers and the Politics of Discourse in Cold War America" (1996) and gab zusammen mit Clark Miller den Band „Changing the Atmosphere: Expert Knowledge and Environmental Governance" (2001) heraus. Derzeit arbeitet er an einem Buch über die Geschichte des globalen Klima-Informationssystems, wobei er besonders die Rolle von Computermodellen in der Klimapolitik untersucht.

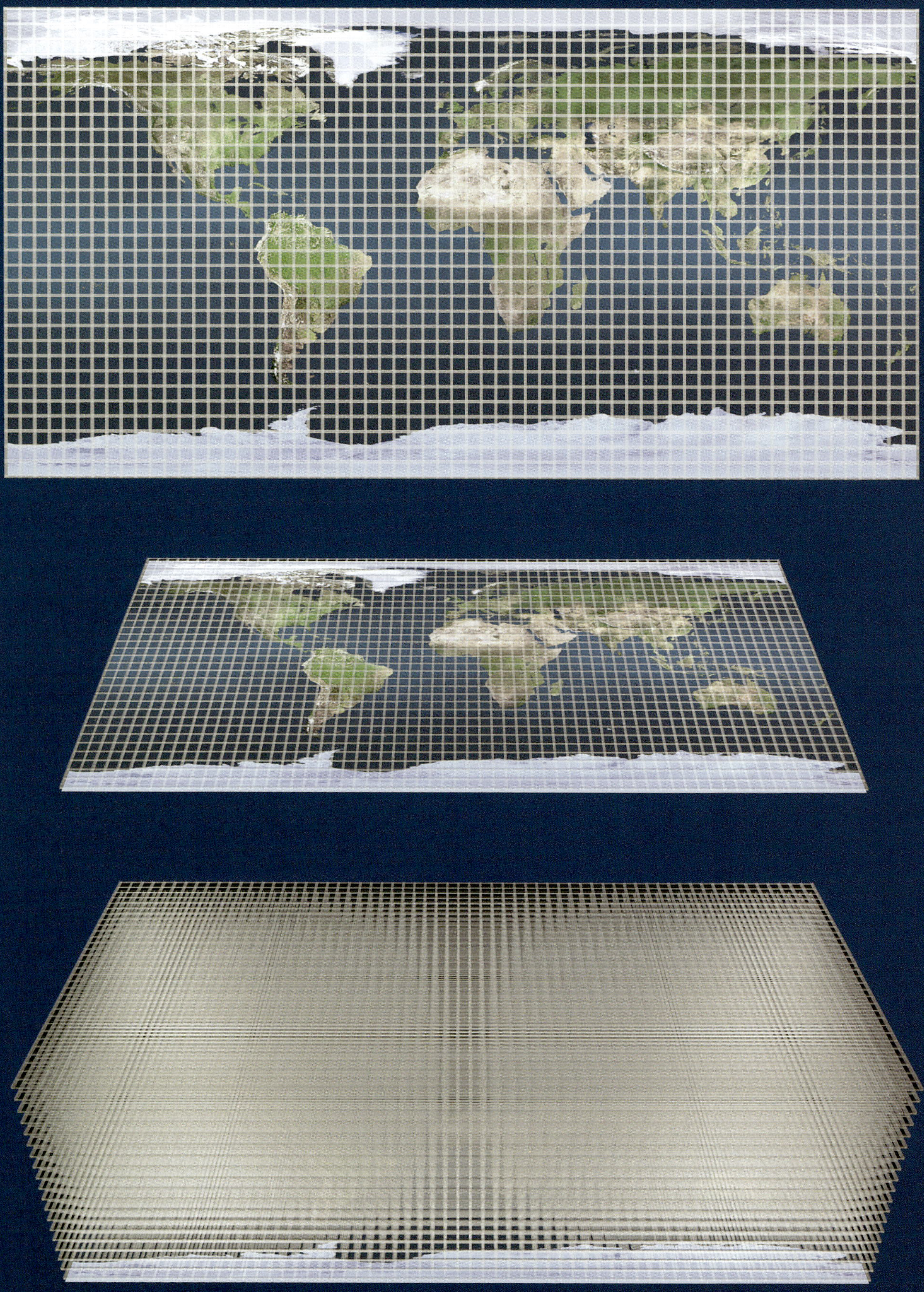

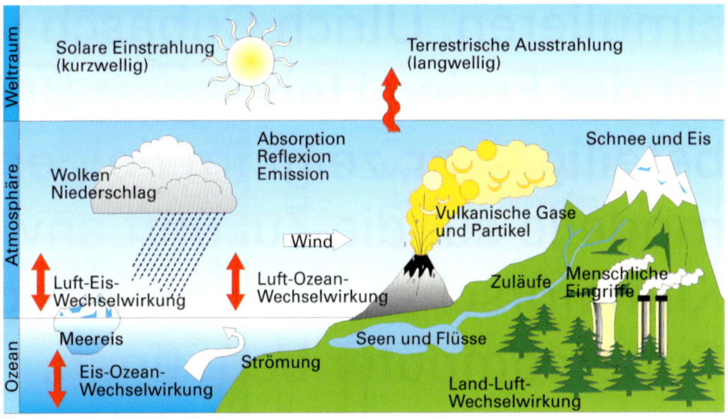

Abb. 2: Das Klimasystem und seine Komponenten. (Quelle: Cubasch und Kasang 2000)

Perspektiven der Klimamodellierung

Aktuelle Klimamodelle sind weit davon entfernt, das Klimasystem in all seinen Komponenten und Teilprozessen abzubilden. Ihre numerischen Experimente ermöglichen dennoch wertvolle Einsichten in das Wechselspiel natürlicher und menschlicher Ursachen von Klimaänderungen. Mittlerweile gelingt es, ein halbes Jahrtausend Klimageschichte im Rechner realistisch zu ...

Abb. 1: Die physikalischen Gleichungen, die das Klimasystem beschreiben, werden auf einem dreidimensionalen Gitternetz gelöst. (Quelle: Max-Planck-Institut für Meteorologie, Hamburg)

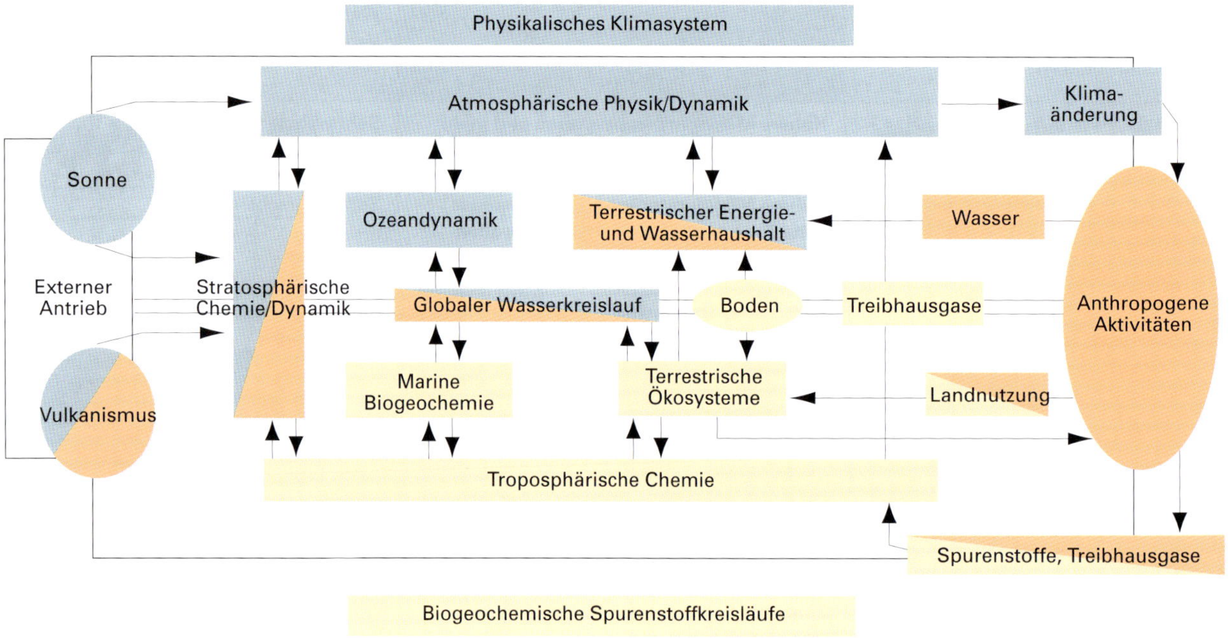

Abb. 9: Schematische Darstellung eines Erdsystemmodells und der dazugehörigen Komponenten. Im Idealfall sollte ein Klimamodell das gesamte System abbilden. Blau dargestellt ist das physikalische Klimasystem, dessen Untersuchung das World Climate Research Project (WCRP) koordiniert, gelb das biologisch-chemische Klimasystem (koordiniert durch das International Geosphere-Biosphere Program (IGBP) und braun der anthropogene Anteil am Klimasystem (koordiniert durch das International Human Dimensions Program, IHDP). (Quelle: MPI für Meteorologie; zu den drei Forschungsprogrammen siehe Beitrag Boch)

Abb. 10: Der „Earth Simulator" – der Welt schnellster Supercomputer im japanischen Yokohama. Der Parallelrechner umfasst 640 Rechenknoten (mit insgesamt 5120 CPUs) und erreicht eine Rechengeschwindigkeit von bis zu 40 Teraflops (40 Billionen Gleitkommaoperationen pro Sekunde). Der Gesamtspeicher umfasst 10 Terabytes. (Quelle: Japan Marine Science and Technology Center – JAMSTEC)

LITERATUR

Leseempfehlungen

Cubasch, U., D. Kasang (2000): Anthropogener Klimawandel. Klett-Perthes-Verlag, Stuttgart, 128 S.

von Storch, H., S. Güss, M. Heimann (1999): Das Klimasystem und seine Modellierung. Eine Einführung. Springer, Berlin, 255 S.

IPCC (2001): Projections of future climate change. In: Climate Change 2001: The Scientific Basis. Hrsg. von Houghton, J. T., u. a., Cambridge University Press, Cambridge, UK. Siehe: http://www.ipcc.ch/

Informationen zum „Earth Simulator" unter: http://www.es.jamstec.go.jp/

Literaturbelege

von Storch, H., F.J. Gonzales-Rouco, U. Cubasch, J. Luterbacher, E. Zorita, S. Legutke, I. Fischer-Bruns, U. Schlese (2002): Transient simulation of the climate of the last five centuries with an atmosphere-ocean coupled model: the Late Maunder Minimum and Little Ice Age. (eingereicht bei Journal of Climate).

Der **Autor** Ulrich Cubasch ist Professor für Klimatologie an der FU Berlin. Sein Arbeitsgebiet ist die Erforschung der Klimavariabilität und die Klimaprognostik, insbesondere durch die Entwicklung von Modellen des Klimasystems. Er leitete bis 2002 die Arbeitsgruppe „Modelle und Daten" am Hamburger Max-Planck-Institut für Meteorologie und ist einer der Hauptautoren des dritten IPPC-Berichts.

Was unser Klima bestimmt: Einsichten in das System Klima

Abb. 1: Forschungsschiffe sind ein wichtiges Hilfsmittel, das Klima im Ozean und seiner Änderungen zu bestimmen. Dies gilt besonders für den Bereich der Polargebiete. Der deutsche Forschungseisbrecher Polarstern ist derzeit das vielseitigste und leistungsfähigste Forschungsschiff weltweit. Polarstern hat Platz für fünfzig Wissenschaftler und bietet Arbeitsmöglichkeiten für Ozeanographen, Meteorologen, Meereisphysiker, Biologen, Chemiker, Geologen und Geophysiker. (Foto: Peter Lemke)

Das Klima erfahren wir als langfristige, meist stabile charakteristische Eigenschaft einer Region, gewissermaßen als langjährigen Durchschnitt des Wetters. Wir können sagen, wie warm eine Region ist oder wie kalt, wie feucht sie normalerweise ist oder wie trocken. Aber wie kommt das Klima zustande? Wie schnell und warum kann es ...

sich ändern? Der Klimaphysiker Peter Lemke vom Alfred-Wegener-Institut beschreibt das Klima als Ausdruck eines weltweit zusammenhängenden komplexen Systems, das großen Veränderungen unterliegt. Das Klima wird nicht nur von astronomischen und geologischen „Antrieben" wie Sonneneinstrahlung und Vulkanismus gesteuert, sondern gleichermaßen auch von Prozessen in Atmosphäre, Ozeanen, Eis und Biosphäre und von Wechselwirkungen zwischen diesen Klimakomponenten.

Ein wichtiges Merkmal der Erdgeschichte sind Schwankungen des Klimas. Sie erstrecken sich auf Zeitskalen von Wochen bis zu Jahrmillionen. Solche Klimaschwankungen sind das Resultat von externen Anregungsmechanismen und internen Wechselwirkungen im Klimasystem. Dieses System bilden Atmosphäre, Ozeane, Eis und Landoberflächen einschließlich der im Meer und auf den Kontinenten lebenden Pflanzen und Tiere.

Die Komponenten des Klimasystems sind unterschiedlich träge, d.h., sie verändern sich in verschiedenen zeitlichen Rhythmen oder Zeitskalen. Variationen in der Atmosphäre dauern üblicherweise einige Tage und repräsentieren das Wetter. Schwankungen der Packeisgrenze und der Ozeanoberflächentemperatur vollziehen sich innerhalb einiger Monate, während die Umwälzzeiten des tiefen Ozeans etwa 1000 Jahre betragen. Größere Änderungen der kontinentalen Eiskappen ereignen sich im Zyklus der Eiszeiten, der etwa 100000 Jahre umfasst.

Die Klimaforschung hat in den letzten zwei Jahrzehnten große Anstrengungen unternommen, um die kürzer- und längerfristigen Variationen des Klimas zu dokumentieren, zu verstehen und diese in Modellen nachzubilden, die schließlich auch zur Vorhersage möglicher Klimaentwicklungen in der Zukunft eingesetzt werden.

Informationen über die Variation des Klimas zu verschiedenen Zeiten der Erdgeschichte erhält man aus unterschiedlichen Quellen mit unterschiedlicher Genauigkeit. Exakte Instrumentenmessungen existieren erst seit etwa 300 Jahren, während die weniger genauen historischen Aufzeichnungen 1000 Jahre zurückreichen. Länger zurückreichende Informationen (eine Million Jahre und mehr) erhält man aus indirekten Paläoklimadaten: aus der Breite der Baumringe, aus Seesedimenten, der Pollenanalyse und aus dem Sauerstoff-Isotopenverhältnis in Eis- und Tiefseebohrkernen. Diese Daten geben unter anderem Aufschluss über die Temperatur, den Niederschlag, das Landeisvolumen und die Gaszusammensetzung der Atmosphäre (siehe die Beiträge Schönwiese und Negendank).

KLIMAVARIATIONEN

Die Ergebnisse von Instrumentenmessungen, historischen und paläoklimatologischen Untersuchungen zeigen, dass Klimaschwankungen in der Erdgeschichte schon immer aufgetreten sind. Diese Schwankungen erwiesen sich in größeren Zeitskalen als ausgeprägter als in kleineren. So waren die Temperaturabweichungen während der Eiszeiten größer als in der „Kleinen Eiszeit", und diese wiederum waren größer als die zurzeit beobachteten jährlichen Temperaturschwankungen (Abbildung 2). Die Eiszeiten, die Kleine Eiszeit oder das El-Niño-Ereignis sind typische Beispiele für Klimaschwankungen in verschiedenen Zeitskalen.

Eiszeiten traten etwa alle 100000 Jahre auf, wie Untersuchungen mariner Sedimentkerne ergeben haben. Diese Untersuchungen zeigen auch eine Asymmetrie von Eisaufbau und Eisabbau. Der Aufbau des Eises durch Schneeablagerung dauert etwa 80000 Jahre, während sich das Abschmelzen durch die Sonneneinstrahlung und durch warme Südwinde innerhalb von etwa 20000 Jahren vollzieht. Die physikalischen Ursachen der Eiszeiten liegen nach wie vor im Dunkeln. Im Gegensatz zu diesen Eiszeiten währte die so genannte Kleine Eiszeit nur von etwa 1550 bis 1800. In diesem Zeitraum waren die durchschnittlichen Temperaturen in Europa etwa 1,5 °C niedriger als heute. Die Alpengletscher wurden deshalb deutlich größer und reichten bis tief in die Täler hinunter.

Abb. 2: Darstellung der Temperaturvariationen im Laufe der Erdgeschichte.

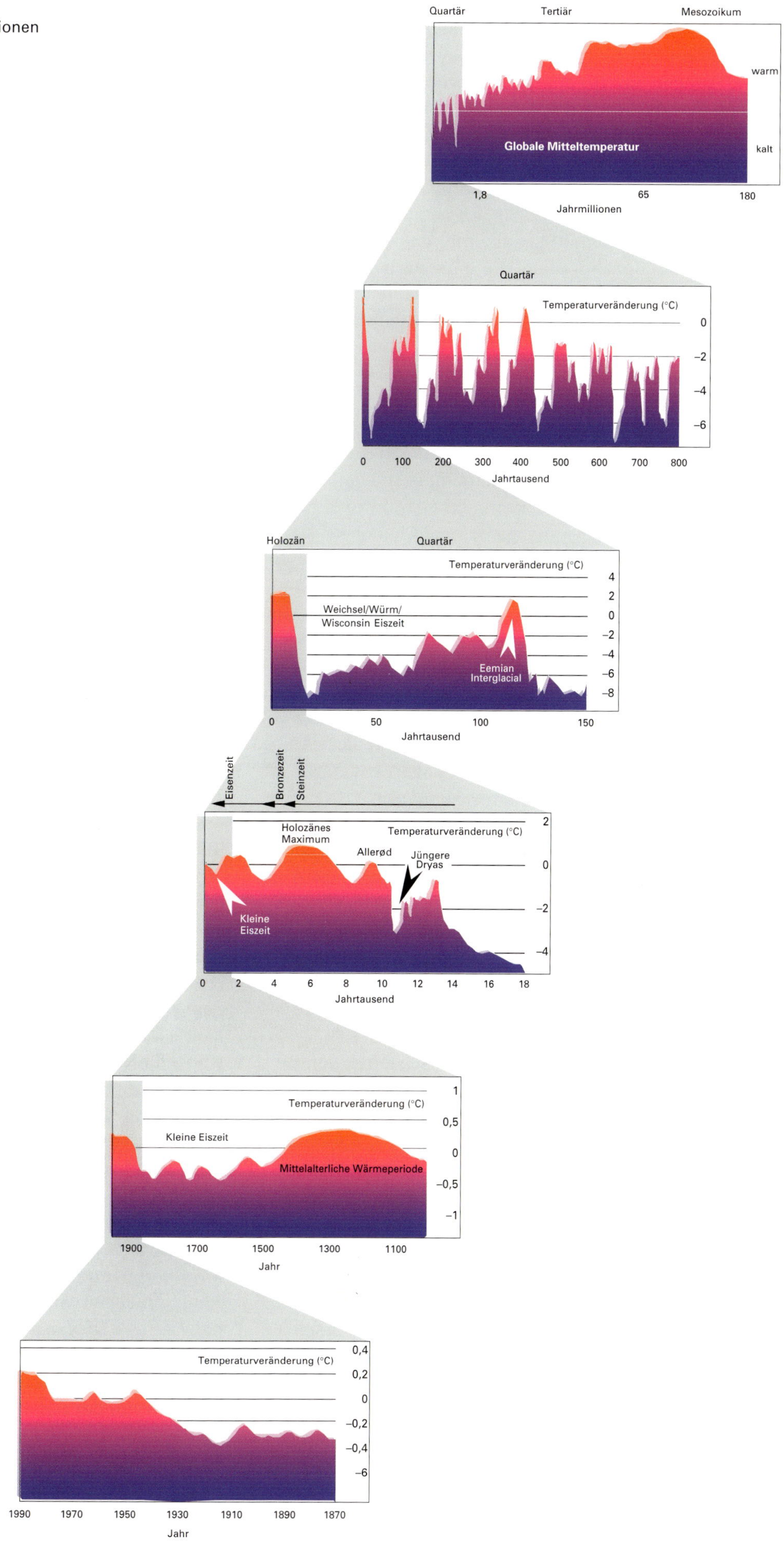

El Niño ist eine im Abstand von drei bis acht Jahren auftretende Störung des pazifischen Klimasystems, die weltweite Auswirkungen hat. Die charakteristische Eigenschaft eines El-Niño-Ereignisses ist das Auftreten von ungewöhnlich hohen Wassertemperaturen in den üblicherweise kalten Auftriebsgebieten vor der südamerikanischen Pazifikküste. Da dieser Effekt um Weihnachten herum beginnt, wurde er im Spanischen „El Niño" getauft, was auf Deutsch Christkind heißt. Die dabei auftretende Erhöhung der ozeanischen Oberflächentemperatur um mehr als 5 °C geht einher mit Änderungen der atmosphärischen Zirkulation und der globalen Niederschlagsverteilung. Es handelt sich hierbei also um ein typisches Beispiel für die Wechselwirkungen zwischen Atmosphäre und Ozean.

Neben den hier genannten Klimaereignissen und Effekten sind auch im 20. Jahrhundert Veränderungen des Klimas festzustellen. Eine aktuelle Zusammenfassung der Kenntnisse über diese Klimaänderungen gibt der dritte Bericht des Intergovernmental Panel on Climate Change (IPCC), der Anfang 2001 veröffentlicht wurde (IPCC 2001). Danach veränderten sich im Zeitraum von 1901 bis 2000 die durchschnittlichen Temperaturen, Eisflächen und Meeresspiegel, Niederschlagsmengen sowie die Zusammensetzung der Atmosphäre in folgender Weise:

Die durchschnittliche globale Oberflächentemperatur ist um +0,6 °C gestiegen. Dabei waren die 1990er-Jahre die wärmste Dekade seit 1861, dem ersten Jahr, für das globale Messungen vorliegen. 1998 war das wärmste Jahr seit 1861. Aus Beobachtungen und aus anderen Quellen, z. B. Baumringanalysen, rekonstruierte Temperaturdaten deuten sogar darauf hin, dass die Neunzigerjahre die wärmste Dekade in den vergangenen 1000 Jahren waren und dass 1998 das wärmste Jahr war. Entsprechend der Temperaturentwicklung hat die schneebedeckte Fläche seit 1960 um etwa 10% abgenommen. Die Gletscher sind bis auf wenige Ausnahmen deutlich geschrumpft. In der Arktis verzeichnet das Meereis seit 1950 einen Rückgang um 10 bis 15%. In der Antarktis ist hingegen kein Rückgang zu erkennen. Der Meeresspiegel ist durch abschmelzende Eismassen und durch die Ausdehnung des erwärmten Meerwassers um 10 bis 20 Zentimeter gestiegen.

Die Niederschläge auf der Nordhalbkugel haben in den mittleren und höheren Breiten (d. h. zwischen 30° und 90° nördlicher Breite, also dem Teil der Erde, der z. B. von Nordafrika oder der Südgrenze der USA bis zu den Polargebieten reicht) um 0,5 bis 1% pro Dekade zugenommen, in den Tropen (d. h. in den um den Äquator gelegenen Erdteilen zwischen 10° südlicher und 10° nördlicher Breite) um 0,2 bis 0,3% pro Dekade. In den Subtropen (d. h. zwischen 10° und 30° nördlicher Breite, also dem Teil der Erde, in dem z. B. Mittelamerika, Indien oder die Sahara liegen) sind sie dagegen um 0,3% pro Dekade zurückgegangen. Die Niederschlagsextrema haben seit 1901 weltweit durchschnittlich um 2 bis 4% zugenommen.

Verändert hat sich auch die Zusammensetzung der Atmosphäre. Der Kohlendioxidgehalt der Luft hat sich seit 1750 um knapp ein Drittel erhöht. Der heutige Wert ist der höchste in den letzten 420000 Jahren. Drei Viertel dieser Erhöhung gehen auf die Nutzung fossiler Brennstoffe zurück, ein Viertel auf Änderungen der Landnutzung (wie Rodungen). Der Methangehalt ist auf das Zweieinhalbfache gestiegen, der Anteil von Lachgas (N_2O) wuchs seit 1750 um 17%. Die Ozonkonzentration ist seit 1750 in den unteren Schichten der Atmosphäre um mehr als ein Drittel angestiegen, in der Stratosphäre dagegen deutlich zurückgegangen. Der Rückgang des Ozons in der Stratosphäre wird als Ozonloch bezeichnet.

ENERGIEBILANZ DER ERDE

Klimaschwankungen werden von einer Vielzahl von Prozessen verursacht. Ein wichtiger Faktor ist die globale Energiebilanz der Erde. Einem außerirdischen Beobachter erscheint die Erde als blau-weißer Planet: blau durch das in der Atmosphäre gestreute und am Ozean reflektierte Sonnenlicht, weiß durch die Reflexion an der Wolkenoberseite und an den Eisflächen (siehe Seite 54, Titelbild des Beitrags Schumann). Er erkennt die Lufthülle um die Erde, allerdings nur als eine sehr dünne Schicht. Stellt man die Erde in Form eines Globus von etwa 40 Zentimeter Durchmesser dar, dann beträgt die Dicke der Troposphäre nur etwa 0,3 Millimeter. Die Troposphäre repräsentiert den unteren Teil der Atmosphäre bis in etwa zwölf Kilometer Höhe. In der Troposphäre befinden sich 80% der Masse der Atmosphäre, und in ihr spielt sich das gesamte Wettergeschehen ab.

Die Atmosphäre stellt also eine sehr dünne gasförmige Schale dar, die den flüssigen und festen Teil der Erde umgibt. Diese dünne Schicht sorgt ganz entscheidend dafür, dass an der Erdoberfläche Bedingungen herrschen, die Leben ermöglichen. Weil die Atmosphäre so dünn ist, sind die Hauptströmungen in ihr horizontal, also parallel zur Erdoberfläche ausgerichtet. Vertikalbewegungen sind nur lokal signifikant, aber von großer Bedeutung für Wolkenbildung, Gewitter und Niederschlag.

Ein Strahlungsthermometer, das der außerirdische Beobachter auf die Erde richtet, zeigt einen Wert von −18 °C an. Dieser überraschend niedrige Wert lässt sich mithilfe einer Strahlungsbilanz leicht berechnen. Die Erde empfängt am Oberrand der Atmosphäre eine mittlere Strahlungsleistung von 1368 Watt pro Quadratmeter von der Sonne. Dieser Wert wird Solarkonstante genannt. Allerdings handelt es sich nicht um eine echte Konstante, denn die Strahlungsleistung pro Fläche nimmt quadratisch mit dem Abstand von der Sonne ab. Für die Venus, die in einem geringeren Abstand um die Sonne kreist, beträgt die Solarkonstante 2623 Watt pro Quadratmeter und für den Mars nur 589 Watt pro Quadratmeter.

Die Strahlungsbilanz der Erde

Die von einem Planeten aufgenommene Energie wird im thermischen Gleichgewicht als Wärmestrahlung wieder in den Weltraum abgegeben. Das Gesetz der Wärmestrahlung besagt, dass die abgestrahlte Leistung pro Einheitsfläche proportional zur vierten Potenz der absoluten Temperatur T ist. Die Proportionalitätskonstante, mit deren Hilfe die Leistung bestimmt werden kann, heißt Stefan-Boltzmann-Konstante.

Berücksichtigt man, dass die gesamte vom Planeten eingefangene Sonnenenergie gegeben ist durch seine Querschnittsfläche multipliziert mit der jeweiligen um den reflektierten Anteil reduzierten Solarkonstanten und dass die gesamte abgegebene Wärmestrahlung berechnet wird durch seine Oberfläche multipliziert mit der Stefan-Boltzmann-Konstanten σ und der vierten Potenz der Temperatur, dann ergibt sich als Strahlungsbilanz für einen Planeten mit dem Radius r:

$$\pi r^2(1-\alpha)S = 4\pi r^2 \sigma T^4 \quad (1)$$

Daraus folgt für die globale Strahlungstemperatur:

$$T = \sqrt[4]{S(1-\alpha)/(4\sigma)} \quad (2)$$

Wie man sieht, ist die Lösung für die Strahlungstemperatur eines Planeten unabhängig von seiner Größe. Sie hängt nur ab von der Albedo α und von der Solarkonstanten S, d. h. dem Energieangebot der Sonne.

Für die Erde folgt mit S_e = 1368 W/m² und α_e = 0,30 eine Strahlungstemperatur von T_e = 255 K (–18 °C). Selbst wenn die Erde ein schwarzer Körper wäre und die gesamte solare Strahlung absorbieren würde, d. h. α_e = 0, dann betrüge die Strahlungstemperatur nur T_e = 278,7 K (5,6 °C). Für Venus und Mars folgen aus diesen Rechnungen: T_V = 277 K (–46 °C) bzw, T_m = 211 K (–62 °C). Obwohl die Venus viel dichter an der Sonne ist, liegt ihre Strahlungstemperatur deutlich unter derjenigen der Erde, da ihre Albedo wesentlich höher ist und sie deswegen weniger Sonnenenergie absorbiert.

Der natürliche Treibhauseffekt

Mathematisch lässt sich der Treibhauseffekt folgendermaßen beschreiben: Wir nehmen an, die Atmosphäre sei vollkommen durchlässig für die solare Einstrahlung, aber nur ein Teil β der von der Planetenoberfläche ausgesendeten Wärmestrahlung gelangt hinaus in den Weltraum, der Rest wird in der Atmosphäre absorbiert. Für die globale Energiebilanz folgt damit:

$$\pi r^2(1-\alpha)S = 4\pi r^2 \beta \sigma T_o^4 \quad (3)$$

bzw.

$$T_0 = \sqrt[4]{S(1-\alpha)/(4\beta\sigma)} \quad (4)$$

Dabei ist T_o die Temperatur der Oberfläche und β eine Zahl zwischen null und eins. Setzt man die Oberflächentemperatur der Erde T_o = 287 K (+14 °C) ein, dann erhält man für den Treibhausfaktor β = 0,62, d. h., 38 % der Wärmeabstrahlung von der Erdoberfläche werden in der Atmosphäre absorbiert. Setzt man für den Fall der Venus die gemessene Oberflächentemperatur (760 K) ein, dann ergibt sich ein Treibhausfaktor von β = 0,008, d. h. 99,2 % der von der Venusoberfläche ausgesendeten Wärmestrahlung werden in der Venusatmosphäre zurückgehalten. Die Venusatmosphäre besteht zu etwa 90 % aus Kohlendioxid, was den hohen Treibhauseffekt erklärt.

Die von der Sonne auf einen Planeten treffende Strahlung wird von diesem teilweise reflektiert. Die Reflektivität oder „Albedo" eines Planeten hängt ab von seiner Oberflächenbeschaffenheit, insbesondere aber von seiner Bewölkung. So ist die Albedo der teilweise bewölkten Erde 0,30, d. h., 30 % der einkommenden Strahlung werden von ihr wieder in den Weltraum zurückreflektiert. Die Albedo der vollständig bewölkten Venus beträgt 0,77, die des wolkenfreien Mars 0,24. Aus den Werten für die Solarkonstante und die Albedo bestimmen sich die Energieabstrahlung in den Weltraum und die genannte Temperatur von –18 °C (siehe Kasten).

Die kalten Temperaturen herrschen zum Glück nicht an der Erdoberfläche, denn einige Gase in der Lufthülle der Erde (im Wesentlichen Wasserdampf und Kohlendioxid) sind strahlungsaktiv, d. h., sie sind gut durchlässig für die sichtbare Sonnenstrahlung, aber weniger gut durchlässig für die von der Erdoberfläche ausgesendete langwellige Wärmestrahlung. Dadurch werden die unteren Luftschichten erwärmt und die oberen abgekühlt. Aus diesem Grund liegt die Lufttemperatur in Bodennähe (im globalen Mittel etwa +14 °C) deutlich über der genannten Strahlungstemperatur, während die oberen Luftschichten mit einer Temperatur von unter –50 °C sehr viel kälter sind. Dieser Effekt wird als natürlicher Treibhauseffekt bezeichnet (siehe Kasten). Der Treibhauseffekt kann natürlich keine Wärme aus dem Nichts zaubern, sondern er sorgt nur für eine Umverteilung. Er erwärmt die Oberfläche des Planeten zulasten der höheren Luftschichten.

Die an der Wärmeabstrahlung der Erde beteiligten Bereiche sind im Wesentlichen die mittleren und hohen Schichten der Lufthülle und die Oberseiten der Wolken. Nur in den wolkenfreien Gebieten gelangt ein Teil der Oberflächenwärmestrahlung in den Weltraum. Dadurch erscheint die Erde dem außerirdischen Beobachter als ein –18 °C kaltes Objekt.

Die Lufthülle der Erde schafft also durch ihre Strahlungseigenschaften optimale Lebensbedingungen auf der Erde. Nur durch den natürlichen Treibhauseffekt ist Leben auf unserem Planeten möglich. Mit diesen Strahlungseigenschaften bestimmt die Atmosphäre die Energiebilanz auf der Erde und spielt daher im Klimageschehen eine bedeutende Rolle.

DAS KLIMASYSTEM

Wie die Beobachtungen zeigen, ist die Variabilität, die sich auf Zeitskalen von Tagen bis zu Jahrmillionen erstreckt, ein wichtiges Merkmal des Klimageschehens. Kurzfristige Variationen von einigen Tagen innerhalb der Atmosphäre gestalten unser Wetter, während langfristige Veränderungen der uns umgebenden Atmosphäre (z. B. in der Lufttemperatur oder Niederschlagsmenge) auf Zeitskalen von einem

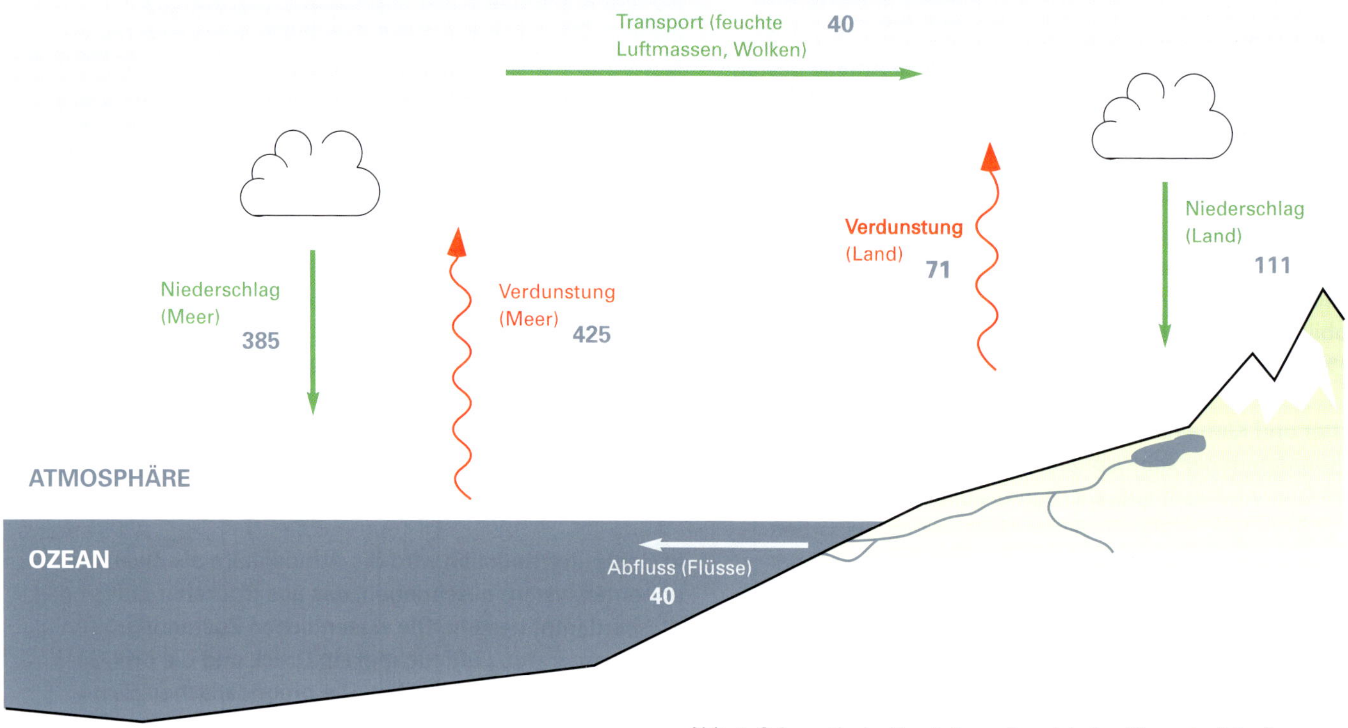

Abb. 7: Schematische Darstellung des globalen Wasserkreislaufs. Die Zahlen kennzeichnen Transporte in 1000 km³ pro Jahr. (Quelle: H. Berndt, Kiel)

Das lebensentscheidende Wasser auf den Kontinenten entstammt vor allem der Verdunstung über dem Meer, wo pro Jahr $42{,}5 \times 10^{13}$ Kubikmeter Wasser in die Atmosphäre wechseln (das entspricht mehr als 300 Mal der Wassermenge des Bodensees). Die Verdunstung über allen Landflächen beträgt dagegen nur $7{,}1 \times 10^{13}$ Kubikmeter pro Jahr. Nur durch die Transportleistung der atmosphärischen Windsysteme gelangt also das lebensnotwendige Wasser auf die Kontinente. Abschätzungen der Speichergrößen ergeben für den Ozean 1350×10^{15} Kubikmeter, für die Kontinente (Eisschilde, Gletscher, Schnee, Seen, Flüsse und Grundwasser) etwa ein Vierzigstel davon und für die Atmosphäre ein knappes Hunderttausendstel. Dividiert man die Speichergrößen durch die Austauschraten, dann erhält man als Residenzzeiten für das Wasser in den Ozeanen 3000 Jahre, auf den Kontinenten 300 Jahre und in der Atmosphäre 10 Tage.

Mit dem Wasserkreislauf ist auch der Energiekreislauf verbunden. Die von der Sonne an der Oberfläche unseres Planeten empfangene Energie wird zum überwiegenden Teil durch die Wasserverdunstung verbraucht. Diese Verdunstungsenergie gewinnt die Atmosphäre bei der Kondensation des Wasserdampfes in den Wolken. Dieser Fluss an „latenter" Energie von der Erdoberfläche in die Atmosphäre ist mehr als dreimal so groß wie der Fluss „sensibler" (fühlbarer) Wärme und stellt damit die wichtigste Energiequelle der Atmosphäre dar. Wie groß diese Energie ist, erfährt man am eindrucksvollsten, wenn sich kräftige Gewitter entladen.

DIE OZEANE

Etwa 71 % der Erdoberfläche sind mit Ozeanen bedeckt, die im Mittel eine Tiefe von 4000 Metern aufweisen. Ozean und Atmosphäre sind über den Austausch von Wärme, Impuls und Masse – von Süßwasser, Spurengasen und Staub – miteinander verbunden (Abbildung 8). Insbesondere ist der Salzgehalt des Ozeans über Niederschlag und Verdunstung an den globalen Wasserkreislauf gekoppelt. Der Impulsaustausch geht wegen der geringen Geschwindigkeiten in den Meeresströmungen hauptsächlich von der Atmosphäre in den Ozean.

In physikalischen Modellen beschreibt man den Ozean als ein zweiteiliges System, das aus Wasser und Salz gebildet wird. Seine wesentlichen Zustandsgrößen sind Temperatur,

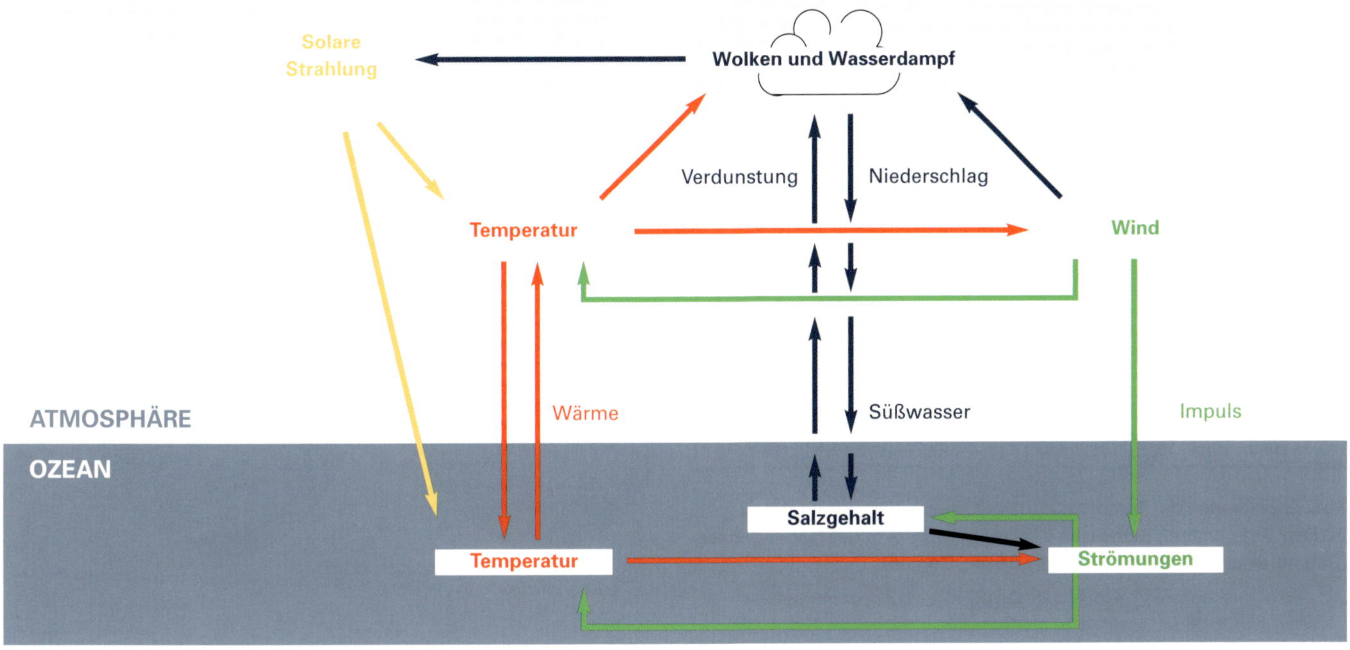

Abb. 8: Schematische Darstellung der Wechselwirkung zwischen Atmosphäre und Ozean.

Salzgehalt, Druck und die drei Geschwindigkeitskomponenten. Die prognostischen Bewegungsgleichungen für den Ozean werden wie für die Atmosphäre aus den Erhaltungssätzen für Impuls, Energie und Masse (für Wasser und Salz) hergeleitet (Haidvogel und Bryan 1992). Das Hauptproblem der Ozeanmodellierung ist, dass die relevanten räumlichen Skalen im Ozean um eine Größenordnung kleiner sind als in der Atmosphäre: Tiefdruckgebiete haben eine Ausdehnung von 1000 Kilometern, ozeanische Wirbel nur von 100 Kilometern. Daher müssen die Gitterabstände in Ozeanmodellen generell um den Faktor zehn kleiner sein als in atmosphärischen Modellen. Dies stellt erhebliche Anforderungen an Speicherplatz und Rechenzeit.

Der Ozean wird durch seine Oberfläche angetrieben. Seinen Zustand ändert er infolge von lokalen Einflüssen (Erwärmung, Abkühlung, Niederschlag, Verdunstung) und von Strömungen, die durch Unterschiede der Geschwindigkeit, der Temperatur und des Salzgehaltes ausgelöst werden. Signale gelangen nur langsam und in abgeschwächter Form in den tiefen Ozean. Zeitserien der Temperatur, gemessen am „Wetterschiff M" in der Norwegensee, zeigen deutlich den Einfluss des Jahresgangs an der Meeresoberfläche mit Temperaturschwankungen von 3 bis 4 °C (Abbildung 9). In 600 Meter Tiefe ist der jahreszeitliche Einfluss nicht mehr zu sehen. Die Temperaturänderungen liegen nur noch bei etwa einem Grad und werden hauptsächlich von Zirkulationsschwankungen hervorgerufen. In 2000 Meter Tiefe sind die Temperaturänderungen deutlich kleiner und betragen nur noch ein zehntel Grad. Der Wärmeinhalt verändert sich also hauptsächlich nur in den oberen Schichten des Ozeans. Neben der Wärmespeicherung beeinflusst der Ozean das Klima zusätzlich durch Wärmetransport, Verdunstung und Stoffaustausch.

Der Ozean ist der größte Wärmespeicher auf der Erde. Durch die hohe spezifische Wärme und Dichte von Meerwasser im Vergleich zu Luft speichert eine drei Meter dicke Ozeanschicht genauso viel Wärme wie die gesamte Atmosphäre. Im Sommer erwärmt sich die ozeanische Deckschicht in mittleren Breiten bis zu einer Tiefe von etwa hundert Metern im Mittel um etwa fünf Grad. Diese sommerliche Wärmespeicherung im Ozean wird im Winter wieder an die Atmosphäre abgegeben. Der Wärmeinhalt am Ende des Sommers beträgt etwa 556 Kilowattstunden pro Quadratmeter. Könnte man diese Energie ohne Verlust in elektrischen Strom umwandeln, dann wäre der Ertrag beim gegenwärtigen Strompreis etwa 65€ pro Quadratmeter. Eine typische

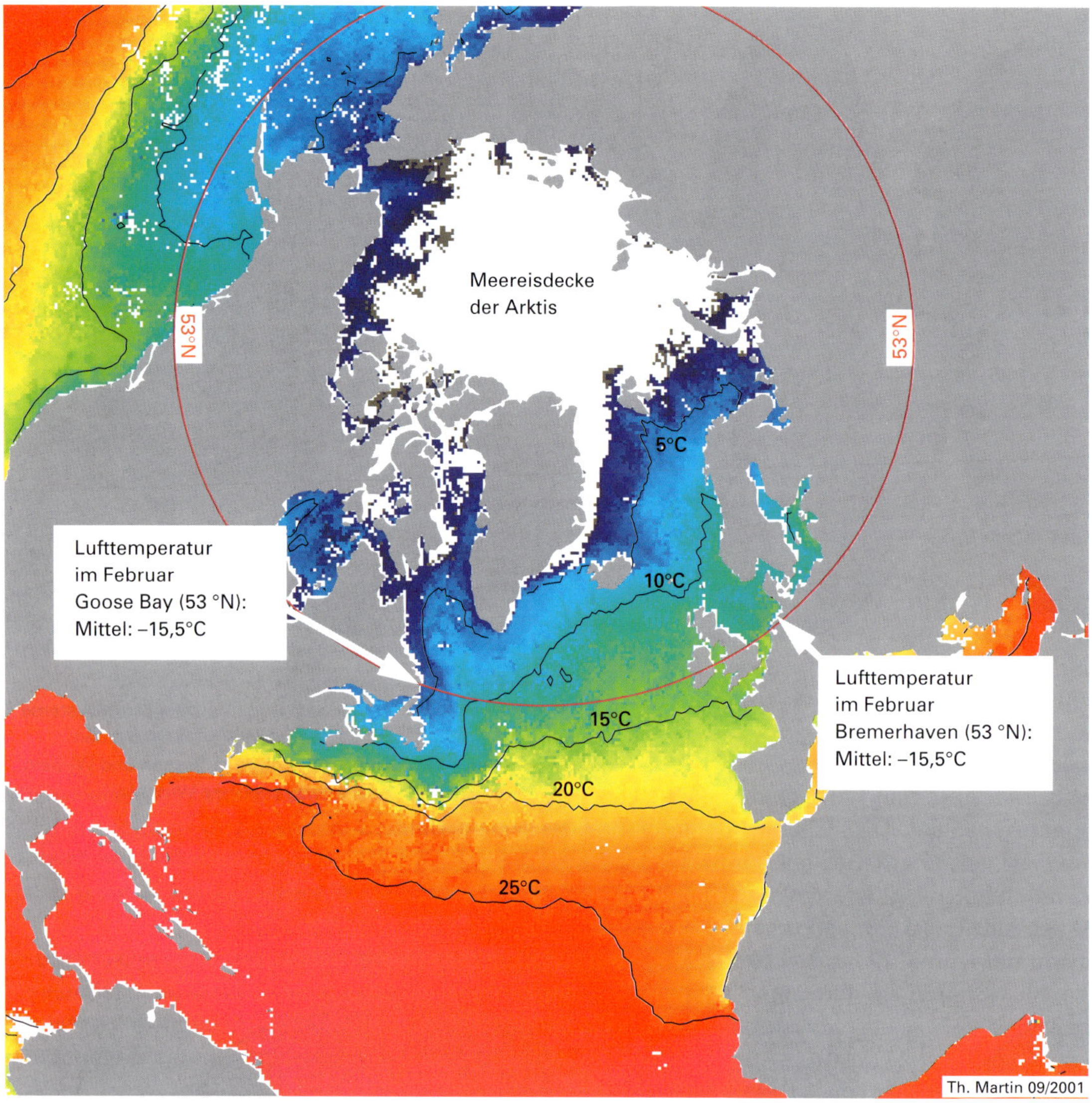

Abb. 12: Meereisbedeckung und Meeresoberflächentemperaturen im Herbst. (Quelle: T. Martin, Kiel)

Die Verdunstung von Wasser stellt den größten Stoffaustausch zwischen Ozean und Atmosphäre dar. Neben dem Wasser werden aber noch andere Substanzen an der Meeresoberfläche ausgetauscht: Spurengase, die in beide Richtungen wechseln, und Staub, der vom Wind herangetragen auf den Ozean rieselt und schließlich in den Sedimenten eingelagert wird. Der Staub hat eine wesentliche Bedeutung für die Interpretation von Sedimentkernen, aus denen sich Informationen über das Klima aus vergangenen Zeiten gewinnen lassen (siehe Beitrag Negendank).

Durch den Austausch von Kohlendioxid und anderen Spurengasen kommt dem Ozean eine große Bedeutung zu. Als Speichermedium für Gase reguliert er die chemische Zusammensetzung der Atmosphäre, die sich entscheidend auf den Strahlungs- und damit den Energiehaushalt unseres Planeten auswirkt.

Die erhöhte Konzentration der Treibhausgase in der Atmosphäre wird auch die Menge gelöster Gase im Meerwasser steigern. Insgesamt enthält der Ozean etwa 50-mal so viel Kohlendioxid wie die Atmosphäre. Die Speicherfähigkeit des Ozeans hängt von der Temperatur und von der Tiefe der Durchmischung der oberen Ozeanschichten ab. Bei höheren Wassertemperaturen sinkt die Speicherfähigkeit. In hohen Breiten, in denen kaltes Tiefen- und Bodenwasser erzeugt wird, vorwiegend im Nordatlantik und im Weddellmeer, gelangen die gelösten Gase für längere Zeit in den Bereich der Tiefenwasserzirkulation und sind damit dem Kontakt der Atmosphäre entzogen.

Diesen Mechanismus, das Kohlendioxid aus der Atmosphäre in den tiefen Ozean zu verfrachten, nennt man die *physikalische Kohlenstoffpumpe*. Die Zeiträume, innerhalb deren das Kohlendioxid der Atmosphäre entzogen wird, entsprechen den Perioden der Umwälzung des tiefen Ozeans, also etwa 1000 Jahren. Dann gelangt das in die Tiefe verfrachtete Kohlendioxid mit der ozeanischen Zirkulation in niederen Breiten wieder an die Meeresoberfläche. Dort wird das auftreibende Wasser erwärmt, die Lösungsfähigkeit sinkt und ein Teil des bei kälteren Temperaturen gelösten Kohlendioxids gast nun aus und tritt wieder in die Atmosphäre ein. Der Ozean stellt damit in hohen Breiten eine Senke und in niederen Breiten eine Quelle für Kohlendioxid dar. Insgesamt überwiegt die Senke. Abschätzungen ergeben, dass der Ozean knapp die Hälfte des vom Menschen erzeugten Kohlendioxids aufnimmt. Ein anderer, kleiner Teil wird von der terrestrischen Biosphäre in organisches Material umgewandelt und der Rest verbleibt in der Atmosphäre. Daher ist der Kohlendioxidgehalt der Atmosphäre auch nur etwa halb so groß, wie er nach dem bisherigen Verbrauch von fossilen Brennstoffen sein müsste. Diese Abschätzungen berücksichtigen neben der physikalischen auch die *biologische Kohlenstoffpumpe* im Ozean. Das Phytoplankton nimmt an der Meeresoberfläche Nährstoffe und Kohlendioxid auf und vergrößert durch Photosynthese seine Biomasse. Die Rate, mit der dabei Biomasse erzeugt wird, nennt man Primärproduktion. Ein Teil dieses organischen Materials wird über die Nahrungsnetze an höhere Organismen weitergegeben. Absterbende Biomasse sinkt in den tieferen Ozean, wird aber auf diesem Weg zum größten Teil wieder verarbeitet. Von tausend Kohlenstoffatomen, die durch Primärproduktion an der Meeresoberfläche in organisches Material eingebaut wurden, sinken etwa hundert bis in eine Tiefe von einhundert Metern. In den tiefen Ozean gelangen nur zehn Atome und in den Sedimenten wird nur ein Kohlenstoffatom von den ursprünglich tausend eingelagert. Hier verbleibt es dann viele Millionen Jahre.

Durch das Zusammenspiel von physikalischer und biologischer Kohlenstoffpumpe bildet der Ozean die größte Kohlendioxidsenke auf der Erde (Fasham u.a. 2001). Der Ozean ist deshalb der dominante Faktor in der Regulierung des atmosphärischen Kohlendioxidgehalts und des damit verbundenen Treibhauseffekts.

DIE LANDOBERFLÄCHEN

Die Landoberflächen kann man in drei Bereiche einteilen: den mit Vegetation bewachsenen Teil, die unbewachsenen Flächen und die eisbedeckten Bereiche. Landoberflächen bilden für ein knappes Drittel der Atmosphäre den unteren Rand: Sie bestimmen dort den Austausch von Impuls, Wärme, Wasserdampf und anderen Gasen und durch ihre Farbe – genauer gesagt durch ihre Albedo – auch die Oberflächentemperatur. Verglichen mit dem Ozean ist die Wärmespeicherung auf den Kontinenten sehr gering und der horizontale Wärmetransport praktisch zu vernachlässigen. Gegenüber dem Ozean sind die Landoberflächen allerdings sehr viel heterogener und rauer. Sie erzeugen dadurch spezifische kleinräumige Windzirkulationen oder verändern im Falle von Gebirgen auch die großräumigen Windsysteme.

Bei der Wechselwirkung mit der Atmosphäre spielt die Vegetation eine besondere Rolle. Es lassen sich zwei Arten der Wechselwirkung unterscheiden: eine biochemische Wechselwirkung zwischen der Vegetation und der chemischen Zusammensetzung der Luft und eine biophysikalische Wechselwirkung zwischen der Vegetation und dem Austausch von Wärme, Impuls und Wasser.

Die wohl wichtigste biochemische Wechselwirkung besteht zwischen der Biomasse auf den Kontinenten und der Kohlenstoffkonzentration in der Luft. Diese Wechselwirkung ist eine negative, d.h. stabilisierende Rückkopplung, da kleine Störungen des Systems gedämpft werden. Nimmt die Biomasse zu, dann verringert sich der Kohlenstoffgehalt der Atmosphäre und der Treibhauseffekt wird schwächer. Folglich verringert sich die Lufttemperatur, was das Pflanzenwachstum und damit die Zunahme der Biomasse bremst. Neben dieser biochemischen Wechselwirkung gibt es eine

4 Ein neuer Blick auf das Klima: Komplexe Wechselwirkungen im System Erde

Die Klimaforschung betrachtet das Klima heute als Ausdruck eines komplexen Systems, das alle „Sphären“ des „Systems Erde“ einbezieht. Hierzu zählen neben der Atmosphäre, in der sich Wetter und Klima abspielen, auch die Ozeane (Hydrosphäre), die Landoberflächen (Lithosphäre), die Eis- und Schneemassen (Kryosphäre), die Lebewesen – und nicht zuletzt die Sonne, die über ihre Energieeinstrahlung dieses System „antreibt“. Die Ausstellung stellt diese Komponenten in sechs Globen dar (drei der zugehörigen Karten sind hier abgebildet).

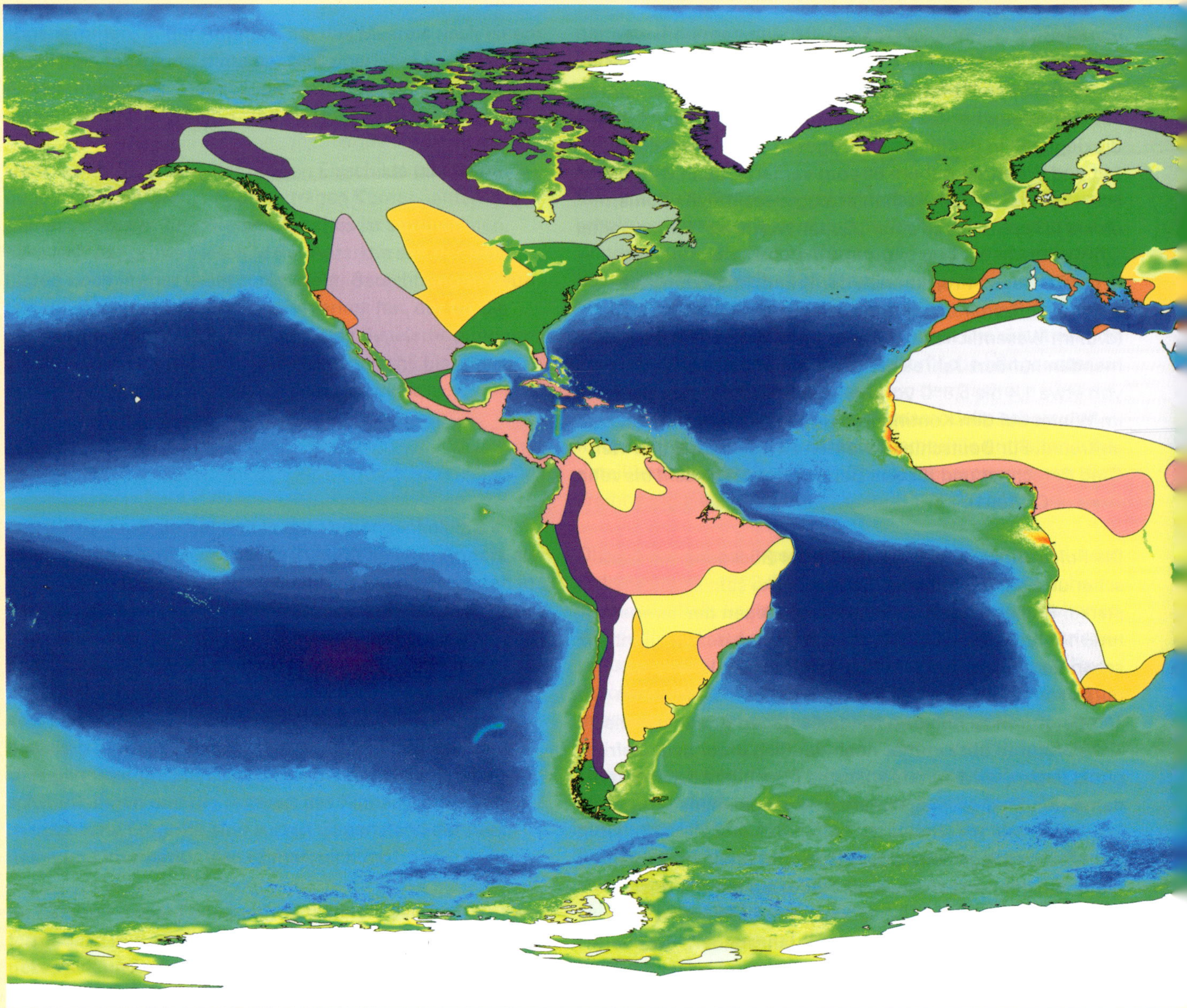

Die Sphären beeinflussen sich gegenseitig und tauschen Stoffe, Impulse und Energie aus. Sie reagieren auf äußere Einflüsse, sind jedoch unterschiedlich träge und bewirken dadurch in ihrem Zusammenspiel Klimaveränderungen auf Zeitskalen, die von Jahren bis Jahrmillionen reichen.

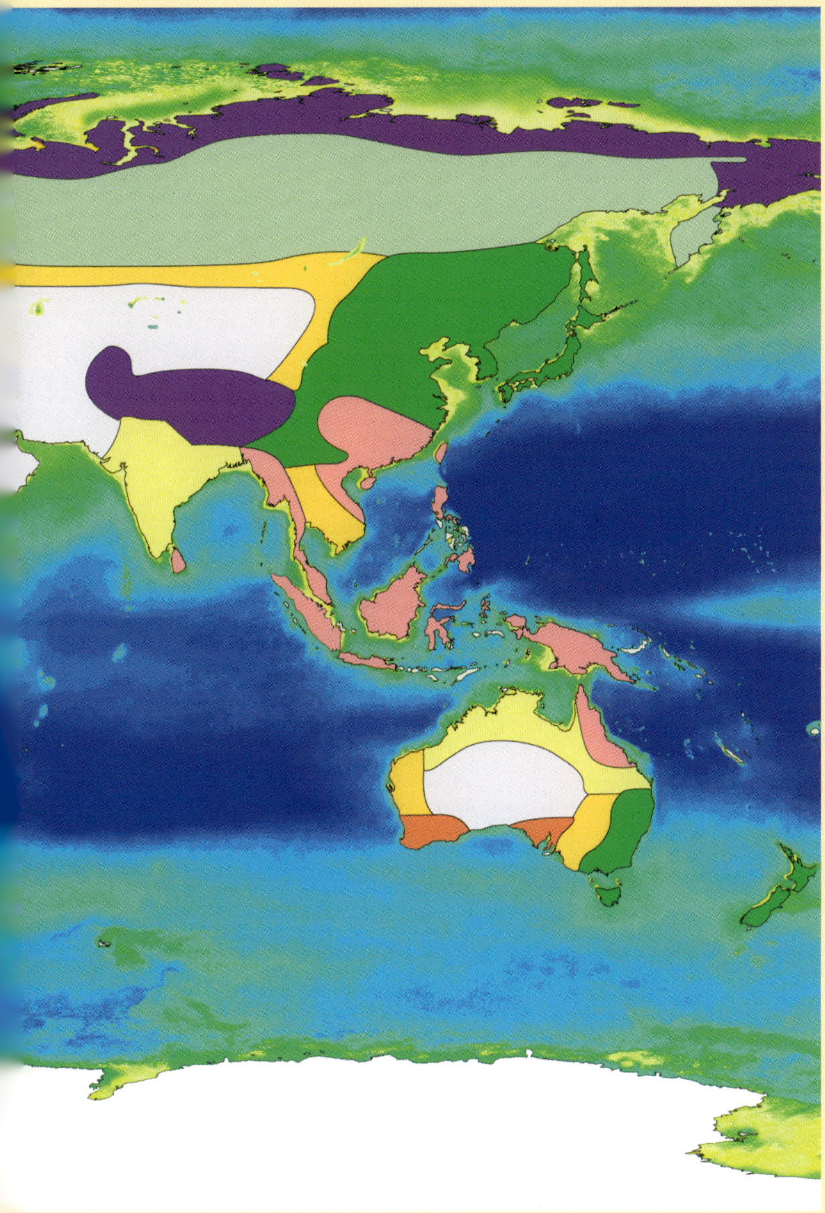

4.1.1 Das Leben auf der Erde: Die Biosphäre

Grafik: Haslbeck. Ausstellungsprojekte, Alexander Mengel; nach Daten vom NASA Goddard Space Flight Center (Ozeankarte) und von Michael Pidwirny, Universität Hamburg (Kontinentkarte).

Alle Lebewesen (einschließlich des Menschen) und das gesamte tote organische Material bilden die Biosphäre.

Die Vegetationszonen auf den Kontinenten sind weitgehend deckungsgleich mit den Klimazonen, weil die Zusammensetzung und Verbreitung der natürlichen Vegetation von den klimatischen Gegebenheiten bestimmt wird. In den Ozeanen gibt es keine ausgeprägten Vegetationszonen; der hier dargestellte Chlorophyllgehalt ist aber ein gutes Maß für die Menge an Lebewesen: auffällig ist, dass die meisten marinen Lebewesen in den kalten Ozeanen zu finden sind.

Die Biosphäre wirkt auf das Klimasystem vor allem über den Kohlenstoffkreislauf, z. B. durch wachsende Wälder, die der Atmosphäre Kohlendioxid entziehen, oder durch den Menschen, der beim Verbrennen fossiler Brennstoffe Kohlendioxid freisetzt. Außerdem beeinflusst die Vegetation den Strahlungs- und Wasserhaushalt der Erde z. B. durch den jahreszeitlichen Wechsel von hoher Absorption der Sonnenstrahlung in sommergrünen Wäldern und geringer Absorption in schneebedeckten Wäldern.

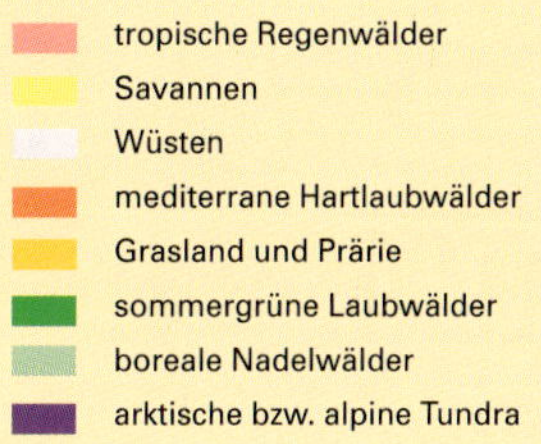

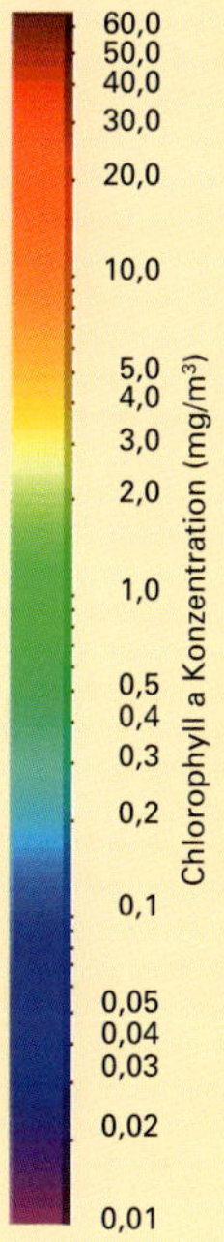

4.1.2 Die Lufthülle der Erde: die Atmosphäre
Fotomontage: DLR, Oberpfaffenhofen

Die Atmosphäre ist eine hauchdünne Gashülle, die unseren „blauen Planeten" schützt und wärmt. Sie besteht aus dem Gasgemisch „Luft", Wolken und Niederschlag sowie Schwebeteilchen, den Aerosolen. In der Atmosphäre spielen sich Wetter und Klima ab. Wasserdampf, Kohlendioxid und andere Spurengase in der Luft bewirken den natürlichen Treibhauseffekt. Über die Atmosphäre werden z.B. Wasser und Sauerstoff in den globalen Stoffkreisläufen verfügbar. Dies erst schafft die Voraussetzungen für Leben auf der Erde.

Die aus mehreren Satellitenbildern zusammengesetzte Abbildung zeigt die typische Wolkenverteilung in der Atmosphäre: bewölkt über dem Äquator und in den hohen nördlichen und südlichen Breiten, wolkenfrei über dem Wüstengürtel der Erde. Die Wirbel über Europa und südlich von Afrika und Südamerika veranschaulichen die Zirkulationssysteme der Atmosphäre. Dieser Teil des Klimasystems verändert sich am schnellsten.

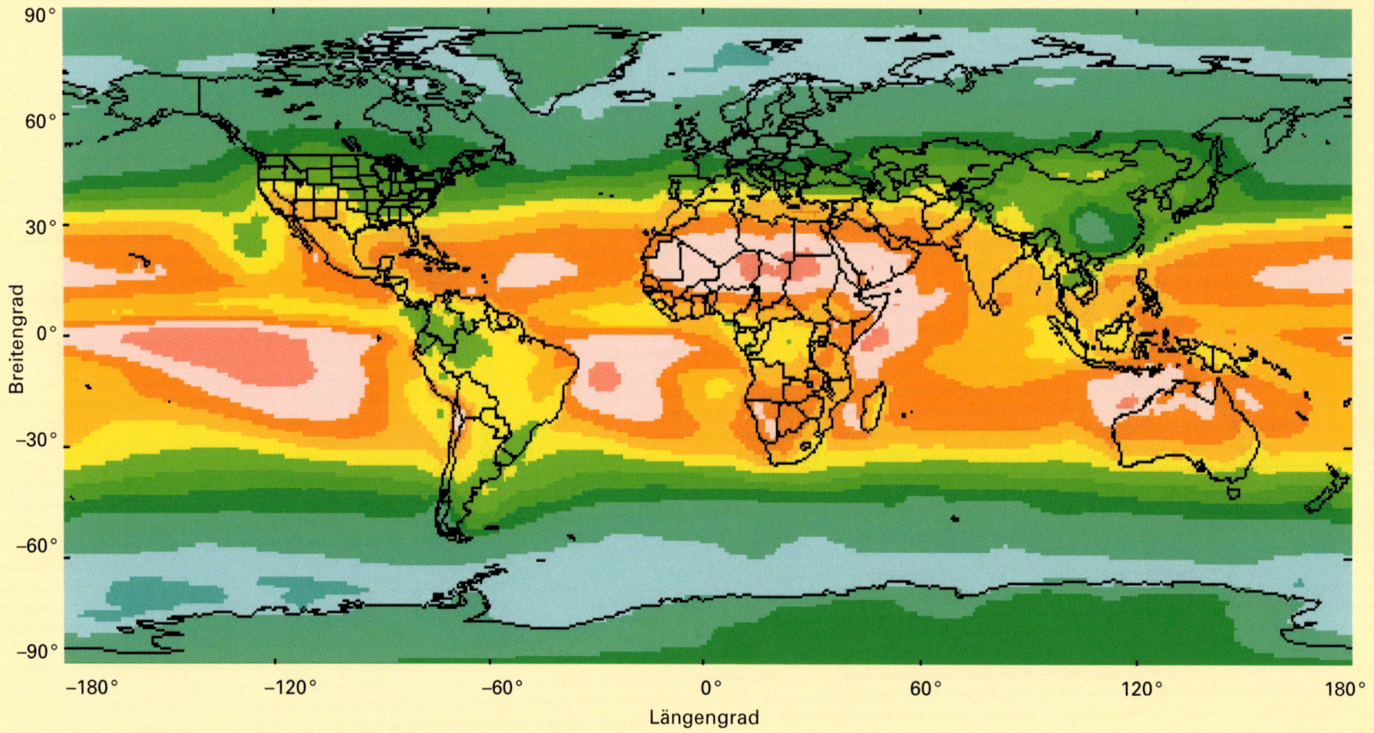

4.1.3 Der Einfluss der Sonne auf das Klima
Grafik: NASA Langley Research Center, Atmospheric Science Data Center

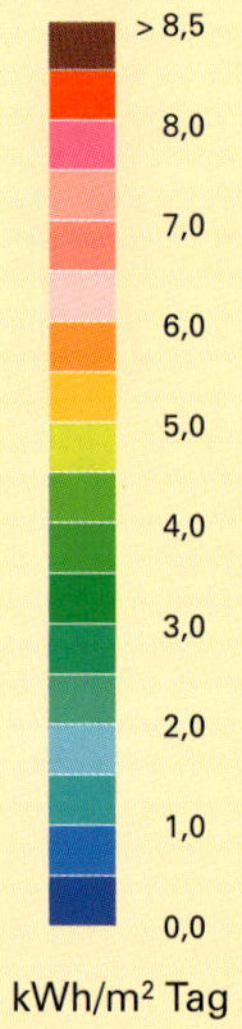

Die Sonne ist der wichtigste Energielieferant und Motor des Klimasystems der Erde.

Die Abbildung zeigt die durchschnittliche tägliche Sonneneinstrahlung auf die Erde, die in Äquatornähe größer ist als an den Polen. Die Einstrahlungsspitzen liegen in der südlichen Sahara und über dem äquatornahen tropischen Pazifik und Atlantik, während die tropischen Regenwälder wegen ihrer hohen Luftfeuchtigkeit und der daraus resultierenden Bewölkung weniger Strahlung erhalten. Die unterschiedliche Sonneneinstrahlung führt zu Temperaturunterschieden, die wiederum die atmosphärische und ozeanische Zirkulation antreiben.

Die Aktivität der Sonne verändert sich zyklisch. Da die von der Sonne abgestrahlte Energie dabei aber nur geringfügig variiert, sind die meisten Klimaforscher der Meinung, dass die Sonnenaktivität das Klima nur unwesentlich beeinflusst. Die periodischen Änderungen der Erdumlaufbahn, die Milankovitch-Zyklen, sind hingegen nach heutiger Lehrmeinung eng verknüpft mit den Eiszeit-Warmzeit-Wechseln, die parallel zu ihnen verlaufen.

LITERATUR

Leseempfehlung

Wie funktioniert das? Wetter und Klima (1989). Meyers Lexikonverlag, Mannheim.

von Storch, H., S. Güss, M. Heimann (1999): Das Klimasystem und seine Modellierung. Eine Einführung. Springer, Berlin, 255 S.

Literaturbelege

Fasham, M.J.R., B.M. Baliño, M.C. Bowles (2001): A new vision of ocean biogeochemistry after a decade of the Joint Global Ocean Flux Study (JGOFS). In: AMBIO Special Report Number 10. Siehe auch: http://ambio.allenpress.com.

IPCC (2001): Climate Change 2001: The Scientific Basis. Hrsg. von Houghton, J.T., u.a., Cambridge University Press, Cambridge, UK.

Rahmstorf, S. (2000): The thermohaline ocean circulation: a system with dangerous thresholds? In: Climatic Change 46, S. 247–256.

Schmitz, W.J. Jr. (1995): On the interbasin-scale thermohaline circulation. In: Rev. Geophys. 33, S. 151–173.

Siedler, G., J. Church, J. Gould (Hrsg., 2001): Ocean circulation and climate. Academic Press, San Diego.

Trenberth, K.E. (Hrsg., 1992): Climate system modeling. Cambridge University Press, Cambridge MA.

Trenberth, K.E., J.M. Caron (2001): Estimates of meridional atmosphere and ocean heat transports. In: Journal of Climate 14, S. 3433–3443.

Der **Autor** Peter Lemke studierte Physik in Berlin und Hamburg und habilitierte am Max-Planck-Institut für Meteorologie. Er ist Professor für Physik von Atmosphäre und Ozean an der Universität Bremen und Sektionsleiter „Regionale Zirkulation" am Alfred-Wegener-Institut, Bremerhaven. Er nahm als Fahrtleiter an mehreren Polarstern-Expeditionen in Arktis und Antarktis teil. Gegenwärtig ist er Chairman des World Climate Research Programme.

Sabine Gerber (**Katalog**) studierte Biologie und Chemie an der Universität Bonn und promovierte über ein ökophysiologisches Thema an der Universität Erlangen. Seit 1996 arbeitet sie als wissenschaftliche Mitarbeiterin am Deutschen Museum in den Themenbereichen Umwelt, grüne Gentechnik und Klima.

Abb. 1: Der Mann aus dem Eis – Fingerzeig für den Klimawandel. Im September 1991 wurde „Ötzi", die Leiche eines Mannes, im Schnalstaler Gletscher im Ötztal gefunden. Sie lag 5000 Jahre lang ohne Unterbrechung im Eis, bis das Abschmelzen des Gletschers sie an die Oberfläche brachte. Der Schnalstaler Gletscher ist demnach heute so weit abgeschmolzen wie nie zuvor in den letzten 5000 Jahren. Der weltweite Gletscherrückgang gilt als gut sichtbares Indiz des Klimawandels.

Das Klima ändert sich: Die Fakten

Viele Menschen sehen in den Wetterkapriolen der letzten Jahre den Beweis für einen von Menschen verursachten Klimawandel. Aus einzelnen Wetterextremen lässt sich freilich nichts auf die Entwicklung des Klimas oder gar deren Ursachen schließen. Hierzu bedarf es einer Beobachtung der Wetterphänomene über lange Zeiträume. Der Meteorologe Christian-D. Schönwiese hat viele Messreihen untersucht, die bis in die Anfänge der systematischen Wetterbeobachtung zurückreichen. Selbst bei Beschränkung auf das Industriezeitalter, d. h. die letzten 100 bis 200 Jahre, zeigt sich in ihnen ein sehr vielfältiges Bild der Klimaänderungen in Zeit und Raum. Seine Analyse erweist, dass einige Indizien – insbesondere die klar …

erkennbare globale Erwärmung – dafür sprechen, dass neben natürlichen Variationen auch der Klimafaktor Mensch bedeutsam ist.

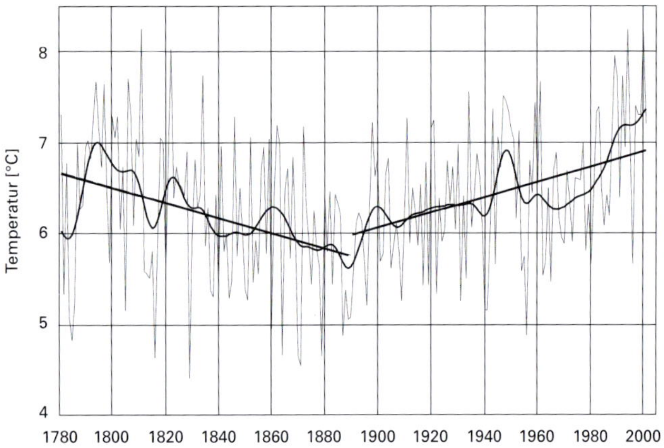

Abb. 2: Jahresmittel 1781–2001 der bodennahen Lufttemperatur (gezackt) auf dem Hohenpeißenberg (Oberbayern) mit 20-jährig geglätteten Daten (fett gezeichnete Kurve) und linearen Trends (dünne gerade) für 1781–1890 sowie für 1891–2000. (Datenquelle: Deutscher Wetterdienst; Analyse durch den Autor)

Das Klima ist nichts Statisches, Unveränderliches. Ganz im Gegenteil: Es ist variabel in Zeit und Raum. Es ändert sich, seit die Erde existiert – und das wird auch in Zukunft so bleiben. Daher ist die Erdgeschichte zugleich eine Geschichte des globalen wie des regionalen Klimawandels, aus dem sich der globale letztlich zusammensetzt.

Allerdings merken wir im Allgemeinen wenig davon. Das hängt damit zusammen, dass es sich beim Klima um Phänomene in zeitlichen Größenordnungen handelt, die definitionsgemäß mit einigen Jahrzehnten beginnen und erst mit dem Alter der Erde, also bei 4,6 Milliarden Jahren, enden (siehe Beitrag Lemke, Abbildung 2, Seite 163). Bewusst sind uns eigentlich nur die viel rascheren Änderungen des Wetters, von Stunde zu Stunde und von Tag zu Tag, die zudem meist eine größere Schwankungsbreite als die des Klimas aufweisen. Daher sind die Klimaänderungen geradezu hinter den Wetteränderungen versteckt und es bedarf besonderer Methoden der mathematisch-statistischen Datenanalyse, um sie überhaupt zu entdecken (Schönwiese 1995 und 2003).

In diesem Beitrag sollen nur Klimaänderungen in der relativ kurzen Zeitspanne (siehe Beitrag Schumann) betrachtet werden, aus der direkte Messungen der üblichen Klimaelemente wie Lufttemperatur und Niederschlag vorliegen. Klimaänderungen früherer Zeiten muss man aus so genannten Stellvertreterdaten (engl. „proxy data") indirekt rekonstruieren (siehe Beitrag Negendank). Außerdem beschränken wir uns auf unseren Lebensraum, die Atmosphäre in der bodennächsten Schicht. Deren Temperatur und andere Klimaelemente – mit Ausnahme des Windes – misst man üblicherweise zwei Meter über Grund. Heute gibt es hierfür ein aufwändiges weltumspannendes Messnetz (siehe Beitrag Graßl). Für Messungen in höheren Schichten der Atmosphäre steht unter anderem ein Netz von Ballonsonden und Beobachtungssatelliten zur Verfügung.

Das ist nicht immer so gewesen. Um 1850 bestand, koordiniert seit 1872 von der Internationalen Meteorologischen Organisation (IMO, seit 1951 Weltorganisation für Meteorologie, WMO), aber immerhin ein Messnetz von einigen hundert Bodenstationen, das globale Aussagen ermöglichte, wenngleich für die Südhalbkugel noch mit Einschränkungen. Schauen wir weiter zurück, so richtete 1780/81 die Societas Meteorologica Palatina (Pfälzische Meteorologische Gesellschaft) das erste internationale Klimamessnetz

Abb. 3: Die Wetterstation Hohenpeißenberg heute. Ihre systematischen Wetteraufzeichnungen gehen bis in das Jahr 1781 zurück. (Foto: DWD)

überhaupt ein, das zwar von Nordamerika bis zum Ural reichte, jedoch nie mehr als 39 Stationen, allesamt auf der Nordhalbkugel, umfasste. Die Schallmauer für die direkte Erfassung klimatologischer Informationen ist 1659 anzusetzen: In diesem Jahr beginnt die am weitesten zurückreichende derartige Messreihe, die aber nur Monatsmittelwerte der bodennahen Lufttemperatur umfasst, abgeschätzt aus den Messungen an einigen relativ eng beieinander liegenden Stationen in Mittelengland.

DIE MESSREIHE VOM HOHENPEISSENBERG

Ein prominentes Beispiel aus Deutschland, das bis auf das schon genannte Messnetz der Societas Palatina zurückgeht, ist die 1781 beginnende Reihe der Jahresmittelwerte der bodennahen Lufttemperatur auf dem Hohenpeißenberg (47,80 °Nord/11,02 °Ost; in 977 m Höhe und rund 100 Kilometer Luftlinie südlich von München).

Sie ist, aus den dortigen täglichen Beobachtungen errechnet, in Abbildung 2 wiedergegeben. Die deutlichen Änderungen von Jahr zu Jahr, auch wenn sie geringer sind als die Wetteränderungen, fallen stark ins Auge. Dabei ist das bislang wärmste Jahr, nämlich 1811, von den beiden jüngsten Rekordwerten der Jahre 1994 und 2000 fast erreicht, aber (noch?) nicht übertroffen worden. Das bisher kälteste Jahr ist 1829 gewesen; im 20. Jahrhundert hält das Jahr 1956 mit einem etwas höheren Wert den Kälterekord. Das Jahr 1996 war wieder einmal relativ kalt, aber immer noch wesentlich wärmer als viele Jahre im 19. Jahrhundert.

Abbildung 2 enthält zusätzlich zu den Jahresmittelwerten eine kräftigere 20-jährig geglättete Kurve, welche die langfristigeren Schwankungen deutlicher erkennen lässt, sowie gestrichelt eingezeichnet die dekadischen, d. h. die sich über mehrere Jahrzehnte erstreckenden Trends. Dabei stehen sich eine zunächst erkennbare Abkühlung von 1781 bis ungefähr 1890 um 0,9 °C und seitdem (evtl. schon ab etwa 1870) eine Erwärmung um 0,8 °C gegenüber. Wem das Wetter vertrauter ist als das Klima, wird auf den ersten Blick zu der Meinung neigen, dass solche Klimaänderungen – da sie zunächst relativ gering erscheinen – nicht besonders wichtig seien. Dies wäre ein fataler Irrtum; denn viele Teilbereiche unserer Erde reagieren viel weniger auf die unter Umständen heftigen, aber kurzzeitigen Änderungen des Wetters – und auch kaum auf die Änderungen von

Jahr zu Jahr – als vielmehr auf vergleichsweise erheblich geringere, aber sich systematisch über Jahrzehnte erstreckende Trends.

Dazu gehören beispielsweise die Gebirgsgletscher, deren Massenhaushalt vom jahreszeitlichen Gepräge sowohl der Temperatur als auch des Niederschlags gesteuert wird, wobei in Mitteleuropa die Temperatur dominiert. Abbildung 4 zeigt, jeweils exakt vom gleichen Standpunkt auf der Mittleren Guslarspitze aus fotografiert, den Vernagtferner in den Ötztaler Alpen in den Jahren 1912, 1968 und 1994. Der eindrucksvoll in Erscheinung tretende Rückzug des Gletschers ist primär eine Folge des in Abbildung 2 zunächst harmlos aussehenden Erwärmungstrends. Eine Auswertung aller Alpengletscher (Häberli 2001) hat ergeben, dass sie seit 1850 etwa die Hälfte ihres Volumens verloren haben sowie etwa 30 bis 40% ihrer Fläche. Dies bedeutet nicht nur, dass Gletscher wegen ihrer Trägheit gute Indikatoren für Klimaänderungen sind, sondern auch, dass wir bei Klimaänderungen schon Beträge von einigen zehntel Grad Temperaturänderung ernst nehmen müssen.

DAS PROBLEM DER DATENZUVERLÄSSIGKEIT

Mit Recht wird bei klimatologischen Temperaturtrendangaben von einigen zehntel Grad nach ihrer Genauigkeit gefragt. Dabei wird aber häufig vergessen, dass beispielsweise Jahresmittelwerten eine wesentlich höhere Genauigkeit zuzuordnen ist als Tagesmittelwerten bzw. Einzelmessungen zu einem bestimmten Termin. Eine grobe Überschlagsrechnung auf der Grundlage der Gaußschen Messfehlertheorie mag das demonstrieren: Gehen wir vorsichtigerweise davon aus, dass ein im Jahr 1781 bestimmter Tagesmittelwert eine Genauigkeit bzw. Unschärfe von ±1 °C aufweise, so folgt für den zugehörigen Jahresmittelwert eine Unschärfe von rund ±0,05 °C, entsprechend einem Faktor von 1 zu 365. Zum Vergleich liegt der Wert für heutige Einzelmessungen bei näherungsweise ±0,1 °C (Schönwiese 2000).

Trendberechnungen reagieren empfindlich auf „Ausreißer" am Anfang bzw. Ende des jeweils betrachteten Zeitintervalls, erweisen sich aber zumindest bei der Temperatur als relativ stabil, wenn das Zeitintervall mindestens 30 bis 50 Jahre umfasst (Rapp 2000).

Wenigstens erwähnt werden soll hier das Problem der Homogenität von Klimareihen. Damit ist gemeint, dass der Wechsel von Messgeräten, deren Aufstellung und Handhabung sowie Stationsverlegungen zu veränderten Messwerten führen können, die mit Klimaänderungen nichts zu tun haben. Da es aber stets Klimaänderungen gibt, und zwar in allen zeitlichen Größenordnungen, ist die Trennung der wahren Klimaänderungen von den genannten Fehlern in derartigen „inhomogenen" Klimareihen nicht einfach. Liegen jedoch überlappende Messungen für die Zeit vor und nach der jeweiligen messtechnischen Veränderung vor, dann können Korrekturwerte errechnet werden. Andernfalls helfen Homogenitätstests (Schönwiese 2000) beim Aufspüren verdeckter Inhomogenitäten.

Als besonders problematisch erweisen sich „schleichende" messtechnische Artefakte, allen voran der Einfluss der Stadt: Die Stadt bildet gegenüber dem Umland eine „Wärmeinsel", ein Effekt, der sich mit zunehmender Einwohnerzahl verstärkt. Abhilfe schaffen nur Vergleiche von Stationen im Inneren der Städte (die allerdings meist längst an die Peripherie, z. B. an die Flughäfen, verlegt worden sind) mit eher ländlichen Stationen im Umland. Offensichtlich ist die Station Hohenpeißenberg frei von solchen Stadteinflüssen, daher auch so wertvoll, und der seit Ende des letzten Jahrhunderts dort registrierte Erwärmungstrend kann deshalb kein Stadteinfluss sein.

Ein weiteres Problem ist die räumliche Repräsentanz der Klimadaten, also die Frage, inwieweit eine Messgröße in der Lage ist, die Verhältnisse im räumlichen Umfeld der Messstation wiederzugeben. Nur dann ist sie „repräsentativ" für eine bestimmte Region. Denn nicht nur das „gegenwärtige" (z. B. über einige Jahrzehnte gemittelte) Klima variiert von Ort zu Ort, was uns ein Blick auf die verschiedenen Klimazonen der Erde lehrt, auch in der Vergangenheit sind die Klimaänderungen regional unterschiedlich abgelaufen. Dies zu erkennen ist genauso wichtig wie der räumlich integrierende Blick auf mehr oder weniger großräumig bis global gemittelte Klimaänderungen, die den Klimazustand unseres Planeten zusammenfassend beschreiben.

Wind und Niederschlag sind in diesem Sinn wenig „repräsentativ": Beispielsweise fallen Niederschläge bei einem Gewitter lokal so differenziert, dass selbst eng benachbarte Messstationen stark unterschiedliche Werte liefern können. Da die Temperatur – und insbesondere ihre Jahres- bzw. jahreszeitlichen Mittelwerte – wesentlich bessere Repräsentanzeigenschaften aufweist, ist die Errechnung von Flächenmittelwerten für sie weit unproblematischer als bei den genannten anderen Klimaelementen. Hinzu kommt, dass bei einem solchen Vorgehen kleinräumige Besonderheiten – möglicherweise auch Fehler – ein geringeres Gewicht erhalten. Auch die Jahr-zu-Jahr-Variationen werden dabei im Allgemeinen geringer (man spricht von einer Abnahme der interannuären Varianz), sodass relativ langfristige Fluktuationen und dekadische Trends sich davon deutlicher abheben und statistisch signifikanter werden.

DIE KLIMATRENDS IN DEUTSCHLAND

Daher soll nun der Hohenpeißenberg verlassen und eine Temperaturreihe betrachtet werden, die für ganz Deutschland repräsentativ ist, zunächst wieder in Form der Jahresmittelwerte der bodennahen Lufttemperatur. Sie ist in

Abb. 4: Vernagtferner (Ötztaler Alpen, Österreich), fotografiert 1912, 1968 und 1994, als Beispiel für den Gletscherrückzug in den Alpen im 20. Jahrhundert. (Quelle: Kommission für Glaziologie der Bayerischen Akademie der Wissenschaften, Escher-Vetter 2002)

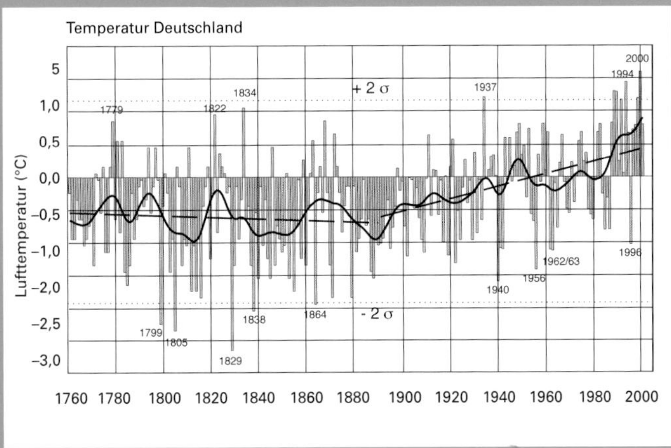

Abb. 5: Relative Jahresvariationen 1761–2001 (Anomalien, d.h. Abweichungen gegenüber dem Referenzintervall 1961–1990) der bodennahen Lufttemperatur für Deutschland. Flächenmittel mit 20-jährig geglätteten Daten und linearen Trends für 1761–1890 sowie für 1891–2000. (Quelle: Rapp 2000 und Schönwiese 2002)

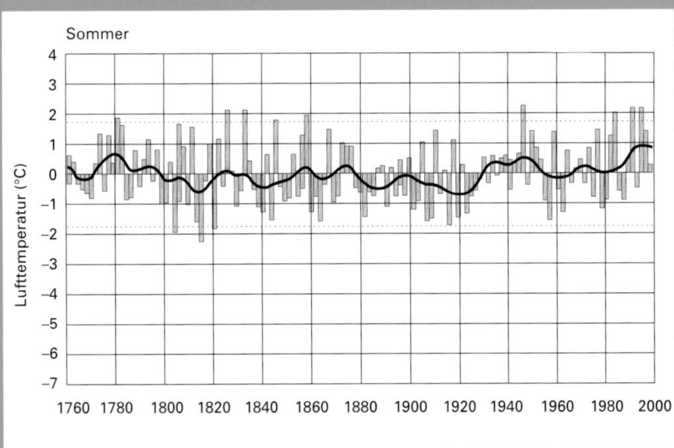

Abb. 6: Ähnlich Abbildung 5, jedoch Sommer (Juni bis August).

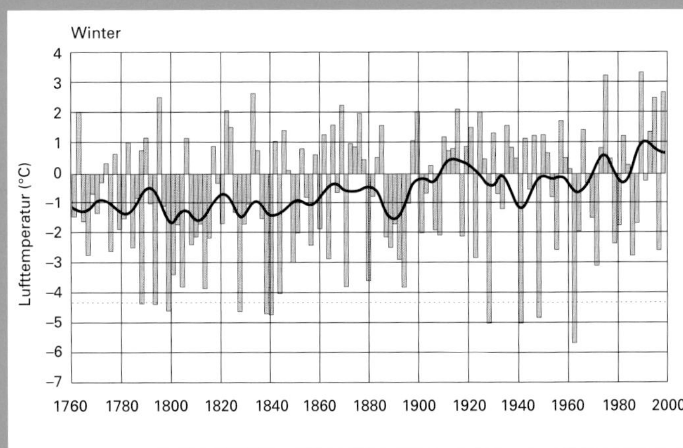

Abb. 7: Ähnlich Abbildung 5, jedoch Winter (Dezember des Vorjahres bis Februar).

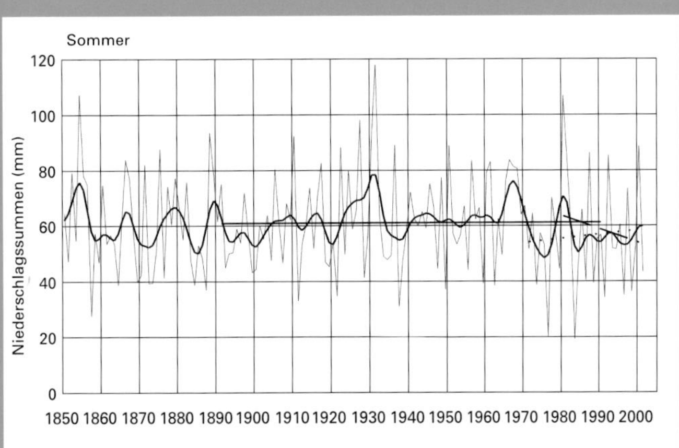

Abb. 8: Ähnlich Abbildung 9, jedoch Sommer.

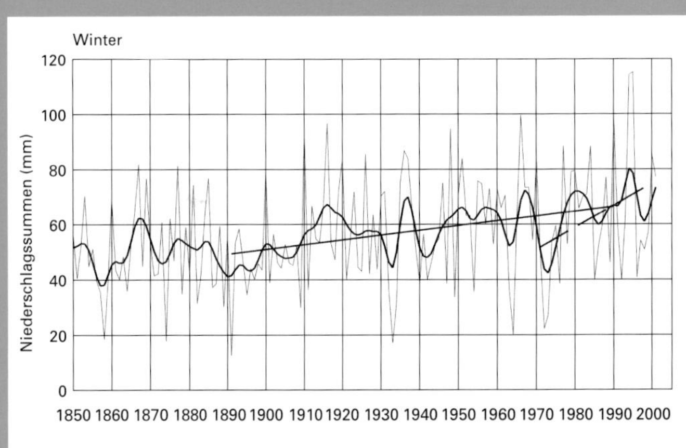

Abb. 9: Niederschlagssummen 1850–2001 für Trier im Winter mit 10-jährig geglätteten Daten und linearen Trends für 1891–1990 sowie für 1971–2000. (Datenquelle: Deutscher Wetterdienst; Analyse durch den Autor)

Abbildung 5 mit einer ähnlich langen Zeitabdeckung wie beim Hohenpeißenberg dargestellt. Der Vergleich dieser beiden Reihen zeigt einige Ähnlichkeiten: So ist in beiden Fällen das Jahr 1829 das kälteste seit Beobachtungsbeginn und der Erwärmungstrend seit etwa 1890 ist fast identisch. Man erkennt aber auch einige deutliche Unterschiede: Der Abkühlungstrend bis ungefähr 1890 ist in Deutschland mit nur 0,2 °C seit 1761 äußerst gering (und statistisch nicht signifikant), daher in seinem Ausmaß eine Besonderheit des Hohenpeißenbergs bzw. der Region Südostdeutschland. Als Folge davon liegen in „Gesamtdeutschland" vor 1900 keine besonders warmen Jahre oberhalb des Bereichs der doppelten Standardabweichung der Datenreihe (2σ-Grenze), im 20. Jahrhundert dagegen sieben Jahre, einschließlich des bisherigen Rekordjahrs 2000.

Da diese Werte nicht nur für eine Station, sondern für ganz Deutschland repräsentativ sind, soll auch ein Blick auf einzelne Jahreszeiten geworfen werden, wobei meist der Sommer (hier als Mittel aus Juni, Juli und August) und der Winter (Januar, Februar und Dezember des Vorjahres) besonderes Interesse finden (Abbildungen 6 und 7). Es zeigen sich dabei erhebliche saisonale Unterschiede, wobei auffällt, dass die Schwankungsbreite (interannuäre Variabilität) im Winter viel größer ist als im Sommer (Rapp 2000; Schönwiese 2002). Dadurch „schlagen" in den Jahresmittelwerten eher die Winter- als die Sommerwerte „durch".

Besonders kalte Winter sind demnach in Deutschland 1829/30 (Rekordwert) und 1962/63 aufgetreten, besonders warme 1974/75 und 1989/90 (Rekordwert). Im Sommer ist der Kälterekord 1817 besonders bemerkenswert, dies übrigens auch in anderen Regionen der Erde, was auf den stärksten Vulkanausbruch der letzten Jahrhunderte zurückgeführt wird, nämlich den des Tambora 1815 in Indonesien. Mit besonders heißen Sommern liegen die Jahre 1826, 1834, 1947 sowie 1992 und 1994 fast gleichauf.

Der Niederschlag ist bereits als wenig repräsentatives Klimaelement erwähnt worden; besonders im Sommer sind die Unterschiede von Ort zu Ort sehr groß. Er ist jedoch keineswegs unwichtig – ganz im Gegenteil: Hinsichtlich der ökologischen und sozioökonomischen Auswirkungen sind Niederschlagsänderungen oft viel bedeutsamer als Temperaturänderungen. Nur erschweren es die starke räumliche Variabilität und die erheblich größere Messfehlerbelastung, beim Niederschlag zu einem ähnlich gut abgesicherten und übersichtlichen Bild zu kommen wie bei der Temperatur.

Als Beispiel für Niederschlagsvariationen an einer einzelnen Messstation in Deutschland ist hier Trier (49,75° Nord/ 6,65° Ost/144 m Höhe) ausgewählt, und zwar weil die Messfehler im Flachland geringer sind als im Gebirge und weil insbesondere in den westlichen Regionen Deutschlands der Niederschlag deutlich zugenommen hat. Dieser Trend ist in Abbildung 9 – wiederum mit erheblichen überlagerten Jahr-zu-Jahr-Variationen – seit Beginn des 20. Jahrhunderts erkennbar, hat sich aber in den letzten drei Jahrzehnten enorm verstärkt. In diese Zeit fallen die Rekordniederschläge der Winter 1993/94 (Dezember 1993) und 1994/95 (Januar 1995), die im gesamten Einzugsgebiet von Rhein und Mosel zu katastrophalen „Jahrhunderthochwassern" geführt haben. Im Sommer ist – zumindest in Trier – mit Ausnahme des Niederschlagsrückgangs in den letzten beiden Jahrzehnten kein ähnlich bemerkenswertes Phänomen zu sehen (Abbildung 8).

Die Betrachtung der beobachteten Fakten über Klimaänderungen in Deutschland soll nun mit einer zusammenfassenden Tabelle abgeschlossen werden, die für alle vier Jahreszeiten und für verschiedene Zeitintervalle die Trends der bodennahen Lufttemperatur und des Niederschlags vergleichend gegenüberstellt (Abbildung 11). Dabei ist in beiden Fällen bei den Jahreswerten eine deutliche Trend-

Abb. 10: Weihnachten 1993 war für viele Menschen am Rhein vom Hochwasser geprägt. Das Bild zeigt eine überschwemmte Straße in Koblenz am 23. Dezember 1993. (Foto: T. Loster)

Klimaelement, Zeitspanne		Frühling	Sommer	Herbst	Winter	Jahr
Temperatur	1891–1990	+ 0,6 °C	+ 0,7 °C	**+ 1,2 °C**	+ 0,8 °C	+ 0,8 °C
	1961–1990	+ 0,8 °C	+ 0,4 °C	0	**+ 1,7 °C**	+ 0,7 °C
	1981–2000	**+ 1,3 °C**	+ 0,7 °C	– 0,1 °C	**+ 2,3 °C**	**+ 1,1 °C**
Niederschlag	1891–1990	+ 11 %	+ 0 %	**+ 16 %**	**+ 19 %**	+ 9 %
	1961–1990	– 9 %	– 8 %	+ 10 %	**+ 20 %**	+ 3 %
	1971–2000	+ 13 %	+ 4 %	+ 14 %	**+ 34 %**	**+ 16 %**

Abb. 11: Übersicht über die Klimatrends in Deutschland; Werte über 1 °C bzw. 15 % sind durch Fettdruck hervorgehoben. (Rapp 2000 und Schönwiese 2002).

verstärkung in den letzten Jahrzehnten zu erkennen. Zu diesem jüngsten Trend trägt jeweils hauptsächlich der Winter bei, und zwar mit einer markanten Erwärmung und einem noch markanteren Niederschlagsanstieg. Im Vergleichszeitraum 1961–1990 hat sowohl im Sommer als auch im Frühling der Niederschlag abgenommen, in der jüngsten Zeit allerdings nicht mehr. Zum hundertjährigen Erwärmungstrend (1891–1990) der Jahreswerte hat hauptsächlich der Herbst und erst in zweiter Linie der Winter beigetragen, während in den letzten Jahrzehnten die Herbsttemperatur praktisch keinen Trend mehr aufweist.

GROSSRÄUMIGE BETRACHTUNGEN

Aus den bereits mehrfach genannten Repräsentanzgründen beschränken sich die nun folgenden großräumigeren Betrachtungen weitgehend auf die Temperatur. Die erste Etappe führt uns zu den Mittelwerten der bodennahen Lufttemperatur für die Nordhalbkugel, und dies, um die Befunde besser einordnen zu können, mit Rückgriff auf eine neuere paläoklimatologische Rekonstruktion der letzten tausend Jahre (Abbildung 12). In dieser Kurve sind die Jahr-zu-Jahr-Variationen als so genannte Anomalien angegeben, d. h. als Abweichungen von einem Referenzmittelwert, der in diesem Fall bei etwa 14,5 °C liegt. Die hier 30-jährig geglättete kräftigere Kurve lässt bis etwa 1400 ein relativ hohes Temperaturniveau erkennen, mittelalterliche Warmphase oder „mittelalterliches Klimaoptimum" genannt. Wegen der Unsicherheit dieser indirekten Rekonstruktionen könnten die Temperaturen um 1200 und vor 1000 (vielleicht um 900 bis 950) auch noch höher gewesen sein. Sie ermöglichten damals beispielsweise in Südengland verbreitet Weinanbau. Dann folgte eine relativ kalte Klimaepoche, etwas übertrieben „Kleine Eiszeit" genannt, mit relativen Tiefpunkten um 1450, 1600, 1700 und besonders ausgedehnt zwischen 1800 und 1900; die Jahresangaben sind dabei jeweils nur grobe Orientierungswerte. In diese letzte Teilepoche der Kleinen Eiszeit fällt der letzte relative Höchststand der Gletscher in den Alpen und anderen Gebirgsregionen der Erde.

Die daraufhin – im Industriezeitalter – einsetzende Erwärmung war bereits anhand der Temperaturdaten vom Hohenpeißenberg (Abbildung 2) sowie Deutschlands (Abbildung 5) ersichtlich. Sie stellt sich nun als ein ganz besonders hervorzuhebendes und großräumiges Phänomen heraus, wie es in den neun Jahrhunderten davor nicht aufgetreten war. Weiter zurückreichende Rekonstruktionen lassen vermuten, dass dies sogar für mehrere der letzten Jahrtausende gilt. Im Rahmen dieses jüngsten Temperaturanstiegs war das letzte Jahrzehnt somit auf der Nordhalbkugel das wärmste mindestens des letzten Jahrtausends – mit einem bisherigen Rekordwert im Jahr 1998.

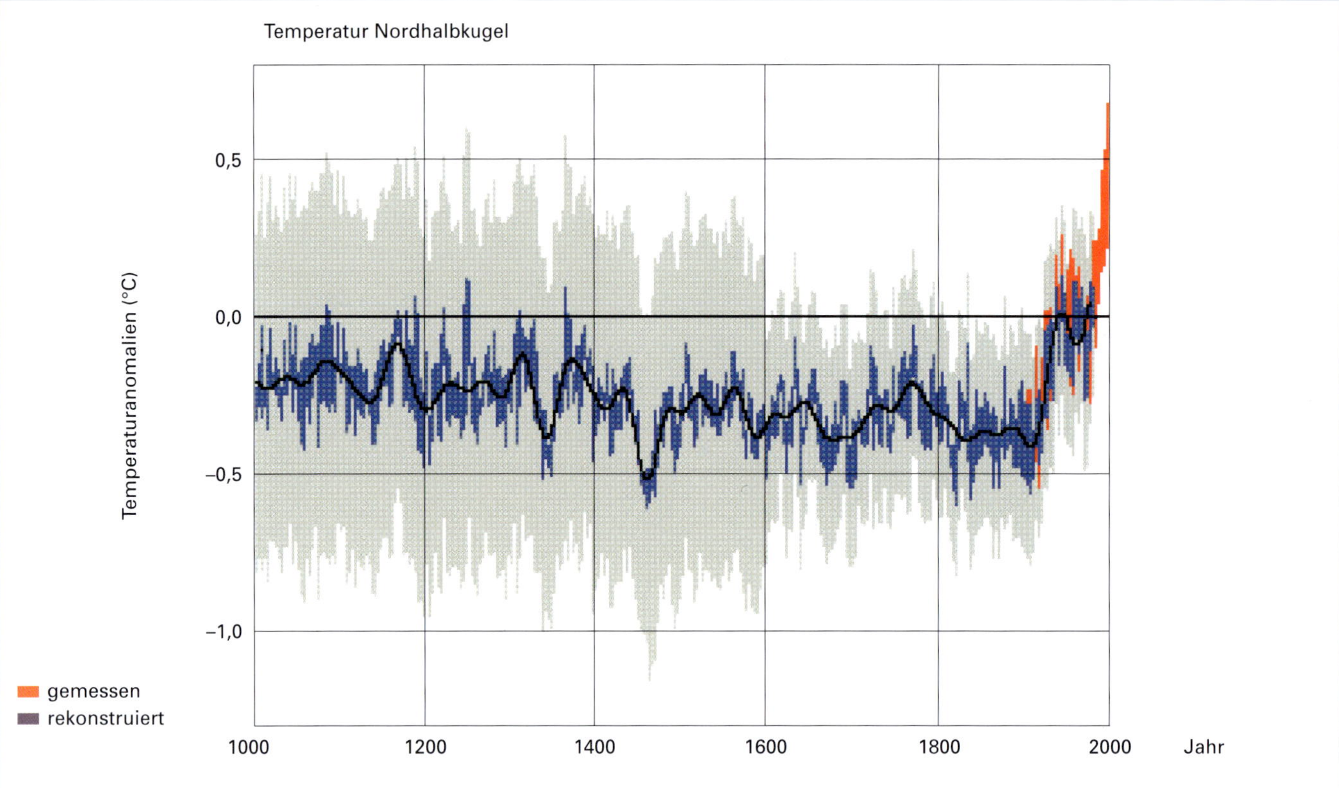

Abb. 12: Relative Jahresvariationen 1000–1998 der bodennahen Lufttemperatur im Flächenmittel für die Nordhalbkugel mit 30-jährig geglätteten Daten (Abweichungen vom Durchschnitt 1961–1990). Paläoklimatologische Rekonstruktion aufgrund verschiedener Informationsquellen nach Mann u. a. (1999), im Vergleich mit den entsprechenden auf direkten Messungen beruhenden Daten für 1856–1998. (nach IPCC 2001 und Jones u. a. 1999)

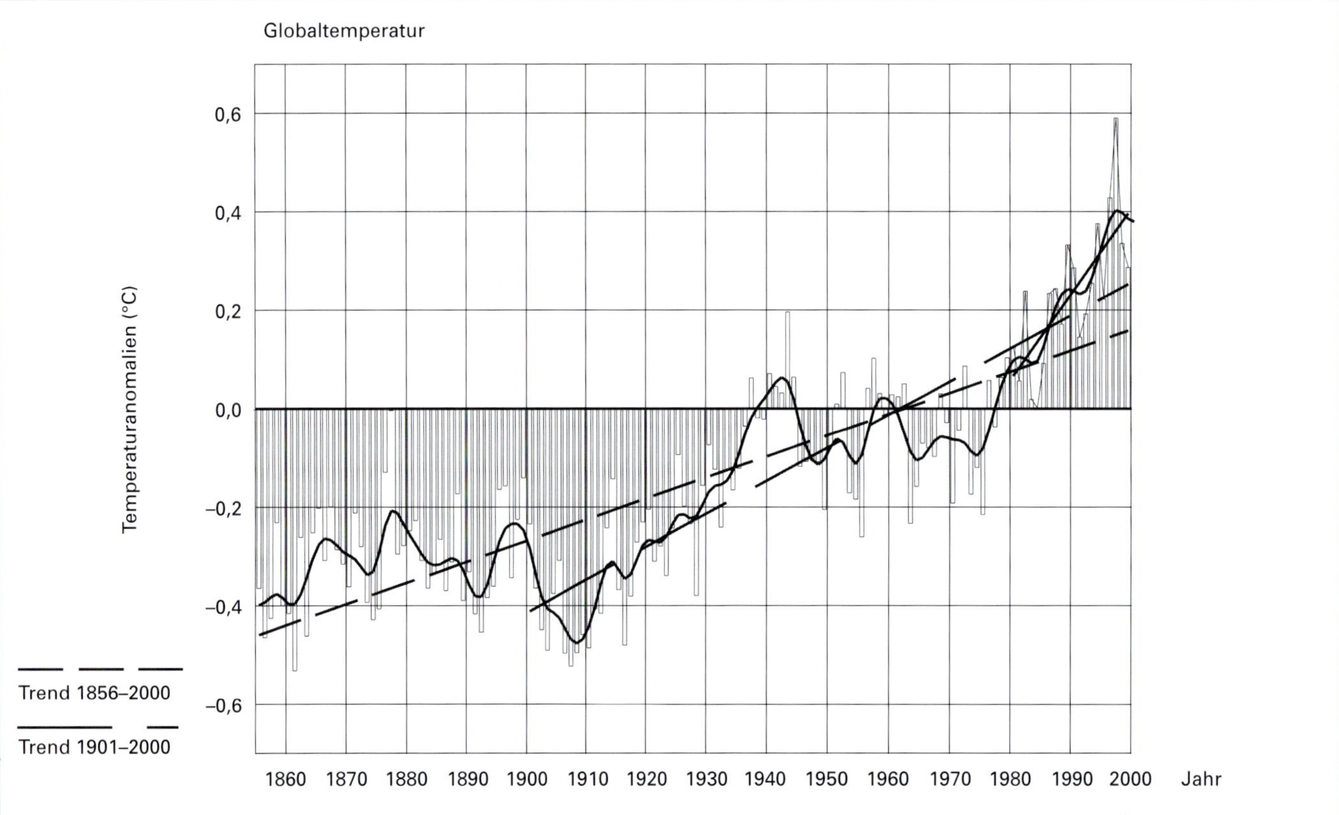

Abb. 13: Relative Jahresvariationen 1856–2001 der global gemittelten bodennahen Lufttemperatur (für Land- und Ozeangebiete) mit 10-jährig geglätteten Daten und linearen Trends für die angegebenen Zeitintervalle. (Datenquelle: IPCC 2001 bzw. Jones u. a. 1999, ergänzt; Analyse: Schönwiese 2002)

Abb. 14: Der Ausbruch des Pinatubo auf den Philippinen im Juni 1991 gehörte zu den stärksten Vulkanausbrüchen des 20. Jahrhunderts. Der Ausstoß der riesigen Staub- und Gasmengen in Höhen von über 20 km reduzierte die Einstrahlung der Sonne auf die Erde für mehrere Jahre merklich, sodass die globale Mitteltemperatur vorübergehend um einige Zehntel Grad sank. (Foto: dpa)

Abb. 15: In Indonesien kam es infolge der Trockenheit nach dem El-Niño-Ereignis 1997/98 zu großflächigen Waldbränden. (Foto: Florian Siegert, München)

DIE GLOBALE PERSPEKTIVE

Es liegt nahe, sich diesen jüngsten Temperaturanstieg nun in globaler Mittelung und wiederum ausschließlich auf der Grundlage von direkten Messdaten genauer anzusehen. Abbildung 13 zeigt daher ähnlich wie Abbildung 12 die Jahresanomalien der nunmehr global gemittelten bodennahen Lufttemperatur über Landgebieten und Ozeanen. Wir erkennen, dass es in dieser Zeit nicht nur den bereits genannten Erwärmungstrend und den Rekordwert des Jahres 1998, sondern auch wieder verschiedenartige überlagerte Fluktuationen und Jahr-zu-Jahr-Variationen gegeben hat. Diese sind übrigens auf der Nordhalbkugel deutlich ausgeprägter als auf der Südhalbkugel.

Viele Fluktuationen bzw. jährliche Abweichungen vom Trend sind sicherlich natürlichen Ursprungs. So rührt der von 1991 bis etwa 1992/93 festzustellende Temperaturrückgang vom Ausbruch des Pinatubo im Jahr 1991 her. Solche explosiven Vulkanausbrüche schleudern Gase und Partikel bis in die Stratosphäre hinauf, wo sie einen Teil der Sonneneinstrahlung absorbieren und streuen. Während sich dadurch die Stratosphäre erwärmt, führt die so verringerte Sonneneinstrahlung in die untere Atmosphäre dort zu einer Abkühlung. Der Ausbruch des Tambora im Jahr 1815 (auf den ein Hungersommer in Mitteleuropa folgte) war sicherlich noch stärker und wirksamer, ist hier aber nicht erfasst. 1997/98 trat ein besonders starkes El-Niño-Ereignis auf, dessen auffälligstes Merkmal eine Erwärmung der tropischen Ozeane, insbesondere des Ostpazifiks vor der Küste von Peru, ist. Die Folge sind vor allem drastische Veränderungen der Niederschläge in den Tropen. Wegen der großräumigen Ausprägung der ozeanischen Erwärmung machen sich El-Niño-Ereignisse wie auch ihr kaltes Gegenstück, La-Niña-Ereignisse, in der Globaltemperatur als entsprechende Wärmeanomalien bemerkbar.

Der lineare Trend für die Zeit von 1856 bis heute beträgt bei der Globaltemperatur rund 0,6 °C, für den Zeitraum ab 1901 rund 0,7 °C und schließlich für die Zeit ab 1981 rund 0,3 °C. Letzteres entspräche einem 100-jährigen Trend von 1,5 °C. Somit ist auch hier eine deutliche Trendverstärkung, insbesondere in den letzten Jahrzehnten, eingetreten. Andererseits war der Erwärmungstrend in der Zeit zwischen ungefähr 1945 und 1975/80 offenbar unterbrochen. Auf der Nordhalbkugel ist für diese Zeit sogar eine leichte Abkühlung festzustellen, während sich auf der Südhalbkugel der Erwärmungstrend mit vermindertem Ausmaß fortsetzte.

Wir haben es also mit komplizierten zeitlichen Strukturen in den beobachteten Klimaänderungen zu tun, deren Interpretation außerdem durch die bereits geschilderten regional und jahreszeitlich unterschiedlichen Strukturen erschwert wird. So unterscheidet sich die Deutschland-Temperatur (Abbildung 5), abgesehen von dem in beiden Kurven ähnlichen Erwärmungstrend des 20. Jahrhunderts, im Einzelnen deutlich von der Globaltemperatur (Abbildung 13). Beispielsweise ist das „globale Rekordjahr" 1998 bei der Deutschland-Temperatur nicht auffällig, weil El-Niño-Ereignisse für Deutschland nur eine sehr untergeordnete Rolle spielen. Andererseits war das in Deutschland extrem warme Rekordjahr 2000 im globalen Mittel aufgrund von La Niña relativ kalt.

Es könnte nun aber sein, dass die relativ langfristigen, insbesondere die etwa hundertjährigen Trends global einigermaßen einheitlich sind. Dabei ist anzumerken, dass solche Trends in der Globaltemperatur am wenigsten von den Jahr-zu-Jahr-Variationen überdeckt werden, im statistischen Sinn also besonders signifikant sind. Tatsächlich erreicht der Trend in diesem Fall fast das Ausmaß der dreifachen Standardabweichung der Jahresdaten, was einer Signifikanz von nahezu 99 % entspricht, bedingt durch den schon beschriebenen Effekt der Verringerung der Jahr-zu-Jahr-Varianz durch räumliche Mittelung.

REGIONALE DIFFERENZIERUNGEN

Betrachtet man die Temperaturtrends der Zeitspanne von 1891 bis 1990 zwar global, aber in räumlicher Differenzierung (Abbildung 16), so ergibt sich keinesfalls ein einheitliches Bild: Zwar überwiegt offenbar die Erwärmung; sie geht aber mit regionalen Abkühlungen, beispielsweise im Bereich des Nordatlantiks oder in Zentralafrika, Hand in Hand. Abbildung 18 demonstriert für Europa, über dessen Klimageschichte man besonders viel weiß, und für den Winter: Die bisher beobachteten 100-jährigen Temperaturtrends (1891–1990) waren räumlich sehr unterschiedlich verteilt – mit Maxima in Osteuropa und einer nicht unerheblichen Abkühlung im Ostseeraum sowie in Nordskandinavien. Im Sommer zeigen sich noch größere Abkühlungsbereiche (Abbildung 19, weitere Details in Schönwiese und Rapp 1997, Rapp 2000, und Schönwiese 2002).

Noch wesentlich komplizierter ist das Bild bei den regionalen Änderungen in den Niederschlägen. Wirklich globale Datensätze und Datenanalysen gibt es dazu nicht; das liegt unter anderem an großen Datenlücken und unzuverlässigen Messungen über den Ozeanen sowie generell an den beim Niederschlag eklatanten Repräsentanzproblemen. Das Intergovernmental Panel on Climate Change (IPCC 2001) hat jedoch Grobabschätzungen zu den hundertjährigen Niederschlagstrends über den Landgebieten der Erde vorgelegt (Abbildung 17). Wie daraus ersichtlich ist, stehen sich zunehmende und abnehmende Trends gegenüber, und zwar zunehmende beispielsweise in Kanada, Südgrönland, Island, Nordwesteuropa und Skandinavien, Indien, Argentinien sowie Ostaustralien, abnehmende im tropischen und subtropischen Afrika (einschließlich der Sahelzone), in der Mittelmeerregion, Teilen Südostasiens, in Chile und Teilen Südafrikas. Wie alle Klimaänderungen (siehe beispielsweise

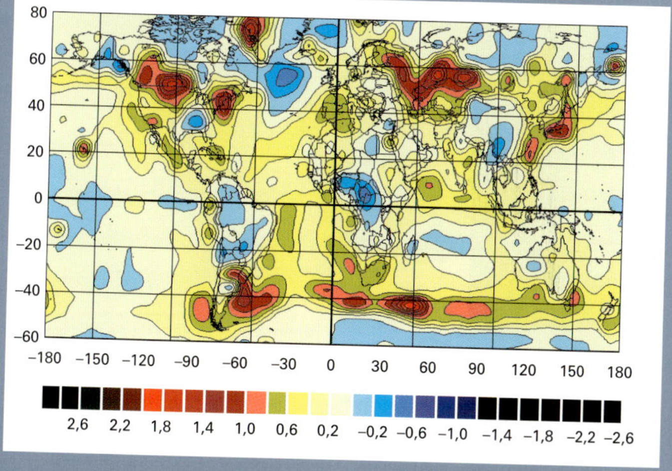

Abb. 16: Lineare Trends 1891–1990 der Jahreswerte der bodennahen Lufttemperatur in Grad Celsius, Globalanalyse auf der Grundlage eines Datensatzes im 5°x5°-Gitterpunktraster. (Datenquelle: Jones u.a.1999; Analyse: Schönwiese 2002)

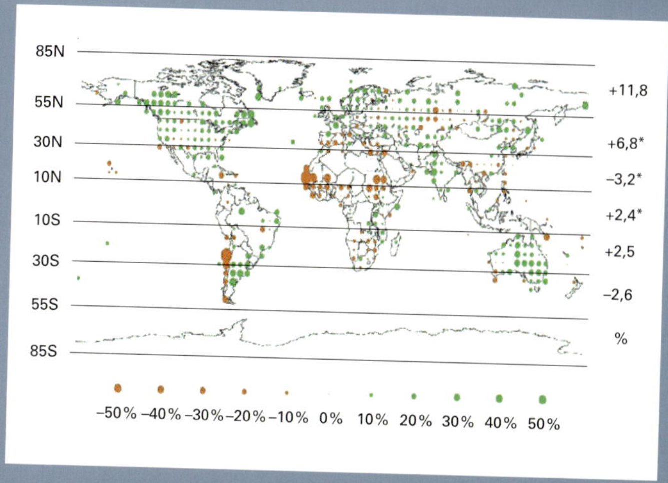

Abb. 17: Grobabschätzung der linearen Trends 1901–1999 der Jahressummen des Niederschlags, global, jedoch nur für Landgebiete (nach IPCC 2001).

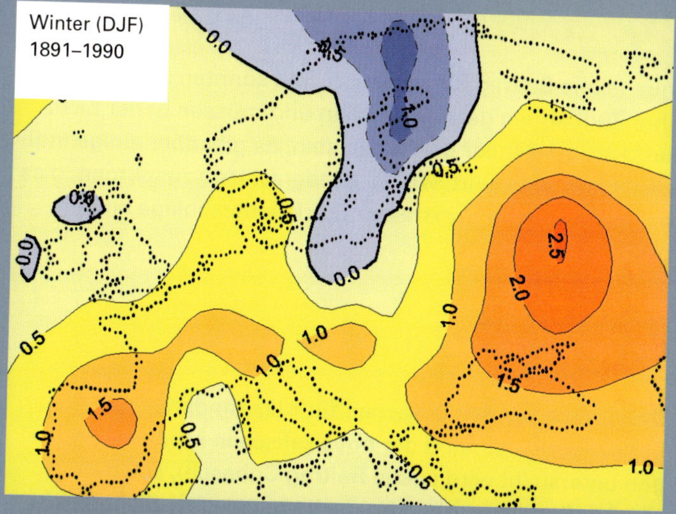

Abb. 18: Lineare Trends 1891–1990 der bodennahen Lufttemperatur in Grad Celsius für den Winter, negative Werte gestrichelt. Regionalanalyse für Europa auf der Grundlage eines Datensatzes im 3°x3°-Gitterpunktraster. (Quelle: Schönwiese und Rapp 1997)

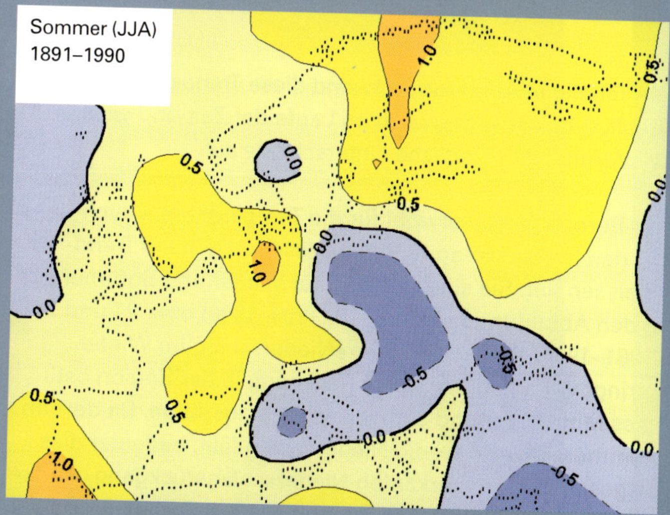

Abb. 19: Ähnlich Abbildung 18, jedoch für den Sommer.

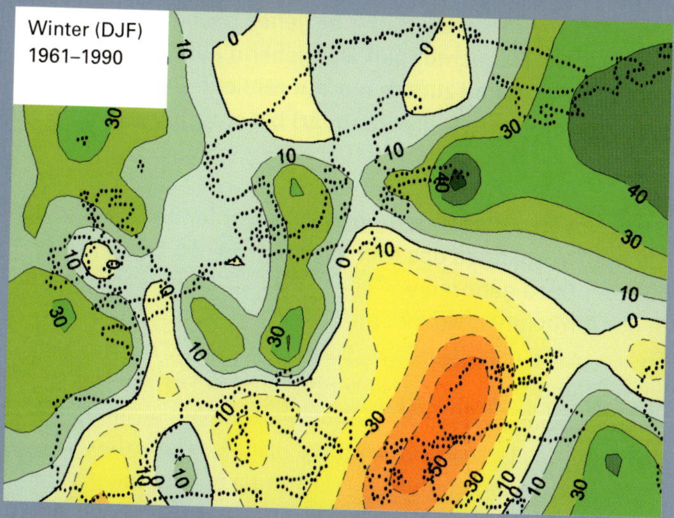

Abb. 21: Lineare Trends 1961–1990 des Niederschlags in Millimetern (entsprechend Litern pro Quadratmeter) für den Winter (negative Werte gestrichelt). Regionalanalyse für Europa, Auflösung wie Abbildung 18. (Quelle: Schönwiese und Rapp 1997)

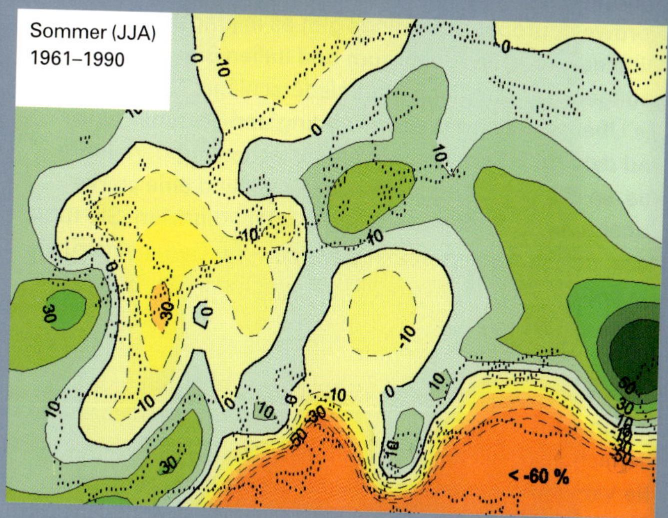

Abb. 22: Ähnlich Abbildung 21, jedoch für den Sommer.

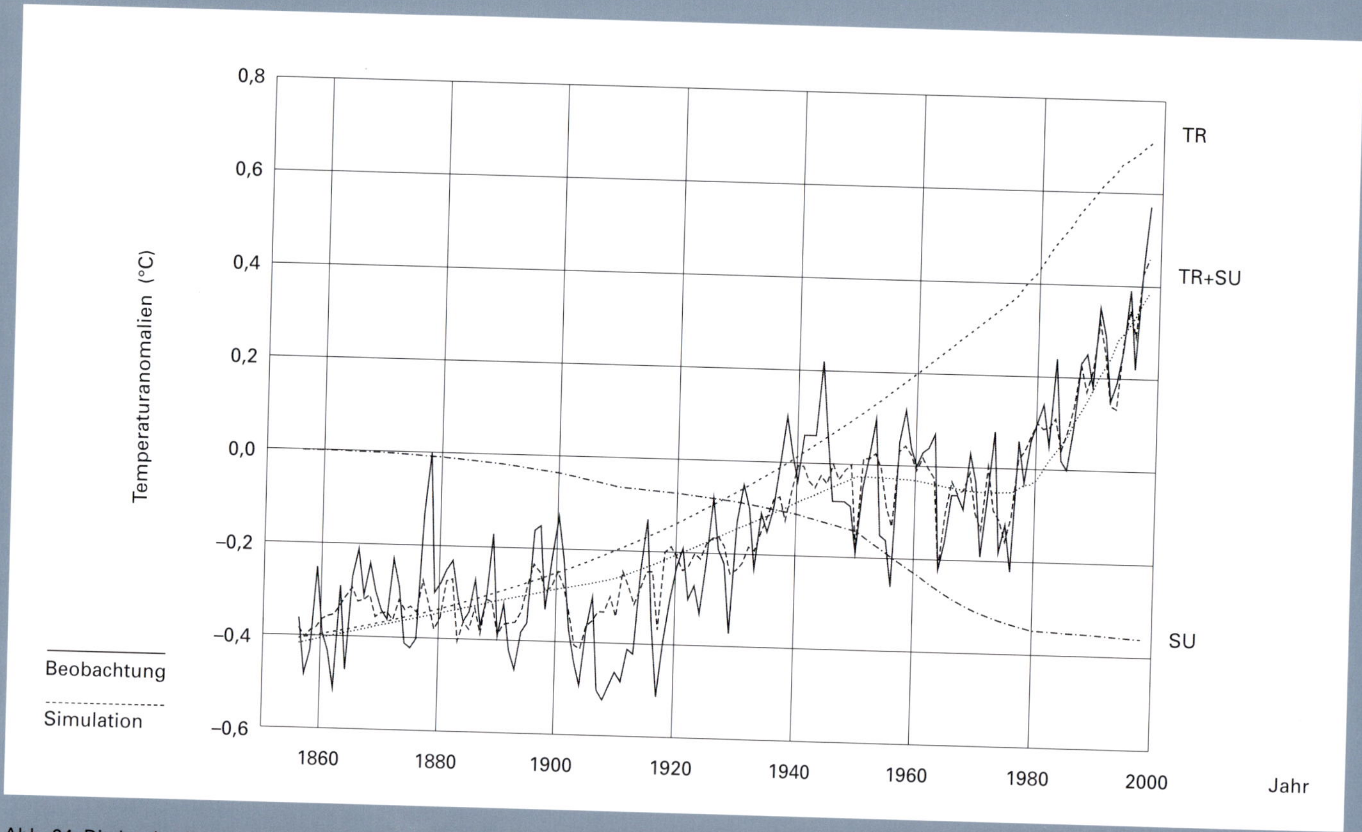

Abb. 24: Die beobachteten relativen Jahresvariationen 1856–1998 der global gemittelten bodennahen Lufttemperatur 1856–1998 (entsprechend Abbildung 13) im Vergleich mit der Reproduktion dieses Verlaufs durch ein neuronales Netz (gestrichelte Linie). Das Netz berücksichtigt gemäß der Tabelle in Abbildung 26 den anthropogenen Treibhaus- (TR) sowie Sulfateffekt (SU) und die natürlichen Faktoren Vulkanismus, Sonnenaktivität und El Niño. Zudem sind die aus der Datenanalyse abgeschätzten Klimasignale eingezeichnet, die auf die anthropogenen Ursachen zurückgeführt werden. (Quelle: Walter 2001)

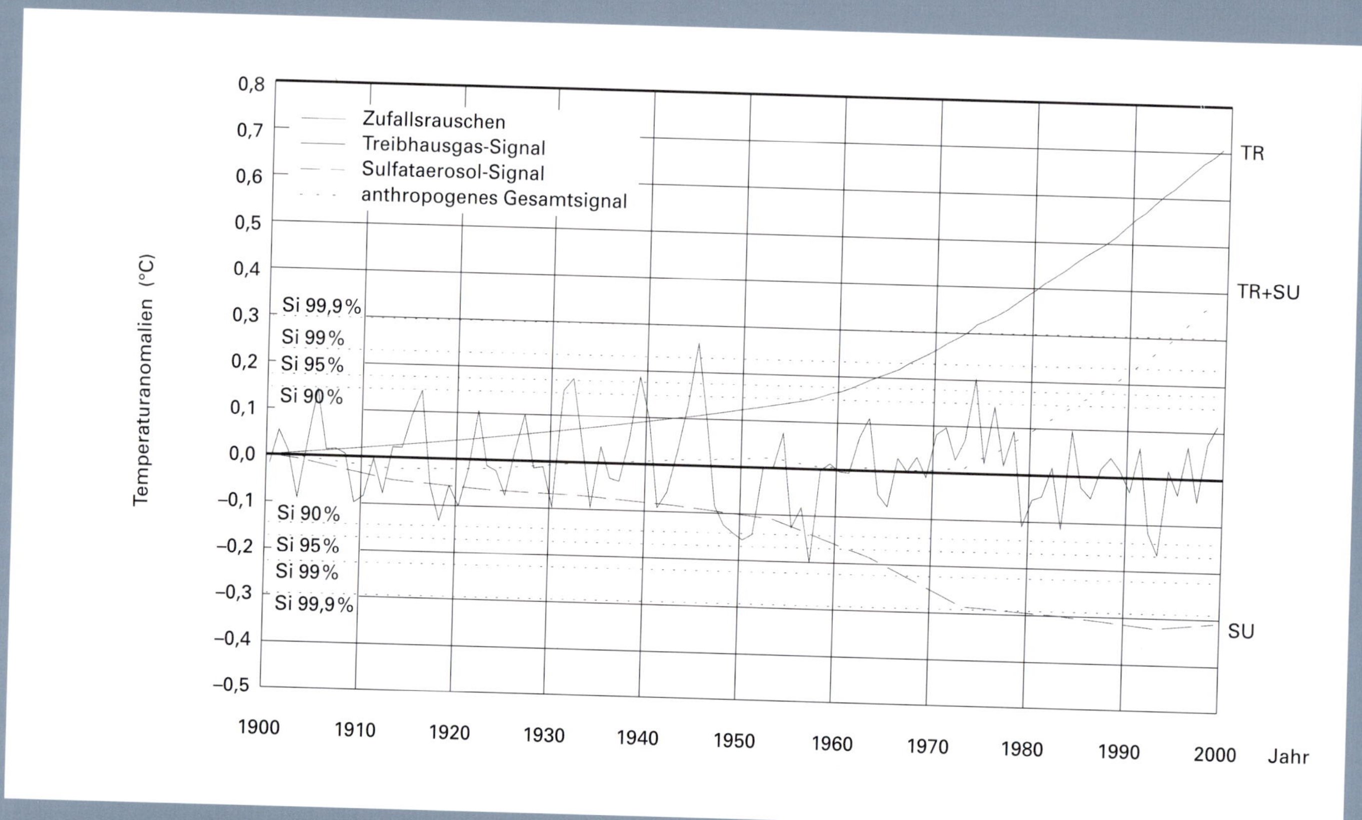

Abb. 25: Vermutete Zufallsvariationen 1900–1998 der global gemittelten bodennahen Lufttemperatur, nachdem alle erklärbaren Varianzanteile (gemäß der Tabelle in Abbildung 26) mittels sukzessiver Regression von den Originaldaten subtrahiert worden sind. Eingezeichnet sind auch die zugehörigen Signifikanzstellen und – ähnlich Abbildung 24 – anthropogenen Klimasignale, wobei das Treibhaussignal ab 1973 die 99,9%-Signifikanzschwelle des Zufalls überschreitet. (Quelle: Grieser u.a. 2000)

Klimafaktor	Strahlungsantrieb	Globalsignal	Deutschl.-Signal	Signalstruktur
Treibhausgase *	(+) 2,1–2,8 W/m²	0,9–1,3 °C	ca. 1,5 °C	progressiver Trend (+)
Sulfatpartikel *	(–) 0,4–1,5 W/m²	0,2–0,4 °C	ca. 0,6 °C	variabler Trend (–) **
Vulkanismus ***	(–) max. 3 W/m²	0,1–0,2 °C	ca. 0,2 °C	episodisch, 1–3 Jahre (–)
Sonnenaktivität	(+) 0,1–0,5 W/m²	0,1–0,2 °C	ca. 0,6 °C	fluktuativ (+)
El Niño (ENSO)	-	0,2–0,3 °C	insignifikant	episodisch, Monate (+)

Abb. 26: Störung des Strahlungsgleichgewichts („Strahlungsantriebe", mit Vorzeichen, global, integriert über die Troposphäre) durch bestimmte Klimafaktoren, vorindustriell (etwa 1750) bis heute und global gemittelt (nach IPCC 2001). Dazu sind zugehörige Temperatureffekte („Signale") angegeben nach statistischen Modellabschätzungen mittels neuronaler Netze, und zwar für die bodennahe globale (1866–1994) bzw. deutsche (1865–1997) Mitteltemperatur. (Quellen: Walter und Schönwiese 1999 und Walter 2001)
*) anthropogen **) insbesondere ungefähr 1945–1970 ausgeprägt
***) beim Pinatubo-Ausbruch, 1991: 2,4 W/m²; 1992: 3,2 W/m²; 1993: 0,9 W/m² (jeweils global); (nach McCormick u. a. 1995)

und La Niña gekoppelt ist. Ein anderes Beispiel ist die „Nordatlantik-Oszillation", eine mehr oder weniger regelmäßige Veränderung der Luftdruckgegensätze zwischen den beiden nordatlantischen Aktionszentren Islandtief und Azorenhoch, die das Witterungs- und Klimageschehen in Europa stark beeinflusst.

Weitere Ursachen sind externer Art, wirken aber stets über die Mittlerrolle der atmosphärischen bzw. atmosphärisch-ozeanischen Zirkulation auf das Klimageschehen ein. Sie werden meist in Form von „Strahlungsantrieben" beschrieben, d. h. durch das Ausmaß der von ihnen verursachten energetischen Störung der unteren Atmosphäre (Troposphäre). Ein Beispiel für einen negativen Strahlungsantrieb ist der bereits mehrfach genannte Vulkanismus, der als bodennahe Abkühlung in Erscheinung tritt: Durch die Absorption und Streuung der Sonneneinstrahlung an vulkanischen Partikeln in der Stratosphäre wird nämlich der Strahlungsfluss in die untere Atmosphäre verringert. Ein positiver Strahlungsantrieb ist dagegen in erhöhter Sonneneinstrahlung in Verbindung mit verstärkter Sonnenaktivität zu sehen.

Und auch der Mensch verursacht Klimaänderungen. Durch seine Aktivitäten, insbesondere die Nutzung fossiler Energieträger und die Rodung von Wäldern, reichert er die Atmosphäre mit klimawirksamen Spurengasen an (allen voran Kohlendioxid, siehe Beitrag Andreae u. a.) und bewirkt über einen zusätzlichen Treibhauseffekt einen positiven Strahlungsantrieb. Auch Veränderungen der Erdoberfläche, sei es in den Städten oder durch die Umwandlung von Natur- in Kulturlandschaften, sowie der Flugverkehr stellen anthropogene Strahlungsantriebe dar, die den externen Ursachen von Klimaänderungen zuzurechnen sind.

DIE DIFFERENZIERUNG VON URSACHEN DURCH MUSTERERKENNUNG

Die Tatsache, dass sich die unterschiedlichen Einflussfaktoren für das Klima zeitlich ganz verschieden auswirken, eröffnet die Möglichkeit, auf rein empirisch-statistischem Weg Hypothesen über Ursache-Wirkungs-Beziehungen aufzustellen. Beispielsweise wirkt ein explosiver Vulkanausbruch nur episodisch ein bis drei Jahre auf das Klima ein, die Sonnenaktivität schwankt unter anderem in Zyklen von rund 11, 22 und 80 Jahren und der anthropogene Treibhauseffekt zeigt sich in einem Trend über 100 Jahre und mehr. Die Analyse solcher Zeitstrukturen in den Beobachtungsdaten beginnt mit der üblichen multiplen Korrelations- und Regressionsrechnung und endet in aufwändigeren Techniken wie neuronalen Netzen, die in einer Art Training optimierte nichtlineare Beziehungen zwischen Ursachen und Wirkungen ermitteln (Grieser u. a. 2000, Walter 2001 und Walter und Schönwiese 1999). In einer Art Mustererkennung identifizieren die neuronalen Netze gewissermaßen die zeitlichen Muster in den Daten und setzen sie zu den Zeitmustern der Ursachen in Beziehung.

Als Beispiel sei hier die Simulation der global gemittelten bodennahen Lufttemperatur mithilfe eines neuronalen Netzes vorgestellt (Abbildung 24), das folgende Einflussfaktoren berücksichtigt: Vulkanismus, Sonnenaktivität, El Niño (zwar ein interner Vorgang, der sich aber statistisch als quasiexterner Effekt handhaben lässt), anthropogener Treibhauseffekt sowie anthropogener Kühleffekt durch Aerosole aufgrund von Schwefeldioxidemissionen (zu diesem Problem siehe Cubasch und Kasang 2000, IPCC 2001 und Schönwiese 1995 und 2003).

Diese Abschätzung führt zu dem in Abbildung 24 gezeigten Ergebnis, dass der Anteil des anthropogenen „Treibhauseffekts" bisher bei etwa 1 °C Erwärmung liegt, und zwar in Form eines langfristigen Trends. Nimmt man den ebenfalls anthropogenen „Kühleffekt" durch Sulfatpartikel hinzu,

Abb. 27: Weihnachtsbilder zeigen oft Schneemotive. Viele Menschen deuten deshalb Weihnachtsfeste ohne Schnee als Indiz für den Klimawandel, selbst wenn sie in Regionen wohnen, in denen auch in der Vergangenheit im Dezember selten Schnee gefallen ist. Damit werden die beiden Erwartungen, dass zu Weihnachten Schnee liege und dass ein Klimawandel zu beobachten sei, häufig zu einem Scheinindiz zusammengesetzt. (Leihgabe: Verlag Loreley-Galerie, Markus Gräff 1995)

dann vermindert sich der Temperaturanstieg auf etwa 0,6 °C in guter Übereinstimmung sowohl mit der Beobachtung (Abbildung 13) als auch entsprechenden physikalisch orientierten Klimamodellrechnungen (siehe Beitrag Cubasch). In einem weiteren Schritt werden in Abbildung 26 die physikalisch geschätzten Strahlungsantriebe (nach IPCC 2001) mit den „Klimasignalen" verglichen, d. h. jenen Anteilen an den beobachteten Klimaänderungen, die sich in den neuronalen Netzwerkanalysen bestimmten Ursachen zuordnen lassen. Neben der Globaltemperatur sind dabei auch die Deutschland-Temperatur (Abbildung 5) und als weiterer Einflussfaktor die Nordatlantik-Oszillation berücksichtigt.

Danach sind die natürlichen „Klimasignale" relativ klein sowie episodisch oder fluktuativ. Sie haben also zu den Langfristtrends der letzten rund hundert Jahre kaum oder nur sehr wenig beigetragen. Auch das kann als gegenseitige Bestätigung physikalischer Klimamodellrechnungen und empirisch-statistischer Hypothesen, die der Analyse der beobachteten Klimaänderungen entstammen, angesehen werden. Schließlich zeigt Abbildung 25 die Globaltemperatur nach Abzug aller statistisch erklärbaren Einflüsse, sodass darin möglicherweise nur noch Zufallsvariationen enthalten sind, im Vergleich mit dem anthropogenen Treibhaussignal. Die eingezeichneten Schranken geben an, mit welcher Wahrscheinlichkeit sie zufällig überschritten werden könnten, und weisen darauf hin, dass der Klimafaktor Mensch mit hoher Wahrscheinlichkeit in den Beobachtungsdaten bereits heute nachweisbar ist (Grieser u. a. 2000).

SCHLUSS

Die Klimadaten, die uns aufgrund direkter Messungen für die letzten beiden Jahrhunderte in großem Umfang und guter Qualität vorliegen, gestatten es nicht nur, ein genaues und regional-jahreszeitlich differenziertes Bild der Klimaänderungen in der Vergangenheit zu zeichnen und damit die Fakten in ihrer ganzen Vielfalt zu erkennen. Sie erlauben es auch, im Zusammenhang mit entsprechenden Daten Vermutungen über die Wirksamkeit der Einflüsse anzustellen. In Verbindung mit prinzipiellen physikalischen Überlegungen (z. B. in Form der Strahlungsantriebe) und entsprechenden Modellrechnungen wird offenbar, dass der Mensch, insbesondere im Industriezeitalter, global und wirksam in das Klimageschehen eingegriffen hat. Daraus erwächst uns eine besondere Verantwortung. Denn wegen der offensichtlichen Abhängigkeit der Menschheit und mit ihr des gesamten irdischen Lebens kann es uns nicht gleichgültig sein, was mit dem Klima unserer Erde geschieht.

5.1 Meteorologische Beobachtungen auf dem Hohenpeißenberg

Auf dem Hohenpeißenberg im Voralpenland südlich von München werden seit 1781 kontinuierlich meteorologische Messungen durchgeführt. Damit liefert die Station die am weitesten zurückreichenden regelmäßigen Wetterbeobachtungen von einer Bergstation (977 m Höhe). Die Einrichtung einer Bergstation war damals die einzige Möglichkeit, regelmäßig in der Höhe messen zu können. Die Station war bei ihrer Gründung Teil des Messnetzes der „Societas Meteorologica Palatina", das von 1781 bis 1793 existierte und 39 Stationen umfasste. Zwei Stationen befanden sich in Nordamerika und Grönland, die anderen waren über ganz Europa verteilt. Heute gehört die Station zum Messnetz des Deutschen Wetterdienstes.

5.1.1 Karte zur Darstellung der Reichweite der meteorologischen Beobachtung auf dem Hohenpeißenberg
Albin Schwaiger, Kloster Rottenbach, vor 1803; Kupferstich, unkoloriert; Reproduktion; 60 x 62 cm; München, Deutsches Museum (26724)

Die Karte zeigt mit wechselnder Perspektive das Einzugsgebiet der meteorologischen Beobachtungen an der Bergwetterstation Hohenpeißenberg um 1800. Gut sichtbar sind der Starnberger See (Wurm See) und der Ammersee (Amber See). Links unten befindet sich eine gesonderte Ansicht des meteorologischen Observatoriums Hohenpeißenberg.

5.1.2 Quecksilberthermometer nach Réaumur
Mannheim, 1780; sign.: Constr. 1780 in Mannheim Renov. 1826 in Regensburg; 42x9,5x2,5cm; München, Deutsches Museum (2761)

Thermometer zur Messung der Temperatur gehören zu den wichtigsten meteorologischen Instrumenten. Die Skala dieses Thermometers geht auf den französischen Physiker René-Antoine Réaumur (1683–1757) zurück. Bei ihr entspricht der Gefrierpunkt von Wasser null Grad, sein Siedepunkt 80 Grad. Die Skala reicht von –30 bis 80 Grad Réaumur. Seit 1924 gilt in Deutschland für wissenschaftliche Messungen die „thermodynamische Skala" nach Anders Celsius (1701–1744) mit dem Siedepunkt bei 100 Grad Celsius.

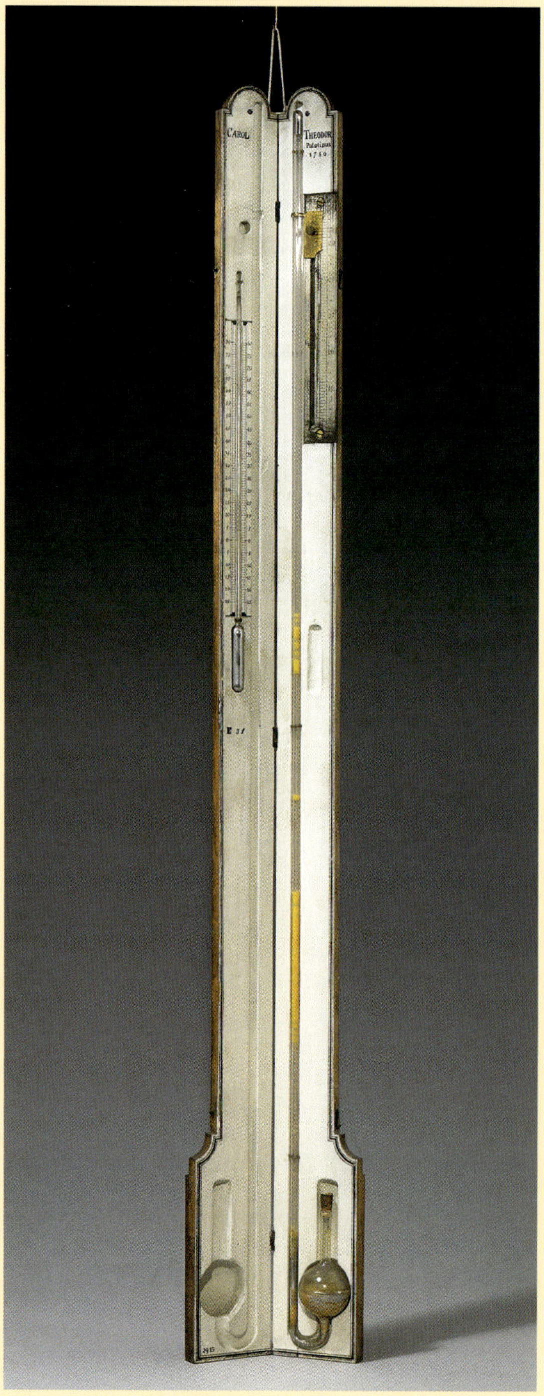

5.1.3 Heber-Barometer
Carl Theodor Palatinus, um 1780; 96x7x5cm; München, Deutsches Museum (2915)

Dieses Barometer wurde im Messnetz der Societas Meteorologica Palatina zur Messung des Luftdrucks eingesetzt. Die Quecksilbersäule in dem dünnen Glasrohr wird durch den Druck der Luftsäule, die auf dem Quecksilberspiegel des offenen Gefäßes (unten) lastet, hoch gedrückt. Da sich das Quecksilber im Barometer bei steigender Temperatur ausdehnt, muss der Wert für den Luftdruck einer Temperaturkorrektur unterworfen werden. Dazu dient das eingebaute Thermometer.

5.1.4 Haarhygrometer nach Koppe
um 1900; 15,5 x 27,5 x 7 cm; München, Deutsches Museum (1987-833)

Ein Hygrometer misst die Feuchte der Luft. Bei diesem Haarhygrometer nutzt man aus, dass Haare bei höherer Luftfeuchte länger werden. Der untere Haarteil läuft um eine Welle, die den Zeiger bewegt. Dieses Stationshygrometer war auf der Bergwetterstation Hohenpeißenberg im Einsatz.

5.1.5 Temperaturbeobachtungen
Albin Schwaiger, Hohenpeißenberg, 1792; Tusche auf Papier, Einzelblatt; 36 x 22 cm; Meteorologisches Observatorium Hohenpeißenberg, DWD

Die Tabelle zeigt die gemessene Temperatur von Juli bis Dezember 1792, jeweils um 7, 14 und 21 Uhr. Sie ist Teil der seit 1781 bis auf ganz wenige Ausnahmen kontinuierlichen Temperaturaufzeichnungen auf dem Hohenpeißenberg. Der Wert der Messreihe zur Klimarekonstruktion ergibt sich auch daraus, dass der Hohenpeißenberg bis heute fast unbebaut geblieben ist und sich deshalb keine Messinhomogenitäten durch Stadteinflüsse eingestellt haben.

Temperatur für 1792 Juli – December

Tag	Juli 7h	2h	9h	August Morgens 7h	2h	9h	September 7h	2h	9h	October 7h	2h	9h	November 7h	2h	9h	December Abends 7h	2h	9h
1	+8,9	+12,4	+7,7	+10,4	+12,9	+12,4	+11,4	+18,1	+14,2	+11,5	+16,9	+12,3	+6,4	+6,9	+6,1	-5,6	-4,3	-5,0
2	7,6	10,8	8,1	10,9	15,2	12,4	12,2	15,9	14,2	12,3	12,4	8,7	8,7	9,3	3,9	-5,2	-3,9	-4,8
3	9,3	12,4	10,5	10,8	15,0	12,4	13,4	17,9	14,4	+7,3	+4,6	0,2	0,3	3,7	1,6	-6,3	-3,2	-1,6
4	12,4	15,1	12,3	11,6	16,2	11,4	10,7	14,9	13,5	-1,4	-0,2	0,3	2,4	3,7	4,3	-4,7	-1,0	-1,6
5	9,4	12,7	8,4	9,2	12,1	9,8	4,3	10,9	8,9	+4,4	+5,0	4,5	3,4	3,5	4,1	+3,2	+3,9	+3,2
6	9,3	11,4	7,9	12,7	14,4	12,0	8,3	12,4	9,5	4,7	8,9	5,6	3,2	3,7	2,6	3,7	3,9	+5,2
7	7,1	8,7	9,3	11,4	14,4	10,4	6,4	7,4	6,7	5,4	9,7	7,1	3,6	4,7	5,4	+4,2	+2,7	-0,4
8	9,4	14,2	12,4	10,3	13,4	8,1	7,7	10,1	7,9	6,5	10,0	7,0	6,4	7,8	5,6	-3,4	-2,9	-4,3
9	12,1	16,3	15,1	8,0	10,9	9,4	7,4	11,7	10,4	5,4	5,8	4,5	4,0	6,4	5,4	-4,7	+0,1	+3,2
10	16,0	19,1	15,9	10,7	13,3	11,7	7,5	12,7	10,2	6,0	9,2	6,4	5,4	6,9	4,5	+3,2	4,5	+4,7
11	16,2	19,6	16,5	11,6	14,2	13,2	9,4	11,9	9,7	5,1	7,2	4,5	+3,3	5,8	2,7	+3,4	+2,7	-0,6
12	13,3	15,8	9,7	13,9	16,3	13,4	8,7	6,7	5,8	3,5	6,1	4,7	-2,2	0,9	6,3	-3,0	-2,7	-3,7
13	8,5	14,7	12,2	12,9	13,3	14,6	5,6	9,2	8,7	3,7	8,1	6,8	+7,7	10,0	7,1	-5,1	-3,0	-4,6
14	12,5	15,4	10,4	11,2	14,4	11,7	8,6	10,9	9,3	8,1	11,4	10,2	7,2	9,6	6,7	-5,7	-3,2	-4,2
15	12,1	14,9	10,9	7,4	10,2	8,3	9,7	11,5	6,7	9,7	12,3	9,5	4,7	4,7	4,2	+0,7	+0,4	+0,5
16	13,3	15,7	13,4	9,2	13,4	11,7	2,8	3,3	2,9	5,6	9,4	7,2	+1,8	+3,7	+0,2	-1,7	-3,6	-5,0
17	15,4	19,7	16,7	11,3	17,2	14,7	3,4	6,1	4,0	5,0	8,2	7,3	-1,2	-0,4	-1,4	-7,2	-4,7	-5,2
18	17,9	21,3	18,8	12,8	15,6	10,3	3,7	4,2	3,0	5,9	8,9	6,4	-1,9	+0,1	-1,4	-4,1	+1,6	+3,1
	180.7	270.2	222.2	199.3	256.7	211.9	147.4	145.8	133.0	111.7	153.9	113.2	63.2	91.0	65.1	-38.3	-11.7	-21.1

5.1.6 Meteorologische Beobachtungen
Albin Schwaiger, Hohenpeißenberg, 1792; Tusche auf Papier; 21 x 34 x 1 cm; Meteorologisches Observatorium Hohenpeißenberg, DWD

Dreimal täglich – um 7, 14 und 21 Uhr – notierte Albin Schwaiger auf dem Hohenpeißenberg seine meteorologischen Beobachtungen. Die oberste Tabellenzeile lautet: „Tage, Schweremaaß, Wärmemaaß, Sonnen-Wärmemaaß, Feuchtemaaß, Magnet, Winde, Regenmaaß, Ausdünstungsmaaß, Mond, Ansehn des Himels, Lufterscheinungen". Von den Wetterbeobachtungen erhoffte man sich vor allem Aufschlüsse für die Landwirtschaft, deren Bedeutung vor der Industrialisierung noch wesentlich größer war als heutzutage. Weitere Gründe waren die Beobachtung der Verbreitung von Krankheiten und militärische Interessen.

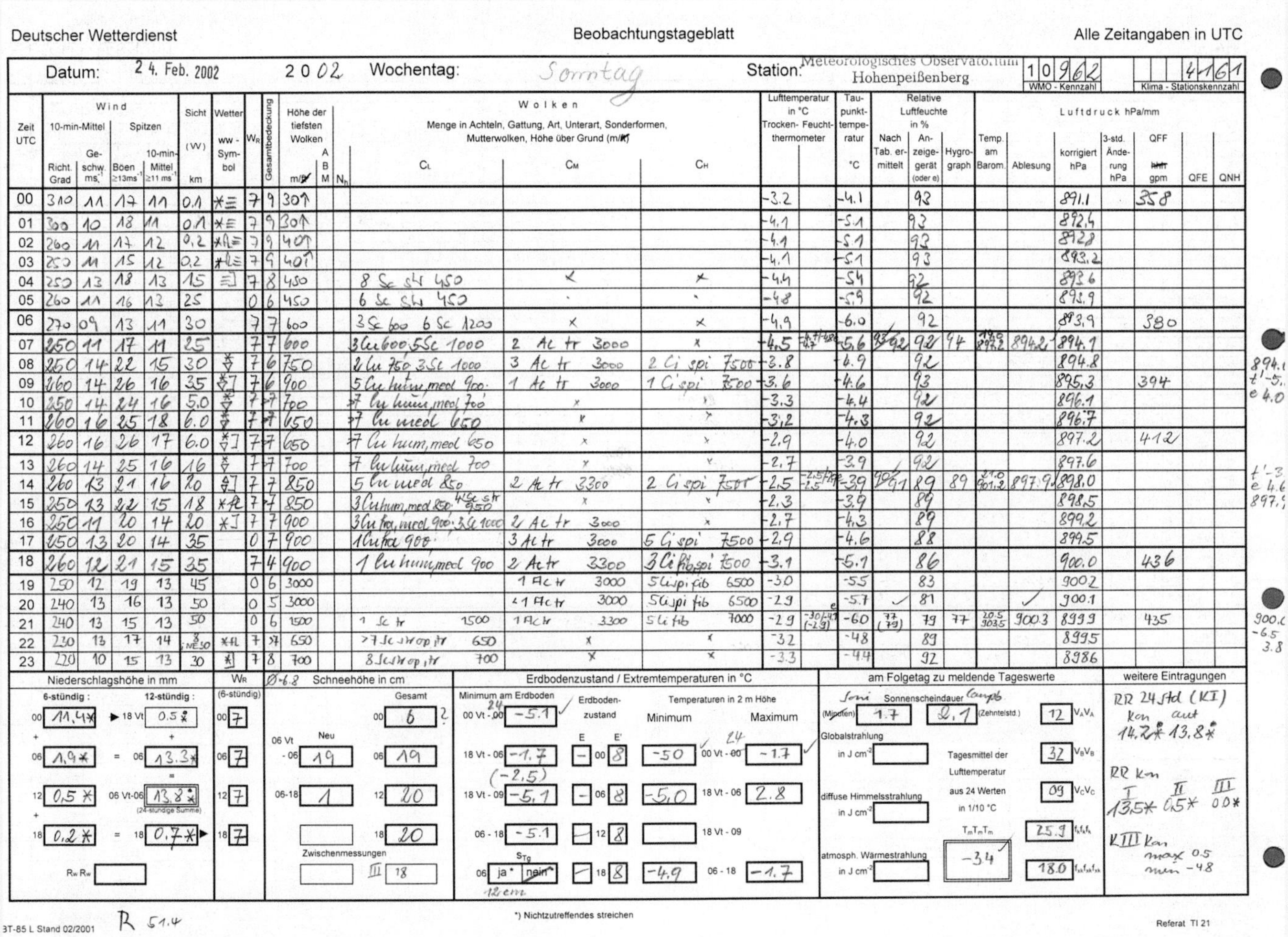

Deutscher Wetterdienst — Beobachtungstageblatt — Alle Zeitangaben in UTC

Datum: 24. Feb. 2002 — Wochentag: Sonntag — Station: Meteorologisches Observatorium Hohenpeißenberg — WMO-Kennzahl 10962 — Klima-Stationskennzahl 4161

Zeit UTC	Wind Richt. Grad	Wind Geschw. m/s	Böen ≥13 m/s	10-min-Mittel ≥11 m/s	Sicht km	Wetter ww-Symbol	W_R	Gesamtbedeckung	Höhe der tiefsten Wolken m	C_L	C_M	C_H	Trocken °C	Feucht °C	Taupunkt °C	Rel. Feuchte nach Tab.	Anzeigegerät	Hygrograph	Temp. am Barom.	Ablesung	korrigiert hPa	QFF gpm
00	310	11	17	11	0.1	*≡	7	9	30↑				-3.2		-4.1		93				891.1	358
01	300	10	18	11	0.1	*≡	7	9	30↑				-4.1		-5.1		93				892.4	
02	260	11	17	12	0.2	*≡	7	9	40↑				-4.1		-5.1		93				892.8	
03	250	11	15	12	0.2	*≡	7	9	40↑				-4.1		-5.1		93				893.2	
04	250	13	18	13	15	≡]	7	8	450	8 Sc str 450	⨯	⨯	-4.4		-5.4		92				893.6	
05	260	11	16	13	25		0	6	450	6 Sc str 450	·	·	-4.8		-5.9		92				893.9	
06	270	09	13	11	30		7	7	600	3 Sc 600 6 Sc 1200	⨯	⨯	-4.9		-6.0		92				893.9	380
07	250	11	17	11	25		7	7	600	3 Cu 600, 5 Sc 1000	2 Ac tr 3000	⨯	-4.5	-4.7	-5.6	93/92	92	94	19.0 / 897.2	894.2	894.1	
08	250	14	22	15	30		7	6	750	2 Cu 750, 3 Sc 1000	3 Ac tr 3000	2 Ci spi 7500	-3.8		-4.9		92				894.8	
09	260	14	26	16	35		7	6	900	5 Cu hum, med 900	1 Ac tr 3000	1 Ci spi 7500	-3.6		-4.6		93				895.3	394
10	250	14	24	16	5.0		7	>7	700	>7 Cu hum, med 700	⨯		-3.3		-4.4		92				896.1	
11	260	16	25	18	6.0		7	>7	650	>7 Cu med 650	⨯		-3.2		-4.3		92				896.7	
12	260	16	26	17	6.0		7	>7	650	>7 Cu hum, med 650	⨯	⨯	-2.9		-4.0		92				897.2	412
13	260	14	25	16	16		7	>7	700	7 Cu hum, med 700	⨯	⨯	-2.7		-3.9		92				897.6	
14	260	13	21	16	20		7	7	850	5 Cu med 850	2 Ac tr 3300	2 Ci spi 7500	-2.5	-2.5	-3.9	90/91	89	89	21.0 / 901.2	897.9	898.0	
15	250	13	22	15	18	*≡	7	>7	850	3 Cu hum, med 850; 4 Sc str 950	⨯	⨯	-2.3		-3.9		89				898.5	
16	250	11	20	14	20	*]	7	7	900	3 Cu fra, med 900; 3 Sc 1000	2 Ac tr 3000	⨯	-2.7		-4.3		89				899.2	
17	250	13	20	14	35		0	7	900	1 Cu fra 900	3 Ac tr 3000	5 Ci spi 7500	-2.9		-4.6		88				899.5	
18	260	12	21	15	35		7	4	900	1 Cu hum, med 900	2 Ac tr 3300	3 Ci fib, spi 7500	-3.1		-5.1		86				900.0	436
19	250	12	19	13	45		0	6	3000		1 Ac tr 3000	5 Ci spi fib 6500	-3.0		-5.5		83				900.2	
20	240	13	16	13	50		0	5	3000		<1 Ac tr 3000	5 Ci spi fib 6500	-2.9		-5.7	✓	81			✓	900.1	
21	240	13	15	13	50		0	6	1500	1 Sc tr 1500	1 Ac tr 3300	5 Ci fib 7000	-2.9	-3.0/-4.9 (-2.9)	-6.0	77 (79)	79	77	20.5 / 903.5	900.3	899.9	435
22	230	13	17	14	8 NE 30	*≡	7	>7	650	>7 Sc str op, tr 650	⨯	⨯	-3.2		-4.8		89				899.5	
23	220	10	15	13	30	*]	7	8	700	8 Sc str op, tr 700	⨯	⨯	-3.3		-4.4		92				898.6	

Niederschlagshöhe in mm — 6-stündig: 00 11.4* + 06 1.9* ; 12 0.5* + 18 0.2* — 12-stündig: 18 Vt 0.5* + 06 13.3* ; 06 Vt-06 13.8* (24-stündige Summe) ; 18 0.7* — $R_W R_W$

W_R (6-stündig): 00 7, 06 7, 12 7, 18 7

Ø -6.8 Schneehöhe in cm — Neu: 06 Vt - 06 19; 06-18 1 — Gesamt: 00 6?, 06 19, 12 20, 18 20 — Zwischenmessungen III 18

Erdbodenzustand / Extremtemperaturen in °C — Minimum am Erdboden: 00 Vt - 24 -5.1; 18 Vt - 06 -1.7 (-2.5); 18 Vt - 09 -5.1; 06 - 18 -5.1; S_{Tg} 06 ja* / nein* 12 cm — Erdbodenzustand E E': 00 – 8; 06 – 8; 12 – 8; 18 – 8 — Temperaturen in 2 m Höhe: Minimum -5.0, -5.0, -4.9; Maximum 00 Vt - 24 -1.7, 18 Vt - 06 2.8, 18 Vt - 09, 06 - 18 -1.7

am Folgetag zu meldende Tageswerte — Sonnenscheindauer: Soni (Minuten) 1.7, Campb. (Zehntelstd.) 2.1 — Globalstrahlung in J cm⁻² — diffuse Himmelsstrahlung in J cm⁻² — atmosph. Wärmestrahlung in J cm⁻² — Tagesmittel der Lufttemperatur aus 24 Werten in 1/10 °C: -3.4 — $V_A V_A$ 12, $V_B V_B$ 32, $V_C V_C$ 09, $T_m T_m T_m$ 25.9, $f_x f_x f_x$ 18.0

weitere Eintragungen: RR 24 Std (KI) Kon aut 14.2* 13.8* — RR Kon I 13.5* II 0.5* III 0.0* — KIII Kon max 0.5 min -48

BT-85 L Stand 02/2001 — R 51.4 — *) Nichtzutreffendes streichen — Referat TI 21

5.1.7 Beobachtungstageblatt des Deutschen Wetterdienstes
Hohenpeißenberg, 2002; Einzelblatt; 42 x 30 cm; Meteorologisches Observatorium Hohenpeißenberg, DWD

Auch heute noch sind beim Deutschen Wetterdienst neben vollautomatischen Geräten Wetterbeobachter im Einsatz, die die wichtigsten Messwerte ablesen, handschriftlich in vorgegebene Tabellenformulare eintragen und auswerten. Das Beobachtungstageblatt vom 24. Februar 2002 umfasst stündliche Angaben für Wind, Sicht, Wetter (Symbol), Wetterablauf, Gesamtbedeckung, Wolkenbeobachtungen, Lufttemperatur, Taupunkttemperatur, relative Luftfeuchte und Luftdruck.

5.2 Der Rückzug der Gletscher: Indiz für die Klimaveränderung

Der Gletscherschwund macht die Klimaänderung deutlich sichtbar. Die Alpengletscher haben seit Mitte des 19. Jahrhunderts bis 1975 etwa ein Drittel ihrer Fläche und die Hälfte ihres Volumens verloren. Der Vergleich heutiger

5.2.1 a/b Gletscher Hornkees und Waxeggkees, Zillertal (Österreich)
(a) unbekannt, um 1905; (b) Wolfgang Zängl, 2000

Fotos mit historischen Aufnahmen, etwa auf Ansichtskarten, zeigt eindrucksvoll die Entwicklung.

Historische Postkarten/Fotos; München, Gesellschaft für ökologische Forschung

5.2.2 a/b Gletscher Mer de Glace, Chamonix (Frankreich)
(a) unbekannt, vor 1916; (b) Wolfgang Zängl, 2001

5.2.3 a Jamtalferner, Silvretta (Österreich)
unbekannt, 1929

5.2.3 b Jamtalferner, Silvretta (Österreich)
Daniela Grosse, 2001

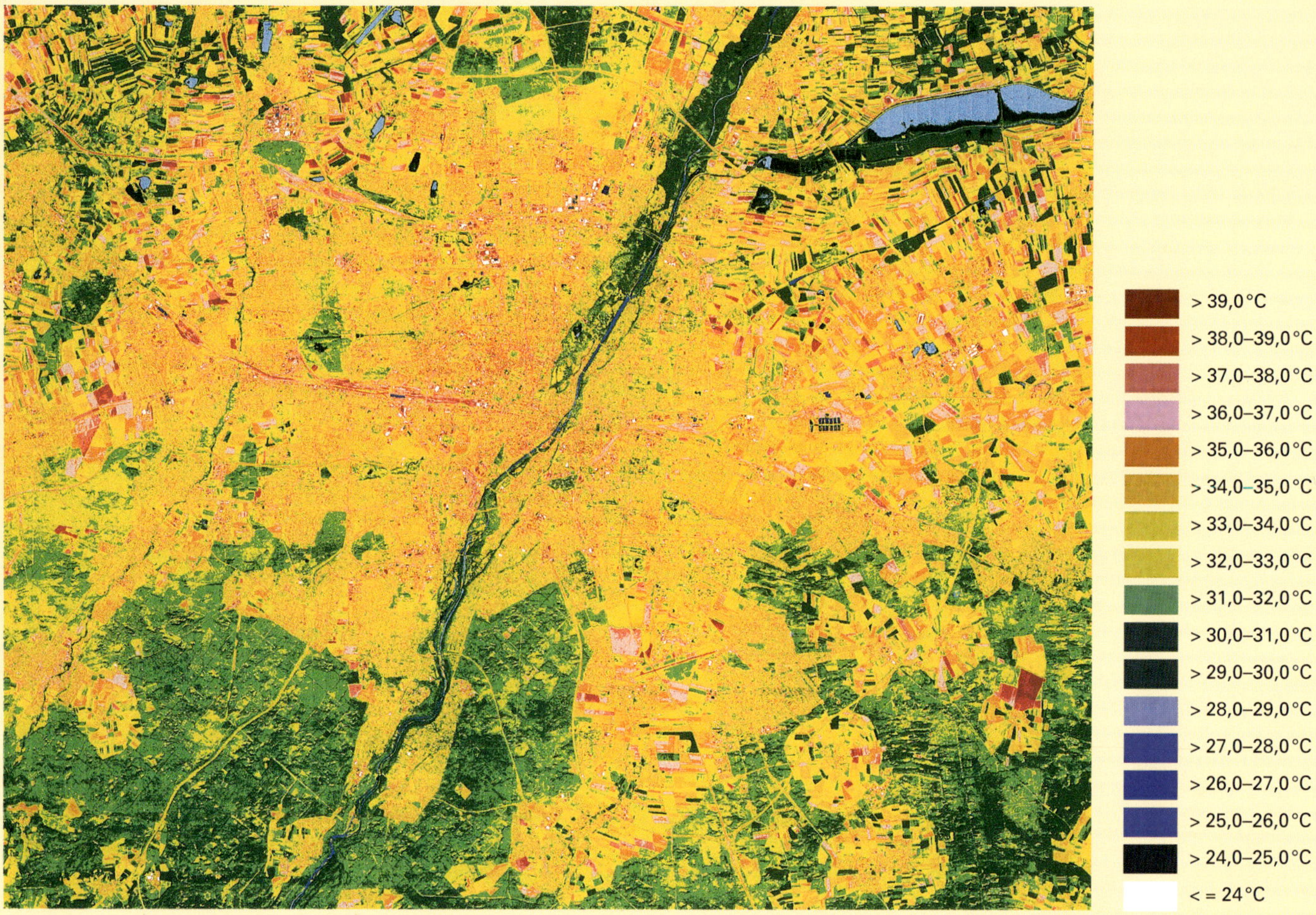

5.3.1 Thermalkarten von München und Umgebung
Steinicke & Streifeneder im Auftrag der Landeshauptstadt München, 1998–2000; Reproduktion; München, Referat für Gesundheit und Umwelt der Stadt München

Am 10. und 11.8.1998 sind von einem Flugzeug aus die Temperaturen der Oberflächenstrahlung für das Stadtgebiet München und seine Umgebung zu drei verschiedenen Uhrzeiten aufgenommen worden. Diese Strahlungstemperaturen spiegeln das thermische Verhalten der Oberflächenbedeckungen wie Asphalt, Gebäude, Grünflächen und Gleisanlagen wider; auf die Lufttemperatur in zwei Meter Höhe sind jedoch nur qualitative Rückschlüsse möglich. Die Ergebnisse sollen in die weiteren städtebaulichen Planungen Münchens einfließen.

5.3.1 a Thermalbild vom 10.8.1998, 12:00 bis 14:25 Uhr

Das Mittagsbild zeigt die typische städtische Wärmeinsel mit großen zusammenhängenden Oberflächen, die stark aufgeheizt sind. Die Industrieflächen in Münchens Norden und das Eisenbahngelände im Westen erscheinen am heißesten. Die Grünflächen entlang der Isar und der Englische Garten sind deutlich kühler als die bebauten Flächen. In der Umgebung Münchens haben Acker- und Wiesenflächen mittags eine höhere Oberflächenstrahlungstemperatur als Wälder.

5.3 Lokaler Klimawandel durch den Menschen: Stadtklima

Fast die Hälfte der Weltbevölkerung lebt in Städten und ihr Anteil wächst weiter. Stadtmenschen sind tagtäglich mit den klimatischen und lufthygienischen Besonderheiten von Städten konfrontiert. Dazu gehört die erhöhte Temperatur über bebauten oder versiegelten Flächen und die Luftverschmutzung z. B. durch Verkehr und Heizungen. Dadurch werden einerseits viele Abgase ausgestoßen, andererseits sind die Windverhältnisse aufgrund künstlicher Strömungshinder-

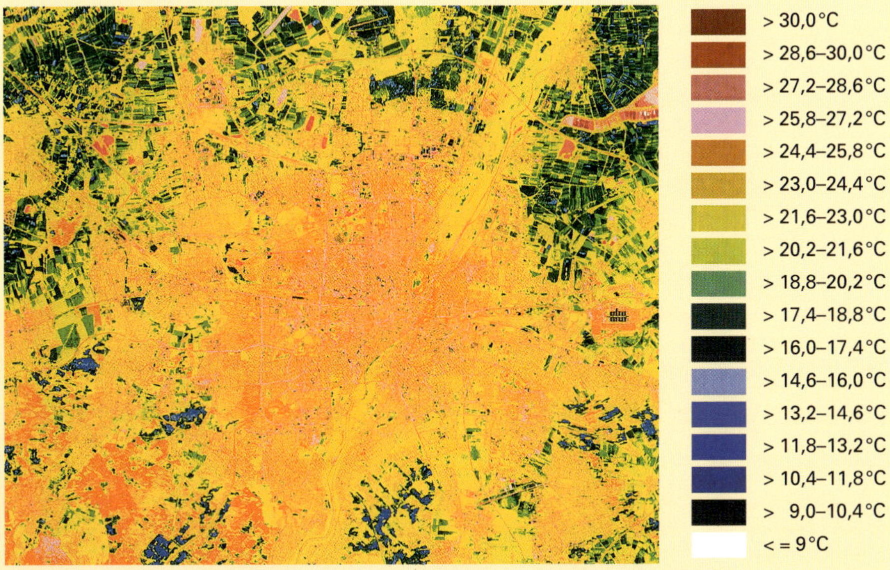

5.3.1 b Thermalbild vom 10. bzw. 11. 8.1998, 21:50 bis 0:17 Uhr

Zum Abendtermin sind bebaute und asphaltierte Flächen durch die gespeicherte Wärme gut sichtbar. Wälder haben zu dieser Zeit eine ähnlich hohe Oberflächenstrahlungstemperatur. Auch der Speichersee im Nordosten ist aufgrund der hohen Wärmekapazität des Wassers als vergleichsweise warme Oberfläche gut sichtbar.

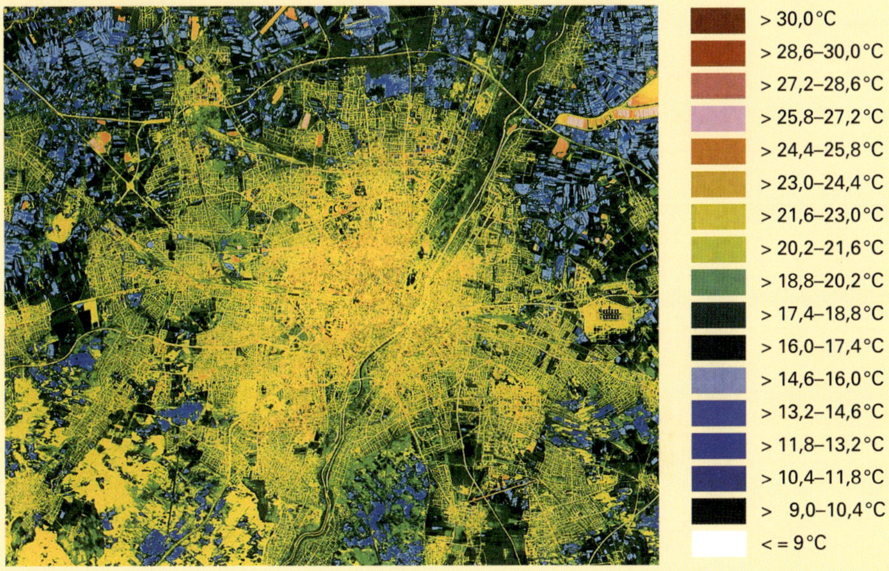

5.3.1 c Thermalbild vom 11.8.1998, 3:20 bis 5:40 Uhr

Zum Morgentermin sind die Temperaturen weiter gesunken, wobei die städtische Wärmeinsel deutlich sichtbar bleibt. Wiesen und freie Ackerflächen im Umland haben die kühlsten Oberflächen.

nisse wie Hochhäuser verändert. Dies führt teilweise zum reduzierten Abtransport der Schadstoffe. Beim Neubau von Straßen und Hochhäusern werden mittlerweile vielerorts Emissionsprognosen angestellt. „Megacities“, also Städte mit über fünf Millionen Einwohnern, in denen die Belastungen durch das Stadtklima für die Menschen besonders groß sind, wachsen jedoch weiterhin rasant und oft unkontrolliert – ohne Rücksicht auf klimatische Effekte.

5.3.2 Blick auf Hongkong
Foto: Gerhard Berz, München

In Megacitys ist der Effekt des Stadtklimas häufig besonders ausgeprägt. Städte wie Moskau, Los Angeles, Hong Kong, Peking, Mexiko-City, Santiago de Chile, Sao Paulo, Kairo, Bombay, Delhi oder Seoul ersticken in ihren Abgasen. Hong Kong gehört mit seinen sechs Millionen Einwohnern zu den am dichtesten besiedelten Regionen der Welt mit 5500 Menschen pro Quadratkilometer. Sie haben kaum Gelegenheiten, den Belastungen des Stadtklimas zu entkommen.

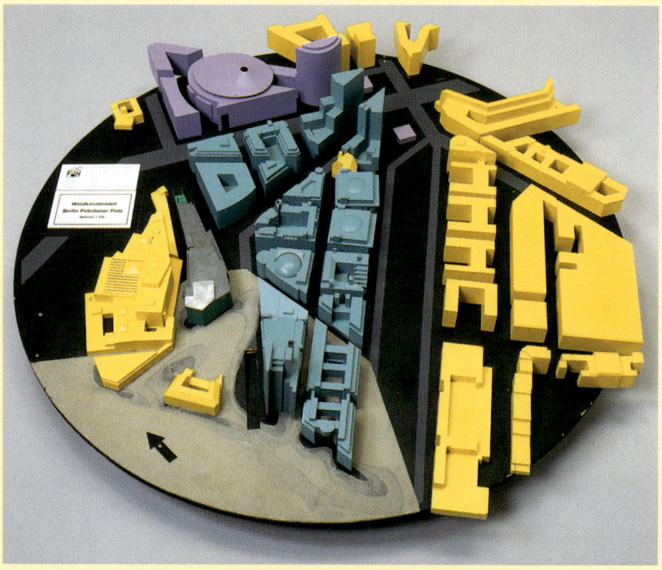

5.3.3 Windkanalmodell 1:500 Berlin Potsdamer Platz
Institut für Industrieaerodynamik GmbH, FH Aachen, etwa 1995 bis 2001; D 170cm, H 30cm; Aachen, Institut für Industrieaerodynamik GmbH

Mitter der Neunzigerjahre war der Potsdamer Platz im Zentrum von Berlin die größte Baustelle Europas. Die neuen Häuserschluchten haben Auswirkungen auf das Stadtklima, die man vorab mit diesem Windkanalmodell untersucht hat. Die dabei erstellten Vorhersagen über den Windkomfort für Fußgänger und über Luftverschmutzungen durch Verkehrsemissionen und Gebäudeabluft wurden beim Bau berücksichtigt. Sandverwirbelungen im vorderen Teil des Modells sind Spuren der Winduntersuchungen.

LITERATUR

Lesempfehlungen

Cubasch, U., D. Kasang (2000): Anthropogener Klimawandel. Klett-Perthes, Gotha/Stuttgart.

IPCC (2001): Climate Change 2001: The Scientific Basis. Hrsg. von Houghton, J.T., u. a., Cambridge University Press, Cambridge, UK.

Zusammenfassung „Summary for Policymakers" siehe auch: http://www.ipcc.ch.

Lozán, J.L., H. Graßl, P. Hupfer (Hrsg., 1998): Warnsignal Klima. Wissenschaftliche Fakten. GEO, Hamburg (englische überarbeitete Ausgabe 2001).

Schönwiese, C.-D. (1994): Klimatologie. Ulmer (UTB), Stuttgart (2. verbesserte Auflage 2003).

Schönwiese, C.-D. (1995): Klimaänderungen. Daten, Analysen, Prognosen. Springer, Berlin.

Schönwiese, C.-D. (2002): Beobachtete Klimatrends im Industriezeitalter. Ein Überblick global/Europa/Deutschland. Bericht Nr. 106, Institut für Meteorologie und Geophysik der Universität, Frankfurt a.M.

Katalog

Attmannspacher, W., R. Aniol (1981): Zweihundert Jahre meteorologische Beobachtungen auf dem Hohenpeißenberg. Offenbach am Main, Deutscher Wetterdienst.

Literaturbelege

Escher-Vetter, H. (2002): Zum Gletscherverhalten in den Alpen im zwanzigsten Jahrhundert. Deutscher Wetterdienst, Klimastatusbericht 2001, Offenbach, S. 51–57.

Grieser, J., T. Staeger, C.-D. Schönwiese (2000): Statistische Analyse zur Früherkennung globaler und regionaler Klimaänderungen aufgrund des anthropogenen Treibhauseffektes. Bericht Nr. 103, Institut für Meteorologie und Geophysik der Universität, Frankfurt a.M.

Häberli, W., u. a. (2001): Glaciers as key indicator of global climate change. In: Lozán, J. L. u.a. (Hrsg.): Climate of the 21st century: Changes and Risks. Hamburg, S. 212–220.

Jones, P. D., u.a. (1999): Surface air temperature and its changes over the past 150 years. In: Rev. Geophys. 37, S. 173–199.

Mann, M.E., R.S. Bradley, M.K. Hughes (1999): Northern hemisphere temperatures during the past millennium: inferences, uncertainties and limitations. In: Geophys. Rev. Letters 26, S. 759–762.

McCormick, P. M., L.W. Thomason, C.E. Trepte (1995): Atmospheric effects of Mt Pinatubo eruption. In: Nature 373, S. 399–404.

Rapp, J. (2000): Konzeption, Problematik und Ergebnisse klimatologischer Trendanalysen für Europa und Deutschland. Bericht Nr. 212, Deutscher Wetterdienst, Selbstverlag, Offenbach.

Schönwiese, C.-D., J. Rapp (1997): Climate Trend Atlas of Europe Based on Observations 1891–1990. Kluwer Academic Publications, Dordrecht.

Walter, A. (2001): Zur Anwendung neuronaler Netze in der Klimatologie. Bericht Nr. 218, Deutscher Wetterdienst, Offenbach.

Walter, A., C.-D. Schönwiese (1999): Ursachen der Lufttemperaturvariationen in Deutschland 1865–1997. Deutscher Wetterdienst, Klimastatusbericht 1998, Offenbach, S. 23–29.

Der **Autor** Christian-Dietrich Schönwiese ist Professor für Meteorologie und leitet die Arbeitsgruppe Meteorologische Umweltforschung/Klimatologie an der Universität Frankfurt a.M. Er beschäftigt sich mit der Analyse der zeitlich-räumlichen Struktur beobachteter Klimaänderungen der letzten 100 bis 200 Jahre sowie deren Verursachung.

Jochen Hennig (**Katalog**) studierte in Münster, Edinburgh, Granada und Oldenburg Physik mit Schwerpunkt Wissenschaftsgeschichte. Er arbeitete an einer Ausstellung zur Physikgeschichte im Naturkundemuseum Oldenburg mit und ist derzeit wissenschaftlicher Volontär im Deutschen Museum.

Abb.1: Laub bei der Eiche. (Quelle: Vividia)

Pflanzen- und Tierwelt als Boten des Klimawandels

Pflanzen und Tiere sind besonders sensible Indikatoren für schleichende Umweltveränderungen. Dies gilt auch für Veränderungen des Klimas, die sich vor allem auf die jahreszeitlichen Phasen der Pflanzen und Tiere, z. B. den Zeitpunkt des Austriebs im Frühling oder des Laichens von Fröschen und Kröten, unmittelbar auswirken. Annette Menzel und Peter Fabian, die diese Phänomene seit vielen Jahren untersuchen, belegen anhand einer ...

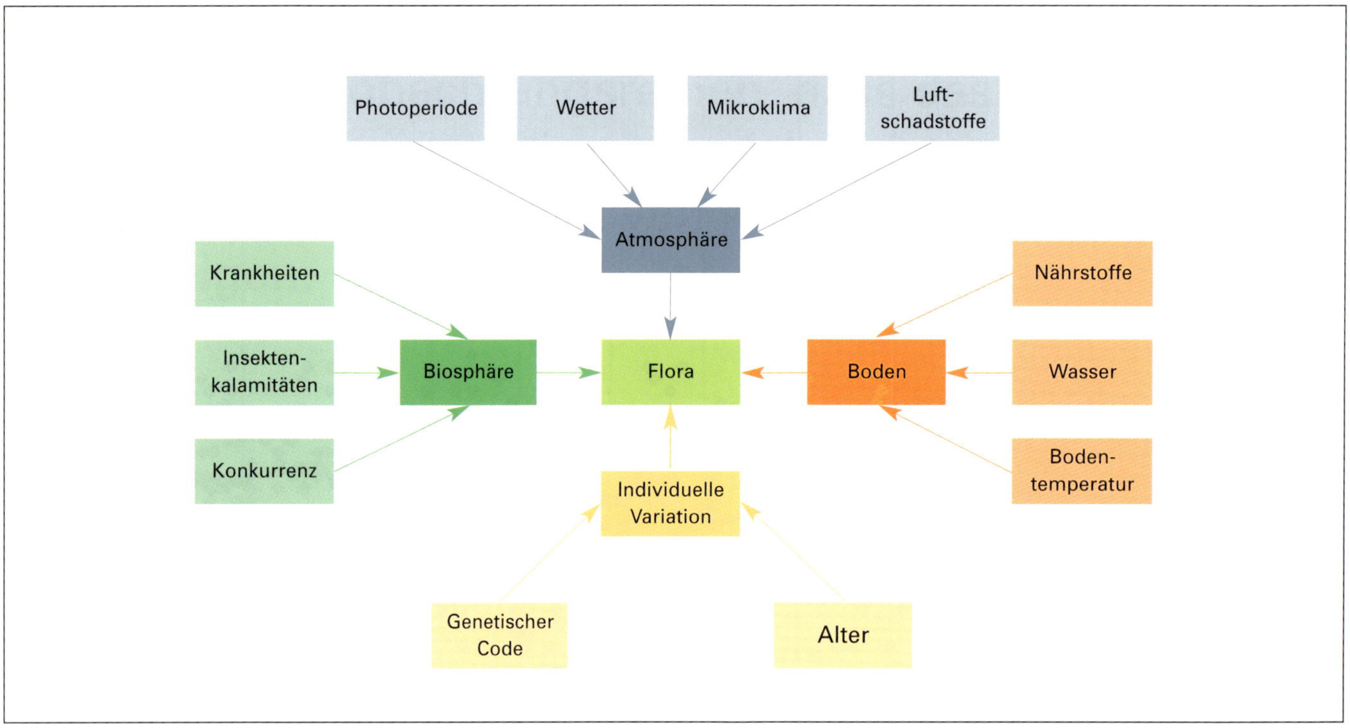

Abb. 4: Einflussfaktoren in der Pflanzenphänologie. (Quelle: Menzel 1997)

PFLANZEN ALS „INTEGRIERENDE" INDIKATOREN

Andere berühmte Reihen in Europa – wie die der Blattentfaltung der Rosskastanie in Genf seit 1808* oder die seit 1945 durchgehend beobachtete Forsythienblüte in Hamburg** (Abbildung 7) – zeigen eindrucksvoll nicht nur den allgemeinen Trend zur Verfrühung, insbesondere in der zweiten Hälfte des 20. Jahrhunderts, sondern auch den bereits sehr viel früher einsetzenden Effekt der städtischen „Wärmeinseln", der diesen Trend überlagert.

Pflanzen und damit auch ihre phänologischen Reaktionen werden von zahlreichen Umweltfaktoren beeinflusst, unter denen der Atmosphäre eine Schlüsselstellung zukommt (Abbildung 4). Deshalb bezeichnete der Agrarmeteorologe Fritz Schnelle (1955) die Pflanzen auch als „integrierende Messinstrumente" für die Witterung; heute spricht man vom Umweltmonitoring. So ist die Phänologie nicht nur von der britischen Regierung als Indikator für Klimaänderungen akzeptiert worden, sie wurde auch in die Liste der Indikatoren für Klimaänderungen der Europäischen Umweltagentur aufgenommen.

DIE INTERNATIONALEN PHÄNOLOGISCHEN GÄRTEN

Aus unzähligen Herkunftsversuchen weiß man, dass Austrieb und Blüte bei Pflanzen stark genetisch kontrolliert sind. Daher waren die in den Sechzigerjahren des 20. Jahrhunderts angelegten Internationalen Phänologischen Gärten mit geklonten Bäumen und Sträuchern ein Glücksfall für die Klimafolgenforschung. Anhand der Beobachtungen an diesen genetisch identischen Pflanzen konnten wir für große Regionen in Europa zeigen, dass sich der Zeitpunkt von Blattentfaltung und Blüte in den letzten 30 Jahren im Mittel um rund sechs Tage verfrüht hat, während sich Herbstphasen wie Blattverfärbung oder Blattfall im selben Zeitraum fast überall um durchschnittlich 4,8 Tage verspäteten (Abbildung 5). Mithin ist in diesen 30 Jahren die mittlere jährliche Vegetationsperiode in Europa um rund elf Tage länger geworden (Menzel und Fabian 1999). Um diese Ergebnisse abzusichern, muss man allerdings die Reaktion der geklonten Pflanzen an einer standortangepassten Vegetation überprüfen.

BEOBACHTUNGEN IN EUROPA UND NORDAMERIKA

Mittlerweile gibt es eine Vielzahl von Studien, die über die letzten drei bis fünf Jahrzehnte eine im Mittel vorgezogene Blattentfaltung und Blüte festgestellt haben: um 1,4 bis 3,1 Tage pro Dekade in Europa bzw. um 1,2 bis 2,0 Tage (im Einzelfall auch 3,8 Tage) pro Dekade in Nordamerika. Ein Beispiel hierfür sind die Auswertungen der vom Deutschen Wetterdienst seit 1951 erhobenen umfangreichen phänologischen Daten. Sie zeigen, dass die „natürlichen" Pflanzen ähnlich reagieren wie die Klone in den Internationalen Phänologischen Gärten und dass sich in Deutschland die Vegetationsperiode wichtiger Laubbäume zwischen 1951 und 2000 um bis zu 2,3 Tage pro Dekade verlängert hat. Die ersten Phasen im Frühjahr – wie die Blüte von Schneeglöckchen oder Forsythie – verfrühen sich dabei mit bis zu 3,2 Tagen pro Dekade stärker als beispielsweise der Austrieb von Bäumen im Mai. Die Ergebnisse an einzelnen

* http://www.meteonline.ch/de/Beruf/Landwirtschaft/Phaenologie/phaeno.shtml
** http://www.dwd.de/de/FundE/Klima/KLIS/daten/nkdz/fachdatenbank/datenkollektive/phaenologie/extra/langereihen/index.htm

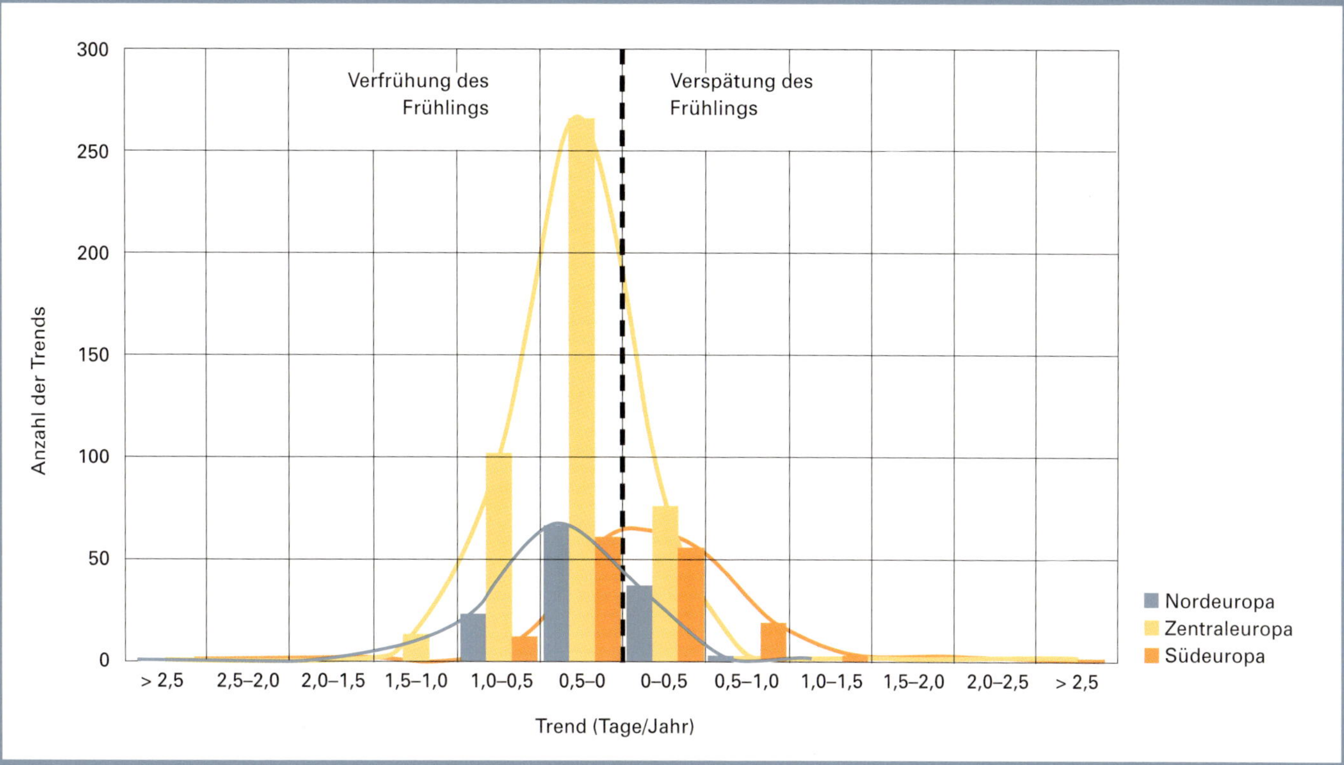

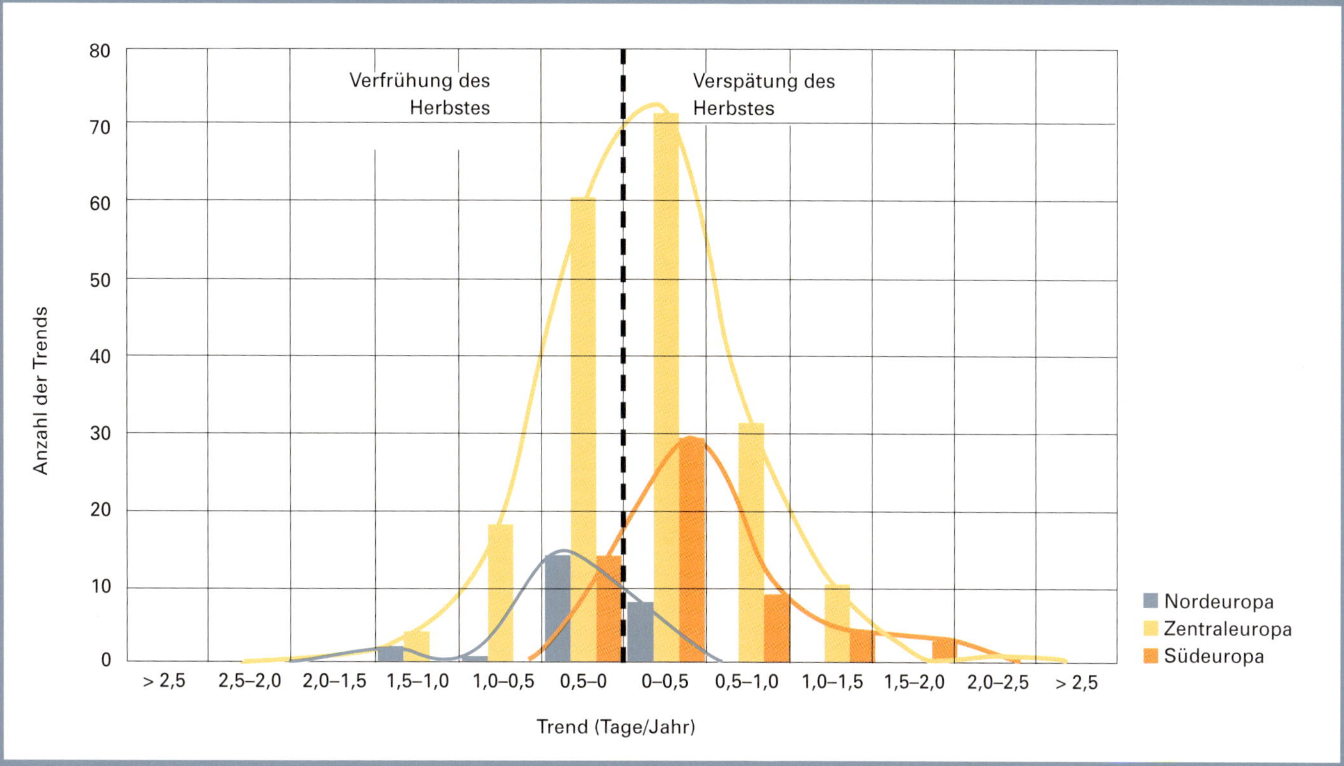

Abb. 5 Häufigkeiten der Trends von mindestens 20-jährigen Beobachtungsreihen (1959 bis1996) in den Internationalen Phänologischen Gärten. In Nord- und Zentraleuropa überwiegen die Verfrühungstendenzen im Frühjahr. Im Herbst zeigen viele Beobachtungsreihen in Zentral- und Südeuropa eine Verspätung der entsprechenden Phasen an. (Quelle: Menzel und Fabian 2001)

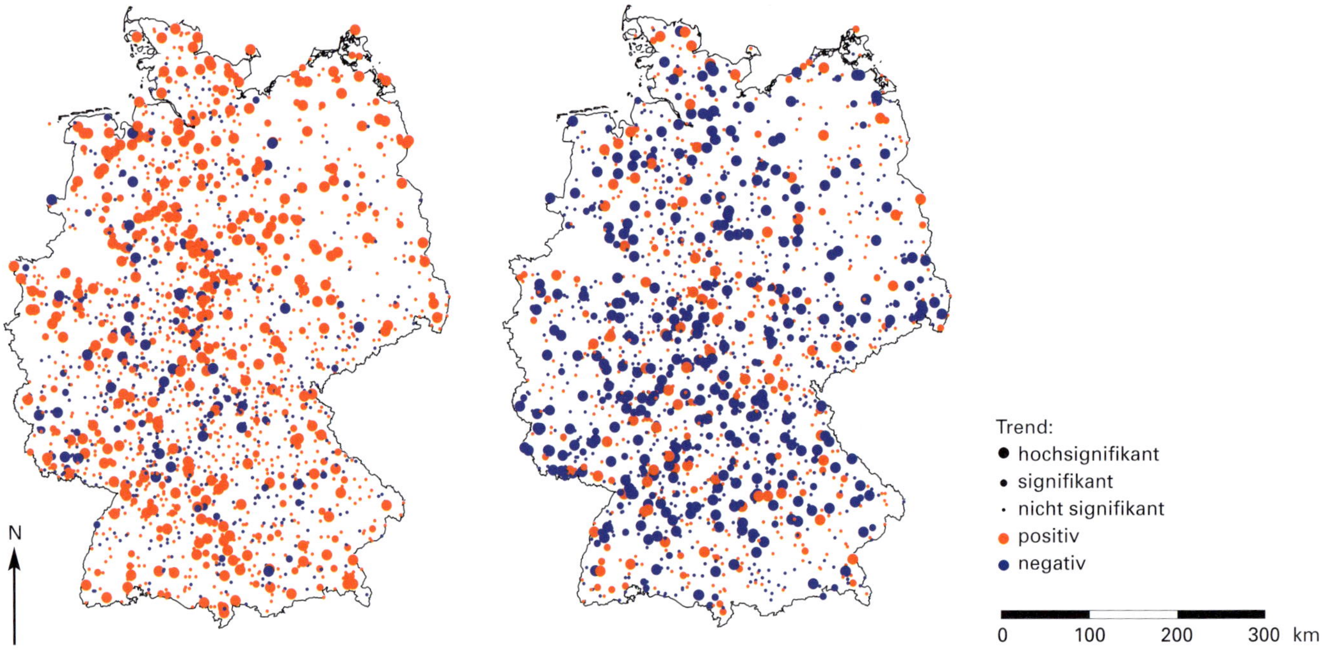

Abb. 6: Die Trends für die Blattentfaltung (links) und die Laubverfärbung (rechts) bei der Stieleiche (Quercus robur) in Deutschland, beobachtet zwischen 1951 und 1996 in mindestens 20-jährigen Reihen; negative Trends in Rot bedeuten eine Verfrühung, positive in Blau eine Verspätung. (Quelle: Menzel u. a. 2001)

Beobachtungsstationen variieren, insbesondere im Herbst, wie die Karten der zeitlichen Trends in Abbildung 6 zeigen.

Generell reagieren verschiedene taxonomische Gruppen und Arten unterschiedlich. In einer jüngeren Studie (Fitter und Fitter 2002) wurde die erste Blüte von 385 britischen Pflanzenarten untersucht. Neben einer generellen Verfrühung im letzten Jahrzehnt (in den 1990er-Jahren) im Vergleich zu den vorangehenden vier Jahrzehnten wurden große Unterschiede zwischen den Arten festgestellt: Einjährige Pflanzen verfrühen sich tendenziell mehr als gleichartige mehrjährige Pflanzen, Insektenblütler mehr als Windblütler. Die Effekte variieren aber auch deutlich innerhalb eines Jahres. Vielfach wird beobachtet, dass sich Blüte oder Austrieb im Erstfrühling mehr verfrühen als die Phasen des Vollfrühlings.

Herbstphasen wie Laubverfärbung und Laubfall tendieren im Allgemeinen zu späteren Eintrittsterminen. Diese Veränderungen variieren jedoch stärker und sind weniger einheitlich ausgeprägt als diejenigen der Frühjahrsphasen. Das liegt unter anderem daran, dass bei den Herbstphasen neben der Temperatur, die nahezu ausschließlich den Eintritt des Frühjahrs steuert, auch andere Einflussgrößen, z. B. die Wasserverfügbarkeit des Bodens, von Bedeutung sind. Immerhin hat sich in Europa über die letzten 30 Jahre der Zeitpunkt der Laubverfärbung um 0,3 bis 1,6 Tage pro Dekade verspätet. Unter Berücksichtigung des Frühjahrs ergibt sich hieraus eine Verlängerung der Vegetationsperiode um bis zu 3,6 Tage pro Dekade in den letzten drei bis fünf Jahrzehnten (Defila und Clot 2001, Walther u. a. 2002 und Menzel 2002b).

DIE VERLÄNGERUNG DER VEGETATIONSPERIODE AUS ANDEREN PROXYDATEN

Diese in Europa und Nordamerika beobachtete Verlängerung der Vegetationsperiode stimmt sehr gut mit Veränderungen in den Vegetationsindizes (z. B. Normalized Difference Vegetation Index) überein, die von Satellitenbildern für mittlere und höhere Breiten der Nordhalbkugel abgeleitet wurden (Myneni u. a. 1997). Auch aus dem Jahresgang des Kohlendioxidgehalts der Atmosphäre, der auf der Nordhalbkugel im Winter sein Maximum erreicht, lässt sich eine Verfrühung des Frühjahrs ableiten: Der Rückgang zum sommerlichen Minimum tritt heute sieben Tage früher als 1960 ein (Keeling u. a. 1996). Dies entspricht in etwa der Größenordnung aus den Bodenbeobachtungen. Aus den jährlichen Ausschlägen des Kohlendioxidgehalts in den Messreihen wie auch aus den Satellitendaten lässt sich eine verstärkte pflanzliche Aktivität innerhalb der Vegetationsperiode ablesen. Abiotische Signale wie das Auftauen und Zufrieren von Flüssen und Seen oder Analysen von Lufttemperaturreihen (siehe Beitrag Schönwiese) weisen ebenfalls auf eine fortschreitende Ausdehnung der warmen Jahreszeit bzw. der frostfreien Periode hin.

VERÄNDERUNGEN IN DER TIERWELT

Die phänologischen Reaktionen von Pflanzen auf veränderte Temperaturen spiegeln sich ebenfalls im Tierreich wider. Ähnlich wie die Frühjahrsphasen der Pflanzen verschieben sich auch entsprechende „Phänophasen" bei Tieren: etwa die Ankunft von Zugvögeln oder das Ausschlüpfen von

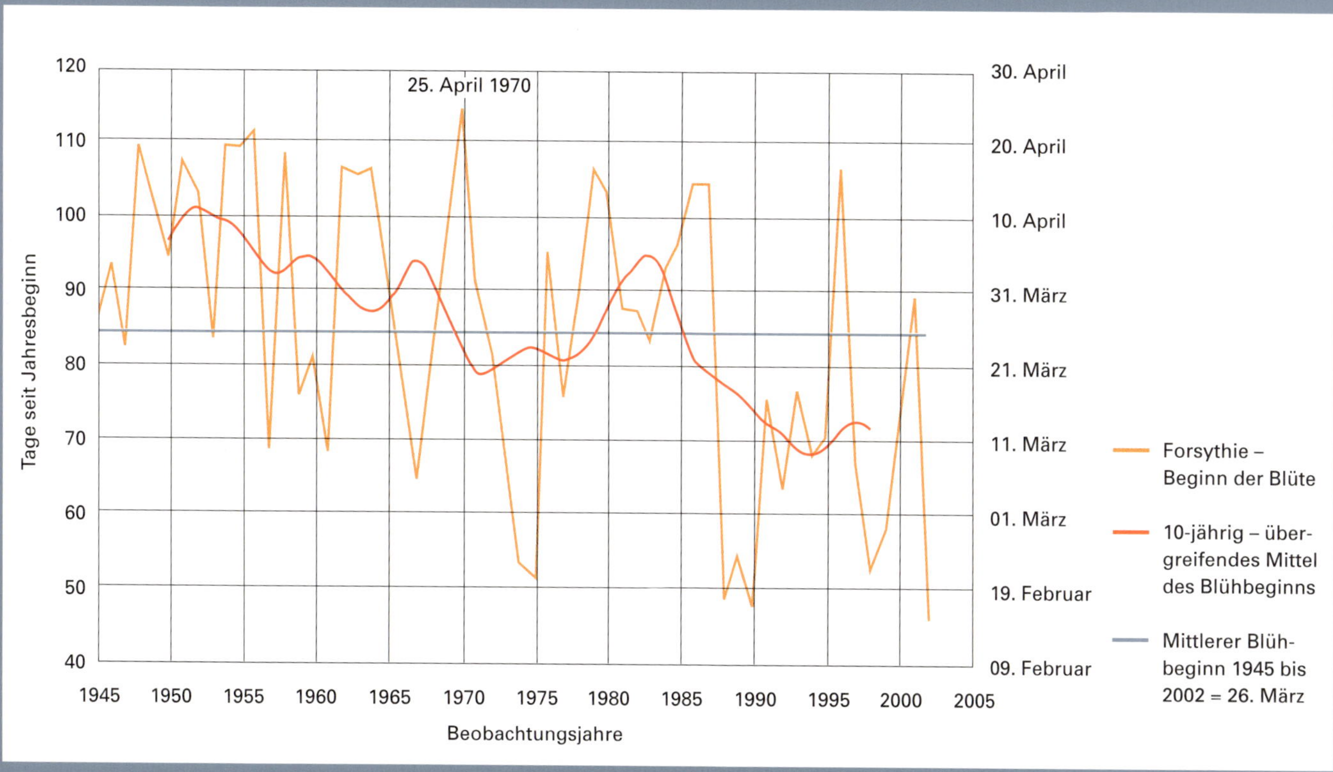

Abb. 7: Der Hamburger Forsythien-Kalender hat eine lange Tradition. Am 27. März 1945, im vorletzten Kriegsmonat, entdeckte Carl Wendorf im zerstörten Hamburg zum ersten Mal die blühenden Forsythien an der Lombardsbrücke. Seitdem schrieb er jedes Jahr weiter an seinem „Frühlingskalender". Seit Wendorfs Tod im Jahr 1984 führt der mit ihm befreundete Jens Iska-Holtz als phänologischer Beobachter des Deutschen Wetterdienstes die Beobachtungen fort. (Quelle: DWD)

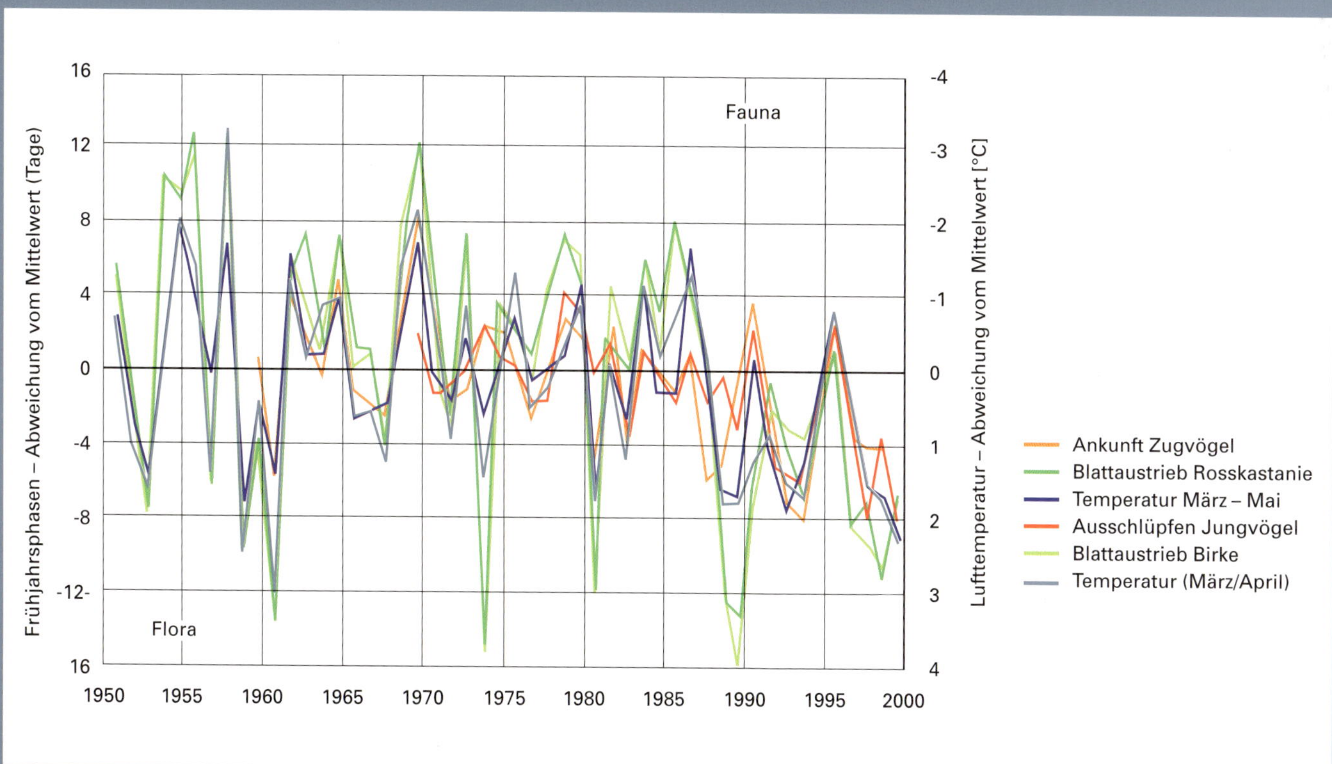

Abb. 8: Reaktion von Flora und Fauna auf die Erwärmung in Deutschland. (Quelle: Walther u. a. 2002)

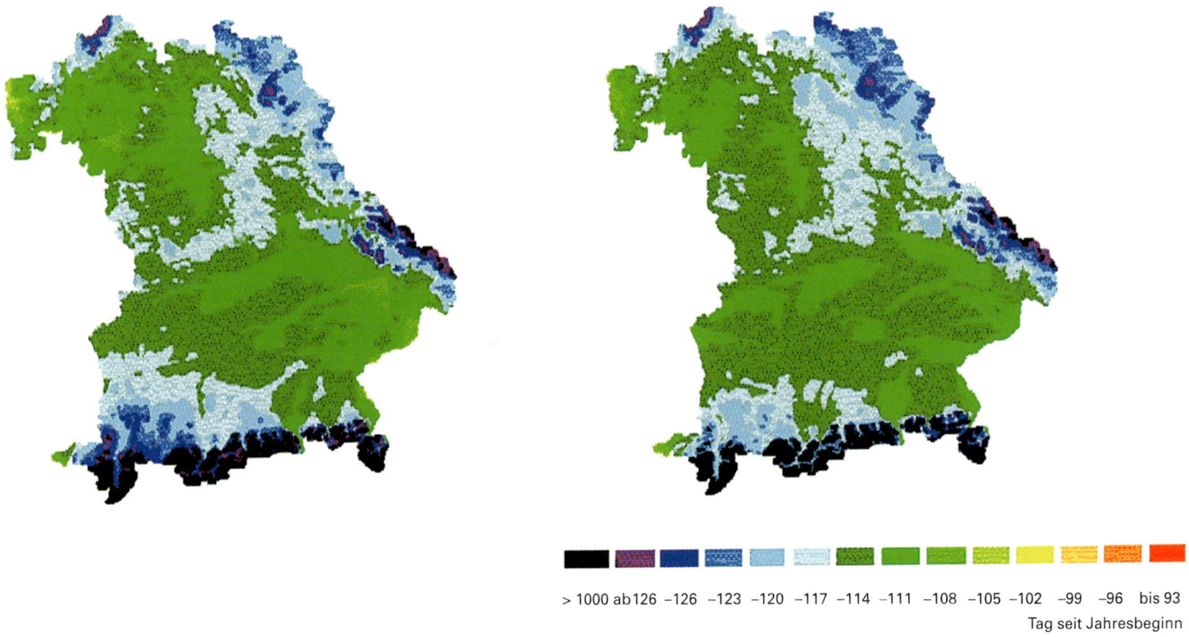

Abb. 9: Beginn der Blattentfaltung für die Birke (Betula pendula) von 1961 bis 1990 in Bayern, links direkt beobachtet, rechts im Modell LNVAR errechnet. (Quelle: Menzel 1997)

Jungvögeln. Sie zeigen ebenso Trends einer Verfrühung, die auf die globale Erwärmung zurückzuführen sind. In Abbildung 8 sind die Ergebnisse phänologischer Beobachtungen an Vögeln und Pflanzen sowie mittlere Frühjahrstemperaturen in Deutschland gegenübergestellt.

Andere Beispiele aus der Tierwelt betreffen z. B. die populären Schmetterlinge. So können heute 18 Schmetterlingsarten in Großbritannien im Mittel etwa sechs bis sieben Tage früher beobachtet werden. Auch Amphibien werden oft als Frühlingsboten herangezogen: Hier zeigt sich, dass verschiedene Amphibienarten in Großbritannien zunehmend früher laichen. Eine Vielzahl von Vogelarten in Europa und Nordamerika brütet im Mittel sechs bis vierzehn Tage früher als noch vor 30 Jahren. Bei den Zugvogelarten in unseren Breiten beobachtet man in den letzten Jahrzehnten einen zunehmend späteren Wegzug, einen früheren Heimzug, eine Verkürzung der Zugstrecken oder häufigeres Überwintern im Brutgebiet. So kommen Zugvögel nun um 1,3 bis 4,4 Tage pro Dekade früher an. Generell gilt, dass bei Langstreckenziehern die Reaktion komplexer ist: Dort zeigen einige Arten keine Reaktion bzw. auch Verspätungen.

PHÄNOLOGISCHE ÄNDERUNGEN ALS REAKTION AUF KLIMAÄNDERUNGEN

Grundsätzlich gibt es verschiedene Möglichkeiten, um zu zeigen, wie sich die zeitlichen Verschiebungen solcher Phänophasen – neben anderen Umweltfaktoren – auf Veränderungen in den Klimaelementen zurückführen lassen. Man kann Experimente mit veränderten Temperaturbedingungen machen oder man leitet aus vorhandenen Beobachtungsdaten statistische Zusammenhänge ab und entwickelt dann Modelle am Rechner, beispielsweise für den Austriebszeitpunkt von Pflanzen. Vergleicht man etwa die beobachteten 30-jährigen Mittelwerte für die Blattentfaltung der Birke mit den im Modell aus den täglichen Daten der Lufttemperatur errechneten Zeitpunkten, so ergibt sich eine erstaunliche Übereinstimmung (Abbildung 9). Modelle und Experimente erlauben dann auch, zu erwartende Veränderungen unter verschiedenen Szenarien für die künftige Klimaentwicklung abzuschätzen.

Für eine größere Anzahl von Regionen wurde mithilfe statistischer Analysen nachgewiesen, dass die Vorverlegung des Frühjahrs eine enge Reaktion auf veränderte Temperaturbedingungen und damit wahrscheinlich eine ursächliche Folge der globalen Erwärmung ist. Anhand der Monatsmittel der Temperaturen und der mittleren Eintrittszeiten verschiedener phänologischer Phasen konnten wir beispielsweise für Deutschland zeigen, dass für Frühjahr- und Sommerphasen die Lufttemperaturen bis zu drei Monate vor deren Eintritt ausschlaggebend sind; sie erklären bis zu 90 % der Schwankungen in den mittleren jährlichen Abweichungen (siehe Abbildung 10). Die untersuchten zwölf Phasen verfrühen sich zwischen 2,5 und 6,7 Tagen pro Grad Celsius Erwärmung im Frühjahr. Der Zeitpunkt der herbstlichen Laubverfärbung in Deutschland dagegen ist wesentlich schlechter durch Umweltfaktoren zu erklären. Hier wurden zwei entgegengesetzt wirkende Temperaturfaktoren entdeckt: Während ein warmer Spätsommer verzögert, verfrühen höhere Temperaturen im Mai und Juni die Verfärbung. Die Länge der Vegetationsperiode in

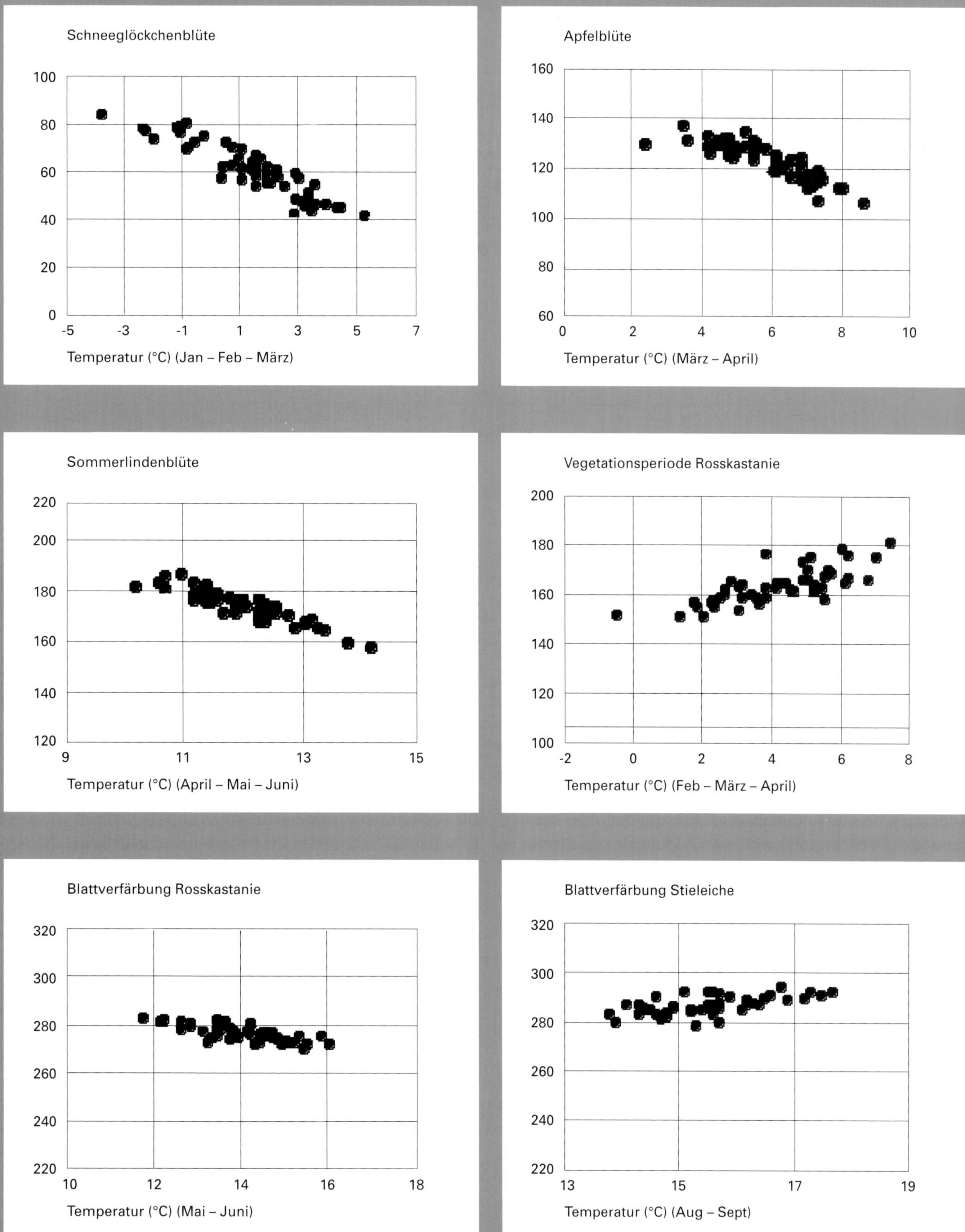

Abb. 10: Zusammenhang zwischen den mittleren Eintrittszeitpunkten verschiedener Phänophasen und den entsprechenden Monatsmitteltemperaturen; nach oben aufgetragen ist der mittlere Eintrittstag in Deutschland (der Tag seit Jahresbeginn) bzw. die Dauer der Vegetationsperiode in Tagen. (Quelle: Menzel 2002 b)

6 Pflanzen und Tiere als Boten des Klimawandels

6.1.1 Feuerlibelle *(Crocothemis erythraea)*
Montpellier (Frankreich), 1962; trocken; 6x5x3cm; München, Zoologische Staatssammlung

Verschiedene ursprünglich im Mittelmeerraum verbreitete Libellenarten wie die Feuerlibelle haben sich in den letzten zwanzig Jahren nordwärts nach Deutschland und in andere mitteleuropäische Länder ausgebreitet. Da es sich um wechselwarme Tierarten handelt, die direkt von ihrer Umgebungstemperatur abhängig sind, dürfte die Verlagerung des Areals mit der Erwärmung in engem Zusammenhang stehen. Neben der Durchschnittstemperatur können auch klimatische Faktoren wie Maximal- und Minimaltemperatur oder die tägliche Sonnenscheindauer für die Verbreitung von Tieren entscheidend sein.

6.1.2 Forsythie ***(Forsythia suspensa, var. sieboldii)***
Christine Koch, Botanisches Museum Berlin-Dahlem, 2002; sandgetrocknete Pflanze; 15x10x25cm; München, Deutsches Museum

Für die Forsythie lässt sich in Deutschland für die letzten 30 Jahre ein einheitlicher Trend hin zu einem früheren Blühbeginn feststellen.

6.1.3 Apfel ***(Malus domestica)***
Christine Koch, Botanisches Museum Berlin-Dahlem, 2002; sandgetrocknete Pflanze; 22x15x38cm; Berlin-Dahlem, Botanisches Museum

Der Beginn der Apfelblüte zeigt einen nicht so eindeutigen Trend wie die Forsythie. Obwohl an den meisten Orten in Deutschland in den letzten 30 Jahren eine zeitliche Verschiebung nach vorn zu beobachten war, gibt es auch Orte, an denen sich die Apfelblüte nach hinten verschoben hat, ohne dass dies bisher durch die meteorologischen Umstände erklärt werden konnte.

6.1.4 Girlitz ***(Serinus serinus)***
München, 1949; Balg; 15x4x3cm; München, Zoologische Staatssammlung (77.965)

Das Brutgebiet des Girlitzes hat sich in Europa in den letzten 200 Jahren deutlich nach Norden ausgedehnt. Während um 1800 Girlitze nur in Südeuropa gebrütet haben, wurden sie ab 1875 schon im Voralpenraum beobachtet. Heutzutage brüten sie im gesamten kontinentalen Europa und auch an der Küste Englands, in Südostschweden und am Südrand Finnlands.

6.1.5 Rauchschwalbe ***(Hirundo rustica)***
2 Bälger montiert; 27x20x20cm; München, Zoologische Staatssammlung (MMN 129, MMN 126)

Das Zugverhalten vieler Vögel hat sich in den letzten Jahren gewandelt. Eine Untersuchung für die Schwalbe zeigt beispielsweise, dass sich ihre Ankunft in England zwischen 1910 und 1960 um durchschnittlich sechs Tage nach vorn verschoben hat.

6.1.6 Kleiner Frostspanner *(Operophtera brumata)*
1990; trocken; 3x2x0,5cm; München, Zoologische Staatssammlung (17/90)

Nach dem Schlüpfen sind Eichenknospen eine Nahrungsquelle für den Kleinen Frostspanner. In den letzten Jahren schlüpften die Falter jedoch so früh, dass noch keine Wirtsblüten als Nahrungsquelle zur Verfügung standen. Wissenschaftler vermuten, dass die ungewöhnlich hohen Frühjahrstemperaturen ein Grund für das frühe Schlüpfen des Frostspanners sein könnten, während sich die Knospen der Eichen wegen eines anderen Faktors – der konstanten Zahl von Frosttagen – nicht entsprechend verschoben haben. Das komplexe System von Nahrungsketten könnte somit durch die schnell verlaufende Erwärmung aus dem Takt geraten.

LITERATUR

Leseempfehlungen

Bairlein, F., W. Winkler (2001): Vögel und Klimaveränderung. In: Lozan, J. L., H. Graßl, P. Hupfer (Hrsg.): Climate of the 21th century: Changes and Risks. Wissenschaftliche Auswertungen, Geo, Hamburg, S. 278–282.

Berthold, P. (2001): Vogelzug als Modell der Evolutions- und Biodiversitätsforschung. In: J.V. Max-Planck-Gesellschaft, S. 68–83.

Menzel, A., N. Estrella (2001): Plant phenological changes. In: Walther, G.R., C.A. Burga, P.J. Edwards (Hrsg.): „Fingerprints" of Climate Change – Adapted behaviour and shifting species ranges. Kluwer Academic Publishers, New York/London, S. 123–137.

Menzel, A. (2002a): Phenology, its importance to the Global Change Community. In: Climatic Change 54, S. 379–385.

Walther, G.R., E. Post, P. Convey, A. Menzel, C. Parmesan, T.J.C. Beebee, J. M. Fromentin, O. Hoegh-Guldberg, F. Bairlein (2002): Ecological responses to recent climate change. In: Nature 416, S. 389–395.

Weitere Quellenhinweise zu den im Text genannten Beispielen finden sich in: Walther u.a. 2002, sowie Menzel und Estrella 2001.

Literaturbelege

Defila, C., B. Clot (2001): Phytophenological trends in Switzerland. In: International Journal of Biometeorology 45, S. 203–207.

Fitter, A.H., R.S.R. Fitter (2002): Rapid changes in flowering time in British Plants. In: Science 296, S. 1689–1691.

Grieco, F., A.J. van Noordwijk, M.E. Visser (2002): Evidence for the effect of learning on timing of reproduction in blue tits. In: Science 296, S. 136–138.

Keeling, C.D., J.F.S. Chin, T.P. Whorf (1996): Increased activity of northern vegetation inferred from atmospheric CO_2 measurements. In: Nature 382, 146–149.

Menzel, A. (1997): Phänologie von Waldbäumen unter sich ändernden Klimabedingungen – Auswertungen der Beobachtungen in den Internationalen Phänologischen Gärten und Möglichkeiten der Modellierung von Phänodaten. In: Forstliche Forschungsberichte Nr. 164, München.

Menzel, A., P. Fabian (1999): Growing season extended in Europe. In: Nature 397, S. 659.

Menzel, A., N. Estrella, P. Fabian (2001): Spatial and temporal variability of the phenological seasons in Germany from 1951–1996. In: Global Change Biology 7, S. 657–666.

Menzel, A., P. Fabian (2001): Climate change and the phenology of European trees and shrubs. In: Green, R.E., M. Harley, M. Spalding, C. Zöckler: Impacts of climate change on wildlife. RSBP, London.

Menzel, A. (2002b): Plant phenological anomalies in Germany and their relation to air temperature and NAO. In: Climatic Change (in Druck).

Myneni, R.B., C.D. Keeling, C.J. Tucker, G. Asrar, R.R. Nemani (1997): Increased plant growth in the northern high latitudes from 1981 to 1991. In: Nature 386, S. 698–702.

Ottersen, G., B. Planque, A. Belgrano, E. Post, P.C. Reid, N.C. Stenseth (2001): Ecological effects of the North Atlantic Oscillation. In: Oecologia 128, S. 1–14.

Schnelle, F. (1955): Pflanzenphänologie. Akademische Verlagsgesellschaft Geest & Portig, Leipzig.

Sparks, T.H., H. Heyen, O. Braslavska, E. Lehikoinen (1999): Are European birds migrating earlier? In: BTO News 223, S. 8–9.

Der **Autor** Peter Fabian ist Professor für Bioklimatologie und Immissionsforschung am Wissenschaftszentrum Weihenstephan der TU München. Luftverschmutzung, Photosmog, die Ausbreitung und Einwirkung von Ozon auf Waldbäume sowie Wechselbeziehungen von Klima und Wald stehen heute im Mittelpunkt seiner Forschungen. Er ist derzeit Präsident der European Geophysical Society.

Die promovierte Forstwissenschaftlerin Annette Menzel ist Forsträtin der Bayerischen Staatsforstverwaltung und forscht am Wissenschaftszentrum Weihenstephan der TU München. Ihr Hauptarbeitsgebiet ist die Phänologie. Für ihre Forschungen auf diesem Gebiet erhielt sie 2002 den Deutschen Forstwissenschaftspreis.

Katalog: Jochen Hennig

Dabei geht es um weit mehr als nur um das Kohlendioxid, wie Meinrat Andreae, Direktor am Max-Planck-Institut für Chemie, sowie Martin Dameris und Michael Ponater vom Institut für Physik der Atmosphäre bei der DLR in ihrem Beitrag erläutern. Die Autoren haben wesentlich dazu beigetragen, die Rolle der biogenen Spurengasflüsse, der Schwebeteilchen in der Luft (Aerosole) sowie des Ozons für Klimaänderungen aufzuklären.

In der öffentlichen Diskussion wird der Begriff „globaler Wandel" heute oft als Synonym für globale Erwärmung oder Klimawandel verwendet. Dies ist eine starke Einschränkung der eigentlichen Bedeutung des Begriffs. Ohne Zweifel sind Klimaänderungen für die Erdbevölkerung von großer Bedeutung. Es darf aber nicht vergessen werden, dass wir in einer Zeit leben, in der sich sehr viele Komponenten des Systems Erde ständig und mit zunehmender Geschwindigkeit verändern. Die chemische Zusammensetzung der Atmosphäre wird durch anthropogene, d. h. vom Menschen verursachte Emissionen gestört. Die Biosphäre wird durch eine veränderte Landnutzung modifiziert, vor allem durch die Verbrennung von Biomasse, die Abholzung der Regenwälder oder das Aussterben von Pflanzen- und Tierarten. Das Leben in den Ozeanen wird beeinflusst durch Verunreinigungen, aber auch durch Überfischung. Oft gibt es Tendenzen, all diese Aspekte als voneinander unabhängige Umweltprobleme anzusehen; ein jedes weckt das öffentliche Interesse und für jedes wird nach einer individuellen Lösung gesucht. All diese Prozesse spielen sich jedoch in ein und demselben „Erdsystem" gleichzeitig und untereinander verknüpft ab. Sie wechselwirken miteinander, verstärken sich oder schwächen sich gegenseitig in ihrer Wirkung und sie verändern damit auch die zeitliche Entwicklung von Prozessen und Stoffkreisläufen. Im Folgenden werden einige dieser Wechselwirkungen zwischen menschlichen Aktivitäten, der Chemie der Atmosphäre, dem Klima und der Ökologie an ausgewählten Beispielen aufgezeigt, wobei relativ einfache, aber auch komplexere Beispiele diskutiert werden.

MENSCHLICHE EINWIRKUNGEN AUF DIE ATMOSPHÄRE

Menschliche Aktivitäten haben die chemische Zusammensetzung der Atmosphäre bereits heute in globalem Umfang verändert. Dies geschieht einerseits auf direktem Wege durch die Emission von Spurengasen und Aerosolen (festen oder flüssigen Schwebeteilchen) in die Atmosphäre; diese sind dort unmittelbar strahlungsaktiv, d. h., sie beeinflussen den Strahlungshaushalt der Erde und sind dadurch klimawirksam. Andererseits gibt es Emissionen und andere menschliche Eingriffe in die Umwelt, die indirekt wirken, indem sie die physikalischen, chemischen und ökologischen Eigenschaften des Systems Erde beeinflussen, was wiederum auf die Produktions- und Verlustraten von atmosphärischen Spurenstoffen zurückwirken kann.

Der bislang deutlichste Beleg für eine globale anthropogene Veränderung im System Erde sind die angestiegenen Konzentrationen einiger langlebiger Spurengase, die durch industrielle Aktivitäten direkt in die Atmosphäre abgegeben wurden. Anhand der bis 1958 zurückreichenden Langzeitmessungen für Kohlendioxid (CO_2) wurde dies an der Station Mauna Loa auf Hawaii als Erstes dokumentiert (Abbildung 2). Entsprechende Aufzeichnungen existieren

Abb. 3: Abholzung von Wäldern auf Borneo, Indonesien. (Foto: Florian Siegert, München)

Abb. 4: Energiegewinnung aus fossilen Brennstoffen: die wichtigste Ursache für den steigenden Kohlendioxidgehalt der Erdatmosphäre. (Quelle: Jan Byra/f1online)

für verschiedene andere Spurengase, z. B. Methan (CH_4), Lachgas (N_2O), Kohlenmonoxid (CO), sowie einige halogenierte Kohlenwasserstoffe. Um solche Veränderungen in der Konzentration eines Gases in der Atmosphäre nachvollziehen zu können, muss man einerseits dessen „Quellen" kennen, also natürliche und menschliche Emissionsquellen ebenso wie chemische Produktionsprozesse, andererseits auch dessen „Senken" in Form der natürlichen Speicher, in die das Gas zeitweise oder dauerhaft „abgelagert" wird, oder in Form chemischer Abbauprozesse.

Der Einfluss von direkt durch den Menschen verursachten (anthropogenen) Emissionen auf die Atmosphäre ist relativ einfach abzuschätzen, wenn sie mit großen industriellen Aktivitäten verknüpft sind, da diese aus ökonomischen Gründen sehr detailliert dokumentiert sind. Klassische Beispiele sind der Ausstoß von Fluorchlorkohlenwasserstoffen (FCKW) sowie die Emissionen von Kohlendioxid durch die Verbrennung von fossilen Treibstoffen. Es gibt aber auch Fälle, wo es viel schwieriger ist, die Menge und die räumliche Verteilung von Emissionen genau abzuschätzen. Ein Beispiel dafür ist die Verbrennung von Biomasse, also von Holz oder Pflanzenresten, für die keine einheitlichen Aufzeichnungen existieren.

Viel komplexer wird es, wenn durch den Menschen so genannte Vorläufersubstanzen in die Atmosphäre emittiert werden. Diese wandeln sich erst dort in klimarelevante, d. h. klimatisch aktive Substanzen um. Ein wichtiges und anschauliches Beispiel liefert das Schwefeldioxid (SO_2), aus dem sich sulfathaltige Aerosole bilden können. Sie machen sich u. a. durch den bekannten „sauren Regen" bemerkbar, spielen aber auch im Strahlungshaushalt der Atmosphäre eine wichtige Rolle. Die aktuelle Produktion an klimarelevanten Sulfataerosolen wird durch ein komplexes Zusammenspiel von atmosphärischen Transportvorgängen, chemischen Prozessen sowie Wechselwirkungen mit anderen Aerosolen bestimmt. Ein weiteres Beispiel sind Stickoxide (NO_x), die in der unteren Atmosphäre zu einer klimawirksamen Ozonproduktion führen. Stickoxide wirken durch (saures) Abregnen in die Böden, aber auch als unerwünschter Pflanzendünger und können nährstoffarme Biotope wie Moore gefährden.

Einige der wichtigsten anthropogenen Veränderungen der Atmosphäre sind das indirekte Ergebnis menschlicher Eingriffe in die Funktionsweise des Erdsystems. Ein Beispiel: Durch eine veränderte Landnutzung und moderne Praktiken in der Landwirtschaft (z. B. den Einsatz von Kunstdünger) verändern sich die biogenen Bodenemissionen der Spurengase Lachgas (N_2O), Stickstoffmonoxid (NO) und Methan (CH_4) in sehr komplizierter Weise. Noch komplexer wird es, wenn menschliche Aktivitäten die Menge chemischer Substanzen in der Atmosphäre so verändern, dass sie bestimmte chemische Abläufe modifizieren und sich dadurch die Produktions- und Verlustraten sowie die

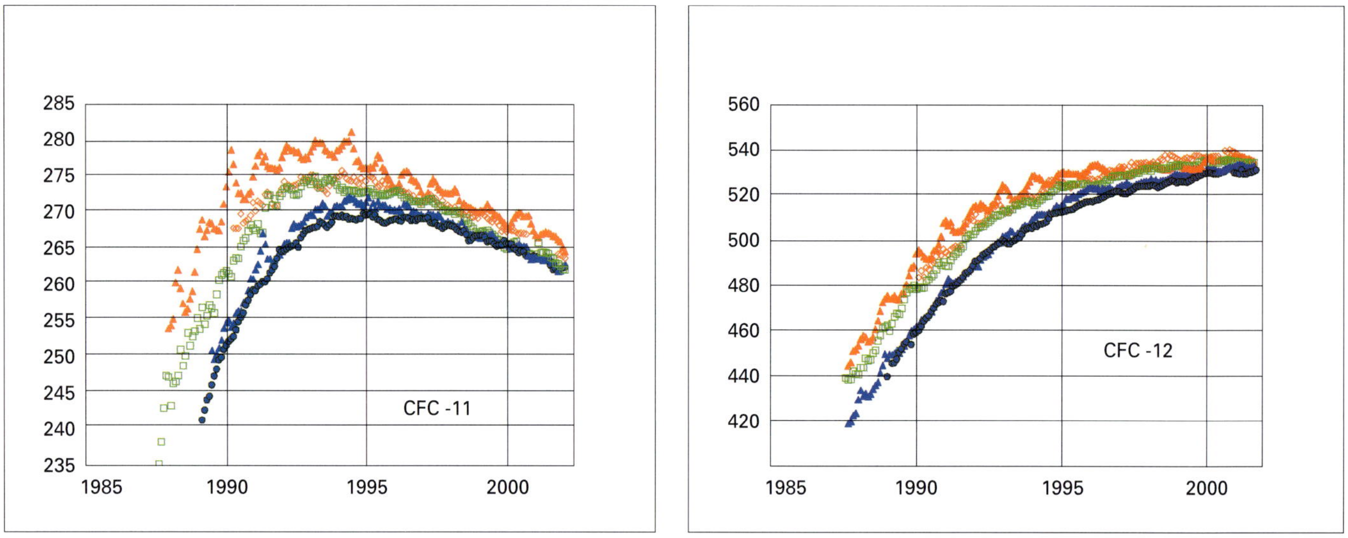

Abb. 5: Messreihen für verschiedene Fluorchlorkohlenwasserstoff-Verbindungen (FCKW, engl. CFC), Methylchlorform (CH_3CCl_3) und Tetrachlorkohlenstoff (CCl_4), aufgezeichnet an verschiedenen Beobachtungsstationen. Dargestellt sind troposphärische Mischungsverhältnisse in ppt (parts per trillion; 1 ppt entspricht 1 Teil auf 10^{12} Teile).

▲ BRW = Point Barrow
◇ NWR = Niwot Ridge
□ MLO = Mauna Loa
▲ SMO = Samoa
● SPO = Südpol

Lebenszeiten anderer Substanzen – von Aerosolen und klimarelevanten Gasen (sog. Treibhausgasen) – verändern.

Ferner müssen Rückkopplungseffekte berücksichtigt werden, wenn globale Veränderungen ihrerseits andere globale Veränderungen erzeugen. So führen Klimaänderungen, die durch Störungen des Strahlungsgleichgewichts verursacht werden, zu veränderten Zirkulationsmustern (Winden) in der Atmosphäre sowie zu Änderungen der Wasserverfügbarkeit an der Erdoberfläche und der Wasserkreisläufe der Atmosphäre. Dies alles modifiziert wiederum Menge und Verteilung strahlungsaktiver Spurengase und Aerosole in der Atmosphäre. Diese komplexen Wechselwirkungen zwischen physikalischen, dynamischen und chemischen Prozessen in der Atmosphäre und Klimaänderungen zu verstehen, ist eine besondere wissenschaftliche Herausforderung.

EIN „EINFACHER" FALL: HALOGENIERTE KOHLENWASSERSTOFFE

Die halogenierten Kohlenwasserstoffe umfassen verschiedene Substanzklassen wie die Fluorchlorkohlenwasserstoffe (FCKW, Freone), Methylchloroform (CH_3CCl_3) und die teilhalogenierten Fluorchlorkohlenwasserstoffe (HFCKW), die nur vom Menschen erzeugt werden und über keine natürlichen Quellen verfügen. Sie wirken als Treibhausgase und beeinflussen die Ozonchemie vor allem in den oberen Schichten der Atmosphäre, in der Stratosphäre (10 bis 50 Kilometer Höhe). Da sie ausschließlich industriell produziert werden, oft nur von wenigen Firmen, existieren relativ genaue Aufzeichnungen über Menge und Zeitpunkt ihrer Produktion sowie ihre Freisetzung in die Umwelt. Die meisten der halogenierten Kohlenwasserstoffe haben keine biologischen Senken und sind resistent gegen eine hydrolytische Zersetzung in Gewässern, sodass ihre Hauptsenke die photochemische Zerstörung durch Lichteinwirkung in der Atmosphäre (meist oberhalb von 15 bis 20 Kilometer) ist. Aus diesem Grund kennt man ihre Konzentrationen in der Atmosphäre in Abhängigkeit von Ort und Zeit gut und kann sie relativ einfach am Computermodell berechnen.

Die FCKW-Emissionen der jüngeren Vergangenheit bilden die hauptsächliche Ursache für die globale Abnahme der stratosphärischen Ozonschicht (siehe unten). FCKW wurden früher intensiv genutzt, z. B. als Kühlmittel in Klimaanlagen und Kühlschränken, als Treibgas in Spraydosen oder zum Aufschäumen von Kunststoffen. Heute werden sie nur noch in einigen wenigen Teilen der Welt verwendet, vor allem in so genannten Schwellen- und Entwicklungsländern. Nach ihrer Freisetzung in die Atmosphäre verteilen sich diese Gase dort gleichmäßig. Dabei benötigen sie etwa zehn Jahre, um aus den unteren Schichten (der Troposphäre) in die Stratosphäre zu gelangen. In der Stratosphäre werden diese in der Troposphäre stabilen Verbindungen durch die energiereiche UV-Strahlung der Sonne

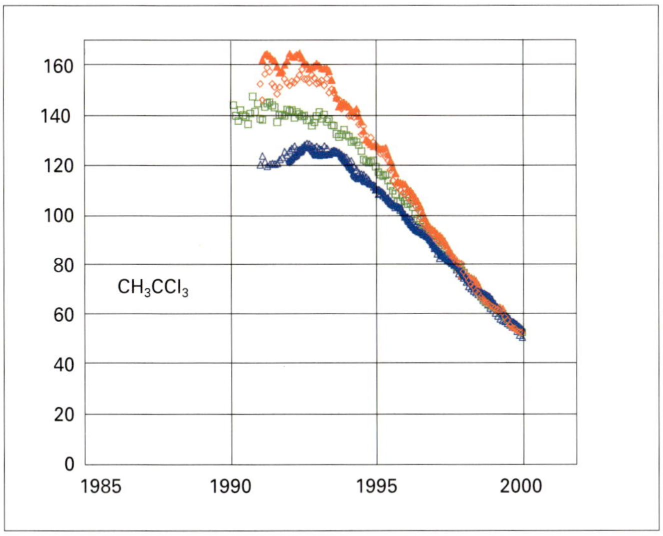

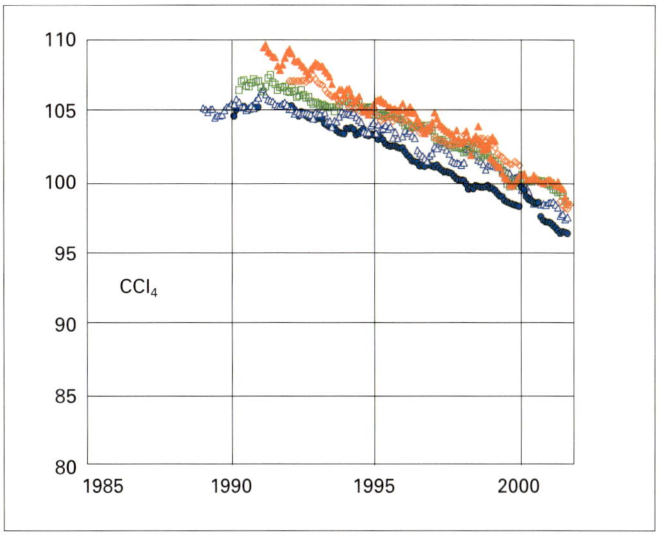

gespalten und die dabei frei werdenden Chloratome überwiegend in den „Reservoirgasen" Chlornitrat ($ClONO_2$) und Chlorwasserstoff (HCl) gespeichert.

1996 wurden die Produktion und der Gebrauch von FCKW durch das Montreal-Protokoll von 1987 sowie nachfolgende Protokolle in der Europäischen Union, den Vereinigten Staaten von Amerika und einigen weiteren Ländern gestoppt. Obwohl diese internationalen Übereinkommen zum Schutz der Ozonschicht nicht von allen Staaten der Erde ratifiziert wurden, ist trotzdem damit zu rechnen, dass in den nächsten Jahrzehnten die stratosphärische Chlorkonzentration zurückgehen wird. Messungen troposphärischer Konzentrationen von FCKW an verschiedenen Stationen belegen, dass der starke Anstieg in den vergangenen Jahren zum Stillstand gekommen ist; bei einigen FCKW ist bereits ein Rückgang der troposphärischen Konzentration zu beobachten (Abbildung 5).

Obwohl es sich bei den halogenierten Kohlenwasserstoffen um ein recht einfaches Beispiel handelt, kann es doch auch hier zu einigen indirekten Effekten für das Erdsystem kommen, die das Erkennen von Ursache und Wirkung erschweren. Da die halogenierten Kohlenwasserstoff-Emissionen letztendlich den stratosphärischen Ozongehalt reduzieren, kann mehr von der UV-Strahlung der Sonne in die Troposphäre eindringen. Der troposphärische Gehalt des Hydroxylradikals (OH) verändert sich dadurch. Da das Methylchloroform aber hauptsächlich durch die Reaktion mit OH in der Troposphäre abgebaut wird, beeinflusst dies wiederum die Lebenszeit und damit die Konzentration des Methylchloroforms. Der Nettoeffekt ist noch umstritten. Aber mit der Änderung des OH-Gehalts ändern sich natürlich auch die Lebensdauern und Konzentrationen praktisch aller anderen Spurengase.

EIN ETWAS KOMPLEXERER FALL: KOHLENDIOXID (CO_2)

Die atmosphärische Konzentration von Kohlendioxid wird vielfältig durch starke Wechselwirkungen zwischen den einzelnen Teilen („Sphären") des Systems Erde und deren komplizierte biogeochemische Stoffkreisläufe beeinflusst. Menschliche Quellen liefern nur kleine Beiträge zum natürlichen Kreislauf. Die jährlichen biogenen Flüsse von Kohlendioxid in die und aus der terrestrischen und marinen Biosphäre belaufen sich auf etwa 150 Pg Kohlenstoff pro Jahr (1 Pg = 10^{15} g, also 1 Milliarde Tonnen). Dagegen betragen die Emissionen aus der Verbrennung fossiler Brennstoffe, aber auch von Pflanzenmasse bei der Brandrodung tropischer Wälder, wodurch Kohlenstoff aus einem langlebigen „Biomassespeicher" in die Atmosphäre überführt wird, „lediglich" etwa 6 Pg pro Jahr. Es ist dieser zusätzliche kleine Anteil, der für den Anstieg der Kohlendioxidkonzentrationen in der Atmosphäre verantwortlich ist und der etwa die Hälfte des anthropogenen Treibhauseffekts ausmacht.

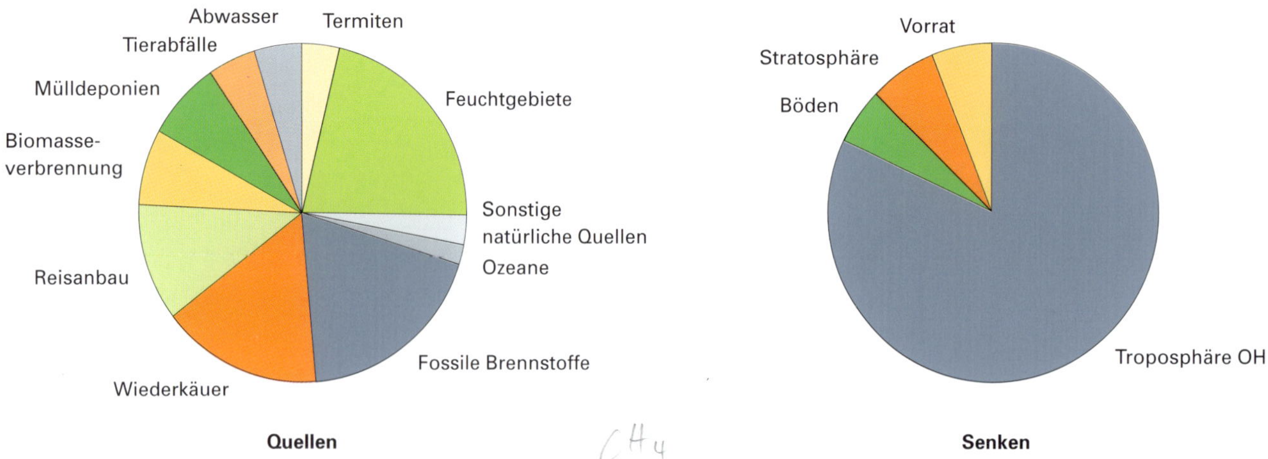

Abb. 6: Globale Quellen (links) und Senken (rechts) des atmosphärischen Methans. Die Summen der Quellen und Senken (einschließlich des atmosphärischen Zuwachses) sind ungefähr im Gleichgewicht und betragen je etwa 600 Tg (1 Teragramm = 10^{12} Gramm) pro Jahr.

Kohlendioxid wirkt unmittelbar auf die Strahlungsbilanz des Erdsystems ein. Eine Erhöhung der Kohlendioxidkonzentration in der Atmosphäre verändert das globale Klima in Richtung auf eine globale Erwärmung. Ein Mehr an Kohlendioxid und anderen so genannten Treibhausgasen (siehe unten) lässt weniger von der langwelligen Wärmestrahlung, die die Erdoberfläche aussendet, in den Weltraum durch. Ein größerer Anteil dieser Strahlung wird durch die Treibhausgase in verschiedenen Atmosphärenschichten absorbiert und zurückgestrahlt. Das Ergebnis ist ein so genannter positiver „Strahlungsantrieb", der die untere Atmosphäre (Troposphäre) sowie den Erdboden erwärmt. Hierbei handelt es sich um die Verstärkung eines natürlichen Effektes, der in der Erdatmosphäre seit Milliarden von Jahren aufgrund der Anwesenheit natürlich vorkommender Treibhausgase (vor allem von Wasserdampf, aber auch Kohlendioxid) wirkt und der ein Leben auf der Erde in der uns bekannten Form überhaupt erst ermöglicht hat.

Um den atmosphärischen Kohlendioxidgehalt mit Modellen rechnerisch zu bestimmen, ist es notwendig, die komplexen biogeochemischen Wechselwirkungen zu verstehen, die den Transfer zwischen den verschiedenen Teilen des Erdsystems bestimmen, u.a. dem tiefen und dem flachen Ozean, der marinen und der terrestrischen Biosphäre, den Sedimenten und Böden. Es gibt aber auch eine Vielzahl bekannter Rückkopplungen des Klimas auf diesen Kohlenstoffkreislauf. Diese sind im Bericht des International Panel on Climate Change ausführlich besprochen worden (IPCC 2001). Dagegen ist Kohlendioxid für den Atmosphärenchemiker nicht von großem Interesse, da es an keinen relevanten chemischen Reaktionen beteiligt ist.

KOMPLEXE QUELLEN- UND SENKENMUSTER: METHAN (CH_4)

Nach Kohlendioxid hat Methan (CH_4) den höchsten Anteil am zusätzlichen anthropogenen Treibhauseffekt. Es gibt eindeutige Belege, dass die atmosphärische Konzentration durch menschliche Aktivitäten stark angestiegen ist: von etwa 0,8 ppm (parts per million) im frühen 19. Jahrhundert auf gegenwärtig etwa 1,8 ppm. Um den beobachteten Anstieg zu verstehen, waren umfangreiche Untersuchungen zum „Budget" dieses Spurengases notwendig. Die Quellen und Senken von Methan sind sehr vielfältig. Viele seiner Quellen, z.B. Feuchtgebiete, Wiederkäuer, Verbrennung fossiler Treibstoffe, Reisanbau und Biomasseverbrennung, sind von etwa gleichrangiger Bedeutung (Abbildung 6, links). Die Quellen, die der Mensch beeinflusst, verursachen etwa drei Viertel der Methanemissionen. Im Gegensatz zu den halogenierten Kohlenwasserstoffen, die nur industriell produziert werden, wird Methan im Wesentlichen durch biologische Vorgänge gebildet (mikrobielle Gärung). Eine genaue Bestandsaufnahme der Methanquellen erfordert umfangreiches Detailwissen über diese Vor-

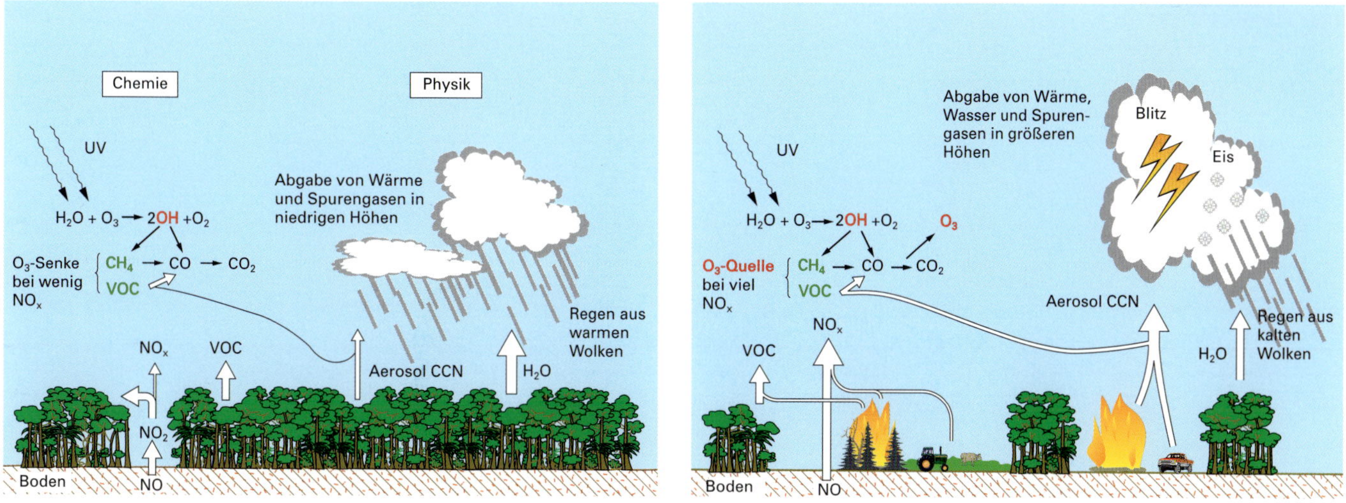

Abb. 8: Schematische Darstellung der Wechselwirkungen zwischen Biosphäre und Atmosphäre über den tropischen Kontinenten im natürlichen (a) und vom Menschen gestörten Zustand (b). Im natürlichen Zustand sind die Stickoxidemissionen aus dem Regenwald gering und die photochemische Oxidation der Kohlenwasserstoffe in der Atmosphäre wirkt als Ozonsenke. Die Aerosolproduktion ist ebenfalls klein, was das Ausregnen von Wolken erleichtert und Blitzentladungen verringert. Durch Brandrodung, intensivere Landwirtschaft und Industrialisierung steigen jedoch die Stickoxid- und Aerosolemissionen. Damit kehrt sich die atmosphärische Photochemie in einen Ozon produzierenden Modus um (Smogchemie). Die erhöhten Emissionen an Aerosolen (Wolkenkeimen, „CCN") verringern die Effizienz des Ausregnens, der Auftrieb in den Wolken verstärkt sich, Eisbildung und Blitzentladungen werden begünstigt.

gänge und Emissionsprozesse. So gibt es beispielsweise eine Reihe verschiedener Techniken des Reisanbaus, die sehr unterschiedliche Methanemissionen pro Hektar Anbaufläche zur Folge haben.

Ganz anders sieht es aus für die relevanten Senken im Methanbudget (Abbildung 6, rechts). Der Prozess, der Methan am wirksamsten aus der Atmosphäre entfernt, ist seine Oxidation in der Troposphäre durch die Reaktion mit dem Hydroxylradikal (OH). Diese Senke ist so groß, dass selbst relativ kleine Unsicherheiten (von 10 bis 20%) bei der Abschätzung ihres Absolutwertes von der gleichen Größenordnung sind wie der Beitrag einzelner Methanquellen. Probleme ergeben sich bei der Bestimmung des Methanbudgets der Vergangenheit auch dadurch, dass es über die Entwicklung der troposphärischen OH-Konzentration in den letzten Dekaden kontroverse Aussagen gibt (Krol u. a. 1998).

Für das Verständnis und die Prognose der zukünftigen Entwicklung ist die Tatsache grundlegend, dass der größte Teil der eben beschriebenen Methanoxidation in den Tropen stattfindet, verursacht durch die hohen OH-Konzentrationen; diese rühren ihrerseits von den dort hohen Wasserdampfkonzentrationen und hohen UV-Strahlungsflüssen her. Die Tropen sind aber auch der Bereich auf der Erde, der derzeit dem schnellsten Wandel unterliegt. Abholzungen von Regenwäldern sowie die nachfolgende landwirtschaftliche und industrielle Entwicklung verändern den Anteil der Kohlenwasserstoff- und Stickoxidemissionen, was wiederum zu höheren troposphärischen Ozonwerten führt (siehe unten). Gleichzeitig wird der regionale Wasserhaushalt (auch der Wassergehalt in der Atmosphäre) verändert. Da aber Ozon und Wasserdampf wiederum Vorläufersubstanzen von OH sind, ist zu erwarten, dass sich die Lebenszeit von Methan und damit seine Massenbilanz verändert.

Weitere Einflüsse auf das Methanbudget treten hinzu, wenn zusätzlich Rückkopplungseffekte mit dem Klima berücksichtigt werden. So führt z. B. eine Erwärmung der bodennahen Atmosphärenschichten durch erhöhte Treibhausgaskonzentrationen dazu, dass mehr Methan aus Feuchtgebieten in die Atmosphäre emittiert wird, da die mikrobielle Produktion bei steigender Temperatur zunimmt.

INDIREKTE QUELLEN UND SENKEN: TROPOSPHÄRISCHES OZON (O_3)

Im vorherigen Abschnitt wurde bereits angedeutet, dass auch Gase ohne eigene Treibhauswirkung klimarelevant sein können, wenn sie die Produktions- und Verlustraten von Treibhausgasen verändern. Kohlenmonoxid (CO) hat zum Beispiel selbst keinen signifikanten Einfluss auf den Strahlungshaushalt der Erde. Steigt seine Konzentration in der Atmosphäre jedoch an, reagiert das Kohlenmonoxid

Abb. 9: Waldbrand in Südostasien. (Foto: Florian Siegert, München)

vermehrt mit OH, verringert dadurch dessen Konzentration und erhöht somit die Lebenszeit und letztlich die Menge an Methan (CH_4). Sind gleichzeitig auch die Stickoxidkonzentrationen erhöht, kommt es zudem zu einer Produktion von Ozon (O_3) als Nebenprodukt der Kohlenmonoxid- und Methanoxidation. Sowohl das so gebildete Ozon wie das aus der Methan- und Kohlenmonoxidoxidation entstandene Kohlendioxid sind klimawirksame Treibhausgase.

Das Ozon ist vor allem dadurch bekannt, dass es in der Stratosphäre eine vor UV-Strahlung schützende Ozonschicht bildet, die durch Emissionen halogenierter Kohlenwasserstoffe bedroht ist (Ozonloch, siehe unten). Das troposphärische Ozon, das keine direkten Emissionsquellen hat, ist nach Kohlendioxid und Methan aber auch das drittwichtigste anthropogene Treibhausgas. Anders ausgedrückt: Der Anstieg der troposphärischen Ozonkonzentration seit der vorindustriellen Zeit (1850) wurde als der drittgrößte Faktor im direkten Strahlungsantrieb abgeschätzt (Shine und Forster 1999). Zudem verursacht das troposphärische Ozon den „Sommersmog" mit vielfältigen gesundheitlichen Einflüssen auf Pflanzen sowie Menschen und Tiere.

Die chemische Lebenszeit des Ozons in der Troposphäre ist von der gleichen Größenordnung wie die Zeitskalen vieler atmosphärischer Transportvorgänge (Tage bis Wochen). Daher ist die zeitliche und räumliche Verteilung dieses Gases in der Atmosphäre in hohem Maße ungleichmäßig. Da kein so engmaschiges Messnetz existiert, kann der Beitrag von Ozon zum gesamten Klimaeffekt nur durch Modellrechnungen abgeschätzt werden, die die zugrunde liegenden dynamischen und chemischen Prozesse und Rückkopplungseffekte des Klimas hinreichend gut beschreiben.

Die chemischen Vorläufersubstanzen von Ozon sind Kohlenmonoxid, Kohlenwasserstoffe einschließlich Methan, (CH_4) und Stickoxide (NO_x, also NO und NO_2). Letztere spielen im Ozonbudget eine besonders wichtige Rolle, da es von ihnen abhängt, ob die photochemische Oxidation von Kohlenwasserstoffen und Kohlenmonoxid netto letztlich zu einer Produktion oder zu einem Abbau von Ozon führt. Stickoxide entstehen vorwiegend bei der Verbrennung von fossilen Treibstoffen (insbesondere im Verkehr) und bei der Biomasseverbrennung. Emissionen aus Böden (mikrobielle Gärung) spielen eine wichtige Rolle, sie entstehen aber auch in Blitzen. Da Ozon (O_3) zusammen mit Wasserdampf (H_2O) den OH-Gehalt in der Troposphäre bestimmt, verändert es die Lebenszeit anderer Treibhausgase, z. B. von Methan. Das troposphärische Ozonbudget ist aus verschiedenen Gründen sehr viel schwieriger abzuleiten als das von langlebigen Gasen. Ozon-Mischungsverhältnisse in der Troposphäre variieren typischerweise zwischen weniger als 10 ppb (parts per billion, also 10 Teile O_3 auf 1 Milliarde Teile insgesamt; 1 ppb O_3 entspricht etwa 2 mg/m^3) über entlegenen tropischen Ozeanen bis hin zu 100 ppb in der oberen Troposphäre. In den „Abgasfahnen" stark belasteter Regionen (z. B. von Städten) können auch in Bodennähe Werte von deutlich über 100 ppb erreicht werden.

KOMPLEXE RÄUMLICH-ZEITLICHE VERTEILUNGEN UND WECHSELWIRKUNGEN: AEROSOLE

In den letzten zehn Jahren sind Klimaeffekte durch atmosphärische Schwebeteilchen (Aerosole) zunehmend in den Mittelpunkt des Interesses gerückt. Ursprünglich stimuliert durch die Diskussion über die Klimawirkung von natürlichen und anthropogenen Sulfataerosolen, untersucht man nun praktisch alle Aerosoltypen und Quellmechanismen (Andreae 1995). Dazu gehören u. a. auch die Rolle von mineralischen Stäuben (z. B. Bodenstaub, Seesalz), die Funktion von organischen Aerosolen biologischen Ursprungs, die Beziehung zwischen stratosphärischem Ozon und biogenen Sulfaten sowie der Einfluss von Aerosolen auf die so genannte Smogchemie.

Es müssen einige grundlegende Zusammenhänge berücksichtigt werden, will man die Wechselwirkung von Aerosolen, Klima und Biosphäre untersuchen: So gibt es erstens keine eindeutige Unterscheidung zwischen natürlichen und anthropogenen Auswirkungen von Aerosolen auf das Erdsystem. Aerosole bilden sich in der Atmosphäre erst aus Vorläufersubstanzen, wobei die Produktionsraten gleichzeitig von der Hintergrundkonzentration verschiedener katalytisch wirkender Substanzen abhängen. Diese können biogenen wie auch anthropogenen Ursprungs sein. Menschliches Handeln kann zu einem Anstieg oder zu einem Rückgang von bestimmten Aerosoltypen aus natürlichen Vorläufersubstanzen führen.

Zweitens ist die Wirkung von Aerosolen auf den Strahlungshaushalt des Klimasystems vielschichtiger als dies für Gaskomponenten der Fall ist. Aerosole können solare Strahlung sowohl absorbieren (wärmender Effekt) als auch in den Weltraum zurückstreuen (kühlender Effekt). Zu dieser direkten Wirkung kommt ein indirekter Effekt, da Aerosole für die Bildung und Lebensdauer von Wolken wichtig sind. Ein höherer Aerosolanteil in der Atmosphäre fördert die Bildung von mehr und kleineren Tröpfchen bzw. Eiskristallen in den Wolken und erhöht damit deren Rückstreuwirkung (kühlender Effekt). Aerosole können ferner das Abregnen der Wolken verzögern und so deren Lebensdauer verlängern (kühlender Effekt). Schließlich können Aerosole die Bedeckung des Himmels durch dünne Eiswolken – so genannte Zirren – vergrößern (wärmender Effekt), da ihre Anwesenheit die Bildung dieser Wolkenart erleichtert. Wegen ihrer zeitlich und räumlich extrem ungleichmäßigen Wirkung können Aerosole durch globale Mittelwerte nicht adäquat repräsentiert werden.

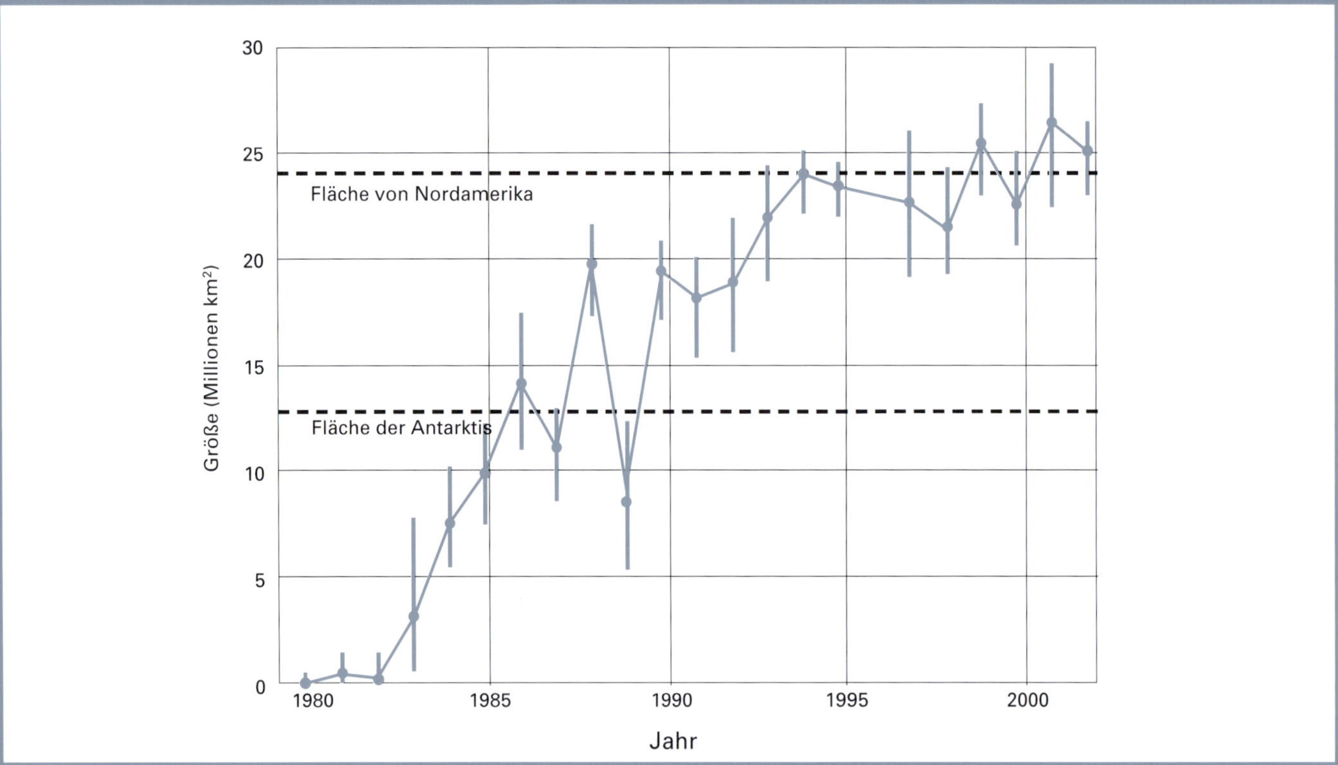

Abb. 9: Zeitliche Entwicklung der Größe des antarktischen Ozonlochs seit 1979. Dargestellt als Punkte sind jeweils die Oktobermittelwerte. Die vertikalen Linien geben die Minimum- und die Maximumwerte im jeweiligen Monat an. Als Größe des Ozonlochs wird die Fläche definiert, über der insgesamt weniger als 220 „Dobson-Einheiten" (engl. „Dobson Units", kurz DU) Ozon gemessen werden. 100 DU Ozon entsprechen einer Ozonschicht von 1 mm Dicke unter Normaldruck und Normaltemperatur (1013 hPa Bodendruck und 0 °C). (Quelle: DLR Oberpfaffenhofen)

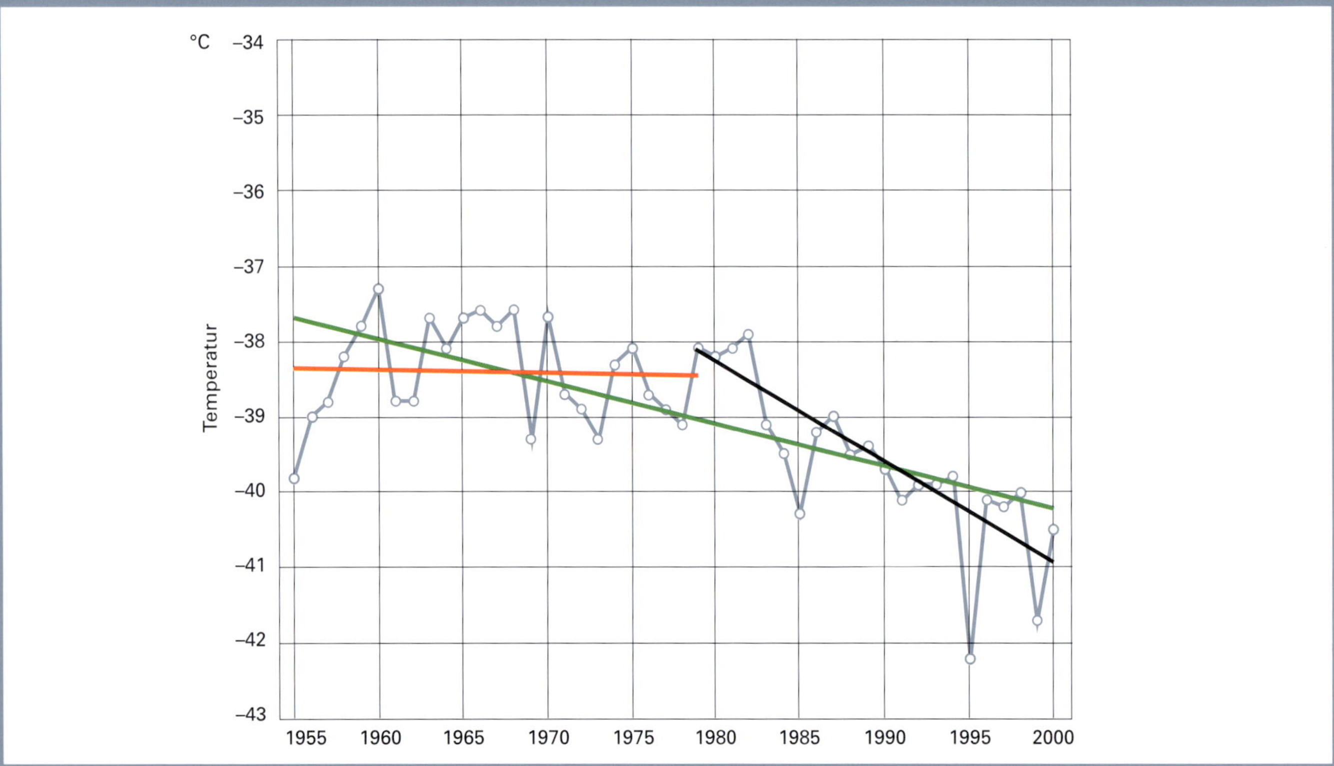

Abb. 10: Zeitreihe der Monatsmittelwerte der Temperatur im Juli über dem Nordpol in etwa 24 km Höhe (bei 30 hPa Luftdruck) von 1955 bis 2000. Deutlich zu erkennen ist der Abkühlungstrend, der sich seit dem Beginn der Achtzigerjahre deutlich verstärkt hat. (Quelle: FU Berlin, Institut für Meteorologie)

Drittens sind Aerosole chemisch betrachtet oft komplizierter als gasförmige Bestandteile der Atmosphäre. Form, chemische Zusammensetzung und Aggregatzustand variieren zum Teil. Dies gilt nicht nur für organische Aerosole, sondern auch für alle anderen Aerosolkomponenten. Es ist unrealistisch anzunehmen, dass Aerosole einfache „reine" Substanzen sind. Sie sind keine chemisch „trägen" (inerten) Substanzen, sondern spielen eine aktive Rolle in der Atmosphärenchemie. Streuung und Absorption von UV-Strahlung durch Aerosole kann die Smogchemie in belasteten Regionen beeinflussen. Veränderte optische und chemische Eigenschaften von Wolken können sich auf die OH-Konzentration auswirken.

Will man die Auswirkungen von Aerosolen auf das Klima bestimmen, ist man daher auf Berechnungen mithilfe dreidimensionaler Klimamodelle angewiesen, welche die zugrunde liegenden physikalischen und chemischen Prozesse berücksichtigen. Jüngsten Abschätzungen zufolge hat sich die Belastung der Atmosphäre durch Aerosole aufgrund menschlichen Handelns etwa verdoppelt (IPCC 2001). Dazu gehört auch die Erhöhung der Bodenstäube (eines natürlichen Aerosols) in der Atmosphäre durch menschliche Eingriffe, nämlich eine intensive Bewirtschaftung der Böden.

HAT DAS OZONLOCH ETWAS MIT DEM KLIMA ZU TUN?

Im Jahre 1985 wurde das antarktische Ozonloch entdeckt. Seitdem beobachtet man dieses Phänomen jedes Jahr während des antarktischen Frühlings (von September bis Oktober). In den letzten Jahren hat sich die Zerstörung der stratosphärischen Ozonschicht nahezu stetig fortgesetzt: Man beobachtet derzeit jedes Jahr eine Abnahme der antarktischen Ozonschicht um bis zu 70 %, und das über einem Gebiet von knapp 30 Millionen Quadratkilometer (Abbildung 9). In Höhen um 20 Kilometer ist zu dieser Jahreszeit das Ozon nahezu vollständig zerstört. In den Neunzigerjahren wurden starke chemisch bedingte Ozonverluste auch in der arktischen Stratosphäre – wiederum im Frühling (Februar bis März) – nachgewiesen, die regional bis zu 50 % der gesamten Ozonmenge betrugen. Aufgrund der unterschiedlichen thermodynamischen Verhältnisse in der nördlichen und südlichen Winterstratosphäre kommt es jedoch über der Arktis nicht in jedem Jahr zu einem solch starken Rückgang der Ozonschicht. Der Ozonabbau ist an die Bildung so genannter polarer Stratosphärenwolken gebunden, die nur unter extrem kalten Bedingungen (unter –80 °C) entstehen. Solch tiefe Temperaturen treten in der südpolaren Winterstratosphäre jedes Jahr auf, im Norden jedoch nur in einzelnen Jahren. Ursächlich hängt dies mit der unterschiedlichen Land-See-Verteilung auf Nord- und Südhalbkugel zusammen.

Seitdem der Rückgang der Ozonkonzentration in der Stratosphäre beobachtet wird, misst man dort auch niedrigere Temperaturen, die sich zudem über einen längeren Zeitraum erstrecken, d. h., der Winter dauert länger. Diese Beobachtungen hängen eng miteinander zusammen: Wie bereits erwähnt, ist es für die Entwicklung der chemischen Abläufe, die zu einem rapiden Ozonabbau führen, notwendig, dass die Temperaturen unter einen kritischen Wert abfallen und damit die Bildung polarer Stratosphärenwolken einsetzt. Diese Wolken müssen lange genug existieren, damit sich aktive Chlorsubstanzen (Cl, Cl_2, ClO) aus inaktiven Reservoirgasen ($ClONO_2$, HCl) bilden und dabei anfallende HNO_3-reiche Wolkenpartikel aus den Stratosphärenschichten ausfallen (so genannte Denitrifizierung der Stratosphäre). Dann ist eine Rückbildung der Reservoirgase dort nicht mehr möglich, sondern unter dem Einfluss von Sonnenstrahlung – im Augenblick des Sonnenaufgangs nach der Polarnacht – werden aus den aktiven Chlorsubstanzen aggressive Chlorradikale, die das Ozon sehr rasch zerstören. Während der Ozonverlust stattfindet (und auch danach) wird weniger solare UV-Strahlung absorbiert und die Temperaturen gehen zurück; dies unterstützt wiederum den Ozonabbau. Es bleibt also festzuhalten: Die Änderung der Stratosphärentemperatur, die Entstehung polarer Stratosphärenwolken und die Ozonzerstörung bilden ein System mit positiver, sich gegenseitig verstärkender Rückkopplung.

Die Situation wird dadurch noch komplizierter, dass höhere Kohlendioxidkonzentrationen in der Atmosphäre zwar die unteren Atmosphärenschichten erwärmen, die darüber liegende Stratosphäre jedoch abkühlen. Anhand von langen Messreihen der stratosphärischen Temperatur konnte dies für die Sommermonate auf der Nord- wie auf der Südhalbkugel zweifelsfrei nachgewiesen werden (Abbildung 10), ebenso der Einfluss des antarktischen Ozonlochs, der diesen Abkühlungseffekt massiv verstärkt. Für die Winter im Norden sind aufgrund der großen natürlichen Jahr-zu-Jahr-Schwankungen eindeutige Aussagen über Temperaturtrends kaum möglich. Jedoch deutet sich auch hier der Einfluss des stratosphärischen Ozonabbaus an.

DIE SUMME DER EFFEKTE

Das modellhafte Nachbilden des in den vorherigen Abschnitten beschriebenen komplexen Erdsystems erfordert den Einsatz der höchsten jeweils verfügbaren Computerressourcen. Selbst dann sind aber Abstriche zu machen: Zurzeit existiert noch kein Rechner, der Simulationen mit einem dreidimensionalen (auch die vertikale Schichtung der Atmosphäre abbildenden) gekoppelten Klima-Chemie-Modell in voller Komplexität und über die erforderlichen langen Zeiträume hinweg rechnen kann, in denen sich die Änderungen der ozeanischen Zirkulation und der Biosphäre abspielen. Neben der Weiterentwicklung des Verständnisses der dynamischen, chemischen und physikalischen Prozesse im Erdsystem müssen diese Erkenntnisse also auch verstärkt in den Modellen verankert und muss deren Aussagekraft vorangetrieben werden. Die derzeit verfügbaren Modellsysteme müssen anhand von Beobachtungen überprüft werden. Dies geschieht, indem man das Klima der Vergangenheit in Modellsimulationen nachbildet, z. B. für die Periode von 1850 (vorindustrielle Zeit) bis 2000, für die zumindest teilweise eine auf Beobachtungen beruhende Datenbasis existiert (siehe Beitrag Cubasch, dort Abbildung 3). Fällt diese Prüfung befriedigend aus, dann können Vorhersagen für die Zukunft, z. B. bis zum Ende des Jahrhunderts, gewagt werden. Dann treten allerdings zu den Defiziten im wissenschaftlichen Verständnis des Erdsystems und in den Systemmodellen selbst noch Unsicherheiten in der Voraussage der zukünftigen sozioökonomischen Entwicklung hinzu. Wegen der zu erwartenden menschlichen Eingriffe in das System Erde ist man daher darauf angewiesen, verschiedene hypothetische „Emissionsszenarien" anzusetzen (siehe Beitrag Cubasch).

Bei den halogenierten Kohlenwasserstoffen ist ein Rückgang ihrer atmosphärischen Konzentrationen und damit ihres Beitrages zum Treibhauseffekt und zur stratosphärischen Ozonzerstörung zu erwarten. Dagegen muss für die übrigen „gut durchmischten" Treibhausgase, insbesondere für Kohlendioxid, aber auch für Methan und Lachgas, mit einem weiteren Anstieg gerechnet werden. Dies führt zu einer weiteren Erwärmung der Troposphäre und des Erdbodens und zu einer weiteren Abkühlung der Stratosphäre. Die Abkühlung der Stratosphäre begünstigt wiederum die chemischen Reaktionen für die stratosphärische Ozonzerstörung, sodass sich die antarktische Ozonschicht (das Ozonloch) wahrscheinlich langsamer regenerieren wird, als es der bereits einsetzende Rückgang der troposphärischen Konzentration an halogenierten Kohlenwasserstoffen erwarten lässt (Abbildung 11). Mit einer vollständigen Schließung des Ozonlochs ist nach derzeitigem Kenntnisstand nicht vor dem Jahr 2050 zu rechnen (Austin u. a. 2002). Für die arktische Ozonschicht sind zurzeit keine eindeutigen Trendaussagen möglich. Dies liegt daran, dass dort die natürlichen Variabilitäten und Trends stark von dynamischen Rückkopplungsprozessen beeinflusst werden, die besonders schwer vorherzusagen sind.

Die Bedeutung von troposphärischem Ozon als Treibhausgas wird in Zukunft weiter zunehmen, wenn die Emissionen der Vorläufersubstanzen CO und NO_x sowie nicht- bzw. teilhalogenierter Kohlenwasserstoffe wie erwartet weiter ansteigen. Damit wird sich auch der Rückkopplungseffekt von Ozon auf die Chemie der Troposphäre (z. B. die Methankonzentration) und auf die Biosphäre verstärken.

Der Gesamteffekt der atmosphärischen Aerosolzunahme ist aufgrund der beschriebenen Komplexität besonders schwer vorherzusagen. Klimatisch schwächt er wohl eher die treibhausbedingte Erwärmung, wobei verschiedene Aerosole unterschiedlich wirken können (Sulfataerosole eher abkühlend, Rußpartikel eher erwärmend). Festzuhalten ist, dass die Lebensdauer der Aerosole in der Atmosphäre deutlich geringer ist als die der meisten Treibhausgase. Maßnahmen zur Reduktion der Aerosolemissionen würden sich daher im Erdsystem weit schneller bemerkbar machen als z. B. eine Reduktion der Kohlendioxidemissionen.

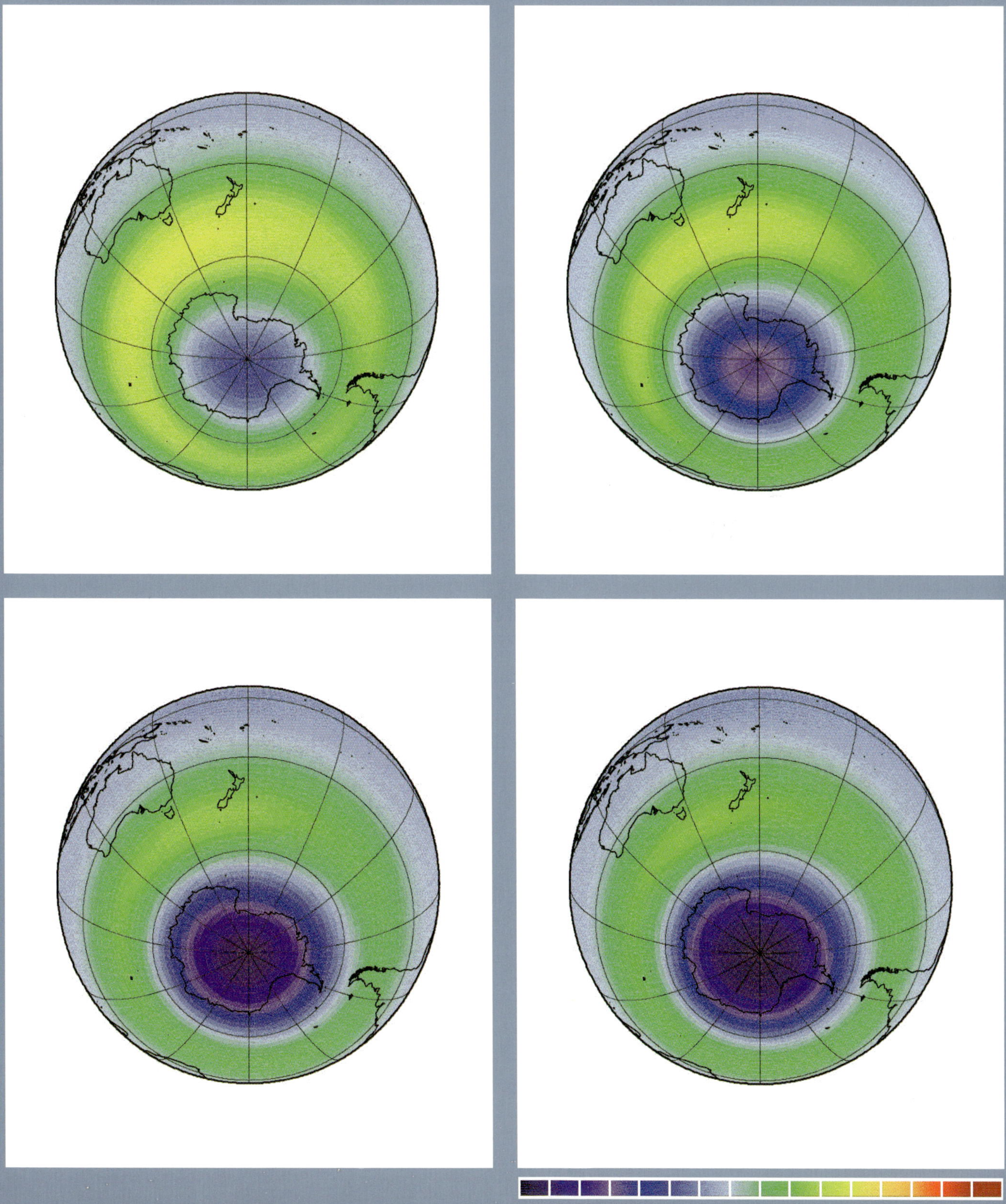

Abb. 11: Zeitliche Entwicklung des antarktischen Ozonlochs von 1960 bis 2015, errechnet aus einer Simulation mit einem gekoppelten Klima-Chemie-Modell. Die Ergebnisse für die Vergangenheit (1960: oben links, 1980: oben rechts, 1990: unten links) stimmen qualitativ und quantitativ gut mit den Beobachtungen überein. Die Abschätzungen für die zukünftige Entwicklung des Ozonlochs (2015: unten rechts) deuten darauf hin, dass es zu einer Verzögerung bei der Rückbildung der Ozonschicht kommen kann. Trotz eines angenommenen Rückgangs der atmosphärischen Chlorkonzentration um etwa 10 % vergrößert sich das Ozonloch noch gegenüber 1990. Dies ist eine mittelbare Folge des Treibhauseffektes, der zu einer Abkühlung der Stratosphäre führt.

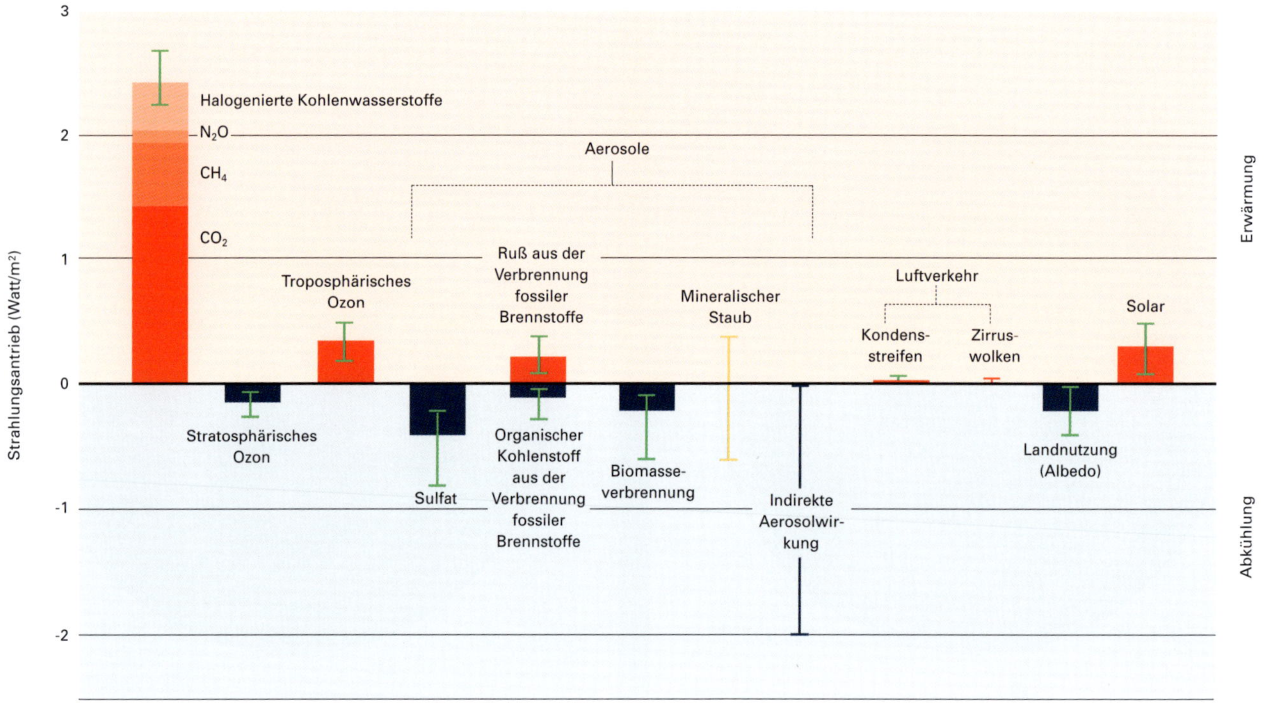

Abb. 12: Vergleich der einzelnen Faktoren mit Treibhauseffekt, die durch ihren „Strahlungsantrieb" für die Periode der vorindustriellen Zeit (1750) bis zur heutigen Zeit auf das Klima wirken. Die Höhe der Balken gibt den jeweils global gemittelten Schätzwert an, die Fehlerbalken deuten die Unsicherheit an. (Quelle: IPCC 2001)

Bei der Komplexität der im Erdsystem wirkenden Prozesse sind Überraschungen in Zukunft nicht auszuschließen; zum Beispiel ist die Wirkung der Ersatzstoffe (HFCKW) für die nicht mehr produzierten FCKW noch weitgehend unerforscht, ebenso die Wirkung vieler Aerosolkomponenten auf Chemie, Wolken und Klima.

SCHLUSSBEMERKUNGEN

In den vorangegangenen Abschnitten wurden einige Verknüpfungen menschlichen Handelns und des Erdsystems dargestellt. Es wurde gezeigt, dass es keinesfalls ausreicht, die Emissionen von atmosphärischen Spurengasen und Aerosolen separat zu betrachten, da es vielfältige Wechselwirkungen zwischen dem System Erde mit seinen chemischen, physikalischen und ökologischen Besonderheiten und den anthropogenen „Störungen" gibt. In der Regel hängen die Emissionen klimarelevanter Gase und Aerosole oder der entsprechenden Vorläufersubstanzen ebenso wie deren Entfernung aus der Atmosphäre in vielfältiger Form von menschlichen Aktivitäten und natürlichen Veränderungen ab, einschließlich derjenigen des Klimas selbst.

Die Erdsystemwissenschaft muss sich weiterhin der außerordentlichen Herausforderung stellen, die in einer Vertiefung des Verständnisses dieser komplexen Wechselwirkungen liegt. Gerade in den letzten zehn Jahren wurde hierbei eine Reihe von Fortschritten erzielt, vor allem durch eine intensive Zusammenarbeit zwischen verschiedenen wissenschaftlichen Disziplinen, eine verbesserte Koordination von Beobachtung und Modellierung atmosphärischer Vorgänge sowie eine breite, internationale Kooperation. Trotzdem darf nicht vergessen werden, dass die zur Verfügung stehende Datenbasis zur Überprüfung der wissenschaftlichen Theorien, Konzepte und Modelle immer noch lückenhaft ist. Auch in Zukunft müssen große Anstrengungen unternommen werden, um neue Techniken und Programme zur Untersuchung unseres sich verändernden Planeten zu entwickeln.

LITERATUR

Leseempfehlungen

IPCC (2001): Climate Change 2001: The Scientific Basis. Hrsg. von Houghton, J. T., u. a., Cambridge University Press, Cambridge, UK. Siehe: http://www.ipcc.ch/.

Andreae, M.O. (1995): Climatic effects of changing atmospheric aerosol levels. In: Henderson-Sellers, A. (Hrsg.): World Survey of Climatology, Band 16: Future Climates of the World. Elsevier, Amsterdam, S. 341–392.

Schnadt, C., M. Dameris, M. Ponater, R. Hein, V. Grewe, B. Steil (2002): Interaction of atmospheric chemistry and climate and its impact on stratospheric ozone. In: Clim. Dynamics 18, S. 501–517.

Shine, K. P., P. M. de F. Forster (1999): The effect of human activity on radiative forcing of climate change: a review of recent developments. In: Global and Planetary Change 20, S. 205–225.

Literaturbelege

Austin, J., D. Shindell, C. Brühl, M. Dameris, E. Manzini, T. Nagashima, P. Newman, S. Pawson, G. Pitari, E. Rozanov, C. Schnadt, T.G. Shepherd (2002): Uncertainties and assessments of chemistry-climate models of the stratosphere. In: Atmos. Chem. Phys. Discuss. 2, S. 1035–1096.

Keeling, C. D., T. P. Whorf, M. Wahlen, J. Vanderplicht (1995): Interannual extremes in the rate of rise of atmospheric carbon dioxide since 1980. In: Nature 375, S. 666–670.

Krol, M., P. J. van Leeuwen, J. Lelieveld (1998): Global OH trend inferred from methychloroform measurements. In: Journal Geophysical Res. 103, S. 10697–10711.

Montzka, S. A., J. H. Butler, J. W. Elkins, T. M. Thompson, A. D. Clarke, L. T. Lock (1999): Present and future trends in the atmospheric burden of ozone depleting halogens. In: Nature 398, S. 690–694.

Der **Autor** Meinrat O. Andreae ist Direktor der Abteilung Biogeochemie am Max-Planck-Institut für Chemie (Otto-Hahn-Institut) in Mainz. Seine Forschung befasst sich mit den Wechselwirkungen zwischen Biosphäre und Atmosphäre, sowie mit dem Einfluss von Aerosolpartikeln auf das Klima.

Martin Dameris ist wissenschaftlicher Mitarbeiter am Deutschen Zentrum für Luft- und Raumfahrt (DLR), Institut für Physik der Atmosphäre, und Privatdozent für Meteorologie and der Ludwig-Maximilians-Universität München. Seine Themenschwerpunkte sind die Wechselwirkung von Klima und atmosphärischer Chemie und Untersuchungen mit Hilfe von Rechenmodellen.

Dr. Michael Ponater ist Meteorologe und seit 15 Jahren am selben Institut der DLR als Wissenschaftler in der Klimaforschung tätig. In den letzten Jahren hat er sich hauptsächlich mit der Wirkung des Flugverkehrs auf Atmosphäre und Klimasystem befasst.

Abb. 1: Werden sich die Klimaänderungen in den Alpen auf das Freizeitverhalten und vor allem auf den Tourismus auswirken, von dem die Region wirtschaftlich so stark abhängt? Das Bild aus den Dolomiten zeigt, wie sich der Mensch mit intensiver Bebauung und reichlich Kunstschnee die Natur zurechtmacht und sein Skivergnügen auch bei ausbleibendem Schnee sichert. (Foto: Thomas Loster)

Ausblicke auf das Klima von morgen: Bayern und der Alpenraum

Nicht zuletzt aufgrund der großen globalen Klimamodelle haben wir uns daran gewöhnt, Klima als globales Phänomen zu betrachten, etwa anhand der Entwicklung der globalen Durchschnittstemperatur. Um konkrete Folgen für den Menschen zu ermessen, muss eine regionale Betrachtung hinzutreten. Es ist abzuschätzen, wie sich der globale Klimawandel auf die örtlichen Klimate in verschiedenen Teilen der Welt auswirken wird. Joseph Egger berichtet im Folgenden von beispielhaften ...

Versuchen, solche Abschätzungen für den Raum Bayern zu erstellen, und von den Schwierigkeiten solch regionaler Klimasimulationen, an denen die Grenzen des Instruments Klimamodellierung offenbar werden.

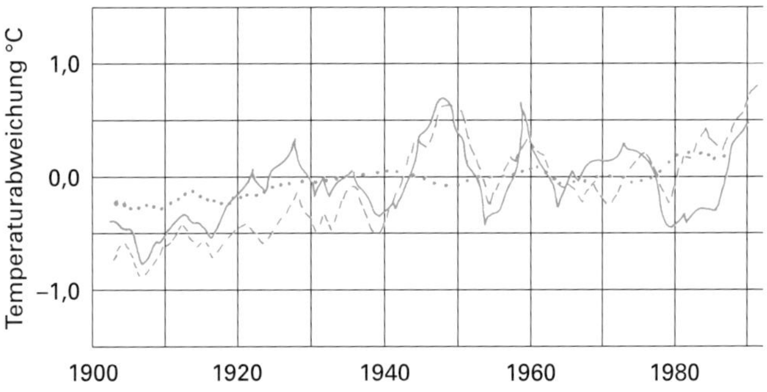

Abb. 2: Abweichungen der Temperatur vom Mittel in Zürich (gestrichelt), in Davos (durchgezogen) von der bodennahen globalen Mitteltemperatur (punktiert) über die Jahre 1901–1992, wobei zusätzlich eine laufende Mittelung über fünf Jahre auf die Originaldaten angewendet wurde. (Quelle: Beniston u. a. 1997)

Das Klima Bayerns und des Alpenraums hat sich in der Vergangenheit teilweise drastisch verändert. Man braucht nur an die Eiszeiten zu denken, als der Alpenraum weitgehend mit Eis bedeckt war. Diese Klimaänderungen waren ausschließlich natürlichen Ursprungs in dem Sinne, dass sie von menschlichen Aktivitäten nicht beeinflusst waren. Solche natürlichen Klimaänderungen verdanken sich einem komplizierten Zusammenspiel von Veränderungen des Umlaufs der Erde um die Sonne, der Aktivität der Sonne, der Eisbedeckung der Erde, der Zirkulation der Ozeane und nicht zuletzt auch der der Atmosphäre. Dieses Zusammenspiel ist nur in groben Zügen verstanden und einer numerischen Modellierung nur bedingt zugänglich. Verschärfend tritt hinzu, dass regionale Klimaänderungen noch um einiges schwieriger zu durchschauen sind als globale. Regionale Klimate wie das des Alpenraums sind in das globale Klima eingebettet und hängen in starkem Maße von dieser Einbettung ab. Es ist für die Witterung im Alpenraum ein großer Unterschied, ob die Luftmassen vornehmlich aus Westen anströmen oder aus Südwesten. Diese Empfindlichkeit des regionalen Klimas gegenüber Änderungen der globalen Strömungsmuster drückt sich darin aus, dass – wie aus Abbildung 2 klar wird – die Schwankungen des regionalen Klimas meist weitaus größer sind als die des globalen. Man sieht in Abbildung 2 den Gang der bodennahen Lufttemperatur in Zürich und in Davos für die Zeitspanne von 1901 bis 1992, wobei, um die Kurven zu glätten, eine Mittelung über fünf Jahre vorgenommen wurde.

Hervorstechend sind die Kälteperiode zu Anfang des letzten Jahrhunderts, der warme Abschnitt von 1942–1953, auch der Anstieg seit 1980. Die Temperaturschwankungen verlaufen an beiden Stationen weitgehend parallel, auch wenn die Abkühlung am Anfang des letzten Jahrhunderts Zürich stärker betroffen hat als Davos. Ebenso wird der globale mittlere Temperaturverlauf gezeigt, bei dem der Anstieg der Temperatur von 1908 bis etwa 1940 auffällt wie auch der jüngste Anstieg seit 1975. Selbst wenn man eine gewisse Parallelität zwischen globalen und regionalen Temperaturen erkennen kann, ist doch klar, dass sich das Schweizer Klima recht unabhängig vom globalen entwickelt hat. So hat etwa die Periode hoher Schweizer Temperaturen zwischen 1944 und 1952 keinerlei Entsprechung bei den globalen Temperaturen. Will man dieses Phänomen erklären, müssen eigene Untersuchungen durchgeführt werden, die die Einbettung des Alpenraums in die globalen Zirkulationsmuster berücksichtigen, die aber wenig oder nichts zum Verständnis globaler Klima-

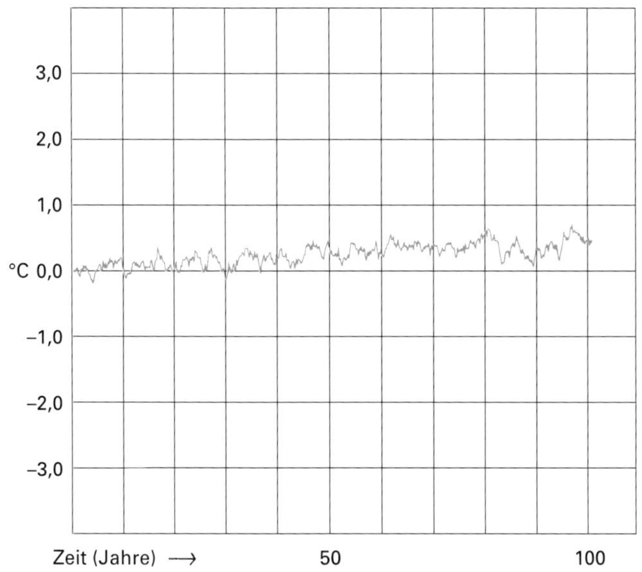

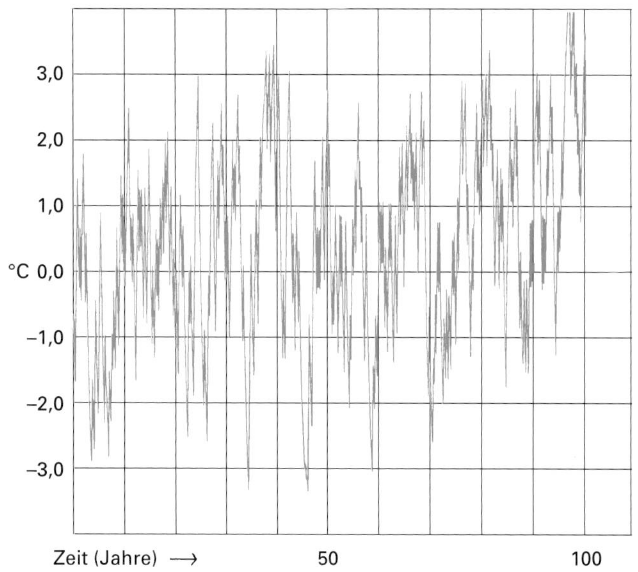

Abb. 3: Der Verlauf der globalen Mitteltemperatur (links) und der regionalen Temperatur (rechts) für 100 Jahre in einer hypothetischen Welt, in der ein „anthropogener" globaler Trend von 0,5 °C pro 100 Jahre vorgegeben ist.

änderungen beitragen. Will man insbesondere die regionalen Schwankungen mit einem numerischen Modell nachbilden, so ist man in einer ungleich schwierigeren Lage als beim globalen Klima, da das Modell nun in der Lage sein muss, diese Einbettung richtig zu beschreiben. Bei globalen Klimasimulationen, die auf globale Mittelwerte zielen, kommt es dagegen auf solche Details wie die Anströmung des Alpenraums nicht an.

GLOBALE VERSUS REGIONALE KLIMASCHWANKUNGEN

Aufwändige globale Klimasimulationen haben ergeben, dass die jüngste globale Temperaturerhöhung (siehe Abbildung 2) mit großer Wahrscheinlichkeit auf den Einfluss des Menschen zurückzuführen ist. Will man zusätzlich den menschlichen Einfluss auch auf das regionale Klima nachweisen, so steht man vor einer ungleich schwierigeren Aufgabe, sieht man einmal von speziellen Effekten wie Erwärmungen in Städten ab. Die starken natürlichen Klimaschwankungen des regionalen Klimas überdecken etwaige anthropogene Trends. Dies sei zusätzlich am Beispiel einer schematisch vereinfachten künstlichen Welt demonstriert, die aus 200 Regionen besteht. Es gibt in dieser Modellwelt einen bestimmten globalen Trend der Erwärmung, der in jeder Region repräsentiert ist. Dieser Trend stelle den anthropogenen Anteil an der Klimaänderung dar. Ansonsten ist der Temperaturverlauf in jeder Region durch einen Zufallsprozess mit Gedächtnis charakterisiert, einem so genannten roten Rauschen, das den natürlichen Prozessen entspricht. Dies heißt, dass die Temperaturverläufe in den einzelnen Regionen, abgesehen von der Aufprägung des globalen Trends, voneinander unabhängig sind. Abbildung 3, rechts, zeigt den am Computer berechneten Verlauf dieser Temperatur für eine Region des Modells. Man sieht eine starke Veränderlichkeit, Perioden mit ausgeprägt hohen Temperaturen stehen neben kalten Abschnitten. Einen Trend könnte man in dieser Region schwerlich erkennen. Mittelt man dagegen über alle Regionen, so hat diese globale Mitteltemperatur (Abbildung 3, links) einen deutlichen Trend und nur geringfügige Schwankungen. Dies alles erinnert sehr an das oben Gesagte: Der ausgeprägte globale Trend ist in regionalen Daten nur schwer zu erkennen, die regionalen Temperaturschwankungen dominieren. Entsprechend gibt es keinen Anhaltspunkt dafür, dass die Erwärmung der Schweiz zwischen 1944 und 1952 durch menschliche Aktivitäten hervorgerufen wurde.

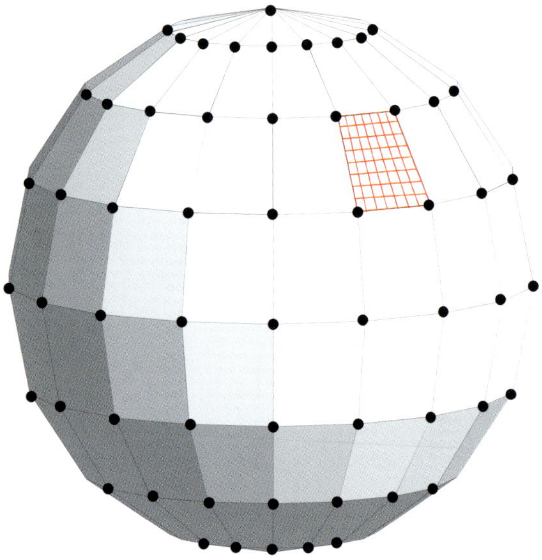

Abb. 4: Veranschaulichung des Zusammenhangs zwischen einem globalen und einem regionalen Klimamodell. Das relativ grobe Rechengitter des globalen Modells ist durch die schwarzen Punkte angedeutet. Darin eingehängt ist als „Nest“ das feine rote Gitter des Regionalmodells.

Im Folgenden soll über Versuche berichtet werden, nicht nur das derzeit beobachtete Klima Bayerns und des Alpenraums mit numerischen Modellen nachzubilden, sondern auch künftige Entwicklungen abzuschätzen. Diese Versuche sind im Rahmen des Bayerischen Klimaforschungsprogramms (BayFORKLIM) vom Meteorologischen Institut der Universität München in Zusammenarbeit mit dem Institut für Atmosphärische Umweltforschung in Garmisch-Partenkirchen durchgeführt worden. Bei der Vorhersage des Klimas gibt es zusätzliche prinzipielle Schwierigkeiten. Die Vorhersage des Wetters gelingt bekanntlich recht gut für ein paar Tage, doch sind bereits Wettervorhersagen für zehn Tage nahezu wertlos. Wie soll es da möglich sein, das Klima vorherzusagen? Dem muss man entgegenhalten, dass Klima ein statistischer Begriff ist, man also nicht einzelne Wetterlagen für bestimmte Tage vorherzusagen hat, sondern durchaus zufrieden sein kann, wenn statistische Größen, etwa Mittelwerte, mit den beobachteten übereinstimmen.

Allerdings gibt es derzeit kaum Anzeichen dafür, dass sich mit globalen Modellen die natürlichen Verschiebungen des Klimas prognostizieren lassen. Selbst im Fall von El-Niño-Ereignissen ist eine Vorhersage des Wechselspiels von Ozean und Atmosphäre nur für ein paar Monate möglich. Zudem weiß man nichts über künftige Vulkanausbrüche. Niemand würde heute beispielsweise eine Prognose über die relative Stärke von Islandtief und Azorenhoch im Jahr 2050 abzugeben wagen, es sei denn für Veränderungen, die auf menschliche Ursachen zurückgehen. Andererseits können wir, wie erwähnt, ziemlich sicher sein, dass ein Gutteil des seit etwa 1970 beobachteten Temperaturanstiegs anthropogen ist. Da dieser Anstieg von Klimamodellen nachgerechnet werden konnte, ist die Vermutung erlaubt, dass der auf menschliche Aktivitäten zurückzuführende Anteil an künftigen Klimaänderungen vorhergesagt werden kann. Voraussetzung dafür ist aber, dass man den künftigen Ausstoß von Treibhausgasen und die künftige Verteilung von Aerosolen, also der Staubpartikel in der Atmosphäre, kennt. Von beiden ist bekannt, dass sie einen spürbaren Einfluss auf das Klima haben. Da die Entwicklung dieser Größen nicht exakt vorhersagbar ist, haben sich „Szenariorechnungen“ durchgesetzt, bei denen bestimmte Ausstoßraten von Treibhausgasen vorgegeben werden. Im Rahmen von BayFORKLIM wurde überwiegend ein „$2 \times CO_2$“-Szenario verwendet: Dabei unterstellt man eine Situation, in der sich der heutige Treibhausgasgehalt verdoppelt haben wird. Dieser Zustand dürfte bei unverändertem Emissionsverhalten im zweiten Drittel dieses Jahrhunderts erreicht werden.

Wenn schon die numerische Simulation des aktuellen Klimas im Alpenraum deutlich schwieriger ist als die des globalen Klimas, so gilt dies erst recht für die bedingte Vorhersage des regionalen Klimas, bedingt insofern, als man die künftige Verteilung der Treibhausgase mit Ausnahme des Wasserdampfes kennen bzw. hypothetisch

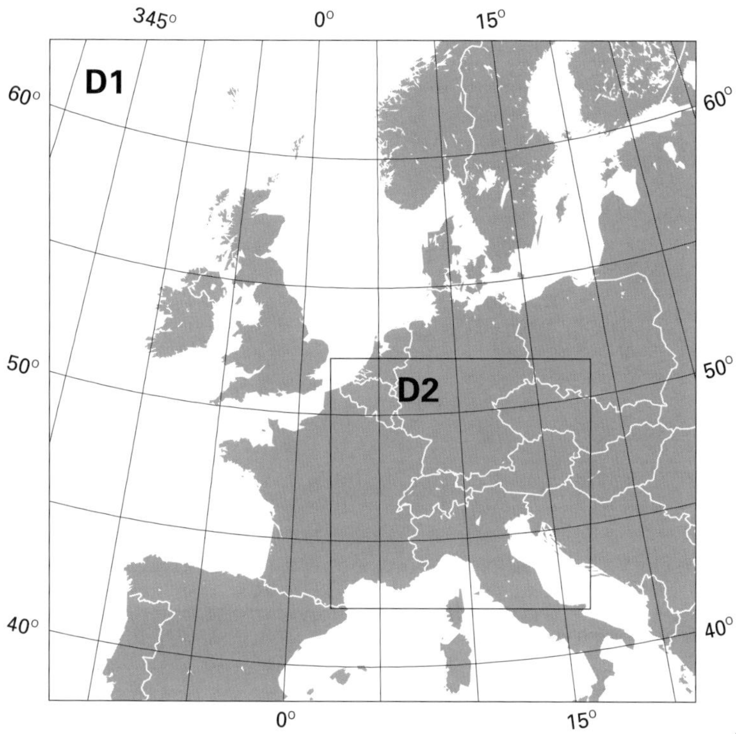

Abb. 5: Modellgebiete D1 und D2 der regionalen Klimarechnungen. Die entsprechende Maschenweiten des Rechengitters betragen 60 km und 15 km. Die Daten der globalen Modelle werden als Randwerte für D1 benutzt. Die in D1 errechneten Größen dienen als Randwerte für D2.

ansetzen muss. Auf jeden Fall hat sich die regionale Rechnung auf die Szenarienrechnung durch globale Modelle zu verlassen.

VOM GLOBALEN ZUM REGIONALEN MODELL

Die am häufigsten angewandte Strategie, um die Aussagen globaler Klimamodelle für regionale Klimaprognosen nutzbar zu machen, ist das Verfahren der numerischen Einbettung, der so genannten Nestbildung. Die hier präsentierten Ergebnisse sind mit dieser Methode erzielt worden.

Globale Modelle besitzen eine relativ grobe räumliche Auflösung, d.h., Wind und Temperatur können nicht für jeden Punkt der Erde, sondern nur für diskrete Gitterpunkte eines die Erde bedeckenden fiktiven Rechennetzes vorhergesagt werden. Für jeden Vorhersagepunkt müssen komplexe Differenzengleichungen gelöst werden; daher kann man sich derzeit bestenfalls globale Modelle mit Gitterpunktabständen von ein paar hundert Kilometern leisten, sodass auf Bayern nur ein einziger Punkt entfallen mag und die Alpen nur ganz grob dargestellt sind. Die Strategie besteht nun darin, in das globale Modell hochauflösende regionale Modelle einzubetten (Abbildung 4): Diese sind an ihren Rändern auf Informationen von „außen" in dem Sinne angewiesen, dass sie Strömungen in ihr Gebiet hinein, wie vom globalen Modell vorhergesagt, akzeptieren. Wie diese Strömungen im Innern – etwa durch die Alpen – modifiziert werden, bestimmt das regionale Modell dann im Detail. Für BayFORKLIM wurde eine Szenarienrechnung mit dem globalen Modell ECHAM3 des Max-Planck-Instituts für Meteorologie in Hamburg ausgewählt, in die zwei „Nester" eingebettet wurden, um die Verfeinerung möglichst weit zu treiben (Abbildung 5). Die Daten des globalen Modells ECHAM3 werden am Rande des größeren Nests als Randwerte benutzt. Im Innern des großen Nests D1 rechnet das Regionalmodell alle Vorgänge nach, wobei im kleineren Nest D2 der Abstand von Gitterpunkt zu Gitterpunkt nur noch 15 Kilometer beträgt.

Genestete Modelle sollten in der Lage sein, das derzeit herrschende Klima gut zu beschreiben, wenn ihnen Randwerte aus tatsächlich durchgeführten Wetterbeobachtungen zur Verfügung gestellt und sie damit ins aktuelle Klima eingebettet werden. Insgesamt hat sich herausgeschält, dass solche Nachrechnungen für Mitteleuropa wie auch für den Alpenraum weitgehend zufriedenstellend sind. Fehler bei der mittleren Temperatur liegen unter einem Grad Celsius. Auch in BayFORKLIM wurden bei dieser Art von Nachrechnungen des heutigen Klimas positive Erfahrungen gemacht. Allerdings ist die Niederschlagssimulation im Alpenraum für den Sommer problematisch, da dann ein beträchtlicher Teil des Niederschlags durch Gewitter erzeugt wird, die selbst bei Maschenweiten von 15 Kilometern nicht explizit erfasst werden können.

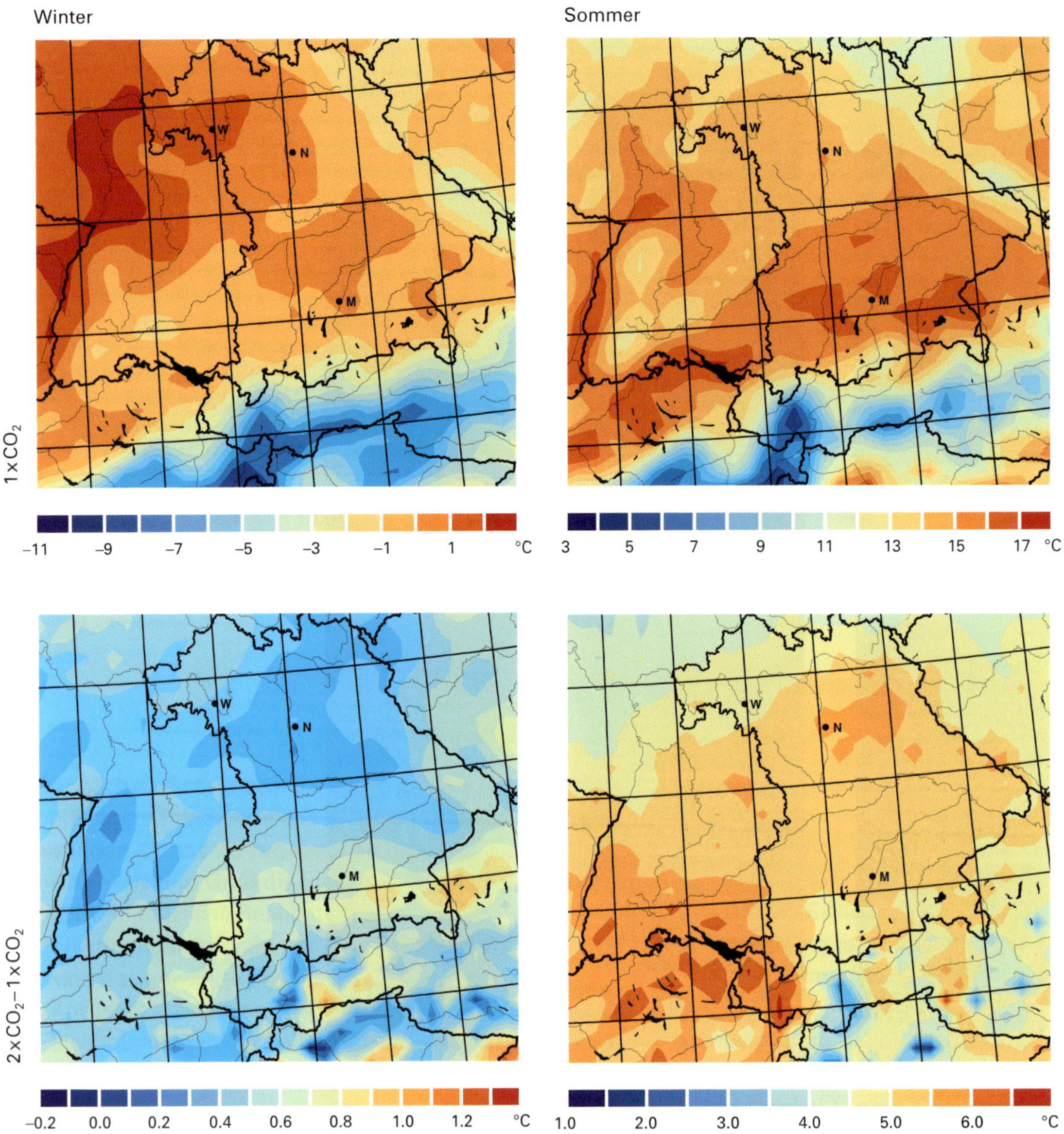

Abb. 8: Bodennahe Lufttemperatur (in °C) im Winter (oben links) und im Sommer (oben rechts), berechnet im Regionalmodell für das derzeitige Klima. In der unteren Reihe sind die entsprechenden Temperaturdifferenzen (in °C) zwischen dem Zukunftsszenario 2 x CO_2 und der aktuellen Simulation 1 x CO_2 zu sehen.

hat aber, was die Bodendruckverteilung im Alpenraum betrifft, nur einen geringen Effekt. Die Temperatur steigt um etwa 1 °C. Im Sommer ist im Alpenraum dagegen ein Temperaturanstieg um ca. 4 °C zu verzeichnen, zweifellos ein dramatischer Effekt. Dies hängt mit dem vom Azorenhoch ausgehenden und bis Russland reichenden Hochdruckkeil zusammen, der unter den Bedingungen des 2 x CO_2-Klimas verstärkt und etwas nach Norden verschoben wird, wodurch nun in den Sommermonaten vermehrt trockene Luft aus Osteuropa in den Alpenraum gelangt.

DIE ERGEBNISSE FÜR DEN SÜDDEUTSCHEN RAUM

Zunächst sei das Klima Bayerns und des Alpenraums dargestellt, wie es sich errechnet, wenn man dem Regionalmodell die Ergebnisse des globalen Modells für die derzeitigen Verhältnisse (1 x CO_2) als Randwerte vorgibt. Abbildung 8 zeigt die bodennahe Lufttemperatur für Winter und Sommer, wie sie sich in D2 ergibt. Beim Vergleich mit den Beobachtungen in Abbildung 5 muss man beachten, dass die Farbskala anders gewählt ist, um Feinheiten besser auflösen zu können. Dennoch erkennt man, dass das Regionalmodell wie das globale Modell (siehe Abbildung 6) für den Winter etwas zu hohe Temperaturen ausweist, im Sommer dagegen recht gut liegt. Bei der Berechnung des Niederschlags treten allerdings größere Differenzen auf. Das Regionalmodell tendiert wie das Globalmodell dazu, den Sommerniederschlag zu unterschätzen. Obendrein ersieht man aus Abbildung 9, dass das Regionalmodell dazu neigt, ausgeprägte lokale Niederschlagsmaxima zu erzeugen, die nicht realistisch sind.

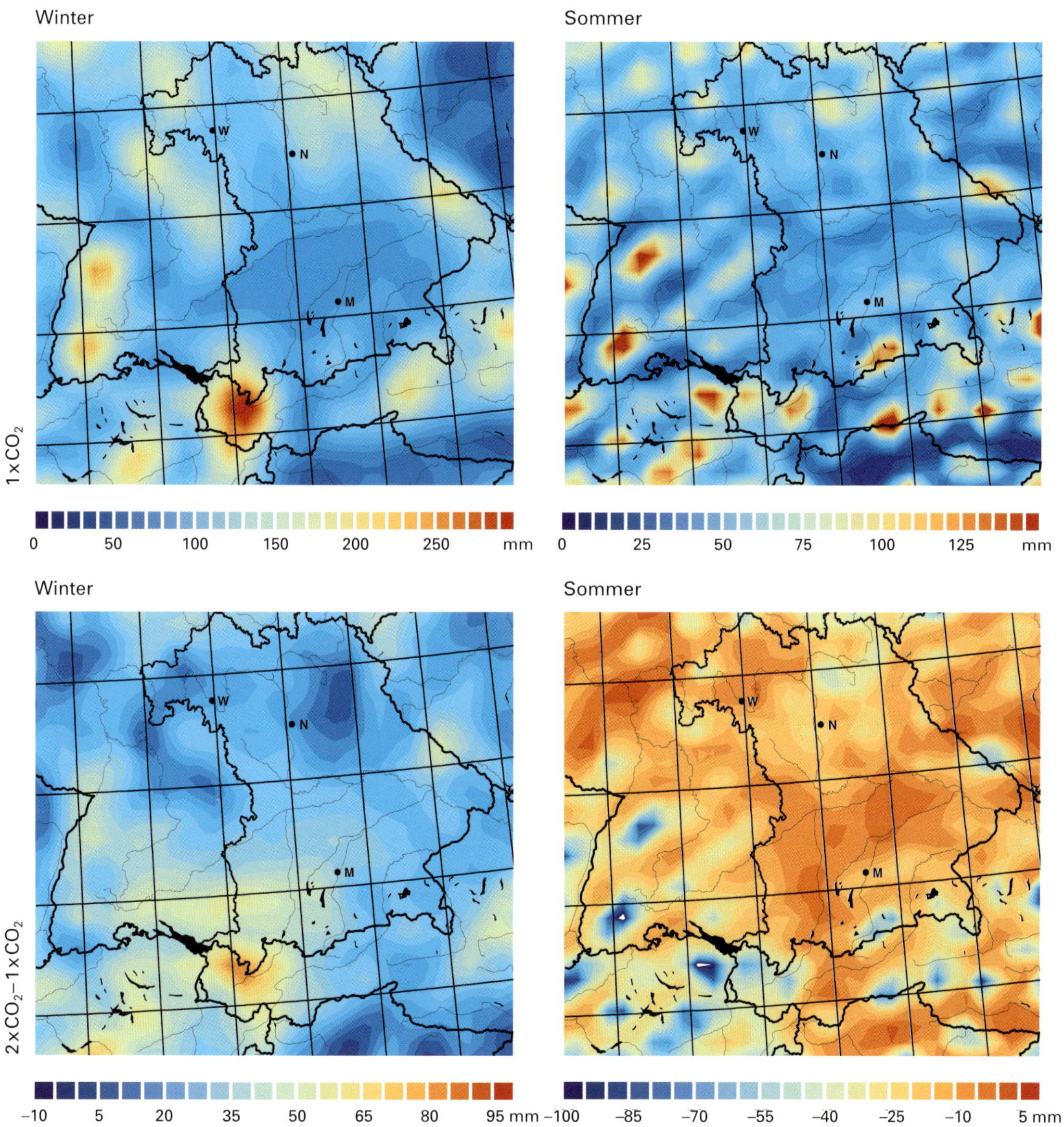

Abb. 9: Niederschlag (in Millimetern) im Winter (links) und im Sommer (rechts) für das 1 x CO_2-Regionalklima. Unten sind die entsprechenden Differenzen für 2 x CO_2 – 1 x CO_2 angegeben.

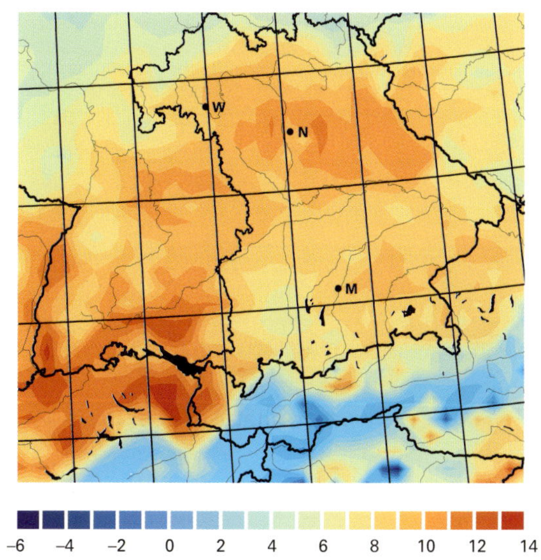

Abb. 10: Unterschiede in der Anzahl der „heißen Tage" im Juli (mit Maximum der Lufttemperatur über 30 °C) zwischen der 2 x CO_2- und der 1 x CO_2-Simulation.

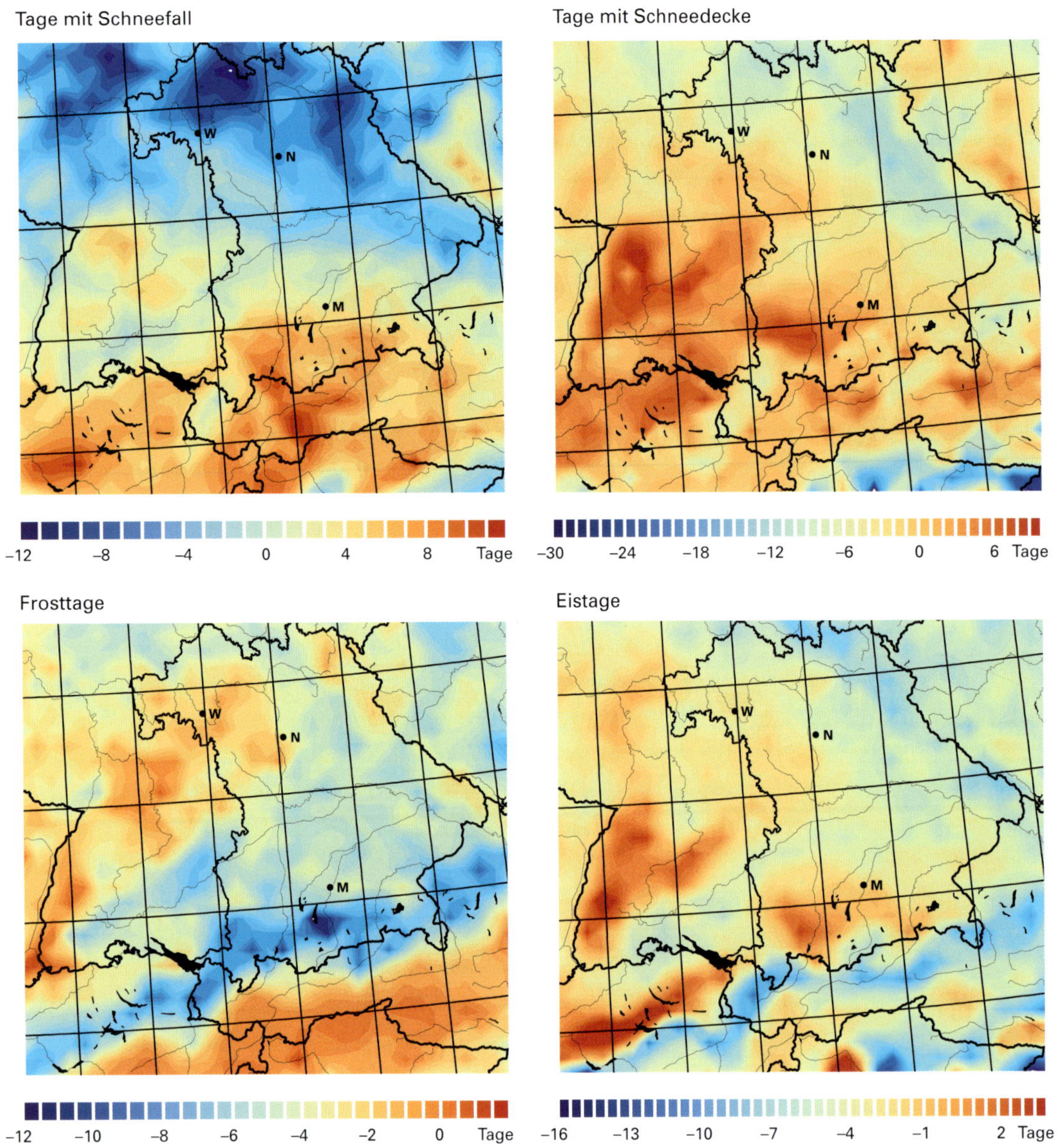

Abb. 11: Unterschiede in der Anzahl der Tage mit Schneefall (links oben), Schneebedeckung (rechts oben), Frost (links unten) und Dauerfrost (rechts unten, Eistage mit Temperaturen dauerhaft unter 0 °C) zwischen der 2 x CO_2- und der 1 x CO_2-Simulation.

KLIMAÄNDERUNGEN IM REGIONALEN MODELL

Schließlich seien die Unterschiede zwischen der Klimaprognose und der Rechnersimulation des aktuellen Klimas präsentiert. Abbildung 8 zeigt die Temperaturunterschiede zwischen der 2xCO_2- und der 1xCO_2-Regionalsimulation. Die Anhebung der winterlichen Temperaturen im 2xCO_2-Lauf weist nur geringe regionale Unterschiede auf. Die Erwärmung beträgt überall rund 0,5 °C, ist also gering und vermutlich kaum spürbar; nur in Oberbayern ist sie etwas höher. Im Sommer ist die Erwärmung dagegen durchweg wesentlich kräftiger, regionale Unterschiede treten nun deutlich hervor. So nimmt die Temperatur in Teilen des Inntals nur um 3 °C, im Bodenseegebiet dagegen um 6 °C zu. Dies bestätigen die in Abbildung 10 dargestellten Ergebnisse, nach denen sich für das Bodenseegebiet eine massive Zunahme der heißen Tage (mit Höchstwerten über 30 °C) errechnet, für das Engadin und den Alpenhauptkamm dagegen eine Abnahme. Solch starke Differenzierungen sind überraschend und zeigen sich erst in der regionalen Modellierung.

Was den Niederschlag angeht (Abbildung 9), so muss man für den Winter gerade im Westen eine deutliche Zunahme erwarten, kaum aber für den Alpenhauptkamm. In Nordbayern tritt keine nennenswerte Änderung auf. Auffallend ist die Zunahme des Niederschlags in Vorarlberg. Der sommerliche Rückgang des Niederschlags dagegen trifft vor allem den Schwarzwald und den Alpenraum, während das Donaugebiet kaum davon betroffen sein wird.

Überraschend ist die in Abbildung 11 erhaltene Aussage, dass trotz der leichten Zunahme der Temperatur im Winter die Zahl der Schneefalltage im südlichen Bayern steigt, was die dortige Zunahme des Niederschlags widerspiegelt. Franken und der Bayerische Wald haben dagegen mit einer Abnahme der Tage mit Schneefall zu rechnen. Die Zahl der Tage mit Schneebedeckung nimmt im Westen zu, im Bayerischen Wald und auf der Alpensüdseite dagegen deutlich ab. Im Alpenvorland verringert sich die Zahl der Frosttage (mit Minimaltemperaturen unter 0 °C); die verlängerte Schneebedeckung bringt es jedoch mit sich, dass sich die Zahl der Tage erhöht, an denen die Temperatur durchweg unter 0 °C bleibt, also der Eistage.

FOLGERUNGEN

Bevor wir aus diesen Ergebnissen Schlüsse ziehen, muss noch einmal deutlich auf die Unsicherheiten hingewiesen werden, mit denen sie behaftet sind. Zum einen ist eine Vorhersage der natürlichen Veränderlichkeit des Klimas derzeit unmöglich, zum anderen kann selbst der vom Menschen verursachte künftige Gehalt an Treibhausgasen in der Atmosphäre nur geschätzt werden. Auch erfasst das zugrunde liegende globale Modell durchaus nicht alle anthropogenen Einflüsse auf das Klima. Insbesondere hat sich in den letzten Jahren bei den globalen Modellen die Einsicht durchgesetzt, dass der Aerosolgehalt der Luft einen deutlichen, wohl dämpfenden Einfluss auf die Klimaentwicklung hat. Dieser Effekt ist bei den ECHAM3-Läufen von BayFORKLIM noch nicht berücksichtigt.

Andererseits besteht guter Grund zu der Annahme, dass das globale Modell anthropogene Klimaänderungen, die durch Vermehrung der Treibhausgase und Veränderung des atmosphärischen Aerosolgehalts entstehen, wenigstens in der globalen Skala nachrechnen kann. In diesem Sinn stellen die Ergebnisse eine Schätzung unter der Annahme dar, dass um die Mitte des nächsten Jahrhunderts diese anthropogen erzeugte Klimaänderung dominant sein wird. Der Vergleich der Modellergebnisse mit Beobachtungen zeigt, dass die Regionalmodelle zwar erstaunlich gut funktionieren, aber noch beträchtliche Schwächen aufweisen, die ihrerseits die Schätzung des künftigen Klimas beeinflussen.

Zusammengefasst ergibt sich, dass etwa bis zum Jahr 2050 im süddeutschen Raum

- im Winter die Temperatur nur geringfügig, der Niederschlag aber deutlich zunehmen wird,
- im Sommer die Temperatur beträchtlich um etwa 4 °C steigen, der Niederschlag jedoch abnehmen wird.

Die Regionalsimulationen erlauben darüber hinaus noch Aussagen für einzelne Regionen, wobei die Unsicherheit steigt, je kleinräumiger das vorhergesagte Phänomen ist. Die Rechnungen legen nahe, dass im Winter

- die Zunahme des Niederschlags vor allem im Südwesten eintreten wird,
- Schneefall und Schneebedeckung in Franken und im Bayerischen Wald abnehmen werden,
- die Zahl der Frosttage in Süddeutschland sinken, dennoch aber in Oberbayern die Zahl der Eistage leicht steigen wird;

und dass im Sommer

- eine besonders ausgeprägte Temperaturerhöhung im Bodenseegebiet und ein geringerer Anstieg am Alpenhauptkamm eintreten wird,
- die Niederschläge in Bayern durchweg deutlich abnehmen werden,
- die Zahl der Tage mit Starkniederschlag insgesamt leicht sinken wird.

Es sollte an dieser Stelle darauf hingewiesen werden, dass die Rechnungen im Rahmen von BayFORKLIM in vieler Hinsicht Pionierleistungen waren, dass sich aber auch andere Forschungsgruppen mit dieser Problematik

Abb. 12: Die Vegetation auf Alpengipfeln wird teilweise seit Ende des 19. Jahrhunderts beobachtet. Der merkliche Anstieg der Artenzahl gilt als Folge der Klimaerwärmung. (Foto: Harald Pauli, Wien)

beschäftigt haben. Insbesondere wurde im Jahr 1998 eine umfangreiche Studie abgeschlossen (Machenhauer u. a. 1998), bei der eine Reihe von regionalen Klimamodellen auf ihre Fähigkeit hin verglichen wurde, das derzeitige Klima bei Einbettung in ein globales Modell nachzubilden. Die in dieser Untersuchung erzielten Resultate bestätigen den in BayFORKLIM gewonnenen Eindruck, dass die regionale Klimasimulation bei der Einbettung in ein globales Modell mit beträchtlichen Schwierigkeiten zu kämpfen hat, die den Wert der Szenarienrechnungen reduzieren.

Vor diesem Hintergrund haben Christoph Schär und seine Kollegen 1996 einen interessanten alternativen Weg zur Abschätzung künftiger Klimaänderungen eingeschlagen. Unter der Annahme eines künftig wärmeren und somit auch feuchteren globalen Klimas kann man zumindest einen Einblick in zu erwartende Änderungen bekommen, wenn man dem Regionalmodell Randwerte entsprechend dem derzeit beobachteten Klima vorgibt (siehe oben), die Temperatur der einströmenden Luft im Vergleich zu den aktuellen Werten aber um etwa 2 Grad und ihre Feuchte um 15% erhöht. Änderungen der allgemeinen Zirkulation der Atmosphäre werden auf diese Weise ausgeschlossen und man konzentriert sich auf einen wichtigen Aspekt der globalen Klimaerwärmung. Dieser Ansatz führt zumindest für die Herbstmonate zu einer deutlichen Steigerung des Niederschlags bei sowieso schon starken Niederschlagsereignissen. Neueste Analysen (Frei u. a. 2000) weisen darauf hin, dass Starkniederschläge in der Schweiz im Herbst und Winter tatsächlich zugenommen haben.

FORSCHUNGS- BZW. HANDLUNGSBEDARF

Angesichts der Unsicherheiten, mit denen die Modellrechnungen behaftet sind, lässt sich aus den Ergebnissen schwerlich eindeutiger Handlungsbedarf ableiten. Sollte die von den Modellen vorhergesagte starke Erwärmung im Sommer in Verbindung mit einer Verringerung des sommerlichen Niederschlags eintreten, so könnten sich daraus – zumindest in einzelnen Jahren – Probleme bei der Wasserversorgung ergeben. Klar ist dagegen: Die Entwicklung der numerischen Modelle muss noch deutlich vorangetrieben werden.

LITERATUR

Quellenbelege

Beniston, M., M. Rebetez, F. Giorgi, M. Marinucci (1994): An analysis of regional climate change in Switzerland. In: Theor. Appl. Climatology 49, S. 135–159.

Frei, Ch., H. Davies, J. Gurtz, C. Schaer (2000): Climate dynamics and extreme precipitation and flood events in Central Europe. In: Integrated Assessment 1, S. 281–299.

Schär, C., Ch. Frei, D. Lüthi, H. Davies (1996): Surrogate climate-change scenarios for regional climate models. In: Geophys. Res. Lett. 23, S. 669–672.

BayForKlim (1999): Klimaänderungen in Bayern und ihre Auswirkungen. Abschlussbericht des Bayerischen Klimaforschungsverbundes. Hrsg. BayForKlim, G. Enders, Meteorologisches Institut, Universität München, Theresienstr. 37, 80333 München

Die Abbildungen dieses Beitrags sind diesem Bericht entnommen.

Der **Autor** Joseph Egger ist Professor für Theoretische Meteorologie an der Ludwig-Maximilians-Universität München und leitet die Umweltforschungsstation Schneefernerhaus. Er beschäftigt sich mit dem Einfluss der Berge auf Wetter und Klima, mit großräumigen Witterungsstrukturen wie blockierenden Hochdruckgebieten und mit dem Drehimpuls der Gesamtatmosphäre.

Klima und Wetter. Historische Erfahrungen

Abb. 1: Ferdinand Kobell, „Die alte Brücke in Heidelberg nach dem Eisgang 1784". (Quelle: nach Glaser 2001, Kurpfälzisches Museum Heidelberg)

Nicht das Klima hat die Menschen von jeher bewegt, sondern das Wetter, dessen Launen sie in oft lebensbedrohlicher Weise ausgeliefert waren. Erst mit der Industrialisierung konnte sich der Mensch immer mehr davon emanzipieren. Möglich wurde dies durch die Nutzung ...

fossiler Energien, die wir heute verdächtigen, das Klima aus dem Lot zu bringen. Es entbehrt deshalb nicht einer gewissen Ironie, so der Freiburger Umwelt- und Sozialhistoriker Franz-Josef Brüggemeier, dass diese Energien und ihre Emissionen unsere Abhängigkeit von den Unbilden des Wetters wiederbeleben.

Klima hat keine Geschichte. Diese Feststellung irritiert und sie bezieht sich selbstverständlich nicht auf die physikalischen oder meteorologischen Phänomene, die dieser Begriff bezeichnet und die so alt sind wie die Erde selbst. Doch diese Phänomene waren den Menschen bis vor kurzem kaum bekannt. Was sie wahrnahmen und worüber sie sprachen war das Wetter, waren Regen und Sonnenschein, Stürme, Donner und Blitz, Überschwemmungen und Trockenheit, Hitze oder Kälte. Das Wetter war einfach da, jeder konnte es sehen, hören und fühlen; es prägte den Alltag, konnte Wohlbehagen verursachen, aber auch Katastrophen auslösen oder sogar die Existenz gefährden. Im Gegensatz zum heute so aktuellen Klima hat deshalb das Wetter die Menschen von Anfang an interessiert, sie erfreut, aber auch verängstigt und eine Vielzahl von Erklärungen, Gewohnheiten, Riten und Versuchen hervorgebracht, es zu verstehen oder gar zu beeinflussen.

Das Wort Klima hingegen ist im Deutschen erst seit dem 16. Jahrhundert gebräuchlich. Es stammt vom griechischen *klīma* ab und hatte ursprünglich eine andere Bedeutung. Es bezeichnete die Neigung von Orten der Erdoberfläche gegen die Rotationsachse der Erde. Da diese Neigung die Dauer des längsten Tages beeinflusst, teilten griechische Astronomen wie Ptolemäus die Erde vom Äquator bis zum Polarkreis in 24 so genannte „Klimate“ ein, die jeweils parallel zum Äquator verliefen. Diese astronomische Einteilung wurde noch im 16. Jahrhundert mit diesem Begriff verbunden und erst anschließend durch die uns geläufige Bezeichnung verdrängt. Klima bezeichnete dann zunächst die Witterungsverhältnisse einzelner Orte, bis sich die bis heute bekannte Gliederung in Klimazonen durchsetzte und man zunächst drei Hauptzonen unterschied: eine tropische, eine gemäßigte und eine polare Zone. Diese Unterteilung war jedoch viel zu grob, sodass man mittlerweile diese Hauptzonen nicht nur weiter ausdifferenziert, sondern auch vom ozeanischen und kontinentalen Klima, vom Mittelmeerklima, vom innerstädtischen Klima, vom Mikroklima und von anderem mehr spricht.

Diese späte Karriere des Klimabegriffs ist kein Zufall, denn bis zur Industrialisierung waren Veränderungen des Wetters bedeutend wichtiger. Ganz offensichtlich war, dass es Gebiete mit sehr unterschiedlichen Temperaturen und Niederschlägen, mit Stürmen oder Trockenheit gab und es folglich einen großen Unterschied machte, ob man im feuchtkühlen Nordeuropa, in den warmen Ländern entlang des Mittelmeeres, in der Höhe eines Gebirges, nahe einer Wüste oder in einer Steppe wohnte. Die Bedeutung klimatischer Faktoren war deshalb nur zu offenkundig, selbst wenn die heutigen Begriffe und Vorstellungen noch nicht geläufig waren. Bei den verschiedenen klimatischen Gegebenheiten handelte es sich gewissermaßen um Grundkonstanten, deren Auswirkungen vertraut waren und die unterschiedlich große Herausforderungen schufen.

Doch an die klimatischen Bedingungen konnte man sich anpassen, sei es durch Bebauung, Kleidung, Nahrung, Landwirtschaft, Jagd, Kriegführung oder Besiedlung. Dazu entstanden Traditionen, Verhaltensweisen und Techniken, die Jahrhunderte zurückreichen konnten und gemessen an heutigen Standards einfach und wenig entwickelt anmuten. Genau darauf kam es jedoch an: Sie durften nicht zu kompliziert und anfällig für Störungen sein, sondern mussten

Abb. 2: Flugschrift zu den Unwettern 1612/1613. (Quelle: nach Glaser 2001, Schlossmuseum Gotha, Kupferstichkabinett Sign. 18/39)

zuverlässig funktionieren und eine gewisse Sicherheit bieten. Nur so war es möglich, unter oft widrigen Umständen zu überleben und Jahr für Jahr die Ernte zu sichern – wenn das Wetter mitspielte. Denn dieses blieb ein großer Unsicherheitsfaktor. Es konnte alle Erwartungen über den Haufen werfen, möglicherweise jahrelang gute Erträge liefern, aber auch ganz unvermittelt Katastrophen auslösen.

Wie unterschiedlich das Wetter ausfallen kann, wissen wir alle nur zu genau. Der Sommer kann verregnet sein und der Urlaub buchstäblich ins Wasser fallen; es kann aber auch so heiß werden, dass Schülerinnen und Schüler auf hitzefrei hoffen und wir nachts kaum einschlafen können. Im Winter kann es an Schnee mangeln, kurze Zeit später aber so viel davon niedergehen, dass der Verkehr zusammenbricht; eisige Temperaturen veranlassen uns, nicht vor die Türe zu gehen, und für viele ist der tägliche Wetterbericht der wichtigste Teil der Nachrichtensendungen. Wir achten also auf das Wetter und können uns darüber ärgern. Doch abgesehen von extremen Zuspitzungen bedeutet es keine größere Bedrohung mehr, auf seine Schwankungen können wir uns gut einstellen. Das war vor etwas mehr als 150 Jahren ganz anders.

HUNGERSNÖTE

Eine große Hungersnot, die durch schlechtes Wetter ausgelöst wurde, ereignete sich in Deutschland letztmals 1846/47. Bereits 1845 fiel die Ernte wegen kühler Temperaturen und hoher Niederschläge niedriger aus, um im Jahr darauf förmlich einzubrechen. In Preußen, dem damals größten Staat und wichtigsten Agrarproduzenten in Deutschland, betrugen die Erträge nicht einmal 60 % des üblichen Niveaus. Da der folgende Winter äußerst hart war, verschärften sich die Engpässe in der Versorgung und die Preise stiegen dramatisch an, sodass weite Teile der Bevölkerung großen Hunger litten. Besonders katastrophal war die Situation in Oberschlesien, wo einem zeitgenössischen Bericht zufolge „in einzelnen Kreisen seit zwei Jahren halbe Hungersnot, seit sechs Monaten wirkliche Hungersnot und ... in ihrem Gefolge eine pestartige Krankheit" herrschte. In den letzten Wochen seien die Auswirkungen noch viel „grauenerregender" gewesen und in einzelnen Gebieten seien nahezu 20 % der Menschen verhungert.* Andere Gegenden in Deutschland und Europa waren ebenfalls betroffen – mit besonders verheerenden Folgen in Irland. Hier fielen über mehrere Jahre hinweg große Mengen Niederschlag und es kam zu einer Kartoffelfäule, wegen der mehr als eine Million Menschen an Hunger und damit verbundenen Krankheiten starben. Eineinhalb Millionen mussten auswandern – bei einer Gesamtbevölkerung von etwa 8,4 Millionen.

Diese Beispiele unterstreichen, wie bedeutend das Wetter für die vorindustriellen Gesellschaften war. Nur selten waren die Auswirkungen so gravierend wie 1846/47 in Irland, Oberschlesien oder anderen Teilen Deutschlands, doch die Gefahr von schlechten Ernten, Nahrungsmangel und sogar Hungersnöten war stets gegenwärtig. Das ist schon deshalb verständlich, weil die damaligen agrarischen Gesellschaften Jahr für Jahr auf ausreichende Ernteerträge angewiesen waren. Die Ernten konnten mehrere Jahre hintereinander gut ausfallen, sodass Vorräte zur Verfügung standen, um schlechte Jahre zu überbrücken. Wenn

* Zitiert nach: Die oberschlesische Hungerpest. Mit amtlichen Zahlen. Eine Frage an die Preußische Regierung, Leipzig, 1848.

jedoch mehrere schlechte Jahre aufeinander folgten oder auch einzelne Ernten besonders gering ausfielen, waren Mangelsituationen und Hungerkrisen nicht zu vermeiden. Im Durchschnitt war in Deutschland alle sechs bis acht Jahre mit solchen Mangelsituationen zu rechnen, die allerdings auch häufiger auftreten konnten. So erlebten diejenigen, die im Jahre 1700 geboren und fünfzig Jahre alt wurden, dreizehn derartige Krisen.

LEBEN IN ABHÄNGIGKEIT VOM WETTER

Für diese weit reichende Abhängigkeit vom Wetter gibt es mehrere Gründe. Die traditionelle Landwirtschaft war schon in normalen Jahren nicht sehr ertragreich, sodass geringere Ernten schnell an die Substanz gehen konnten. Hinzu kamen wenig fundierte Kenntnisse darüber, wie etwa Düngung funktionierte, was genau Boden fruchtbar machte oder wie sich sein Ertrag systematisch steigern ließ. Stellten sich dann Missernten ein, fiel es schwer, Ersatz zu beschaffen. Dazu waren die Transportwege zu mangelhaft und die Kosten zu hoch; der Austausch von Informationen erfolgte zu langsam. Es fehlte nicht nur an Geldmitteln, sondern auch an Institutionen, die Hilfe organisieren konnten. Darauf verweist der Bericht eines preußischen Landrats aus dem September 1816, der eine Überschwemmung am Niederrhein beschreibt.* Das ganze Land stehe unter Wasser, sodass Weiden, Wiesen und Äcker verfaulten. Die wohlhabenden Bauern verfügten noch über Vorräte, doch die unteren Schichten litten große Not. Als Nahrung dienten ihnen Klee und die Blätter der Bäume, und sie kämpften „auf alle Art gegen die höchste Hungersnot“, allerdings seien die „Züge der Verzweiflung auf ihren Gesichtern“ unverkennbar. Die „wenigen Mittel, durch welche sie sich noch vor dem Tode retten“, würden bald verschwinden. Der Landrat appellierte an seine Vorgesetzten zu helfen, doch das fiel nicht leicht. Die Nachricht erreichte die Vorgesetzten im entfernten Berlin erst, als die Katastrophe bereits eingetreten war. Jede Hilfe kam deswegen ohnehin sehr spät. Zudem waren ebenfalls zahlreiche angrenzende Gebiete betroffen, weshalb Hilfe über große Entfernungen herbeigeschafft werden musste. Auch fehlte es an Geld und einer leistungsfähigen Bürokratie, sodass weitere Zeit verstrich, bevor zusätzliche Nahrung und andere Hilfsmittel bereitgestellt werden konnten.

Die große Abhängigkeit vom Wetter war folglich mit einer Vielzahl von Faktoren verbunden. Sie ergab sich nicht nur aus Temperaturen, Regenmengen oder Trockenheit, sondern auch aus Transportmöglichkeiten, materiellen Ressourcen oder der Leistungsfähigkeit der staatlichen Bürokratie. Besonders zu erwähnen sind darüber hinaus die institutionellen Rahmenbedingungen, darunter vor allem die äußerst komplizierten Eigentumsverhältnisse, die eine private Nutzung des Landes immer noch erschwerten – trotz mancher Reformen, die im 18. Jahrhundert und teilweise schon davor stattgefunden hatten. Die Geschwindigkeit dieser Reformen steigerte sich in den kommenden Jahrzehnten deutlich. Das betrifft gleichermaßen die Produktion für den Markt, den Stand der Wissenschaft, den Ausbau der Infrastruktur, die Entstehung eines Kreditwesens und andere Faktoren, die entscheidend dazu beitrugen, dass schon vor der Industrialisierung die Erträge der Landwirtschaft erheblich zunahmen. Heute wissen wir, wie wichtig diese Veränderungen waren und wie sehr sie die traditionelle Landwirtschaft in die Lage versetzten, bedeutend höhere Erträge zu erwirtschaften und die Abhängigkeit vom Wetter spürbar zu reduzieren. Da die Zeitgenossen diese Kenntnisse noch nicht besaßen, maßen sie dem Wetter weiterhin eine überragende Bedeutung bei. Angesichts der geringen Produktivität der Landwirtschaft mussten sie immer wieder erleben, welche Auswirkungen bereits kleinere Schwankungen des Wetters auf die Ernte haben konnten: geringe Niederschläge oder hohe Feuchtigkeit; große Hitze oder niedrige Temperaturen; ein zu langer oder auch ein zu früher Winter; Stürme sowie Hagelschauer, die auf erntereife Früchte niedergingen und großen Schaden verursachten.

Zusätzlich zu diesen Widrigkeiten des Alltags konnten lang anhaltende Dürren oder sintflutartige Regenfälle mit verheerenden Überflutungen auftreten. Zu nennen ist die Überschwemmungskatastrophe des Jahres 1342, die vermutlich größte Überschwemmung, die in Mitteleuropa historisch belegbar ist. Heutigen Berechnungen zufolge fiel in einzelnen Gebieten innerhalb von nur acht Tagen mehr als die Hälfte des jährlichen Niederschlages und verursachte eine Flutwelle, „wie sie in Höhe und Ausmaß seither nicht wieder zu beobachten war“ (Glaser 2001, S. 200). In einer Würzburger Gedenktafel heißt es dazu:

* Zitiert nach: Hauptstaatsarchiv Düsseldorf, Reg. Kleve 81, Bericht vom 9. September 1816, Bl. 5–12.

Abb. 3: Isaack van Ostade, „Eislandschaft mit Schlitten und eingefrorenen Booten", um 1645. (Quelle: Gemäldegalerie Berlin Kat. Nr. 1709)

„Im Jahre des Herrn 1342, am zwölften Tage vor den Kalenden des August ... schwoll der Main so stark an wie nie zuvor, dass er oberhalb der Stufen des Würzburger Doms und darüber hinaus die ersten steinernen Statuen umspülte. Die Brücke mit ihren Türmen, die Mauern und viel steinerne Häuser in Würzburg stürzten zusammen."
In diesem Jahr gab es ähnliche Überschwemmungen in ganz Deutschland und anderen Gebieten (Glaser 2001, S. 200).

Vergleichbare Hochwasser ereigneten sich in den folgenden Jahrhunderten öfter, vor allem wenn rasches Tauwetter, große Regenfälle und Eisgang auf den Flüssen zusammenfielen und sich in ihrer Wirkung gegenseitig verstärkten. Mehrfach überflutete das Hochwasser ganze Flussgebiete, zerstörte Häuser und Brücken und veränderte die Landschaft massiv. Nicht minder gravierend waren die Auswirkungen lang anhaltender Winter mit tiefen Temperaturen und ergiebigem Schneefall. Dann fiel es nicht nur schwer, die schlecht isolierten Häuser und Stallungen einigermaßen warm zu halten und sich vor Frost oder Erfrierungen zu schützen. Darüber hinaus wurden auch Straßen und Wege unpassierbar, es entstanden Versorgungskrisen, Vieh musste unter Umständen notgeschlachtet und das Überwintern auf vielfache Art gesichert werden.

Überlagert wurden diese Wetterschwankungen von der so genannten Kleinen Eiszeit, die zwischen 1520 und 1860 herrschte – mit besonders niedrigen Temperaturen zwischen 1550 und 1720. Auf den ersten Blick erscheinen die Veränderungen nicht sehr auffällig. Die Durchschnittstemperaturen gingen um ein bis eineinhalb Grad zurück, was allerdings die Wachstumsphase um etwa einen Monat verkürzt haben dürfte. Zusätzlich fielen etwa 10 % mehr Regen; ferner verringerte sich die Höhe, in der Getreideanbau noch möglich war, vermutlich um etwa 200 Meter. Aufgrund dieser Veränderungen nahmen die Erträge ab und die ohnehin prekäre Versorgungssituation verschlechterte sich. Der Weinbau, der bis dahin im nördlichen Europa anzutreffen war, zog sich auf die heute bekannten Anbaugebiete

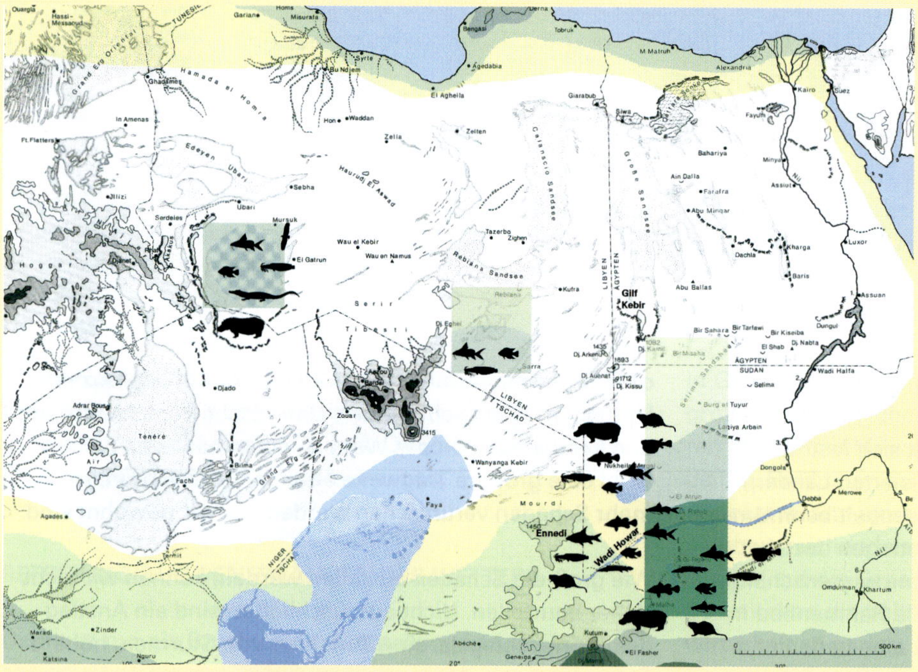

7.1.1 Karte der östlichen Sahara
Grundkarte: Heinrich-Barth-Institut, Uni Köln; Ergänzungen: J. Peters, LMU München

Im 6. Jahrtausend v. Chr. waren die heutigen Vegetationszonen um mehr als 500 km verschoben. Der Tschadsee war viel größer als heute, es gab weitere Süßwasserseen. Das heute ausgetrocknete Wadi Howar war ein Nebenfluss des Nils. Die Karte zeigt die heutigen Vegetationszonen, die eingefügten Balken die des 6. Jahrtausends v. Chr.

- Vollwüste
- Vollwüste mit regenabhängiger Vegetation
- Halbwüste
- Dornsavanne
- Laubsavanne

7 Mensch und Klima im Holozän: Das Beispiel der „Grünen Sahara“

Auch im klimatisch stabilen Holozän, dem „Zeitalter des Menschen“, änderte sich das Klima, was sich unmittelbar auf Mensch und Kultur auswirkte. Am Ende der letzten Eiszeit, vor etwa 11 000 Jahren, wurde das Klima in den höheren Breiten wärmer und in Nordafrika feuchter – also vielerorts günstiger für Mensch und Natur. In der Sahara bildeten sich Flüsse und Süßwasserseen, sogar Grundwasser: Die zuvor extrem trockene Wüste wurde zur Savanne, in der Gazellen, Büffel und Elefanten grasten, und für einige Jahrtausende auch zum Siedlungsraum des Menschen. Ab dem 5. Jahrtausend v. Chr. begann die Sahara wieder trockener zu werden, die Grundwasserbildung versiegte, die Seen schrumpften und trockneten aus. Die Menschen mussten sich zurückziehen, unter anderem ins Niltal, wo sich die ägyptische Hochkultur ausbildete.

Die Ursache für den Klimawandel vermutet man in kleinen periodischen Schwankungen der Erdbahn, die letztlich Auswirkungen auf die Stärke des Monsuns und seine Ausdehnung nach Norden haben. Seit einigen Jahren wird die Sahara feuchter und an unbesiedelten Stellen wieder grüner – ganz im Gegensatz zur weltweiten Ausbreitung der Wüsten durch hohen Besiedlungsdruck.

7.1.2 Das Forschungsprojekt „Grüne Sahara"
Fotos: Stefan Kröpelin, Heinrich-Barth-Institut an der Universität Köln

Die Fotoserie entstand auf Expeditionen in die östliche Sahara. Aus geologischen Zeugnissen, biologischen und archäologischen Funden lassen sich die klimatischen Verhältnisse und Umweltbedingungen während der letzten „grünen" Feuchtzeit vom 10. bis zum 4. Jahrtausend v. Chr. rekonstruieren.

a) Seekreide-Yardang
Westnubischer Paläosee (Nordwestsudan), 1986

Dieser so genannte Yardang, ein vom Wind geformter Abtragungsrest kalkiger Seeablagerungen, bezeugt die frühere Existenz weit ausgedehnter Seen in der heute völlig ausgetrockneten südöstlichen Sahara. Während der letzten Feuchtzeit bedeckten riesige Süßwasserseen Tausende von Quadratkilometern. In ihnen lebten Flusspferde, Krokodile, Fische und andere Wassertiere.

b) Landschnecken
Wadi Howar (Nordwestsudan), 1998

Fossile Gehäuse der Landschnecke Limicolaria in der Wüste bilden über weite Strecken den einzigen oberflächlichen Hinweis, dass hier einmal der größte Nebenfluss des Nils aus der Sahara verlief: das Wadi Howar. Radiokarbon-Datierungen der Feuchtigkeit anzeigenden Nilart ergaben ein Alter von 7500 Jahren.

c) Unterkiefer eines Elefanten
Wadi Howar (Nordwestsudan), 1988

Der in Flussablagerungen eingebettete, rund 6000 Jahre alte Unterkiefer eines Afrikanischen Elefanten belegt – wie andere Knochen von Savannentieren – die ehemals üppige Vegetation entlang dem unteren Wadi Howar. Elefanten benötigen täglich eine erhebliche Menge an Blättern.

d) Siedlungsdünen
Wadi Howar (Nordwestsudan), 1985

Entlang dem Wadi Howar befinden sich außerordentlich reiche prähistorische Fundplätze, so genannte Siedlungsdünen, die eine jahrtausendelange Besiedlung in der heute völlig menschenleeren südöstlichen Sahara bezeugen. Eine dichte „Artefaktstreu“ aus Steinwerkzeugen, Rohmaterialien, Keramik und Knochen konservierte hier quadratkilometergroße Dünen und hinderte sie am Weiterwandern.

e) „Höhle der Schwimmer"
Wadi Sura (Südwestägypten), 1996

Die Darstellungen schwimmender oder ins Wasser springender Personen in der so genannten „Höhle der Schwimmer" bestätigen das aus geologischen Hinweisen gefolgerte ehemalige Vorkommen episodischer Seen und Tümpel im heute gänzlich wasserlosen Gilf-Kebir-Plateau im äußersten Südwesten Ägyptens.

f) Felsmalereien
Ennedi-Gebirge (Nordosttschad), 1999

Die Felsüberhänge im entlegenen Ennedi-Gebirge bergen ungezählte prähistorische Felsmalereien, die den Umwelt- und Kulturwandel in der Sahara eindrücklich dokumentieren. Die Darstellungen von Rinderherden stammen aus regenreichen Zeiten, während die später darüber gemalten Kamele auf die zunehmende Austrocknung hinweisen.

7.1.3 Teilskelett eines Buntbarsches *(Tilapia)*
FO: Südwestlibyen, 6. Jahrtausend v. Chr.; Wirbel, Hartstrahlen der Rückenflosse und (nicht abgebildet) der Brustflosse, Flossenstrahlträger der Analflosse, Knochen der Kiemendeckel; Gesamtlänge des Barsches: 25–35 cm; München, Staatssammlung für Anthropologie und Paläoanatomie

Die Knochenreste stammen von mindestens drei ausgewachsenen Individuen ähnlicher Größe. Im Nassersee (Ägypten) werden Buntbarsche heute bis zu 60 cm groß, während die Buntbarsche in der „grünen" Sahara bestenfalls 40 cm erreichten. Das ist ein Hinweis darauf, dass ihr Lebensraum offensichtlich auf kleinere isolierte Gewässer beschränkt war.

7.1.4 Scherbe mit Dotted-Wavy-Line-Muster
FO: Zolat el Hammad (Nordwestsudan), um 6 000 v. Chr.; Köln, Heinrich-Barth-Institut an der Universität Köln (Zolat el Hammad 84/94)

Dotted-Wavy-Line-Muster sind in der Sahara weit verbreitet. Sie verzieren die älteste Keramik in Afrika, deren Anfänge in das 9. Jahrtausend v. Chr. zurückgehen. Auch in der Region um das Wadi Howar charakterisiert dieser Keramiktyp den ältesten Besiedlungshorizont. Die vorgeschichtlichen Menschengruppen lebten von Jagd, Fischfang und Sammeltätigkeiten. Neben Keramikgefäßen nutzten sie unterschiedliche Stein- und Knochenwerkzeuge. (Foto: Heinrich-Barth-Institut)

LITERATUR

Leseempfehlungen

Glaser, Rüdiger (2001): Klimageschichte Mitteleuropas. 1000 Jahre Wetter, Klima, Katastrophen. Darmstadt.

Pfister, Christian (1999): Wetternachhersage. 500 Jahre Klimavariationen und Naturkatastrophen (1496–1995), Bern/Stuttgart/Wien.

Katalog

George, U., S. Kröpelin (2000): Entdeckungen im Herzen der Sahara: eine Expedition in den Nordost-Tschad. In: Forschung in Köln, Berichte aus der Universität 1/2000, S. 66–75

Pachur, H.-J., S. Kröpelin (1987): Wadi Howar: Paleoclimatic evidence from an extinct river system in the southeastern Sahara. In: Science 237, S. 298–300

Literaturbelege

Bächtold-Stäubli, Hans (Hrsg., 1941): Handwörterbuch des deutschen Aberglaubens. Band 9., Berlin/Leipzig [ND 1987].

Borsdorf, Ulrich, J. Steiner (Hrsg., 2002): Wasserfälle. An Rhein und Maas. Katalog zur Ausstellung im Medienhafen Düsseldorf. Essen.

Der **Autor** Franz-Josef Brüggemeier ist Professor für Wirtschafts- und Sozialgeschichte an der Universität Freiburg. Er veröffentliche zahlreiche Arbeiten zur Geschichte des 19. und 20. Jahrhunderts, in den letzten Jahren mit Schwerpunkt auf der Umweltgeschichte, u. a.: „Leben vor Ort. Ruhrbergleute und Ruhrbergbau, 1889-1919" (München 1984), „Das unendliche Meer der Lüfte: Luftverschmutzung, Industrialisierung und Risikodebatten im 19. Jahrhundert" (Essen 1996), „Tschernobyl, 26. April 1986. Die ökologische Herausforderung" (München 1998). Er ist Mitglied der Lenkungsgruppe großer historischer Ausstellungen.

Sabine Gerber (**Katalog**) studierte Biologie und Chemie an der Universität Bonn und promovierte über ein ökophysiologisches Thema an der Universität Erlangen. Seit 1996 arbeitet sie als wissenschaftliche Mitarbeiterin am Deutschen Museum in den Themenbereichen Umwelt, grüne Gentechnik und Klima.

Stefan Kröpelin (**Katalog**) ist Geograph und Geologe und arbeitet seit fast 20 Jahren über den Klima- und Landschaftswandel in der Sahara. Er leitet das Projekt Sudan am Heinrich-Barth-Institut der Universität Köln mit Fachgebiet Archäogeologie.

GORBACHEV'S FREE-FOR-ALL
Moscow's Historic Party Conference
Newsweek
The Greenhouse Effect
Danger: More Hot Summers Ahead

Abb. 1: Die Bedrohung durch den Treibhauseffekt macht auch vor der amerikanischen Kleinfamilie nicht Halt.
(Quelle: Newsweek Inc., 4.11.2000, mit freundlicher Genehmigung)

Das Klima in den Köpfen der Menschen

Über das Klima glauben alle etwas zu wissen: „Südländer sind feuriger als Nordlichter“ oder „Das Klima spielt immer verrückter“ sind typische Aussagen hierfür. Junge wissenschaftliche Auffassungen über das Klima konkurrieren hier mit alltäglichen Anschauungen, die teils noch vor wenigen Jahrzehnten als wissenschaftlich galten, z.B. mit der Überzeugung, das Mensch und Kultur durch das Klima determiniert sind. Gelegentlich widersprechen alltägliche und wissenschaftliche Konzepte vom Klima einander, ohne dass wir uns dessen bewusst sind. Wie sehr noch in unseren „Köpfen“ und in denen der Klimawissenschaftler hergebrachte Vorurteile über das Klima verankert sind, zeigen der Klimaforscher Hans von Storch ...

PRAKTISCHE NUTZANWENDUNG?

Im März 2002 schrieb einer der Medienstars der deutschen Klimaforschung in der Wochenzeitung DIE ZEIT: „Das Abbrechen riesiger Eismassen in der Antarktis vor wenigen Tagen hat die Klimaproblematik wieder in den Blickpunkt der öffentlichen Aufmerksamkeit gerückt. Die Ursachen für dieses spektakuläre Ereignis sind zwar noch nicht eindeutig geklärt, doch eines steht fest: Der globale Klimawandel ist in vollem Gange." Das ist eine bemerkenswerte Formulierung, insofern als der erste Satz stimmt. Der Abbruch von Eisbergen in der Antarktis oder die Unwetter in Deutschland und anderen europäischen Ländern im Sommer des Jahres 2002 haben wie immer bei Extremereignissen eine umfassende Medienresonanz erzeugt. Wie immer in solchen Fällen wurde in der Öffentlichkeit viel über klimatische Gründe, insbesondere die Folgen des Treibhauseffekts, palavert. Die Fachleute vom Alfred-Wegener-Institut für Polar- und Meeresforschung haben widersprochen, aber dennoch. Auch der zweite Satz stimmt – die Ursachen sind nicht geklärt. Aber dann kommt die erstaunliche Wendung: Sie suggeriert, die Unwetter und das Abbrechen des antarktischen Eises seien schlüssige Signale, wenn nicht sogar adäquate Beweise für den Klimawandel. Offenbar sind im Kopf des Forschers zwei Sorten von Wissen – das naturwissenschaftliche Wissen der ersten beiden Sätze und ein anderes, vorwissenschaftliches Wissen, das den Klimawandel direkt mit katastrophalen Folgen verbindet (Abschmelzen der Polkappen mit beängstigenden Folgen für den globalen Wasserstand).

Das „Klima in den Köpfen der Menschen" ist auch im Kopf der Forscher. Wir haben diese Zurechnung von Risiken, Schäden, Toten und Zerstörungen als unmittelbare Folge der Klimaveränderung kritisiert. Dass Tote und Verletzte, unermessliche wirtschaftliche Schäden oder Gesundheitsrisiken als Ausdruck von Naturkatastrophen verstanden werden, mag zwar im Interesse derjenigen liegen, die dulden oder sogar fördern, dass sich bestimmte Menschen in Gefahr begeben haben oder begeben mussten. Eigentliche Ursache der Opfer und der zu beklagenden Schäden sind aber politische und andere Versäumnisse. Damit ein extremes Wetterereignis zu einer Katastrophe wird, muss es noch immer durch den Flaschenhals der Gesellschaft und ihrer Zustände.

In der Tat ist es wohl die Konvergenz von vorwissenschaftlichen und wissenschaftlichen Klimavorstellungen, die es einigen Wissenschaftlern erlaubt, außerordentlich erfolgreich in den Medien zu agieren: Sie bestätigen oft nur das, was jeder schon längst weiß und im Gefühl hat. Aber genau diese Gemeinsamkeiten und die Frage, warum Naturkatastrophen nicht unbedingt Naturkatastrophen sind, sondern beispielsweise ein Versagen der Gesellschaft gegenüber bestimmten Bevölkerungsschichten manifestieren, sollte Teil einer interdisziplinären Forschungsinitiative sein, die es bisher nicht gibt.

Wir brauchen das Miteinander von Sozial- und Kulturwissenschaften auf der einen und Naturwissenschaften auf der anderen Seite: Damit wir besser verstehen, was das tradierte „Klima in unseren Köpfen" ist und was naturwissenschaftlich belastbares Wissen ist; damit wir Naturwissenschaftlern helfen können, sich von vorwissenschaftlichen, unbewussten Konzepten zu trennen, und Laien auf den neuesten Stand bringen können. Wir brauchen es, um zu verstehen, was es bedeutet, viele Begriffe doppelt zu verwenden, nämlich als wohl definierten Fachbegriff und als Laienausdruck mit einem großen Hof von Konnotationen. Wir brauchen eine Kartierung der kulturellen und sozialen Konstrukte von Klima, eine Geschichte des Klimas, der Klimaperzeption und der Klimaforschung. Bei dieser Gelegenheit werden wir z. B. mit Erstaunen lernen, dass schon am Ende des 19. Jahrhunderts Parlamentskommissionen in Preußen, Russland und Italien über anthropogenen Klimawandel und die Möglichkeit seiner Vermeidung nachdachten. Damals war der Klimawandel nicht global, sondern regional, und nicht die Treibhausgase, sondern die Entwaldung gab den Anstoß. Aber sonst war es ganz ähnlich wie heute. Damals war es natürlich falscher Alarm, aber heute ist es keiner, sagt die Mehrheit der Klimaforscher.

LITERATUR

Leseempfehlungen

Stehr, N., H. von Storch (1999): Klima-Wetter-Mensch. Beck, München.

Literaturbelege

Stehr, N., H. von Storch (1995): The social construct of climate and climate change. In: Climate Research 5, S. 99–105.

Stehr, N. (1997): Trust and climate. In: Climate Research 8, S. 163–169.

Huntington, Ellsworth (1924): Civilization and Climate. Third Edition with Many New Chapters. Yale University Press, New Haven, Connecticut.

Der **Autor** Nico Stehr ist Research Fellow im Forschungszentrum Karlsruhe und der GKSS Geesthacht sowie Paul-Lazarsfeld-Professor an der Universität Wien. Er befasst sich mit den sozialen, ökonomischen und kulturellen Folgen der Transformation moderner Gesellschaft in eine Wissensgesellschaft. Er veröffentlichte neben der genannten Literatur in jüngerer Zeit u.a.: „Wissen und ökonomisches Handeln: Die gesellschaftlichen Grundlagen der modernen Ökonomie" (2001) und „Wissenspolitik" (2003).

Der Physiker und Mathematiker Hans von Storch ist Direktor des Instituts für Küstenforschung des GKSS Forschungszentrums Geesthacht und Professor für Meteorologie in Hamburg. Als Leiter der Gruppe „Systemanalyse und Modellierung" befasst er sich mit Umweltveränderungen in Küstensystemen. Er arbeitet mit mathematisch-statischen Analysen und regionalen Klimamodellen. Sein besonderes Interesse gilt dem Transfer naturwissenschaftlichen Wissens in die Öffentlichkeit.

Abb. 1: Der Hurrikan „Andrew", der Florida zwischen dem 23. und 27. August 1992 heimsuchte, war der weltweit teuerste Sturm aller Zeiten. Er beschädigte fast 200000 Gebäude schwer. Seine Zugbahn verlief rund 40 km südlich von Miami und verwüstete Homestead. Obwohl Florida im Hinblick auf tropische Wirbelstürme über strenge Baurichtlinien verfügt, waren viele Schäden auf schlechte Bauausführung zurückzuführen – Nachlässigkeit nach einer längeren Periode mit seltenen Wirbelstürmen. (Foto: Gerhard Berz)

Abb. 2: Nach dem Hurrikan „Tracy" in Darwin (Australien) am 25. Dezember 1974. Hurrikan ist eine regionale Bezeichnung für Wirbelstürme im Nordatlantik, in der Karibik, im Golf von Mexiko und im östlichen Nordpazifik östlich der Datumsgrenze. Die Hurrikansaison liegt zwischen Mai und November. (Foto: Gerhard Berz)

Naturkatastrophen und Klimawandel: Vorsorge ist das Gebot der Stunde

Es ist eine Tatsache, dass Naturkatastrophen häufiger werden und immer größere Schäden verursachen. Während die zunehmende Verstädterung, die Besiedelung und Industrialisierung gefährdeter Regionen sowie die Verwundbarkeit moderner Technologien als Ursachen für diesen Trend unbestritten sind, steht als weitere Ursache der vom Menschen verursachte Klimawandel im Verdacht. Gerhard Berz, Leiter der GeoRisikoForschung bei der Münchener Rückversicherungs-Gesellschaft, erläutert die Indizien, die schon heute für einen wachsenden …

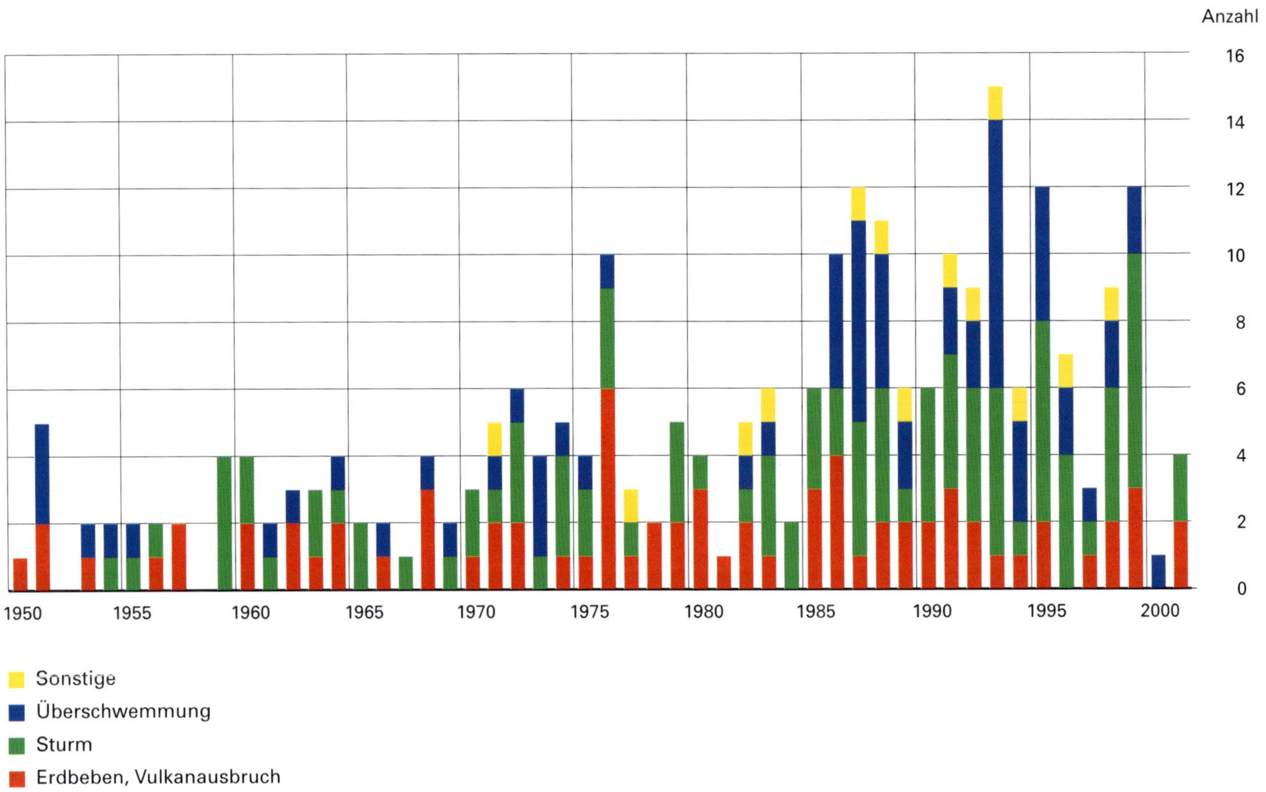

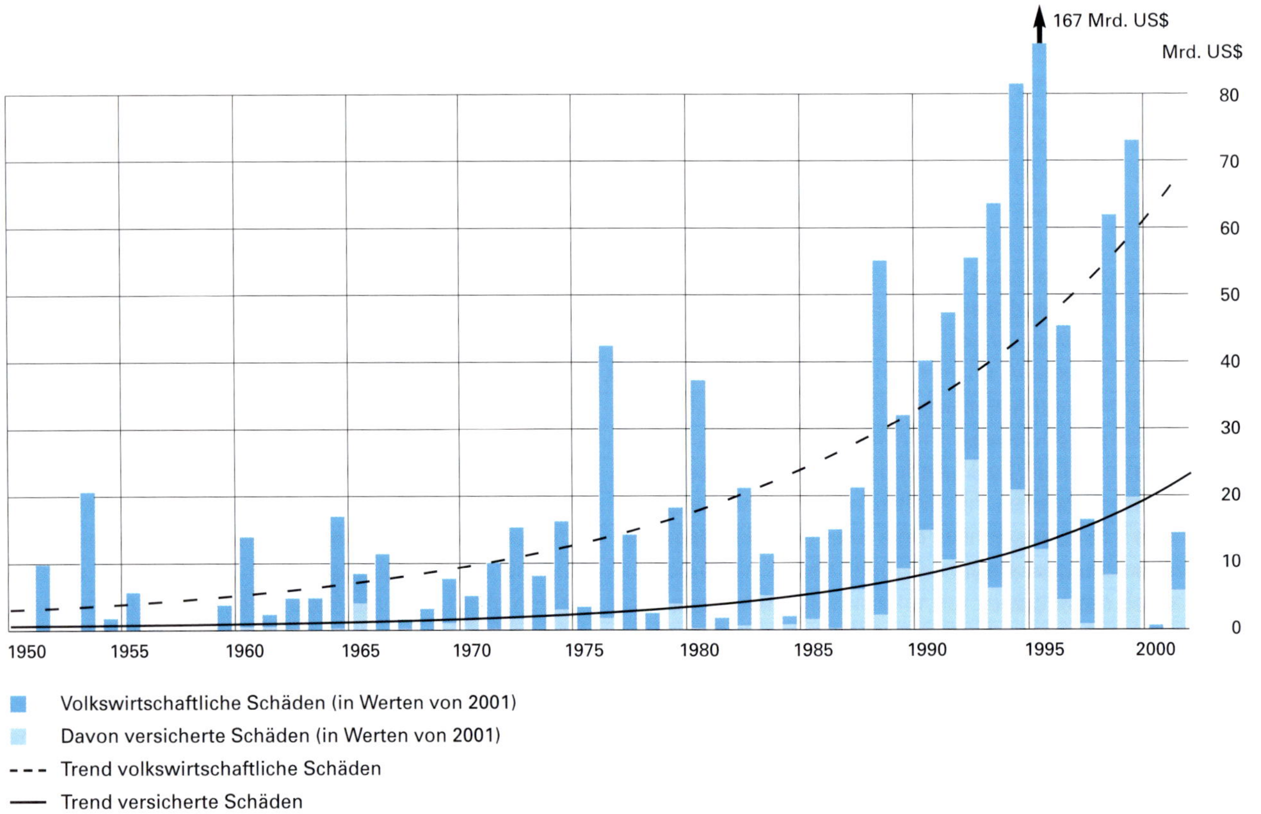

Abb. 5: Seit den Sechzigerjahren haben die großen Naturkatastrophen sowohl nach Anzahl als auch nach volkswirtschaftlichen und versicherten Schäden (hier bereits inflationsbereinigt) deutlich zugenommen.

Dekade	1950–1959	1960–1969	1970–1979	1980–1989	1990–1999	letzte 10 Jahre
Anzahl	20	27	47	63	89	78
Volkswirtschaftliche Schäden	42,2	75,7	136,1	211,3	652,3	579,9
Versicherte Schäden	**–**	**7,2**	**12,4**	**26,4**	**123,2**	**103,7**

Faktor	80er:60er	90er:60er	letzte10:60er
Anzahl	2,3	3,3	2,9
Volkswirtschaftliche Schäden	2,8	8,6	7,7
Versicherte Schäden	**3,6**	**17,0**	**14,3**

Schäden in Mrd. US$ (in Werten von 2001)

Abb. 6: Anzahl sowie volkswirtschaftliche und versicherte Schäden großer Naturkatastrophen pro Jahrzehnt seit 1950. (Quelle: Münchener Rück 2001)

ebenso wie bei dem Erdbeben 1995 in Kobe (Japan). Diese beiden Erdbeben sind die einzigen Katastrophen in der Liste, die ihren Ursprung nicht in der Atmosphäre hatten. Abbildung 5 zeigt den drastischen Anstieg bei den großen Naturkatastrophen in den letzten Jahrzehnten sehr deutlich – eine Entwicklung, die schon in absehbarer Zeit jährliche Schadenbelastungen in der Größenordnung von 100 Milliarden US$ (in heutigen Werten) zur Regel machen wird. Inflationsbereinigt stiegen gegenüber den Sechzigerjahren die volkswirtschaftlichen Schäden bis in die Achtzigerjahre auf das Dreifache, die versicherten Schäden auf das Vierfache; inzwischen sind sie – also für die letzten zehn Jahre – auf das Achtfache bzw. das Vierzehnfache hochgeschnellt (Abbildung 6). Diese Angaben beziehen sich auf so genannte „große" Naturkatastrophen; die übrigen so genannten „Elementarschadenereignisse", von denen die Münchener Rück jährlich etwa 600 bis 850 aus aller Welt erfasst, erhöhen das gesamte Schadenvolumen im Durchschnitt auf rund das Doppelte (Münchener Rück 2001).

Diese Zunahme der Schäden wird zweifellos zu einem großen, ja dominierenden Teil von steigenden Werten bzw. versicherten Haftungen, insbesondere in stark exponierten Großstadtregionen, verursacht (siehe Kasten). Außerdem zeigt sich immer wieder bei Naturkatastrophen, dass die Schadenanfälligkeit von Bauwerken und Infrastrukturen trotz aller Bauvorschriften und technischen Weiterentwicklungen eher größer als kleiner geworden ist. Hurrikan „Andrew" und die Erdbeben in Kalifornien und Japan belegen dies ganz deutlich (Münchener Rück 1999a).

Einige wesentliche Gründe für die weltweite Zunahme der Naturkatastrophen.

- Bevölkerungszunahme
- Steigender Lebensstandard
- Konzentration von Bevölkerung und Werten in Großstadträumen
- Besiedelung und Industrialisierung stark exponierter Regionen
- Anfälligkeit moderner Gesellschaften und Technologien
- Steigende Versicherungsdichte
- Änderung der Umweltbedingungen

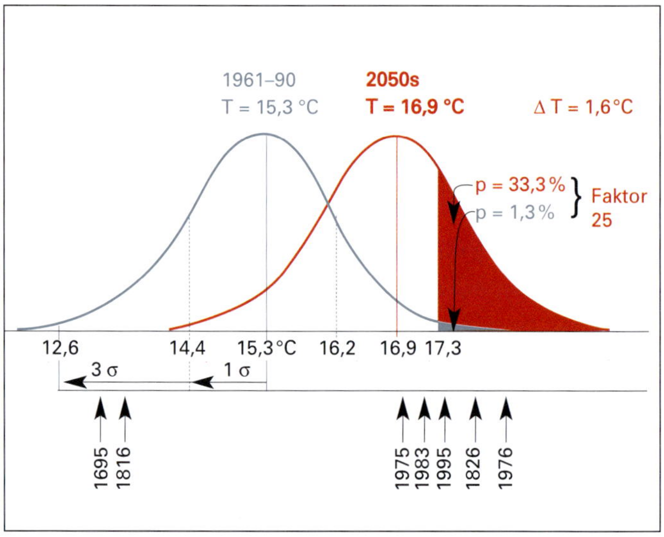

Abb. 7: Eine nur moderate Verschiebung in der Häufigkeitsverteilung einer Beobachtungsgröße (hier der mittleren Sommertemperaturen in Mittelengland) führt bereits zu einer drastischen Erhöhung der Überschreitungswahrscheinlichkeiten von Extremwerten (hier zu einem Faktor 25 für den bisher außergewöhnlichen Temperaturwert von 17,3 ° C, bei einem erwarteten Anstieg um 1,6 °C bis zur Mitte des Jahrhunderts).

KLIMAÄNDERUNGEN UND IHRE FOLGEN

Gleichzeitig haben sich aber die Indizien verstärkt, dass der sich abzeichnende Klimawandel Einfluss auf die Häufigkeit und Intensität von Naturkatastrophen gewinnt. Da sind einerseits die großen Sturmkatastrophen der letzten Zeit, die fast jedes Jahr für neue Schadenrekorde sorgten, und andererseits die zahllosen Unwetter-, Überschwemmungs-, Dürre- und Waldbrandkatastrophen, die heute häufiger als jemals zuvor aufzutreten scheinen.

Der dritte Statusbericht des Intergovernmental Panel on Climate Change (IPCC 2001) misst dem Zusammenhang zwischen der globalen Erwärmung und der Häufung bzw. Intensivierung atmosphärischer Extremereignisse besondere Bedeutung bei. Tatsächlich liefern Analysen von Beobachtungsreihen ebenso wie Klimamodellrechnungen zahlreiche neue Hinweise darauf, dass sich die Eintrittswahrscheinlichkeiten für Extremwerte verschiedener meteorologischer Größen bereits deutlich geändert haben oder noch ändern werden (siehe Beitrag Cubasch, Seite 157, Abbildung 8). Nachstehend folgen einige Beispiele.

1. Die erwartete weitere Zunahme der Durchschnittstemperaturen lässt die Wahrscheinlichkeit von Temperaturhöchstwerten außerordentlich stark ansteigen. So folgt aus einem Anstieg der mittleren Sommertemperaturen in Mittelengland um 1,6 °C, der dort bis etwa 2050 eintreten soll, dass ein Hitzesommer wie 1995 – ein 75-Jahre-Ereignis nach der Temperaturverteilung für 1961 bis 1990, das die Versicherer Hunderte von Millionen £ an Gebäudeschäden durch Bodensenkungen kostete – dann durchschnittlich einmal in drei Jahren stattfinden wird (Abbildung 7). In ähnlicher Weise ergibt sich aus der Temperaturreihe von Berlin, dass die höchste im letzten Jahrhundert beobachtete Temperatur (39 °C) gegen Ende dieses Jahrhunderts eine fast zehnmal höhere Überschreitungswahrscheinlichkeit haben wird. Auf die damit verbundenen Hitzewellen sind wir heute noch in keiner Weise vorbereitet, sodass erhebliche Probleme bzw. Anpassungskosten zu erwarten sind.

2. In Mitteleuropa sind die Winter in den letzten Jahrzehnten deutlich wärmer und feuchter, die Sommer trockener geworden. Im Winter fällt mehr Niederschlag als Regen statt als Schnee; er fließt daher größtenteils oberflächlich ab, sodass die Abflussmengen zunehmen, wie Messreihen aus dem Einzugsbereich des Rheins belegen. Eine holländi-

Abb. 8: Dürre im Jemen 1996. (Foto: Gerhard Berz)

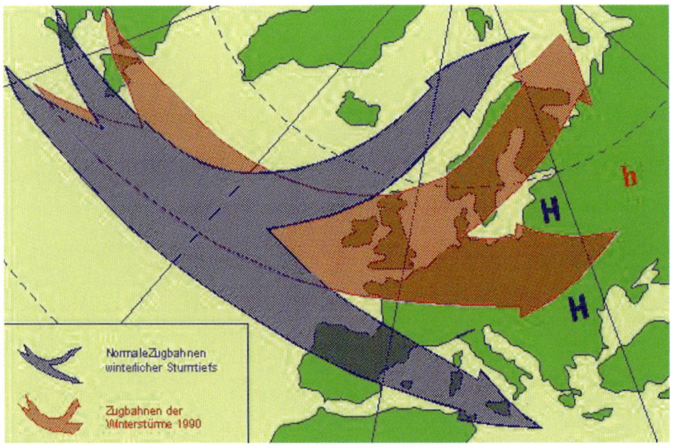

Abb. 9: Während kalte Winter mit einer ausgedehnten Schneedecke über Mittel- und Osteuropa in der Regel von einem stabilen Kältehoch geprägt sind, das wie eine Barriere gegen die vom Nordatlantik heranziehenden Sturmtiefs wirkt, war in den seit Beginn der Achtzigerjahre außergewöhnlich milden Wintern das Kältehoch meist nur schwach ausgeprägt bzw. weit nach Osten verschoben. Dadurch hatten Sturmtiefs „freie Bahn" und konnten häufig tief nach Mitteleuropa vordringen. Milde Winter bedeuten auch für die Zukunft eine erhöhte Sturmgefahr, möglicherweise zusätzlich verschärft durch eine verstärkte Sturmaktivität über dem Nordatlantik. (Quelle: H. Dronia, in: Witterung in Übersee 39, 1991)

sche Studie sagt eine erhebliche Zunahme der Überschreitenswahrscheinlichkeit kritischer Niederschlagsmengen vorher (Reuvekamp und Klein-Tank 1996). Die Erwärmung erhöht generell auch die Aufnahmefähigkeit der Luft für Wasserdampf und damit die Niederschlagspotenziale. Zusammen mit verstärkten Konvektionsprozessen (dem Aufsteigen erwärmter Luftmassen) führt dies zu häufigeren und extremeren Starkregenereignissen, die heute schon für einen Großteil der Überschwemmungs- und Unwetterschäden verantwortlich sind.

3. Die milderen Winter, wie sie in Mitteleuropa inzwischen typisch geworden sind, lassen die Schneeflächen, über denen sich früher stabile Kältehochs als Barriere gegen die aus dem Atlantik heranziehenden Sturmtiefs bildeten, schrumpfen. Die Barriere ist deshalb häufig schwach oder nach Osten verschoben, sodass verheerende Orkanserien wie 1990 und 1999 nicht mehr als seltene Ausnahmeerscheinungen gelten können (Abbildung 9). In den Windaufzeichnungen repräsentativer deutscher Wetterstationen nahm in den letzten Jahrzehnten die Zahl der Sturmtage deutlich zu. Noch nicht endgültig bestätigt ist ein im Nordatlantik beobachteter Trend zu häufigeren und extremeren Sturmtiefs, also eine Zunahme der Sturmaktivität selbst.

Ebenso umstritten bzw. widersprüchlich sind die bisherigen Befunde zum Zusammenhang zwischen Erwärmung und Aktivität tropischer Wirbelstürme. Letzteres könnte vor allem mit Blick auf den erwarteten Meeresspiegelanstieg für viele dicht bevölkerte Küstenregionen und Inselstaaten zu einer Frage des Überlebens werden.

Einige Auswirkungen der antropogenen Klimaänderung auf die Naturgefahren

Zunahme von

– Gaskonzentration – Temperatur Luft/Meer – Feuchtigkeit – Meeresspiegelhöhe – atmosphärische Zirkulation	→	– Stürmen, Sturmfluten – Gewittern/Hagelschlägen – Starkregen mit Überschwemmungen – Dürren – El Niño (unklar)
– Ozonloch	→	– Schäden Biosphäre

Abb. 10: Überschwemmung im chinesischen Guilin. (Foto: Wolfgang Kron)

Vor dem düsteren Hintergrund dieser befürchteten Veränderungen, die im gegenüberliegenden Kasten zusammengefasst sind, ist die entscheidende Frage nicht, ob und wann die anthropogene Klimaänderung endgültig beweisbar sein wird. Vielmehr geht es darum, ob die bisherigen Beobachtungen und Modellrechnungen ausreichende Anhaltspunkte liefern können, um künftige Veränderungen sinnvoll abzuschätzen und die richtigen Anpassungs- und Vermeidungsstrategien rechtzeitig zu entwickeln. Das Risiko eines Irrtums wird auf absehbare Zeit groß bleiben; daher ist es umso wichtiger, dass die Strategien selbst anpassungsfähig sind und an den zu vermeidenden Schäden gemessen werden. Von vornherein erfolgreich sind so genannte No-Regret- oder Win-Win-Strategien, z.B. die Reduzierung des Kraftstoffverbrauchs bei Automobilen und Flugzeugen oder ganz generell die Verringerung des Energieverbrauchs. Sie führen, selbst wenn die Klimarelevanz geringer als vermutet sein sollte, in jedem Fall zu wünschenswerten Einsparungen (auch in finanzieller Hinsicht) und sind darüber hinaus geeignet, das Verantwortungsbewusstsein der Industrieländer gegenüber der „Dritten Welt“ zu demonstrieren.

DIE LAGE IN DEUTSCHLAND

Katastrophenschäden stammen in Deutschland zu einem stark überwiegenden Teil von atmosphärischen Extremereignissen. Die Stürme stehen sowohl bei der Zahl der Schadenereignisse und der Toten als auch bei den volkswirtschaftlichen und – ganz besonders – bei den versicherten Schäden mit Abstand an erster Stelle, gefolgt von Überschwemmungen, sonstigen Naturkatastrophen (u.a. Winterschäden, Waldbrand, Erdrutsch) und schließlich den hier nur selten schadenträchtigen Erdbeben. So lag im Zeitraum von 1970 bis 2001 der Anteil der Sturm- und Hagelereignisse bei 64% aller 524 registrierten Katastrophen, bei 71% der immerhin 692 Katastrophentoten, bei 73% der 18 Milliarden € volkswirtschaftlicher Gesamtschäden und bei sogar 86% der 7 Milliarden € versicherter Schäden aus Naturkatastrophen (Abbildung 11). Entsprechend gering fallen die Anteile der anderen Katastrophentypen aus.

Natürlich ist ein Zeitraum von rund 30 Jahren nicht ausreichend, um ein wirklich repräsentatives Bild von der Katastrophengefährdung in Deutschland zu vermitteln. Der gewählte Zeitabschnitt kann aber im Hinblick auf die beobachteten Naturkatastrophen als durchaus typisch gelten.

Versicherungstechnische Instrumente zur Eingrenzung und Beherrschung des Katastrophenrisikos.

- Ausschluss bestimmter Gefahren
- Ausschluss besonders exponierter Gebiete
- Adäquater Preis
- Substanzielle Franchisen nach Gefährdungsgrad
- Haftungslimite
- Kumulkontrolle
- Rückversicherung/Retrozession
- Schadenverhütung bzw. -vorbeugung
- Organisation/Vereinheitlichung der Schadenregulierung
- Steuernachlässe auf Rücklagen

Mögliche Beiträge der Versicherungswirtschaft zum Klimaschutz

- Aufklärung und finanzielle Motivation von Kunden und Behörden (u.U. auch durch Einschränkung des Deckungsumfangs)
- Förderung klima„freundlicher" Versicherungsprodukte (z.B. in der Autohaftpflichtversicherung)
- Nutzung von Ökoaudits für die Umwelthaftpflichtversicherung
- Förderung von Klimaschutzprojekten
- Ökobilanz für den eigenen Geschäftsbetrieb und Grundbesitz

lichen negativen Auswirkungen des sich abzeichnenden Klimawandels – auch im eigenen Interesse – möglichst gering zu halten (siehe Kasten).

Aus der Sicht des Rückversicherers, dessen zentrale Aufgabe es ist, seine Kunden, die Versicherungsunternehmen, von allen denkbaren Größtrisiken zu entlasten, aber auch aus gesamtwirtschaftlicher und politischer Sicht gefährden die aus Stürmen und anderen extremen Naturereignissen zu erwartenden Größtschadenpotenziale die nachhaltige Entwicklung in vielen Regionen. Auch in Mitteleuropa liegen die möglichen Schadensummen in Größenordnungen, die eine ausgewogene Risikobeteiligung, d.h. eine umfassende Risikopartnerschaft der Versicherungsnehmer, der Erst- und Rückversicherungsmärkte und im Notfall auch des Staates, erforderlich machen. Hierfür findet sich in Europa eine Reihe unterschiedlicher Ansätze, die eine adäquate finanzielle Absicherung von Bevölkerung und Wirtschaft gegen alle zu erwartenden Schadenbelastungen sicherstellen (z.B. in der Schweiz, in Frankreich und in Spanien).

In der Zukunft werden Häufigkeit und Schadenausmaß großer Naturkatastrophen weiterhin weltweit drastisch zunehmen. Die sich abzeichnende Erwärmung der Erdatmosphäre und die daraus resultierende Intensivierung der Sturm- und Niederschlagsprozesse sowie der Anstieg des Meeresspiegels werden diesen Trend aller Wahrscheinlichkeit nach erheblich verstärken, wenn nicht rasch einschneidende Vorsorgemaßnahmen ergriffen werden. Die beim Weltgipfel für nachhaltige Entwicklung in Johannesburg 2002 gefassten Beschlüsse und das bevorstehende In-Kraft-Treten des Kioto-Protokolls zum Klimaschutz geben trotz aller offenkundigen Zaghaftigkeiten und Unverbindlichkeiten doch auch Anlass zu der Hoffnung, dass sich aus diesen wichtigen ersten Schritten eine mächtige globale Bewegung zur Rettung unserer natürlichen Lebensgrundlagen entwickeln wird.

Abb. 13: Überschwemmung in Vietnam. (Foto: Gerhard Berz)

8.1.1 Deichbruch nach der Hollandflut 1953
Foto: unbekannt

In der Sturmnacht zum 1. Februar 1953 staute sich das Wasser der Nordsee auf vier bis fünf Meter über Normalnull auf. Es überströmte die Deiche und zerstörte viele davon. Die meisten Menschen wurden im Schlaf vom Wasser überrascht. 1835 Menschen starben, 72000 mussten evakuiert werden und 200000 Hektar fruchtbares Land, zahlreiche Dörfer und Städte standen unter Wasser. (Quelle: WaterLand Neeltje Jans)

8 Schutz vor den Fluten

Tief gelegene Küstenländer wie die Niederlande und Bangladesch sind seit Jahrhunderten von Sturmfluten und den daraus resultierenden Überschwemmungen betroffen. Beide Länder haben aufgrund ihrer jeweiligen topographischen wie wirtschaftlichen Verhältnisse radikal unterschiedliche Möglichkeiten, sich davor zu schützen.

Die Niederlande wie auch Hamburg haben eine lange Tradition der Deichverteidigung und verbessern ihre Infrastrukturen ständig durch den Einsatz neuer Technologien. Der wahrscheinliche Meeresspiegelanstieg wird wohl eine weitere Verbesserung dieser Infrastruktur erforderlich machen.

8.1 Das „Deltaprojekt" in den Niederlanden

Die „Nieder-Lande" liegen zum Großteil unter dem Meeresspiegel. Ohne die in Jahrhunderten aufgebaute Verteidigungslinie aus Deichen, Dämmen und Schöpfwerken stünde die Hälfte des Landes unter Wasser. Bis weit ins 20. Jahrhundert gab es immer wieder schwere Überschwemmungen. Die große Flut 1953 rief dann ein revolutionäres Wasserbauvorhaben ins Leben: das „Deltaprojekt".

8.1.2 Die Damm- und Sperrwerke des Deltaprojekts (1953–1997)
Grafik: nach WaterLand Neeltje Jans und Florad Marketing Group (Niederlande)

Das Deltaprojekt im Mündungsdelta von Rhein, Maas und Schelde verkürzte die Küstenlinie durch neue Dämme und Sperrwerke um 700 km. Vorhandene Deiche wurden verstärkt und erhöht. Nie zuvor hatte man solch tiefe und breite Meeresarme abgedämmt; speziell dafür waren neue Baumaschinen und Techniken nötig. Das 12 Milliarden Gulden teure Projekt schützt nicht nur den Südwesten des Landes vor den Fluten, sondern verbessert die Verkehrsinfrastruktur und die Verteilung des knappen Süßwassers.

8.1.3 Das Sturmflutwehr in der Oosterschelde
Foto: Ente Breed

Das 1986 fertig gestellte, anspruchsvollste Bauwerk des Projekts sperrt einen bis zu 40 m tiefen Meeresarm ab. Ursprünglich war statt eines aufwändigen Sperrwerks eine Abriegelung mit einem klassischen Damm geplant. Dies hätte jedoch mit dem Wegfall der Gezeiten zum Verlust der einzigartigen Naturräume der Oosterschelde geführt. 65 bis 40 m hohe gigantische Betonpfeiler mit einem Trockengewicht bis zu 18 000 Tonnen bilden das Rückgrat des Wehrs. Zwischen den Pfeilern „hängen" als Tore 42 m breite Stahlschütze. Sie werden mit Hydraulikzylindern angehoben oder abgesenkt.

8.1.4 Maestlant-Sperrwerk im Nieuwe Waterweg nahe Rotterdam
Fotos: Ministerie van Verkeer en Waterstaat, Keringhuis, Hoek van Holland (Niederlande)

Der Kanal musste als wichtiger Schifffahrtsweg nach Antwerpen und Rotterdam offen bleiben. Daher fiel die Wahl auf eine Konstruktion aus zwei viertelkreisförmigen, versenkbaren Schützen, die sich normalerweise am Ufer beiderseits der Wasserstraße befinden. Die Arme in Metallrohrkonstruktion können die 306 m breite Wasserstraße komplett abriegeln: bei drohender Sturmflut fahren sie in die Mitte, Wasser läuft in die Hohlräume und lässt die Arme auf den Grund sinken. Dies passiert im Durchschnitt einmal in fünf Jahren. Das 1997 fertig gestellte Bauwerk schützt eine Million Menschen in Rotterdam und Umgebung. Jeder Arm ist 300 m lang, wiegt 680 Tonnen und hat ein Kugelgelenk mit einem Durchmesser von 10 m.

8.2.1 Deichbruch nach der Hamburger Flut 1962
Foto: Behörde für Bau und Verkehr, Amt für Wasserwirtschaft, Hamburg

In der Nacht vom 16. zum 17. Februar 1962 gab das Deutsche Seewetteramt frühzeitig eine Sturmwarnung heraus. Niemand nahm die Warnung ernst. Seit der großen Flut 1825 hatten die Deiche gehalten und waren nach der Hollandflut 1953 verstärkt worden. Die Deichhöhe von rund 5,70 m war aber zu wenig für diese Flut. Zahlreiche Deiche brachen, 315 Menschen starben und über 20000 Bewohner mussten evakuiert werden. 6,50 m Deichhöhe wären nötig gewesen – so viel wie Experten nach der Hollandflut gefordert hatten.

8.2 Hochwasserschutz in Hamburg

In Hamburg wären ohne ausreichenden Hochwasserschutz ein Drittel des Stadtgebiets, 180000 Einwohner und Sachwerte von zehn Milliarden € ständig bedroht. Nach der Flutkatastrophe 1962 wurden überall neue Deiche und Wasserschutzwände errichtet, Warnsystem und Deichverteidigung neu organisiert. Seitdem wurden einige schwere Sturmfluten erfolgreich abgewehrt. Um Hamburg vor zukünftigen Flutkatastrophen zu bewahren, wurde 1993 das „Bauprogramm Hochwasserschutz" ins Leben gerufen. Bis 2007 wird die mehr als 100 km lange Hochwasserschutzlinie auf gut acht Meter über Normalnull erhöht. Rund 490 Millionen € investiert die Stadt in den neuen Hochwasserschutz.

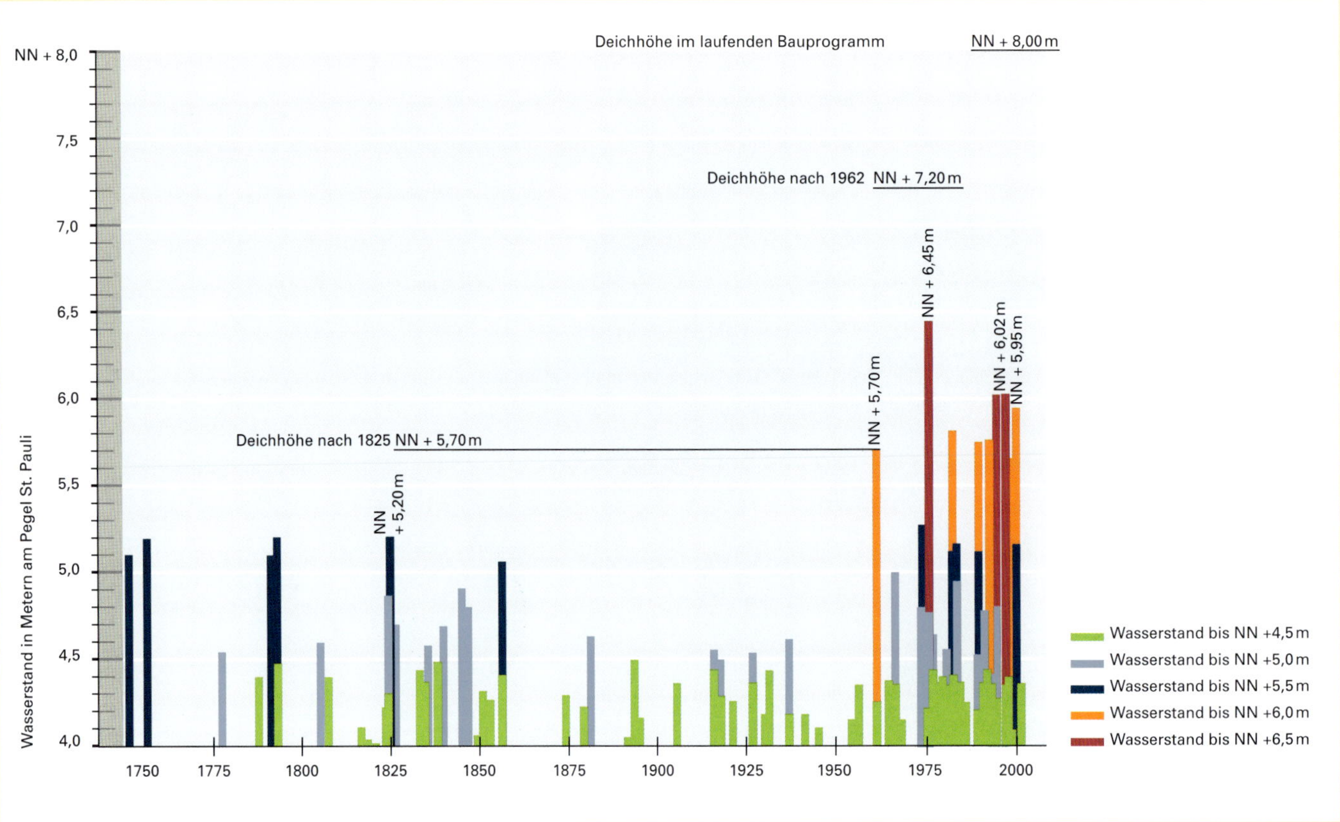

8.2.2 Anzahl und Wasserstand der Sturmfluten in Hamburg
Grafik: Studio Heller, Hamburg, nach Daten der Behörde für Bau und Verkehr, Amt für Wasserwirtschaft, Hamburg

Sturmhochwasser sind in den letzten Jahrzehnten häufiger geworden. Dies ist nicht auf vermehrte oder verstärkte Stürme zurückzuführen, sondern auf einen höheren mittleren Wasserstand. Der Grund dafür ist zum kleineren Teil der ansteigende Meeresspiegel, vor allem aber die Vertiefung der Wasserstraßen. Die Tidewelle läuft von Cuxhaven nach Hamburg heute eine Stunde schneller als vor hundert Jahren und das mittlere Tidenhochwasser ist in den letzten 130 Jahren in Cuxhaven um etwa 30 cm gestiegen. Damals brachen die Deiche früher, was den Anstieg des Wassers stoppte. Heute halten die Deiche höhere Wasserstände aus – was in dem Maße gar nicht nötig wäre, wenn man im Sturmfall große Marschgebiete überfluten lassen könnte.

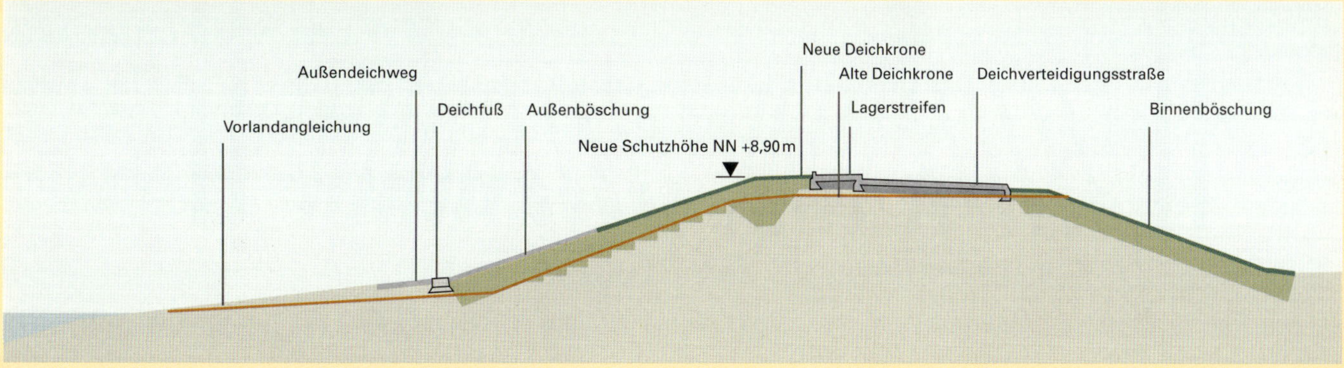

8.2.3 a und b: Der Neuengammer/Altengammer Hauptdeich
(a) Foto: Deichbaustudio Schmid-Luchs, Hamburg; (b) Grafik: Studio Heller, Hamburg, nach Vorlage der Behörde für Bau und Verkehr, Amt für Wasserwirtschaft, Hamburg

Neben dem 2000/2001 umgebauten Deich steht rechts noch der geschwungene alte Deich, der bis 1962 den Sturmflutschutz bildete. Die dunkle Deckschicht besteht aus Klei, einem Ton, der sich seit Jahrhunderten im Deichbau bewährt hat. Die Arbeiten umfassten alle Maßnahmen des Deichbaus: Erhöhung der Deichkrone, Verbreiterung des Deichfußes auf etwa 50 m, Abflachung der Außen- und Binnenböschung, Erneuerung der Fahrbahn sowie Bau von Deichrampen, die dem Deichunterhalt und als Zufahrt dienen.

8.3.2 „Dorf an der Südostküste im Distrikt Cox's Bazar"
Roter Halbmond, Bangladesch, 2000; Modell aus Ton, Bambus, Holz, Papier, Plastik und Farben; 180 x 120 x 40 cm; Berlin, Deutsches Rotes Kreuz

Das Modell wurde für die EXPO 2000 in Hannover angefertigt und zeigt eine typische Dorfsituation. Der Schutzbau in der Mitte ist unter der Obhut des Roten Halbmonds von Bangladesch. Dieser führt mit Unterstützung des Deutschen Roten Kreuzes seit 1996 ein Programm zur Katastrophenvorsorge mit Dorfgemeinschaften durch. Ziel ist, dass die Menschen aus der Region bei Gefahr sich selbst helfen.

8.3.3 Zyklonschutzbau
Foto: Elke Braun

Schutzbauten aus Beton sind bei einem Zyklon der einzig sichere Ort – bei Windgeschwindigkeiten von bis zu 280 km/h und bis zu 7 m hohen Flutwellen. Es gibt in Bangladesch etwa 1850 solcher Bauten für jeweils rund 1500 Menschen. Im Ernstfall müssen sich bis zu 3000 Menschen darin drängen. Parallel wurde ein Frühwarnsystem entwickelt. Eine Leitzentrale sammelt Informationen von Radarstationen, Wettersatelliten und Schiffen und löst bei einem anrückenden Zyklon über Radio und Fernsehen Alarm aus.

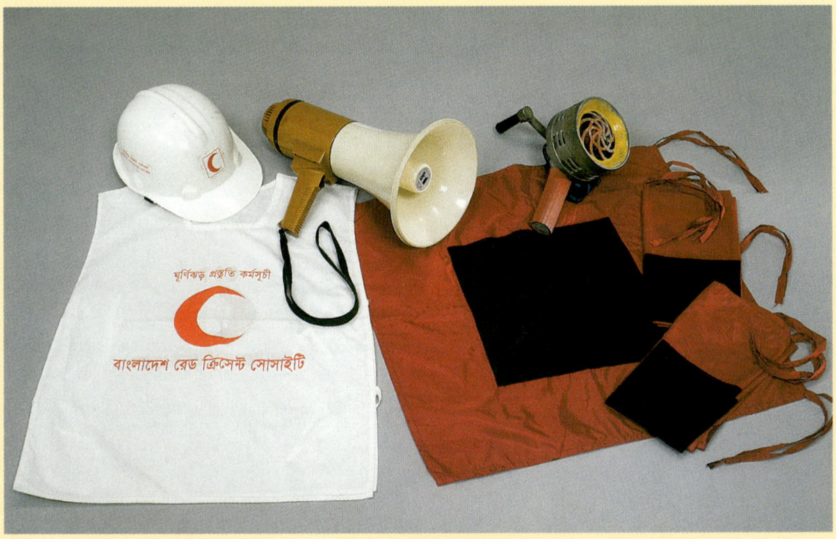

8.3.5 Ausrüstungsgegenstände von Freiwilligen
Roter Halbmond, Bangladesch, 1990erjahre; Megafon, Handsirene, Schürze, Helm, 3 Fahnen; Berlin, Deutsches Rotes Kreuz

Die Anzahl der von den Freiwilligen aufgehängten schwarz-roten Fahnen (maximal drei) gibt die erwartete Stärke des Zyklons an.

8.3.4 Aufklärungsposter in der Bangla-Sprache
Cyclone Preparedness Programme, Bangladesch, 1997; Berlin, Deutsches Rotes Kreuz

In schwer erreichbaren Küstengebieten werden speziell ausgebildete Freiwillige per Hörfunk gewarnt. Mit Megafon und Fahrrad ziehen diese durch ihre Dörfer und fordern die Menschen auf, sich und ihre Güter in Sicherheit zu bringen. Solche Programme sind effizient: 1991 forderte ein Zyklon zwar 140000 Todesopfer; durch die frühzeitige Vorwarnung konnten sich aber 350000 Menschen in Sicherheit bringen. Aufklärung bleibt bei einer Analphabetenquote von 75% jedoch eine Herausforderung.

8.3.6 Lebensmittelvorräte für den Notfall
Foto: Elke Braun

Unter der Erde aufbewahrt überstehen die Vorräte eine Sturmflut und ernähren die Familien, bis Hilfe von außen kommt.

LITERATUR

Leseempfehlungen

IPCC (2001): Climate Change 2001: The Scientific Basis. Hrsg. von Houghton, J.T., u. a., Cambridge University Press, Cambridge UK.

Münchener Rück (Hrsg., 1999a): Topics 2000. Jahrtausendrückblick Naturkatastrophen. München.

Münchener Rück (Hrsg., 1999b): Naturkatastrophen in Deutschland. München.

Katalog

Behörde für Bau und Verkehr Hamburg/Amt für Wasserwirtschaft (Hrsg., 2002): Wenn die Flut kommt ... Erinnerungen an die Katastrophe von 1962 und heutiger Hochwasserschutz. Verlag Dölling und Galitz, Hamburg.

Literaturbelege

Berz, G. (1999): Naturkatastrophen an der Wende zum nächsten Jahrhundert. Trends, Schadenpotentiale und Handlungsoptionen der Versicherungswirtschaft. In: Zeitschrift für die gesamte Versicherungswissenschaft, Heft 2/3, 1999, S. 427–442

Münchener Rück (Hrsg., 1997a): Überschwemmung und Versicherung. München.

Münchener Rück (Hrsg., 1997b): Topics. Treibhaus Erde – Die Extreme nehmen zu. München, S. 13–15.

Münchener Rück (Hrsg., 2001): Topics. Jahresrückblick Naturkatastrophen 2000. München.

Reuvekamp, A., A. Klein Tank, (1996): Probability Estimates of Extreme Winter Rainfall in a Changing Climate. In: Climate Change 30, S. 8–10.

Katalog

Ministerie van Verkeer en Waterstaat (Ministerium für Verkehr, Wasserwirtschaft und öffentliche Arbeiten der Niederlande, Hrsg., 2001): Das Deltaprojekt. Sicherheit, Natur, Raum, Wasser. Den Haag.

Deutsches Rotes Kreuz (Hrsg., 1999): Leben mit Zyklonen. Katastrophenvorsorge in Indien und Bangladesch.

WaterLand Neeltje Jans und Florad Marketing Group (Hrsg., 2000): Das Deltaprojekt. Im Interesse der Sicherheit und des Umweltschutzes.

Der **Autor** Gerhard Berz hat an den Universitäten München und Köln Meteorologie und Geophysik studiert und leitet seit 1974 den Fachbereich GeoRisikoForschung der Münchener Rückversicherungs-Gesellschaft. Er befasst sich vor allem mit den Ursachen der weltweiten Zunahme der Naturkatastrophen und den wirtschaftlichen Auswirkungen der menschgemachten Klimaänderung.

Davy Champion **(Katalog)** studierte Luft- und Raumfahrt in Toulouse und München. Nach einem Volontariat im Deutschen Museum im Projekt „Zwischen Kunst und Wissenschaft" (u.a. Theater im Museum) arbeitete er als wissenschaftlicher Mitarbeiter der Ausstellung „Klima".

Das globale Klimaregime: Umweltschutz durch internationale Verhandlungen

Abb. 1: Bauzaun vor dem Verhandlungsgebäude von COP 6bis in Bonn. (Quelle: IISD/ENB, Leila Mead)

Nationale Regierungen schützen Bürger und Umwelt durch ihre manchmal unbequemen Vorschriften und Gesetze. Doch gibt es keine Weltregierung, die der Weltgesellschaft Gesetze zum Schutz vor einem alle nationalen Grenzen sprengenden Klimawandel aufzwingen ...

könnte. Klimaschutz erfordert daher langwierige internationale Verhandlungen. Hermann E. Ott und Bernd Brouns vom Wuppertal Institut für Klima, Umwelt, Energie beschreiben die oft winzigen, aber wichtigen Fortschritte der internationalen „Klimakarawane", die mit dem Kioto-Protokoll von 1997 die Grundlage für den weltweiten Klimaschutz geschaffen hat.

Kaum ein anderes Politikfeld offenbart die Grenzen der Gestaltungskompetenz und Souveränität der Nationalstaaten so deutlich wie die Klimapolitik. Aufgrund der grenzüberschreitenden Dimension des Klimaproblems – denn Treibhausgase tragen unabhängig vom Emissionsort zum Klimawandel bei und die daraus resultierenden Auswirkungen treten weltweit auf – ergibt sich die Notwendigkeit, nationale Klimaschutzpolitik auf internationaler Ebene zu koordinieren. Einseitige Maßnahmen sind wichtig und gut, aber nicht ausreichend, sofern sie nicht in einen internationalen Prozess eingebettet sind. Selbst wenn ein Staat eine Vorreiterrolle einnähme und seine Emissionen drastisch reduzierte, wäre er doch von den Folgen des Klimawandels betroffen, wenn es ihm kein anderer Staat gleichtäte. Auch wenn solche Vorreiter als Anreizgeber für internationale Kooperation eine enorme Bedeutung haben und durchaus Vorteile aus ihrem aktiven Handeln ziehen können („first mover advantages"), bedarf das Politikfeld des Klimawandels immer einer international koordinierten Politik. Nicht zuletzt aus diesem Grund sind die Klimaverhandlungen im Rahmen der Vereinten Nationen nahezu alternativlos.

Wegen der auf internationaler Ebene fehlenden Instanzen der Rechtssetzung und Rechtsdurchsetzung, wie sie im nationalen Rechtsstaat üblich sind, muss für ein neues internationales Politikfeld zunächst ein institutionelles Gerüst geschaffen werden, das eine zielgerichtete Formulierung von Politiken erlaubt. Es sollte so flexibel und dynamisch angelegt sein, dass er eine fortwährende Entwicklung von Verhaltensnormen erlaubt. Ein solcher Handlungsrahmen internationaler Politik wird als internationales „Regime" bezeichnet. Das analytische Konstrukt des Regimes umfasst alle Regeln, Normen, Prinzipien und Entscheidungsverfahren für ein bestimmtes Politikfeld, auf die sich die Nationalstaaten in völkerrechtlichen Vereinbarungen geeinigt haben. In diesem Beitrag soll die Entwicklung des „Klimaregimes" während der letzten zwei Jahrzehnte nachgezeichnet und dabei der Schwerpunkt auf die schrittweise Evolution dieses internationalen Politikfelds gelegt werden.

AGENDA-SETTING – VON DER WISSENSCHAFT ZUR POLITIK

Das Thema Klimawandel hat einige Zeit gebraucht, um auf die Tagesordnung internationaler politischer Diskussionen zu kommen und institutionell bei den Vereinten Nationen verankert zu werden. Zunächst war ein Prozess der Klärung und Abstimmung naturwissenschaftlicher Erkenntnisse erforderlich, ebenso die Sensibilisierung der Öffentlichkeit.

Die internationale Debatte zum Klimawandel war bis in die 1980er-Jahre durch die Konzentration auf naturwissenschaftliche Erkenntnisse geprägt – um überhaupt die Forschungsfragen zu identifizieren (Jäger und O'Riordan 1996). So waren auf der ersten Weltklimakonferenz, die u.a. von der Weltorganisation für Meteorologie (WMO) und dem Umweltprogramm der Vereinten Nationen (UNEP) 1979 in Genf veranstaltet wurde, in erster Linie Klima(folgen)forscher zugegen. Politische Aufmerksamkeit und Öffentlichkeitswirkung erreichte die Konferenz nicht. Sie stellt aber insofern einen Wendepunkt dar, als der Klimawandel dort zum ersten Mal Gegenstand eines bedeutenden internationalen Treffens war. Während der 1980er-Jahre gab es eine Reihe weiterer Konferenzen in Villach, die einen klimawissenschaftlichen Konsens herausarbeiteten und zum ersten Mal auch politische Empfehlungen verabschiedeten (Børsting und Fermann 1997). Jetzt war der Boden vorbereitet: Das Problem steigender Treibhausgaskonzentrationen und die damit verbundenen Wirkungen konnten sowohl die politische Ebene als auch weite Teile der Öffentlichkeit erreichen.

Danach ging es Schlag auf Schlag. Unterstützt durch das gesteigerte Umweltbewusstsein der Bevölkerung und beeinflusst vom Bericht der Brundtland-Kommission „Our Common Future“ (1987) kam das Thema Klimawandel auf die politische Agenda vieler Staaten. Auf internationaler Ebene gelang der politische Durchbruch mit der Konferenz 1988 in Toronto „The Changing Atmosphere“, an der neben mehr als 300 Wissenschaftlerinnen und Wissenschaftlern auch Repräsentanten von 48 Staaten teilnahmen. Die Konferenz endete mit einem Aufruf an die Industrieländer, bis zum Jahr 2005 ihre Kohlendioxidemissionen um 20 % zu verringern („Toronto-Ziele“) – eine Zielsetzung, an der sich alle zukünftigen Vereinbarungen zu messen hatten.

VERANKERUNG DES POLITIKFELDS AUF INTERNATIONALER EBENE

Ende der 1980er-Jahre begann dann ein Prozess der „Institutionalisierung“, der die wesentlichen Pfeiler für das zukünftige Klimaregime setzte. Einige Monate nach der Toronto-Konferenz wurde eine ihrer Empfehlungen von WMO und UNEP in die Tat umgesetzt und das „Intergovernmental Panel on Climate Change“ (IPCC) gegründet. Dieses Gremium hat seitdem die Funktion, den Stand der Wissenschaft in der Klima- und Klimafolgenforschung zusammenzutragen; es wurde schnell zur allseits anerkannten wissenschaftlichen Autorität in den Klimawissenschaften (siehe Beitrag Grundmann und Stehr). Bereits mit seinem ersten umfassenden Sachstandsbericht im Jahr 1990, an dessen Erstellung mehrere hundert der weltweit führenden Klimawissenschaftler und -wissenschaftlerinnen mitarbeiteten, nahm das IPCC großen Einfluss auf die politische Agenda.

Die Generalversammlung der Vereinten Nationen hatte schon 1988 das Problem des Klimawandels als „common concern of mankind“ anerkannt (UNGA-Res. 43/53) und verabschiedete noch 1990 in der Folge des ersten IPCC-Berichts und der von diesem stark geprägten zweiten Weltklimakonferenz 1990 in Genf eine Resolution, die den Startschuss für die offiziellen Verhandlungen gab (UNGA-Res. 45/212). Gemäß der Resolution wurde ein internationaler Verhandlungsausschuss (Intergovernmental Negotiating Committee, INC) mit dem Ziel eingesetzt, bis zur Konferenz der Vereinten Nationen für Umwelt und Entwicklung 1992 in Rio de Janeiro – dem so genannten „Erdgipfel“ – ein völkerrechtliches Abkommen zum Klimawandel auszuarbeiten.

Die vom INC unter diesem Mandat ausgehandelte „Klimarahmenkonvention“ wurde im Mai 1992 in New York beschlossen und in Rio von über 150 Staaten unterzeichnet. Am 21. März 1994, drei Monate nachdem der 50. Staat seine Ratifikationsurkunde bei den Vereinten Nationen

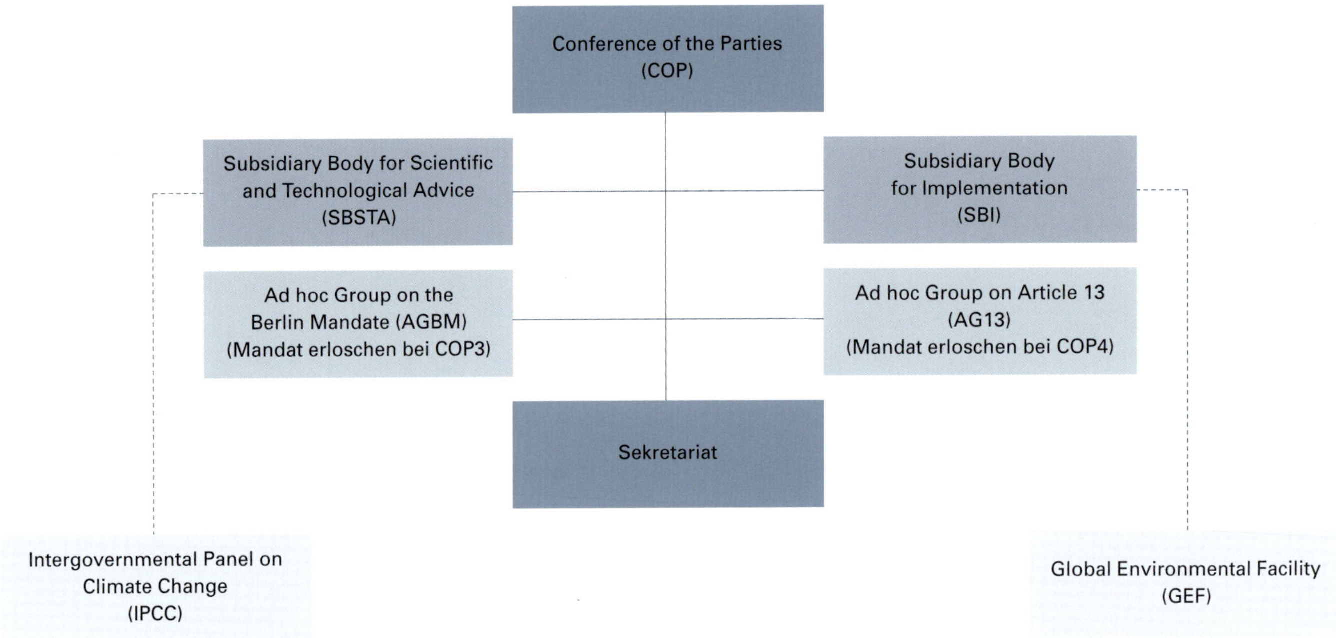

Abb. 2: Das System der Institutionen der Klimarahmenkonvention vor Kioto. (Quelle: Wuppertal Institut)

hinterlegt hatte, trat die Klimarahmenkonvention (United Nations Framework Convention on Climate Change, UNFCCC) in Kraft – die erste Phase beim Aufbau des internationalen Regimes zum Schutz des Klimas war abgeschlossen. Mittlerweile (im September 2002) haben 186 Staaten die UNFCCC ratifiziert.

DIE KLIMARAHMENKONVENTION – ECKPFEILER DES KLIMAREGIMES

Die Klimarahmenkonvention betritt in völkerrechtlicher Hinsicht kein Neuland, sondern greift auf völkerrechtliche Vertragstechniken zurück, die bereits in anderen Umweltverträgen entwickelt worden waren (Oberthür und Ott 2000). Gemäß einem „framework convention and protocol approach" wird zunächst ein institutioneller Rahmen durch eine Konvention gesetzt und werden ferner Leitplanken für die zukünftige internationale Klimapolitik festgelegt. Auf dieser Basis werden dann in einem Tochtervertrag, meist „Protokoll" genannt, darüber hinausgehende inhaltliche Verpflichtungen, z. B. verbindliche Reduktionsziele für die Treibhausgasemissionen einzelner Staaten, entwickelt.

Ein solcher stufenweiser Regelungsansatz wurde ebenfalls für das internationale Ozonregime gewählt und hat sich dort mehr als bewährt (Ott 1998). Die Wiener Konvention zum Schutz der Ozonschicht aus dem Jahr 1985 und das daran anschließende Montrealer Protokoll von 1987 (einschließlich seiner späteren Revisionen) führten in den Industrieländern zu einem fast vollständigen Ausstieg aus der Nutzung ozonzerstörender Substanzen innerhalb von etwas mehr als einem Jahrzehnt – ein zweifellos großer politischer Erfolg. Diesem Beispiel folgend übertrug man dieses konzeptionelle Vorgehen auf die Klimapolitik. Deren Regelungsgegenstand ist allerdings weitaus komplexer und kann bisher noch keine ähnlich klare Erfolgsgeschichte vorweisen.

Durch die Klimarahmenkonvention wurde eine Reihe von Institutionen geschaffen, die unabdingbar sind für ein Vorankommen im internationalen Klimaschutz. So wurde festgelegt, dass sich die Vertragsstaaten jedes Jahr auf einer Vertragsstaatenkonferenz (Conference of the Parties, kurz COP, hierzulande oft „Klimagipfel" genannt) treffen, um über die Einhaltung der vertraglichen Verpflichtungen zu wachen und darüber hinausgehende Klimaschutzziele zu beschließen. Zur Unterstützung und Beratung der COP wurden darüber hinaus zwei Nebenorgane (SBI, SBSTA) geschaffen und als administratives Herz der Konvention wurde ein Sekretariat gegründet (Abbildung 2). Internationaler Klimaschutz wurde dadurch als eigenständiges Politikfeld im Rahmen der Vereinten Nationen verankert.

Als Leitfaden für zukünftige klimapolitische Übereinkommen wurde ferner ein Bündel von politikleitenden Prinzipien etabliert. Neben den Grundsätzen der Vorsorge und der Kosteneffizienz umfasst dies auch das Prinzip der „gemeinsamen, aber unterschiedlichen Verantwortlichkeiten". Dieses Prinzip weist den Industriestaaten, die hauptverantwortlich sind für den Klimawandel, eine besondere Rolle bei der „Bekämpfung der Klimaänderungen" zu. Ihnen war durch die Konvention aufgegeben, ihre Treibhausgasemissionen bis zum Jahr 2000 auf das Niveau von 1990 zu reduzieren. Dies war allerdings keine rechtlich verbindliche Verpflichtung und ist daher nur von wenigen Staaten (aber auch von der EU insgesamt) erreicht worden. Schließlich übernahmen die Industrieländer auch besondere Pflichten, die Entwicklungsländer finanziell und technologisch zu unterstützen.

Durch die Konvention wurden zudem Berichtspflichten geschaffen, denen zufolge die Mitgliedsstaaten über ihre Treibhausgasemissionen und über ergriffene Klimaschutzmaßnahmen Buch führen müssen. Dies ist eine der wichtigsten Grundlagen des Regimes – zunächst muss klar und akzeptiert sein, wie viele Emissionen jedem Staat zugeschrieben werden können. Erst dann kann man auch Reduktionspflichten festschreiben.

Abweichend von üblicher völkerrechtlicher Vertragspraxis findet sich in Artikel 2 der Klimarahmenkonvention eine übergeordnete Zielsetzung, an der sich alle (zukünftigen) Rechtsinstrumente des Klimaregimes auszurichten haben. Demnach ist zentrales Ziel internationaler Klimapolitik „die Stabilisierung der Treibhausgaskonzentrationen in der Atmosphäre auf einem Niveau ..., auf dem eine gefährliche anthropogene Störung des Klimasystems verhindert wird ...". Besonders wichtig ist der Zusatz „gefährlich", denn eine Störung des Systems liegt schon jetzt vor. Dieser zunächst unbestimmte Begriff muss noch präzisiert („operationalisiert") werden, erst dann können auch Zielkorridore – gewissermaßen politische Marschrouten – für den mittel- und langfristigen Klimaschutz festgelegt werden.

DIE KLIMAKARAWANE ZIEHT WEITER

1995, ein Jahr nach In-Kraft-Treten der Klimarahmenkonvention, traf sich die internationale Staatengemeinde in Berlin zur ersten Vertragsstaatenkonferenz (COP 1). Dort galt es, die nächste Phase in der Errichtung eines internationalen Klimaregimes einzuleiten. Die Vertragsstaaten hatten gemäß Artikel 4.2d der Konvention zu prüfen, inwiefern das in der Klimarahmenkonvention enthaltene (unverbindliche) Emissionsziel der Industrieländer „angemessen" sei. Man einigte sich unter heftigem Protest der Erdöl produzierenden Staaten der OPEC darauf, dass dies nicht der Fall sei. Es bedurfte somit verpflichtender Reduktions- und Begrenzungsziele für die Emissionen der Industrieländer, um der Zielsetzung des oben zitierten Artikels 2 gerecht zu werden. So wurde es schließlich auch in dem zentralen Abschlussdokument von COP 1, dem „Berliner Mandat", festgehalten. Darüber hinaus wurde eine Verhandlungsgruppe, die „Ad hoc Group on the Berlin Mandate", eingesetzt, um in den nächsten zwei Jahren bis COP 3 in Kioto ein ergänzendes Protokoll zu erarbeiten, das verbindliche Emissionsziele für die Industrieländer festschreibt. Nachdem der Rohbau des Klimaregimes durch die Klimarahmenkonvention fertig gestellt war, machte man sich nun also daran, den Innenausbau folgen zu lassen.

Derweil veröffentlichte das IPCC 1996 seinen zweiten Sachstandsbericht, in dem es an einer der zentralen Aussagen festhielt (IPCC 1996; zur öffentlichen Debatte darüber siehe Beitrag Edwards):

"The balance of evidence suggests that there is a discernible human influence on global climate."

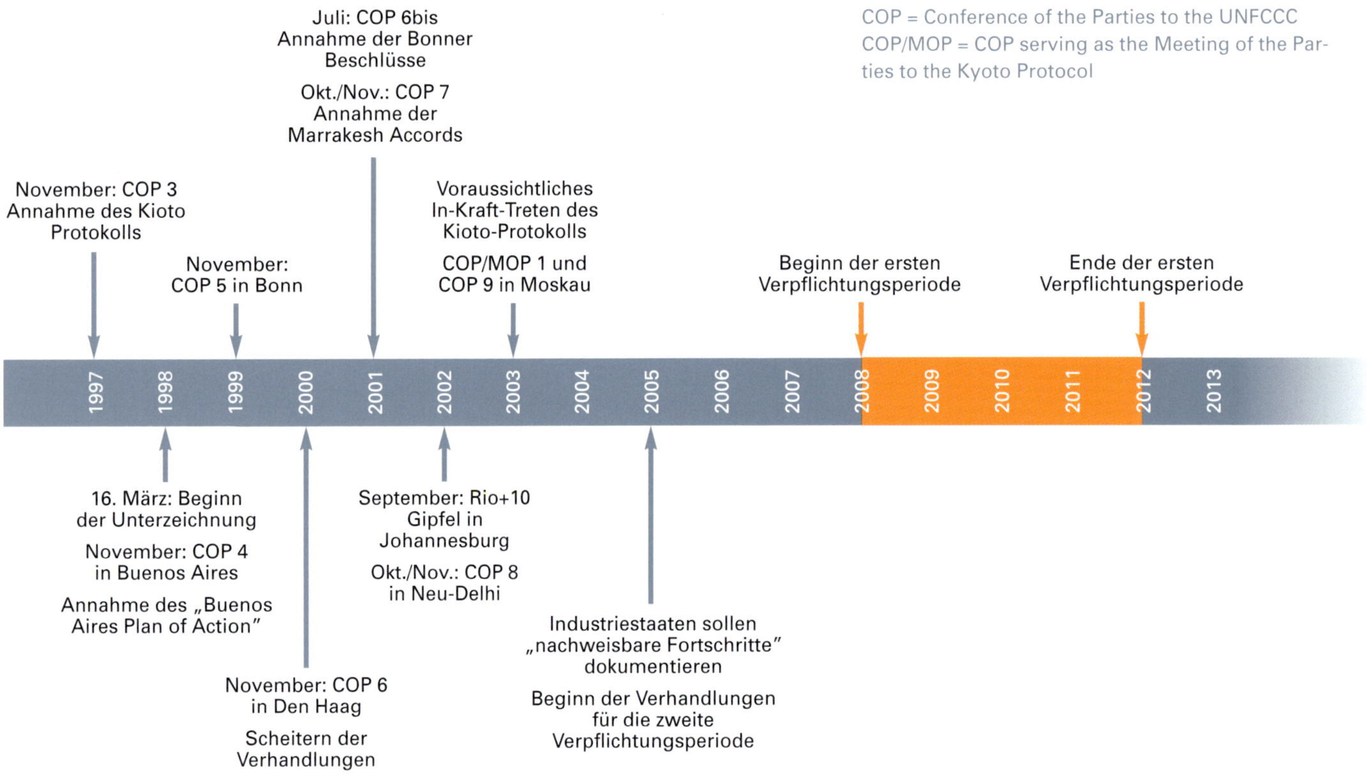

Abb. 3: Der Kioto-Prozess der internationalen Klimapolitik. (Quelle: Wuppertal Institut)

Die Forscher konstatierten also einen „nachweisbaren menschlichen Einfluss" auf das Klima. Dadurch wurde die Notwendigkeit weiterführender politischer Abkommen auf internationaler Ebene deutlich. In der Abschlusserklärung von COP 2 im Jahr 1996 in Genf wurde denn auch explizit auf den IPCC-Bericht Bezug genommen und auf eine zügige Umsetzung des Berliner Mandats gedrängt.

Dies gestaltete sich allerdings alles andere als leicht und so war man nach zwei Jahren intensiver Verhandlungen in der Ad-hoc-Gruppe bis COP 3 in Kioto noch zu keiner Einigung gelangt. Erst in einer dramatischen Nachtsitzung am allerletzten Tag der Konferenz (also schon nach dem offiziellen Ende) wurde unter den wachsamen Augen der Medien ein Konsens erzielt und das Kioto-Protokoll verabschiedet – der nächste Schritt zur Errichtung eines funktionierenden Klimaregimes war getan (eine spannende Darstellung der letzten Tage findet sich bei Oberthür und Ott 2000).

Weitere hatten zu folgen (Abbildung 3), denn der mit dem Kioto-Protokoll begonnene Innenausbau machte das Haus des Klimaregimes zwar prinzipiell bezugsfertig, doch richtig wohnen mochte man noch nicht darin. Zwar waren die Eckpunkte eines zukünftigen internationalen Klimaschutzes im Kioto-Protokoll geregelt, es fehlten aber genaue Ausführungsbestimmungen und Richtlinien. Um diese Lücke zu füllen, einigte man sich erneut auf ein Vorgehen, das zuvor schon in ähnlicher Form zur Verabschiedung des Protokolls selbst geführt hatte. Auf COP 4 in Buenos Aires (1998) wurden die zu regelnden Punkte identifiziert und es wurde ein Zeitplan für ihre Verhandlung erarbeitet. Dieser sah vor, im Jahr 2000 ein detailliertes Regelwerk zum Kioto-Protokoll zu beschließen, um die Basis für die Ratifikation des Protokolls in den nationalen Parlamenten zu legen – die Räumlichkeiten sollten also für alle zukünftigen Wohnparteien gleichsam ansprechend gestaltet werden.

Dieser Abstimmungsprozess erwies sich allerdings als schwieriger als alle vorherigen. Waren die internationalen Verhandlungen bisher schon nicht frei von Problemen und Zweifeln an ihrem Fortkommen gewesen, so schien der Prozess nun zum ersten Mal wirklich festgefahren zu sein. COP 6 in Den Haag (im Herbst 2000) sollte gemäß den in Buenos Aires getroffenen Vereinbarungen einen Schlusspunkt unter die Aushandlung der Details setzen. Doch trotz intensiver diplomatischer Abstimmungen im Vorfeld der Konferenz fand man zu keiner Einigung. Der Haager Gipfel scheiterte an der schlechten Verhandlungsführung der USA und dem erstarkten Selbstbewusstsein der Europäer. Da die Verhandlungen der zurückliegenden fünf Jahre und das Kioto-Protokoll als solches auf dem Spiel standen, wurde COP 6 am Ende der zweiwöchigen Verhandlungen nicht beendet, sondern um ein halbes Jahr vertagt – die internationale Staatengemeinde gestand sich einen zweiten Anlauf zu, ein gutes halbes Jahr später in Bonn.

Abb. 4: Das Konferenzplenum von COP 6 in Den Haag. (Foto: IISD/ENB, Leila Mead)

Doch wendeten sich die Verhältnisse auf der internationalen politischen Bühne zunächst nicht zum Besseren. In den USA wurde kurz nach Den Haag mit George W. Bush ein neuer Präsident gekürt, der im März 2001 seine Gegnerschaft gegen das Kioto-Protokoll bekannt gab. Das Kioto-Protokoll schien tot zu sein, die Politik der kleinen Schritte gescheitert.

Entgegen derartigen Befürchtungen stellten sich diese Entwicklungen jedoch eher als Schocktherapie heraus. Eine weltweite Solidarisierung mit dem Protokoll setzte ein. Insbesondere die Staaten der EU im Verbund mit dem Großteil der Entwicklungsländer drängten in Bonn im Juli 2001 auf eine Einigung. Durch teilweise schmerzliche Zugeständnisse an Japan, Australien, Russland und Kanada konnten als Ergebnis der Verhandlungen auf ministerieller Ebene die Eckpunkte des zu beschließenden Regelwerks in den „Bonn Agreements" niedergelegt werden. Nun galt es nur noch, diesen politischen Beschluss in ein völkerrechtlich wirksames Übereinkommen zu gießen. Dieser letzte Schritt wurde ein halbes Jahr später, im November 2001, auf COP 7 in Marrakesch getan. Am Ende von COP 7 wurde ein über 200 Seiten umfassendes Übereinkommen, die „Marrakesh Accords", verabschiedet (Sach und Reese 2002). COP 7 setzte damit einen vorläufigen Abschluss nach zehn Jahren internationaler Klimaverhandlungen im Rahmen der Vereinten Nationen.

Die Marrakesh Accords bereiteten letztendlich den Weg für die Ratifizierung des Kioto-Protokolls durch die Industrieländer; sie bildeten damit den letzten auf internationaler Ebene zu bewältigenden Schritt zur Errichtung eines wirksamen Klimaregimes. Nun liegt es an den einzelnen Staaten, die Bedingungen für das In-Kraft-Treten des Kioto-Protokolls zu schaffen. Die erste Hürde war mit dem Eingang der Ratifizierungsurkunde Islands beim Klimasekretariat der Vereinten Nationen am 23. Mai 2002 überwunden – das erforderliche Minimum von 55 ratifizierenden Staaten war damit erreicht. Die zweite Hürde, dass die ratifizierenden Staaten insgesamt für mindestens 55 % der Kohlendioxidemissionen der Industrieländer stehen müssen, rückt zwischenzeitlich in greifbare Nähe: Bis zum September 2002 haben 93 Staaten, die 37,1 % dieser Emissionen auf sich vereinen, das Protokoll ratifiziert.

Man hatte sich also schließlich doch noch auf Details wie die Farbe der Tapete und das Muster der Fliesen einigen können, sodass die meisten Staaten nun darangingen, alles für den Einzug vorzubereiten. Allein das größte Zimmer – für die USA – wird zunächst frei bleiben, doch es bleibt reserviert.

Abb. 5: Ein erster Durchbruch bei den Verhandlungen in Bonn bei COP 6bis. (Foto: IISD/ENB, Leila Mead)

EXKURS: DAS KIOTO-PROTOKOLL – ÖKOLOGISCH EFFIZIENT?

Im Kioto-Protokoll wurden nicht nur erstmals rechtlich verbindliche Emissionsziele für Industrieländer vereinbart, sondern es bietet auch einen über die „Mutterkonvention" hinausgehenden rechtlichen und institutionellen Rahmen für zukünftige internationale Klimapolitik. Das ist wichtig: Nur diejenigen Staaten, die auch das Kioto-Protokoll ratifiziert haben (also beispielsweise nicht die USA), werden in den neuen Gremien vertreten sein.

Zentrales Element des Protokolls ist die in ihm festgeschriebene Pflicht der Industriestaaten, ihre Treibhausgasemissionen im Zeitraum von 2008 bis 2012 um insgesamt mindestens 5% gegenüber dem Emissionsniveau von 1990 zu reduzieren. Diese Reduktionspflichten wurden länderspezifisch verteilt, sodass die Industriestaaten je nach Verhandlungsgeschick, Einsparpotenzial und -willen in ihrer Höhe erheblich variierende Emissionsziele aufweisen (Abbildung 6). Die Europäische Union hat darüber hinaus gemäß Artikel 4 des Kioto-Protokolls ihre Reduktionspflicht von 8% intern neu verteilt – Deutschland und Großbritannien müssen demnach ihre Emissionen jetzt um 21 bzw. 12,5% reduzieren, wohingegen Portugal seinen Ausstoß noch um 27% steigern darf. Den Staaten bietet sich dabei eine Vielzahl von Optionen, wie sie ihre Pflichten auf eine Kosten minimierende Art und Weise erfüllen können.

„VERSCHMUTZUNGSHANDEL" ODER OPTIMIERTER KLIMASCHUTZ?

Mit dem Protokoll wurden drei Klimaschutzinstrumente, die so genannten „Kioto-Mechanismen", geschaffen, die den Industriestaaten das Einhalten ihrer Emissionsziele erleichtern sollen: der Emissionshandel, die „Joint Implementation" (JI) und der „Clean Development Mechanism" (CDM).

Das Kioto-Protokoll erlegt jedem Industrieland nicht nur die Pflicht auf, seine Emissionen zu begrenzen, sondern verleiht ihm dadurch im Umkehrschluss auch ein (vorübergehendes) Recht, Treibhausgase in die Atmosphäre freizusetzen. Dies kann man sich als eine Art Nutzungsrecht vorstellen – ähnlich wie das Recht eines Industriebetriebs, Abwässer in einen Fluss zu leiten. Sollte ein Land diese in so genannten „Emissionszertifikaten" verbrieften Nutzungsrechte aufgrund einer wirksamen nationalen Klimaschutzpolitik nicht ausnutzen, hat es die Möglichkeit, im Rahmen des Emissionshandels die überschüssigen Zertifikate an ein anderes Land zu verkaufen, das in der Einhaltung seiner Verpflichtungen weniger erfolgreich war. Dies führt im Idealfall dazu, dass Klimaschutzmaßnahmen dort getroffen werden, wo sie am kostengünstigsten sind (bzw. der politische Wille dazu vorhanden ist). Auf diese Weise können die finanziellen Aufwendungen für das Gesamtemissionsziel minimiert werden.

Quantifizierte Emissionsbegrenzungs- bzw. -reduktionspflichten (in % des Basisjahrs/-zeitraums)	Vertragspartei
−8%	Belgien, Bulgarien*, Dänemark, Deutschland, Estland*, Europäische Gemeinschaft, Finnland, Frankreich, Griechenland, Großbritannien und Nordirland, Irland, Italien, Lettland*, Liechtenstein, Litauen*, Luxemburg, Monaco, Niederlande, Österreich, Portugal, Rumänien*, Schweden, Schweiz, Slowakei*, Slowenien*, Spanien, Tschechische Republik*
−7%	USA
−6%	Japan, Kanada, Polen*, Ungarn*
−5%	Kroatien*
± 0%	Neuseeland, Russische Föderation*, Ukraine*
+ 1%	Norwegen
+ 8%	Australien
+ 10%	Island
−5,17%	Gesamtreduktion

Abb. 6: Quantitative Verpflichtungen der Industriestaaten zur Emissionsminderung bzw. -begrenzung nach dem Kioto-Protokoll. (Quelle: FCCC/CP/1997/7/Add. 1 und eigene Berechnungen des Autors)

* Länder, die sich im Übergang zur Marktwirtschaft befinden

Dieses theoretisch sehr wirksame Instrument zieht jedoch im Fall der Kioto-Vereinbarungen unliebsame Konsequenzen nach sich, die sich auf die ökologische Wirksamkeit des Protokolls auswirken. An erster Stelle ist hier das Problem der „heißen Luft" zu nennen (siehe auch Beitrag Edenhofer u. a.). Die Emissionsniveaus vieler osteuropäischer Staaten, insbesondere die Russlands und der Ukraine, liegen gegenwärtig weit unter dem ihnen im Kioto-Protokoll zugestandenen Ausmaß. Dies ist auf den wirtschaftlichen Zusammenbruch dieser Staaten Anfang der 1990er-Jahre zurückzuführen, nicht jedoch auf eine bewusste Klimaschutzstrategie. Da davon auszugehen ist, dass diese Emissionen auch im Zeitraum von 2008 bis 2012 weit unterhalb des vereinbarten Ziels liegen werden, eröffnet sich für diese Länder die Möglichkeit, Emissionszertifikate an andere, westliche Staaten zu verkaufen. Dies würde bedeuten, dass viele Staaten ohne zusätzliche Vermeidungsbemühungen ihre Pflichten erfüllen könnten, der beabsichtigte Anreiz zur nachhaltigen Umgestaltung emissionsintensiver Gesellschaftsbereiche also nahezu entfiele. Aus diesem Grunde ist vor allem die EU lange dafür eingetreten, dass höchstens die Hälfte der Reduktionspflichten eines Landes durch den Zukauf von Emissionszertifikaten abgedeckt werden dürfe und der Rest durch Klimaschutzmaßnahmen im eigenen Lande zu erbringen sei. Doch spätestens bei den Bonner Verhandlungen auf COP 6bis musste die EU in dieser Frage nachgeben, sodass der Handel mit Emissionsrechten nun keinerlei quantitativen Begrenzungen unterliegt. Dies kann insbesondere nach dem Rückzug der USA dazu führen, dass das Angebot an „heißer Luft" nahezu die gesamte Nachfrage abdecken, der Handelspreis für die Zertifikate somit niedrig sein wird und dadurch kein tatsächlicher Anreiz für heimische Klimaschutzmaßnahmen besteht.

Dies könnte auch zulasten der beiden anderen Kioto-Mechanismen – „Joint Implementation" und „Clean Development Mechanism" – gehen. Diesen liegt ebenfalls der Gedanke zugrunde, durch Flexibilität bei der Wahl des Ortes der Emissionsvermeidung deren Kosten zu senken. Im Gegensatz zum Emissionshandel sind diese Mechanismen aber an konkrete Projekte gebunden. So ist es einem Industrieland oder einem Privatinvestor nun möglich, die Modernisierung eines Kraftwerkes oder die Installation einer Solaranlage in einem anderen Industrieland (JI) oder in einem Entwicklungsland (CDM) durchzuführen und sich die dadurch erzielten Emissionseinsparungen selbst gutschreiben zu lassen. Daneben steht namentlich beim CDM aber auch der Gedanke eines Technologie- und Know-how-Transfers in die Entwicklungsländer im Vordergrund. Ob die Zielsetzung des CDM, die nachhaltige Entwicklung des Entwicklungslands zu fördern, tatsächlich erreicht werden kann, ist noch nicht klar. Ein erster „Erfolg" konnte insofern schon verbucht werden, als die Anerkennung von Projekten im Bereich der Atomenergie durch die Beschlüsse von Bonn und Marrakesch ausdrücklich ausgeschlossen wurde. Will man erreichen, dass ein anderer Entwicklungspfad z. B.

Abb. 8: Die Wortmeldung von Neroni Slade (Samoa) aus den Inselstaaten der AOSIS-Gruppe wird kritisch beobachtet von Mohammed Al-Sabban (Saudi Arabien), einem Wortführer der OPEC-Staaten. (Quelle: IISD/ENB, Leila Mead)

"There is new and stronger evidence that most of the warming observed over the last 50 years is attributable to human activities."

Es gibt also neue und stärkere Beweise, dass die Temperaturerhöhungen der letzten 50 Jahre auf den Menschen zurückzuführen sind. Darüber hinaus wird in dem Bericht nochmals eindrücklich auf die erheblichen Gefahren einer Vernachlässigung des Klimaschutzes hingewiesen. Mittelfristig müssen demnach alle Länder einen Beitrag zum globalen Klimaschutz leisten, um die globalen Trends umzukehren. Eines der Hauptziele wird es deshalb sein müssen, die USA als Hauptverschmutzer einzubeziehen. Die Chancen stehen nicht besonders gut unter der Regierung von Präsident Bush, doch formiert sich sowohl in der amerikanischen Bevölkerung als auch in der Industrie die zunehmende Überzeugung, dass Klimaschutz notwendig und dass die Ablehnung des Kioto-Protokolls ein Fehler ist.

Zu diesem Zweck müssen schon heute Allianzen geschmiedet werden, die ein abgestimmtes Vorgehen in der Zukunft erleichtern. Vor allen Dingen darf die Europäische Union die Unterstützung der Entwicklungsländer nicht aus den Augen verlieren. Die tatsächliche Umsetzung der Emissionsziele als Vorreiter des Klimaschutzes ist eine wichtige Voraussetzung für eine solche Allianz. Darüber hinaus muss nach Wegen gesucht werden, wie das prinzipielle Recht aller Menschen auf gleichberechtigte Nutzung der Atmosphäre verwirklicht werden und damit mittelbar auch ein Beitrag zu größerer globaler Gerechtigkeit geleistet werden kann.

Das auf völkerrechtlichen Vertragswerken basierende Klimaregime bietet einen stabilen institutionellen und normativen Rahmen für das Politikfeld des globalen Klimawandels. Dieses Regime kann sich kontinuierlich an veränderte Rahmenbedingungen anpassen, wenn sich die Lage ändert, z. B. durch massive Auswirkungen des Klimawandels. Das Sekretariat des Regimes in Bonn mit mehr als 120 Mitarbeitern gewährleistet eine gute administrative und logistische Unterstützung der internationalen Verhandlungen. Das Haus der internationalen Klimapolitik steht auf einem stabilen Fundament, die Einrichtung und der Zimmerzuschnitt bedürfen in der Zukunft jedoch einer laufenden Umgestaltung.

Die Voraussetzungen sind also nicht schlecht, um auf internationaler Ebene der Jahrhundertaufgabe Klimawandel zu begegnen. Vermutlich hätte kein anderer Vertrag mit derartig großen ökonomischen Implikationen eine schroffe Ablehnung durch die USA überstanden. In diesem Sinn ist das Klimaregime auch ein Beleg für die grundsätzliche Eignung kooperativer internationaler Prozesse zur Abwendung globaler Gefahren und zur Steuerung weltweiter Entwicklungen. Es gibt keine Alternative zur internationalen Zusammenarbeit, wenn unser Planet ein bewohnbarer und menschenfreundlicher Ort bleiben soll.

LITERATUR

Leseempfehlungen

Brouns, Bernd, M. Treber (2002): Paradepferd mit bleiernen Füßen. Internationaler Klimaschutz und die Umsetzung in Deutschland. Forum Umwelt & Entwicklung, Bonn. http://www.rio-10.de/rioprozess/bilanzpapiere/bilanzpapier_klima.pdf (12.08.2002)

Missbach, Andreas (1999): Das Klima zwischen Nord und Süd: eine regulationstheoretische Untersuchung des Nord-Süd-Konflikts in der Klimapolitik der Vereinten Nationen. Westfälisches Dampfboot, Münster.

Oberthür, Sebastian, H. E. Ott (2000): Das Kyoto-Protokoll. Internationale Klimapolitik für das 21. Jahrhundert. Leske & Budrich, Opladen (auch in englischer und japanischer Sprache, Verlag Springer).

Sach, Karsten, M. Reese (2002): Das Kyoto-Protokoll nach Bonn und Marrakesch. In: Zeitschrift für Umweltrecht 12, Heft 2, S. 65–73.

UNFCCC (2002): A Guide to the Climate Change Convention and its Kyoto Protocol. UNFCCC Climate Change Secretariat. Bonn. http://unfccc.int/resource/guideconvkp-p.pdf (12.08.2002)

Weiteres Material auf der Internetseite des Wuppertal Instituts für Klima, Umwelt, Energie GmbH: http://www.wupperinst.org/Seiten/Abteilungen/klima.html.

Literaturbelege

Brouns, Bernd, T. Santarius (2001): Die Kyoto-Reduktionsziele nach den Bonner Beschlüssen. In: Energiewirtschaftliche Tagesfragen 51, Heft 9, S. 590–591.

Børsting, G., G. Fermann (1997): Climate change turning political: conference-diplomacy and institution-building to Rio and beyond. In: Fermann, G. (Hrsg.): International politics of climate change. Key issues and critical actors. Scandinavian University Press, Oslo, S. 53–82.

IPCC (1996): The Science of Climate Change 1995. Contribution of Working Group I to the Second Assessment Report of the Intergovernmental Panel on Climate Change. Hrsg. von Houghton, J. T., u. a., Cambridge University Press, Cambridge UK.

Jäger, Jill, T. O´Riordan (1996): The history of climate change science and politics. In: dies. (Hrsg.): Politics of Climate Change. A European Perspective. Routledge, London/New York, S. 1–31.

Ott, Hermann E. (1998): Umweltregime im Völkerrecht. Eine Untersuchung über neue Formen internationaler institutionalisierter Kooperation am Beispiel der Verträge zum Schutz der Ozonschicht und zur Kontrolle grenzüberschreitender Abfallverbringungen. Nomos, Baden-Baden.

Der **Autor** Hermann E. Ott ist Leiter der Abteilung Klimapolitik des Wuppertal Instituts für Klima, Umwelt, Energie GmbH. Von November 2000 bis Juni 2001 war er im Planungsstab des Auswärtigen Amtes zuständig für die Konzeption einer „Umweltaußenpolitik" des Ministeriums.

Bernd Brouns studierte Kultur- und Umweltwissenschaften und ist wissenschaftlicher Mitarbeiter der Abteilung Klima des Wuppertal Instituts. Seine Forschungsschwerpunkte sind die mittelfristige Fortentwicklung des Klimaregimes sowie verteilungspolitisch relevante Aspekte des Klimawandels. Er koordiniert die Arbeitsgruppe Klima des Forums Umwelt & Entwicklung deutscher Nichtregierungsorganisationen.

Abb. 1: Ein Parabolrinnenkraftwerk (insgesamt fünf Blöcke zu je 30 MW) in der kalifornischen Wüste. Diese Technologie solarthermischer Kraftwerke könnte den Durchbruch zur großtechnischen Erzeugung von Strom aus Sonnenenergie am schnellsten schaffen. (Foto: Solar Millennium AG)

Energietechnologien im 21. Jahrhundert

Energie ist der Schlüssel zur Klimapolitik: Wer eine massive Drosselung der klimarelevanten Emissionen, vor allem des Kohlendioxids, einfordert, muss sich mit den technischen und wirtschaftlichen Möglichkeiten eines Umbaus der Energieversorgung auseinander setzen. Moderne Industriegesellschaften leben aber von der Verfügbarkeit preiswerter Energie. Dieses „Füllhorn“ erschien lange nur durch die Endlichkeit der fossilen Energieressourcen begrenzt. Doch die endliche Belastbarkeit der „Deponie“ Atmosphäre dürfte für den Energiehunger der Menschheit eine noch einschneidendere Grenze werden. Gerd Eisenbeiß, Vorstand beim Forschungszentrum Jülich ...

und langjähriger Koordinator der großen deutschen Energieforschungsprogramme, erläutert, mit welchen Techniken wir den Umbau des Energiesystems schaffen könnten.

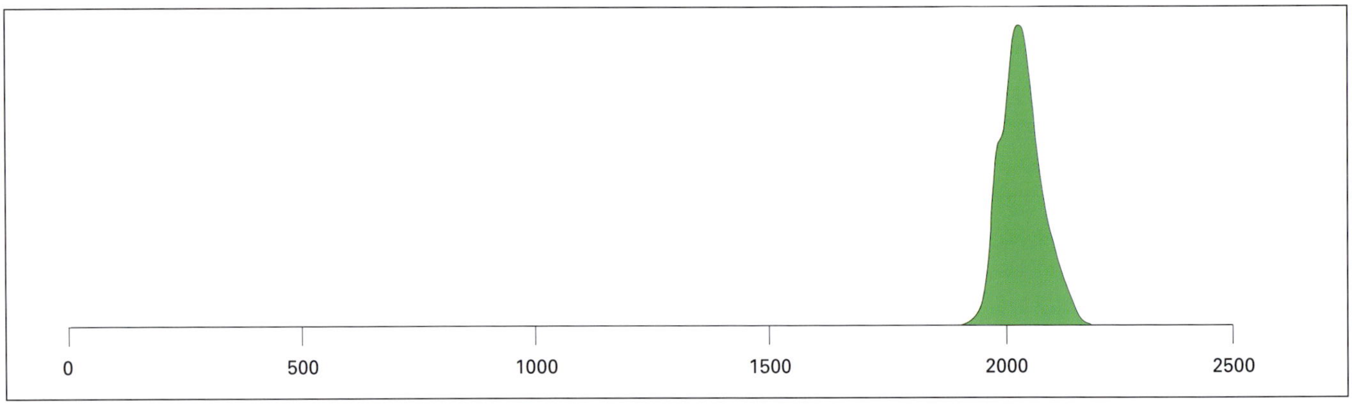

Abb. 2: Das „fossile Zeitalter" der Industrialisierung wird nicht mehr sein können als ein kurzes Zwischenspiel, ein „Augenzwinkern" in der Erdgeschichte.

DIE GROSSEN HERAUSFORDERUNGEN

Die letzten drei Jahrzehnte des vergangenen Jahrhunderts haben für Energiewirtschaft und Energiepolitik und damit auch für die Energietechnik vor allem zwei Herausforderungen deutlich gemacht: Die eine besteht darin, dass mit der Endlichkeit jener Energieressourcen zu rechnen ist, auf die sich die Menschheit während der letzten anderthalb Jahrhunderte gestützt hat. Denn die moderne, industriell geprägte Wachstumsgesellschaft hat ihren Entwicklungsprozess insbesondere durch Verbrennung von Kohle und Kohlenwasserstoffen angetrieben. Diese Vorräte an fossilen Energieträgern stellen eine über Hunderte von Millionen Jahren gespeicherte Sonnenenergie dar, die die Menschheit nunmehr innerhalb kurzer Zeit verbraucht (Abbildung 2).

Sicher ist die unausweichliche Verknappung dieser Ressourcen heute keine akute Gefahr für die nächsten Jahre, aber die Abschätzungen der Fachleute geben auch keinen Anlass zur Entwarnung. Die beiden Grafiken der Bundesanstalt für Geowissenschaften und Rohstoffe machen deutlich, welcher Anteil an den uns bekannten Ressourcen bis zum Ende des letzten Jahrhunderts bereits erschöpft war und wie schnell der verbliebene „Rest" – natürlich in Abhängigkeit vom zukünftigen Verbrauchszuwachs – ganz verbraucht sein wird. Dabei ist die Situation beim Erdgas (Abbildung 4) entspannter als beim Erdöl (Abbildung 3), wo bald die Hälfte des Vorhandenen gefördert sein wird. Die neben den Säulen für die Vorräte aufgetragenen treppenförmigen Säulen veranschaulichen, wie viel des Rohstoffs bis 2025 noch verbraucht wird, jeweils für unterschiedliche jährliche Verbrauchszuwächse zwischen null und sechs Prozent. Natürlich liegen hinter den hier gezeigten günstig förderbaren fossilen Ressourcen noch große Mengen unkonventioneller, wahrscheinlich auch ökologisch unangenehmer Kohlenwasserstoffe wie Teerschiefer und Ölsande, insbesondere Kohle für Jahrhunderte. Käme also die Gefahr allein von der Versorgungsseite, so hätten wir lediglich das Problem, eine energietechnische Strategie weg vom Öl zu entwickeln, zwischenzeitlich mehr Gas einzusetzen und mittelfristig saubere und effiziente Kohlenutzungstechnologien nutzbar zu machen.

Das war die eine Seite der Versorgung mit Brennstoffen. Dramatischer erscheint heute vielen Menschen die andere Seite, die „Entsorgung". Der Begriff der Entsorgung kam in der Energiewirtschaft erstmals auf, als man merkte, dass die in Kernreaktoren anfallenden Spaltprodukte sowie Aktiniden (also schwere Elemente wie Plutonium) für sehr lange Zeit von der Biosphäre sicher ferngehalten werden müssen. Seit knapp zwanzig Jahren verdichten sich nun die Warnungen der Klimaforscher fast schon zur Gewissheit, dass die Endprodukte der Verbrennung, vor allem das unvermeidliche Kohlendioxid, auf andere Weise zu einem

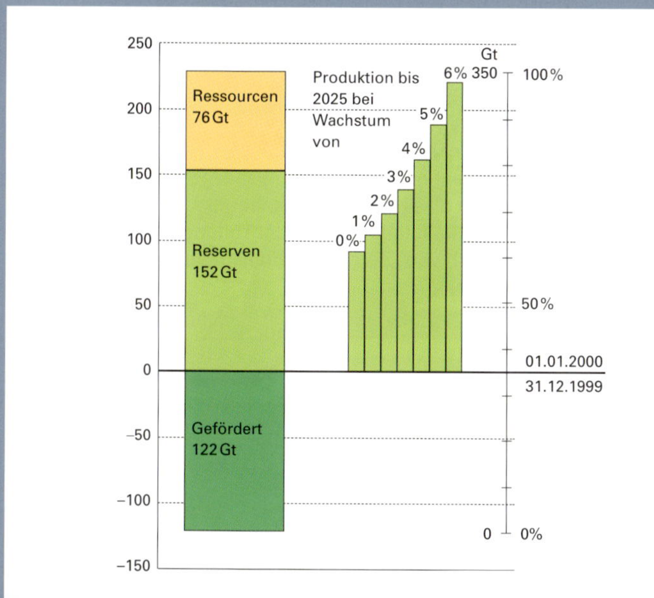

Abb. 3: Die „Tankuhr" für die Vorräte nähert sich beim Erdöl dem Halbzeitstand, dem „depletion mid-point". Der unterste Säulenabschnitt (unter der Nulllinie) stellt die bis heute verbrauchten Ressourcen dar, der mittlere Abschnitt die „Reserven", die als gesichert und jederzeit erschließbar gelten, der obere Abschnitt die weiteren wahrscheinlichen Ressourcen. Die Treppensäulen zeigen – abhängig vom jeweils angenommenen jährlichen Wachstum des Ölhungers – den prognostizierten Verbrauchsstand im Jahre 2025 an. (Quelle: BGR)

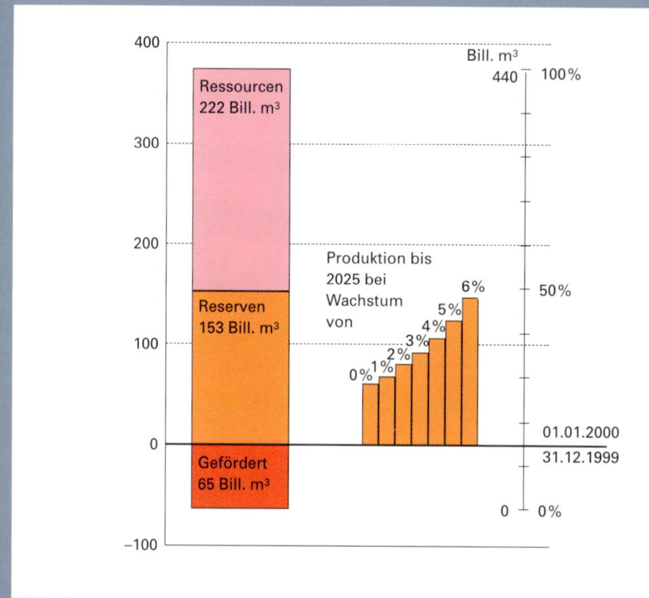

Abb. 4: Bestandsaufnahme für die Erdgasvorräte (ähnlich Abbildung 3). Erdgas wird erst seit wenigen Jahrzehnten verstärkt eingesetzt, entsprechend ist bis heute erst relativ wenig verbraucht. (Quelle: BGR)

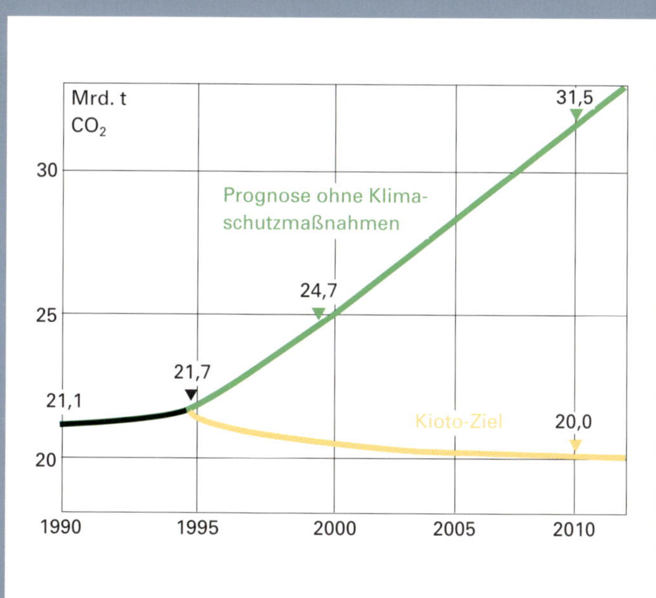

Abb. 5: Der Kohlendioxidausstoß ist die Schlüsselgröße der Klimaschutzpolitik. Schon die bescheidene Zielvorgabe der Kioto-Konferenz setzt dem bislang ungebremst wachsenden fossilen Energiehunger der Menschheit eine drastische Grenze. (Quelle: Bundesumweltministerium, Kioto-Klimakonferenz 1997)

Abb. 11: Das abgebildete Windrad E 66 der Firma Enercon ist getriebelos und erreicht mit einem Rotordurchmesser von 70 m eine Nennleistung von 1,8 MW. Die Rotorblätter bestehen aus Glasfaserkunststoff und sind einzeln verstellbar. Über 1000 Windanlagen dieses Modells sind weltweit in Betrieb. Sir Norman Foster zeichnete für das Design der Anlage verantwortlich. (Foto und Leihgabe Demonstrationsmodell: Enercon GmbH, Aurich)

wird es weitere Innovationen im Hinblick auf die Leistung einer Einzelanlage geben, d.h., die „Growian"-Klasse der Multimegawattanlagen wird in Kürze marktfähig. Standortknappheit und nicht mehr zu übersehende Akzeptanzgrenzen bei der Bevölkerung zwingen jetzt zur Nutzung von Standorten im Wattenmeer und weiter draußen – „offshore" (Abbildung 12). Dies fordert neue Lösungen extremer Wartungsfreundlichkeit trotz härtester Umweltbedingungen wegen Windrauigkeit und Seewasserkorrosion, benötigt aber auch teure Seekabel und eine Lösung der Netzeinspeiseprobleme für große Windleistungen. Wenn nicht alles täuscht, wird der Anblick großer Windräder zum Alltag des 21. Jahrhunderts gehören; vielleicht wird sich das ästhetische Empfinden ändern und werden Windräder als selbstverständlicher Teil der Landschaft akzeptiert und geschätzt werden.

Fast schon konventionell – jedenfalls eher am Ende des Innovationszyklus – sind Solarkollektoren zur Warmwasserbereitung. Auch diese Technik wird auf Hausdächern zum Alltagsbild des 21. Jahrhunderts gehören. Für weiter gehende Anwendungen, etwa einer solaren Nahwärmeversorgung ganzer Siedlungen, fehlt es noch an billigen Speichermöglichkeiten der Sommerwärme für die – als Folge besserer Wärmedämmung – immer kürzere Heizperiode im Winter.

Die Photovoltaik ist so weit etabliert, dass sie zum Technologiebestand des 21. Jahrhunderts gezählt werden kann. Allerdings wird sie ohne gewaltige Fortschritte bei der Kostensenkung keine energiewirtschaftliche Bedeutung erlangen. Andererseits besteht kein Anlass zum Kleinmut,

Abb. 12: Windräder des Offshore-Windparks Middelgrunden vor der dänischen Insel Lolland im Großen Belt. (Quelle: Adam Schmedes, Lokefilm)

Abb. 16: Die parabolisch gekrümmten Spiegelrinnen konzentrieren das Sonnenlicht in einer Brennlinie, in der ein von Öl durchströmtes Rohr erhitzt wird. Solche Parabolrinnenmodule lassen sich zu großen Kraftwerken zusammensetzen. (Foto: Solar Millennium AG)

Abb. 17: Die Zukunftsvision ganzer Felder von Aufwindkraftwerken in der Wüste. (Foto und Leihgabe Demonstrationsmodell: Schlaich, Bergermann und Partner, Stuttgart)

durchströmtes Rohr erhitzen (Abbildung 16). Das darin erhitzte Öl gibt dann seine Energie in den Dampferzeuger eines herkömmlichen Wärmekraftwerks ab. Dabei kann die Dampferzeugung energiewirtschaftlich vorteilhaft durch eine fossile Zufeuerung unterstützt werden; sie gleicht den Nachteil aller Solar- und Windtechniken aus, keinen Strom liefern zu können, wenn keine Sonne scheint oder kein Wind weht. Weltbank und „Global Environmental Facility" (GEF, siehe Beitrag Ott) der Vereinten Nationen haben die günstigen, wenn auch nicht voll wettbewerbsfähigen Eigenschaften solcher Kraftwerke erkannt und die Förderung einiger neuer Kraftwerke dieses Typs z. B. in Ägypten, Marokko und Indien zugesagt. So ist für das 21. Jahrhundert damit zu rechnen, dass eine solare Stromerzeugung in energiewirtschaftlicher Größenordnung möglich wird – zunächst in den Ländern des Sonnengürtels, möglicherweise aber auch für den Bedarf anderer Regionen, wenn ein Stromtransport über weite Strecken wirtschaftlich wird, also mangels vergleichbarer Alternative akzeptiert wird. Weiter greifende Entwicklungen versuchen auch hier, die Solarwärme auf hohem Temperaturniveau mit der Gasturbine oder einer kombiniertem Gas- und Dampfturbine zu verbinden, d. h., auch bei den solarthermischen Kraftwerken ist noch Innovationspotenzial vorhanden.

Eine spektakuläre Variante solarthermischer Stromerzeugung stellt das Aufwindkraftwerk dar (Abbildung 17). In ihm erwärmt die Sonne wie in einem Treibhaus die Luft unter einem großflächigen Kollektordach, sodass ein hoher Kaminturm einen Sog erzeugen kann. Am Fuße des Turms treibt die hochströmende Luft dann Turbinen an. Bestimmte Eigenschaften solcher Bauwerke lassen erwarten, dass sie sich vergleichsweise günstig in Niedriglohnländern des Sonnengürtels errichten lassen sollten. Allerdings ist angesichts der spektakulären Ausmaße der Konstruktion – mit Kollektordurchmessern von mehreren Kilometern und Turmhöhen um 1000 Meter – keine sichere Prognose möglich, ob Investoren anbeißen werden. Eine australische Firma untersucht zurzeit, ob sie sich engagieren soll.

Für solarthermische Anlagen im Bereich kleiner Leistungen von einigen Kilowatt gibt es Ansätze, einen Paraboloidspiegel mit einem so genannten Stirlingmotor zu koppeln; ob diese Anlagen gegenüber Photovoltaikfeldern vergleichbarer Leistung Kostenvorteile haben werden, ist noch nicht sicher auszumachen (Abbildung 18).

Abb. 18: Zwei Eurodish-Stirling-Anlagen mit einer Leistung von 10 kW auf dem Testgelände Plataforma Solar de Almería (Spanien). Ein großer Hohlspiegel konzentriert die Sonnenstrahlung auf eine kleine Heizfläche. Das von ihr erhitzte Arbeitsgas treibt unmittelbar einen Stirlingkolbenmotor und dieser einen Stromgenerator. (Foto: Schlaich, Bergermann und Partner, Stuttgart)

Auch die Erdwärme gehört zu den Energiequellen, die im 21. Jahrhundert breiter genutzt werden. Sowohl bei der Nutzung hydrothermaler Vorkommen, also von warmem Wasser im Untergrund, wie auch bei der Wärmegewinnung aus tiefem, oft trockenem Gestein mit der Hot-dry-Rock-Technologie benötigt man für das technische Funktionieren mindestens zwei Bohrlöcher (beim Hot-dry-Rock-Verfahren bis zu 5000 m tief): eines zur Förderung des aufgewärmten Wassers und eines zur Rückverpressung bzw. zur Einbringung von kaltem Wasser. Je nach Temperatur kann man dann über einen Wärmeübertrager ein Nahwärmesystem speisen oder auch so genannte ORC-Prozesse zur Stromerzeugung daran anschließen, bei denen organische Flüssigkeiten als niedrig siedende Arbeitsmedien dienen. Kleinanlagen mit Einlochbohrungen von 50 bis 100 m Tiefe und einem Doppelrohr für den unterirdischen Wärmeübertrag können auch als Wärmequelle für Wärmepumpen eingesetzt werden, um Gebäude zu heizen.

Da alle erneuerbaren Energien gegenüber fossilen Energieerzeugungsanlagen teilweise erhebliche Mehrkosten beim Investor verursachen, ist ihre Vermarktung auf finanzielle Zuschüsse angewiesen. Bis zu einer gewissen Höhe dieser Unterstützungsmaßnahmen wird man nicht von Subventionen sprechen dürfen, da die erneuerbaren Energien sehr viel weniger „externe" Folgekosten und insbesondere keinen Treibhauseffekt verursachen. Allerdings wird im 21. Jahrhundert auch intensiv nach Lösungen gesucht werden, Kohle ohne eine Freisetzung von Kohlendioxid in die Atmosphäre zu verbrennen. Der erste Schritt zu einer solchen Technik, nämlich die Abtrennung des Kohlendioxids aus dem Rauchgas eines zentralen Kraftwerks, gilt als technisch möglich und wirtschaftlich zumindest nicht als unerschwinglich. Andererseits nützte eine solche Abtrennung erst dann, wenn man das Kohlendioxid anschließend sicher und dauerhaft endlagern könnte. Dafür allerdings steht eine Lösung trotz gewisser Möglichkeiten des Verpressens in alte Gaslagerstätten noch aus (siehe Beiträge Keith und Edenhofer u. a.).

NUKLEARE OPTIONEN

Die Nutzung der Kernenergie aus der Spaltung von Atomkernen im Stromsektor ist eine weitere Option zur Entlastung des Klimaproblems, soweit sie gesellschaftlich vermittelbar ist und akzeptiert wird. Die Tendenz der letzten Jahrzehnte zeigte für die wohlhabenden, kritischen Gesellschaften des Westens, dass das Vertrauen geschwunden ist und infolgedessen Ausstiegsbeschlüsse möglich wurden.

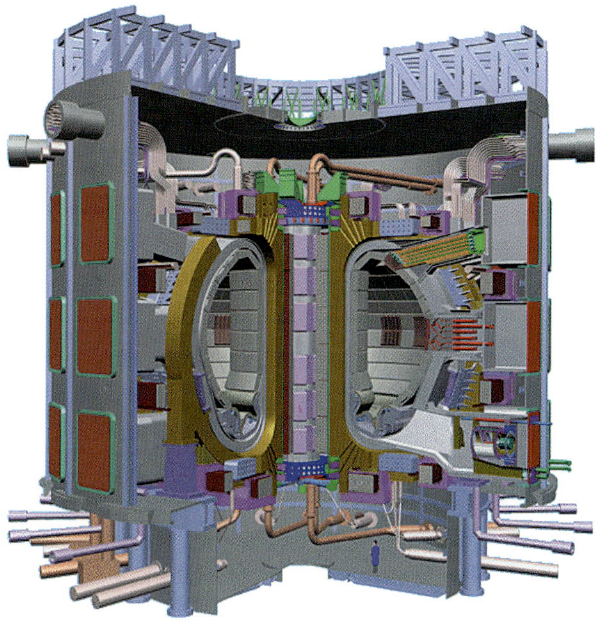

Abb. 19: Entwurf des geplanten internationalen Fusions-Demonstrationsreaktors ITER. Das Millionen Grad heiße Plasma wird durch starke Magnetfelder in einem Ring eingeschlossen (Tokamak-Prinzip).

Wie wird es also weitergehen im 21. Jahrhundert? Es besteht immerhin die Möglichkeit, dass sich die heute kernenergiefeindlichen Gesellschaften auf der Basis eines technologischen Neuanfangs „inhärent sicherer" Reaktoren, in denen eine Kernschmelze oder Wasserstoffexplosionen ausgeschlossen sind, neu entscheiden, wenn die wirtschaftlichen Nachteile anderer Wege zu groß erscheinen. Andere Länder und Gesellschaften werden ohnehin fortfahren, Kernenergie zu nutzen, sodass diese Technologie wahrscheinlich ihre Zukunft hat.

Allerdings darf sich im beginnenden Jahrhundert niemand mehr vor der Verpflichtung drücken, Lösungen für die Entsorgung der nuklearen Abfälle zu realisieren – eine Aufgabe, die politisch viel schwieriger ist als technisch, wie schon Carl-Friedrich von Weizsäcker in den 1970er-Jahren festgestellt hat. Vielleicht wird diese Aufgabe durch eine Entwicklung erleichtert, die zurzeit Gegenstand intensiver Forschung ist: Dabei trennt man die langlebigen Aktinide von den relativ kurzlebigen Spaltprodukten ab und wandelt jene Aktinide dann in Elemente mit kurzer Halbwertszeit um. Durch eine solche Strategie der Kernumwandlung könnte man den Zeitraum, in dem von den radioaktiven Abfällen eine erhebliche Strahlengefährdung ausgeht, um vier Größenordnungen von zehn Millionen Jahren auf tausend Jahre verkürzen. Diese Chance spricht ebenso für eine längere Zwischenlagerung wie das Abklingen der Spaltprodukte selbst. Ein europäischer Optimist mag zudem darauf spekulieren, dass Europa dann vielleicht zusammengewachsen sein wird, d.h., dass dann nicht mehr jeder Staat seine eigene Entsorgung anlegen muss, sondern eine optimierte Lösung für ganz Europa möglich wird.

Ganz offen ist noch die energiewirtschaftliche Anwendbarkeit der Kernfusion – also jenes Prozesses, der im Innern der Sonne stattfindet und bei dem Wasserstoffatome zu schwereren Heliumkernen verschmolzen werden. Die beachtlichen Fortschritte des letzten Jahrzehnts, vor allem an der europäischen Testanlage JET in England, haben gezeigt, dass ein fusionsfähiges „Plasma" mit den notwendigen Temperaturen, Einschlusszeiten und Dichten erzeugt werden kann. Hinter diesem Erfolg der Physik steht der ingenieurtechnische Teil eines Reaktorbaus noch weit zurück. Das betrifft eine Fülle von Verfahrenstechnologien, ganz besonders aber die Frage, welche Werkstoffe die hohe Neutronendosis in den plasmanahen Bauteilen aushalten können, ohne ihre sonstigen Eigenschaften zu verlieren. Hier ist noch viel zu tun. Der Fahrplan der Fusionsentwicklung ist daher langfristig und erlaubt kaum die Erwartung,

Abb. 20: Das Wasserstoffauto der Zukunft: die Studie „Autonomy". Der Automobilkonzern General Motors hat gemeinsam mit seiner deutschen Tochter Opel dieses erste völlig neu auf der Grundlage der Brennstoffzellentechnologie entwickelte Fahrzeugkonzept vorgestellt. Bisher hatten Autohersteller Brennstoffzellen in vorhandene Modelle eingebaut. Der Autonomy hat ein Chassis in der Art eines Skateboards, auf das verschiedene Karosserien aufgesetzt werden können. In das Chassis ist das Brennstoffzellensystem eingebaut, das vier integrierte, radnahe 25-kW-Elektromotoren antreibt. Die Übertragung der Fahrerbefehle und der Lenkung an das Fahrwerk erfolgt elektronisch: Es gibt keine mechanische Verbindung mit der Karosserie. (Foto und Leihgabe eines Modells 1:10: General Motors Europe, Zürich)

vor dem Jahr 2050 kommerziell erzeugten Strom aus solchen Anlagen im Netz zu haben. Nächstes Ziel der Entwicklung ist ein internationaler Testreaktor ITER (Abbildung 19), gemeinschaftlich finanziert von Europa, Japan, Russland und möglicherweise auch den USA. Er soll ein brennendes Plasma erzeugen und dieses für mehr als fünf Minuten am Brennen halten. Parallel dazu sind die Technologieentwicklung und die Werkstoffforschung voranzubringen; ihre Ergebnisse und die Erfahrungen von ITER sollen dann den Bau eines ersten Demonstrationsreaktors ermöglichen, der die Basis für eine folgende Kommerzialisierung sein soll.

WASSERSTOFF

Es wurde schon gesagt: Vieles spricht für einen weiteren Vormarsch des elektrischen Stroms als universell einsetzbarer „sekundärer" Energieträger im 21. Jahrhundert. Das ist begründet in der Einfachheit, mit der viele primäre Energiequellen in Strom umgewandelt werden können, und in der Eleganz und Präzision, mit der Strom fast alle gewünschten Energiedienstleistungen – Wärme, Kühlung, Antriebskraft, Kommunikation – bereitzustellen vermag. Auch die Kohlenwasserstoffe – die Brennstoffe fossilen Ursprungs – dienen heute weltweit zu einem guten Teil der Stromerzeugung. Dank leistungsfähiger Gasturbinen, künftiger Brennstoffzellen sowie des geringeren Bedarfs an Heizenergie werden sie dies auch in Zukunft tun. Nur im Kraftfahrzeugverkehr scheinen die Kohlenwasserstoffe unersetzlich und auch durch Strom nicht ersetzbar, jedenfalls solange es keine geeigneten Batterien gibt.

Deshalb ist die Frage verständlich, ob man Wasserstoff als neuen universellen Energieträger, insbesondere für den Verkehr, einführen sollte und wann (Abbildung 20). Im Grundsatz sind bereits alle dafür erforderlichen Technologien vorhanden und in zahlreichen Tests erprobt. Das ungelöste Problem ist die sinnvolle Herstellung dieses Wasserstoffs. Stellt man den Wasserstoff aus Strom via Elektrolyse her, so macht man ökonomischen Unsinn: Denn solange Gas billiger ist als Strom, lässt sich zwar unter Wertgewinn Strom aus Gas erzeugen, aber umgekehrt vernichtet man Wert, wenn man billiges Gas aus teurem Strom erzeugt. Unmittelbare Umwandlungspfade, aus Sonnenlicht Wasserstoff zu gewinnen, etwa durch Algen, photoelektrochemisch oder thermochemisch, sind bisher nicht erfolgreich gewesen. Wasserstoff aus Erdgas, Biogas oder Diesel zu gewinnen – also einen zusätzlichen Energiewandlungsprozess zwischenzuschalten – kann nur sinnvoll sein, wenn der

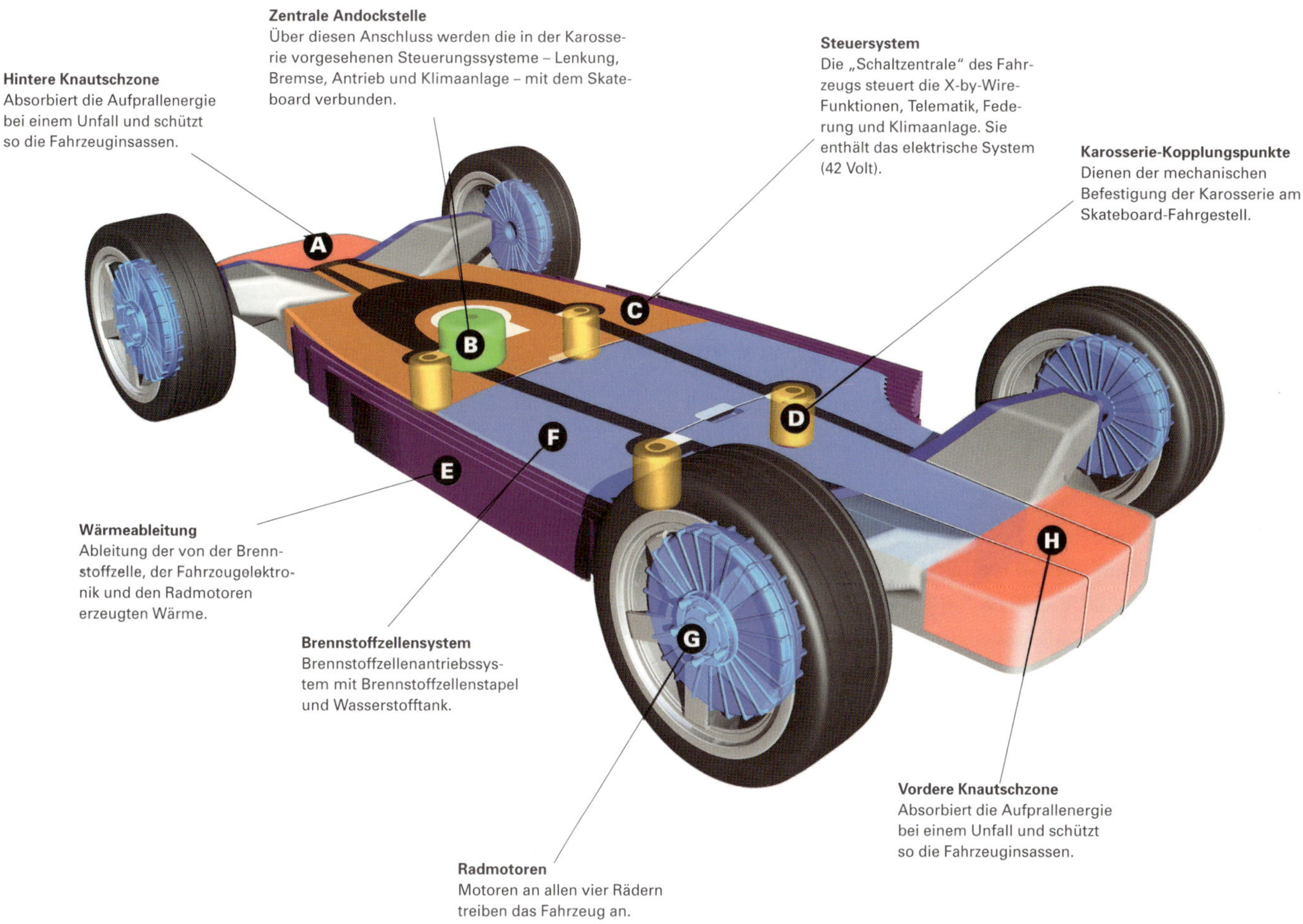
Zentrale Andockstelle
Über diesen Anschluss werden die in der Karosserie vorgesehenen Steuerungssysteme – Lenkung, Bremse, Antrieb und Klimaanlage – mit dem Skateboard verbunden.
Hintere Knautschzone
Absorbiert die Aufprallenergie bei einem Unfall und schützt so die Fahrzeuginsassen.
Steuersystem
Die „Schaltzentrale" des Fahrzeugs steuert die X-by-Wire-Funktionen, Telematik, Federung und Klimaanlage. Sie enthält das elektrische System (42 Volt).
Karosserie-Kopplungspunkte
Dienen der mechanischen Befestigung der Karosserie am Skateboard-Fahrgestell.
A
B
C
D
E
F
G
H
Wärmeableitung
Ableitung der von der Brennstoffzelle, der Fahrzeugelektronik und den Radmotoren erzeugten Wärme.
Brennstoffzellensystem
Brennstoffzellenantriebssystem mit Brennstoffzellenstapel und Wasserstofftank.
Vordere Knautschzone
Absorbiert die Aufprallenergie bei einem Unfall und schützt so die Fahrzeuginsassen.
Radmotoren
Motoren an allen vier Rädern treiben das Fahrzeug an.

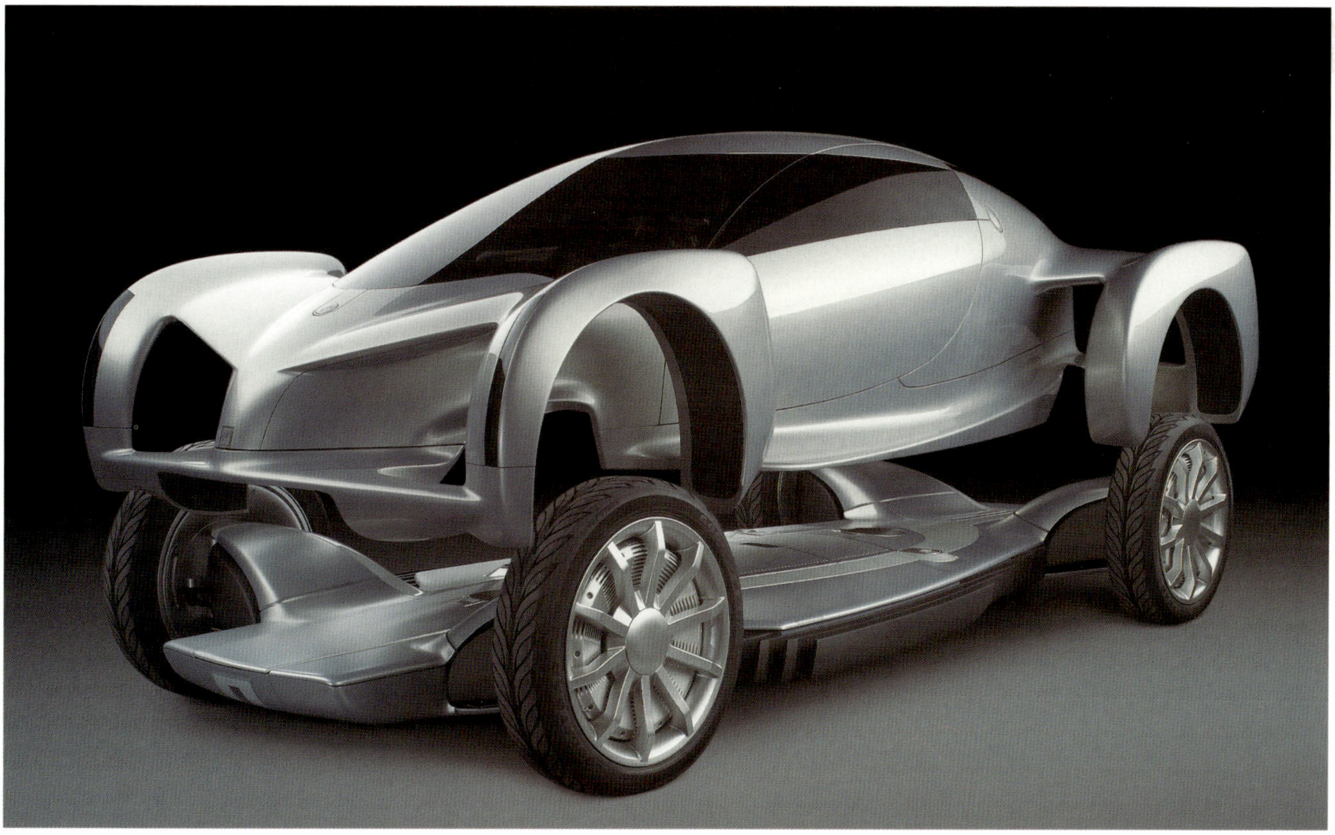

daran anschließende Prozess dadurch sehr viel effizienter (und sauberer) wird, etwa durch den Einsatz von Brennstoffzellen. So ist es eher unwahrscheinlich, dass Wasserstofftechnologien schon im frühen 21. Jahrhundert eine wichtige Rolle spielen, für die zweite Hälfte ist es jedoch nicht auszuschließen.

AUSBLICK UND VERANTWORTUNG

Bei den beträchtlichen Unsicherheiten jeder Prognose ist es klug, dass wir uns die Fähigkeit erhalten, auf Veränderungen im Umfeld zu reagieren. Das gilt auch für die Energiewirtschaft und die Energietechnik im 21. Jahrhundert. Diese Flexibilität muss auf der Wahrung aller verfügbaren Optionen beruhen und auf einer intensiven Energieforschung. Da die heutigen Generationen die Energieressourcen der Erde rasch und unwiederbringlich verbrauchen und damit die Treibhausgase in der Atmosphäre stark anreichern, ist es eine moralische Pflicht gerade der reichen und hoch entwickelten Gesellschaften, für diese Forschung das erforderliche Geld bereitzustellen. Dies ist ein integraler Bestandteil einer Strategie der „Nachhaltigkeit", die einen Ausgleich zwischen den Generationen schafft: Neue Technologien für verbrauchte Ressourcen!

Zugleich wird die Energietechnik der Zukunft wesentlich davon beeinflusst werden, ob und inwieweit es die Staaten der Welt in gemeinschaftlicher Verantwortung schaffen, die drohenden Engpässe der Energieversorgung und des Klimaschutzes durch kluge Gestaltung weltweit gültiger Rahmenbedingungen ohne kriegerische Verteilungskonflikte zu beherrschen. Es erscheint logisch, dass Energie in einem solchen Lösungsrahmen sehr viel teurer werden muss, um der Verschwendung entgegenzuwirken. Damit wird zugleich eine Entwicklung gefördert, die Energie durch Technologie und Intelligenz ersetzt und neue Energiequellen zum Einsatz bringt. Denn letztlich können und müssen wir die noch lange nicht ausgeschöpfte Kreativität der Menschheit wecken und zu neuen Lösungen motivieren.

LITERATUR

Leseempfehlungen

Heinloth, Klaus (1997): Die Energiefrage. Vieweg, Braunschweig.

Rebhan, E. (Hrsg., 2002): Energiehandbuch. Springer, Berlin.

Der **Autor** Gerd Eisenbeiß ist Physiker und hat als Dr. Ing. promoviert. Nach seiner wissenschaftlich aktiven Zeit war er Berater und Fachbeamter im Bundeskanzleramt und im Forschungsministerium, u.a. mit Zuständigkeit für neue Energietechniken. In den Neunzigerjahren war er Programmdirektor für Energie- und Verkehrsforschung im Deutschen Zentrum für Luft- und Raumfahrt (DLR). Seit 2001 ist er Vorstand für Energie und Materialforschung des Forschungszentrums Jülich sowie Koordinator der Energieforschung der Helmholtz-Gemeinschaft deutscher Forschungszentren.

HYDROGEN PIPELINES
H₂-STORAGE
FUEL CELLS
GAS TURBINES
HYDROGEN
HYDROGEN
OIL, COAL OR NATURAL GAS
ELECTRICITY
CO_2
GEOLOGICAL STORAGE
OCEAN STORAGE

Abb. 1: So könnte vielleicht eine klimaverträglichere Energieversorgung der Zukunft aussehen, die sich auch noch auf fossile Ressourcen stützen und alle technologischen Register ziehen würde: effiziente Energietechnologie, Wasserstoff als zusätzlicher „sauberer" Sekundärenergieträger und die großtechnische Ablagerung des Kohlendioxids in der Tiefsee und in geologischen Formationen. (Quelle: Statoil)

Geoengineering – die technologische Gestaltung des Planeten Erde

Technischer Fortschritt verursacht nicht nur Probleme globalen Ausmaßes, sondern kann dem Menschen auch Mittel an die Hand geben, derartige Probleme zu lösen. Wenn sich der Klimawandel als ein Problem mit ernsthaften Folgen erweisen sollte, könnte es sinnvoll sein, das Klima auf der Erde gezielt mit technischen Maßnahmen – etwa schattenwerfenden Segeln im Weltraum – zu korrigieren. Solche Vorschläge, die wegen ihres globalen Ausmaßes als „Geoengineering" bezeichnet werden, sind heftig umstritten. David Keith, der an der Carnegie ...

von der Größe der eingesetzten Partikel könnte die Aerosolschicht während des Tages einen erheblichen weißlichen Schimmer auf dem Himmel bewirken. Jüngere Forschungsarbeiten konzentrieren sich darauf, Partikel mit maßgeschneiderten Streueigenschaften und chemisch inertem Verhalten auszuwählen.

Pläne zur Modifikation des Klimas durch den Einsatz von Weltraumtechnologien sind Ausdruck eines enormen Vertrauens in das technologische Können des Menschen. Die spektakulärsten Vorschläge stammen vom Beginn des Weltraumzeitalters. In Russland, wo die Erforschung der Klimasteuerung damals oberste Priorität genoss, wurde in den Fünfzigerjahren vorgeschlagen, aus metallischen Aerosolen in einer Erdumlaufbahn „Saturnringe" aufzubauen, die – davon ging man aus – den Norden Russlands mit Wärme und Licht versorgen oder die äquatornahen Regionen abschatten würden, um deren Bewohnern die Vorteile eines gemäßigten Klimas zu bieten.

Obwohl teuer, würde der Einsatz von Sonnenschirmen im Weltall eine „saubere" Änderung der effektiven Solarkonstante ermöglichen. Auch die Nebenwirkungen wären sowohl geringer als auch vorhersehbarer als bei der Modifikation durch Aerosole. Wenn diese Schirme lenkbar wären, könnte ihre Wirkung gezielt aufgehoben werden. Außerdem könnte damit die Sonnenstrahlung in bestimmte Gebiete gelenkt werden, wodurch sich die Möglichkeit einer Steuerung des Wetters eröffnen würde. In den vergangenen Jahrzehnten haben sich die Vorschläge auf Weltraumsysteme konzentriert, die in einer stabilen Umlaufbahn auf einer Linie zwischen der Erde und der Sonne weit jenseits der Umlaufbahn des Mondes installiert würden. Nach einer neuen Konstruktion von Edward Teller und seinen Mitarbeitern (Teller, Wood u. a. 1997) könnte ein derartiger Schirm mit einer erheblich geringeren Masse hergestellt werden als bislang angenommen, wodurch sich auch die Kosten drastisch verringern würden. Zwar lägen die Kosten eines Weltraumschirms bei einer Billion US$, aber die Kosten pro „Minderungseinheit" wären wahrscheinlich niedriger als bei erdbasierten Technologien. Aber es ist unwahrscheinlich, dass die Kosten ein entscheidender Faktor sein werden. Der Einsatz eines solchen Systems würde eine neue Ära im Planetenmanagement einleiten. Dabei kann es durchaus sein, dass die Kosten in der unvermeidbaren Kontroverse nur eine untergeordnete Rolle spielen.

Unabhängig davon, wie sie erreicht wird, kann eine Verringerung der Aufheizung durch die Sonne die kohlendioxidbedingte Erwärmung nicht vollkommen kompensieren, sodass mit Nebenwirkungen zu rechnen ist. Selbst wenn eine perfekte Kompensation der mittleren Oberflächentemperatur erreicht werden könnte, ist es immer noch möglich, dass das Klima erheblich verändert wird. So könnten geänderte Vertikal- und Breitenverteilungen der atmosphärischen Erwärmung sich auf das Klima auswirken. Allerdings hat eine Untersuchung anhand eines Klimamodells vor kurzem gezeigt, dass diese Auswirkungen möglicherweise gering sind (Govindasamy und Caldeira 2000). Außerdem könnten sowohl die Zunahme der Kohlendioxidkonzentration als auch die Abnahme der sichtbaren Sonnenintensität erhebliche Konsequenzen für das Pflanzenwachstum haben. Diese Auswirkungen lassen sich nicht durch eine Manipulation der Sonnenstrahlung ausgleichen.

DIE STEUERUNG DES WETTERS

Nach dem Zweiten Weltkrieg brachte die erfolgreiche Demonstration der Impfung von Wolken – die Verteilung von Aerosolen aus Flugzeugen, um die Wolkenbildung anzuregen und Niederschläge auszulösen – die moderne Technologie mit dem alten Menschheitstraum zusammen, das Wetter beherrschen zu können. Getragen von der Technikbegeisterung der damaligen Zeit wurde die Klima- und Wettersteuerung zum Mittelpunkt der atmosphärischen Forschung in den Fünfziger- und Sechzigerjahren. Dem Forschungsinteresse an der Klima- und Wettersteuerung verdanken wir unser wissenschaftliches Verständnis des Zusammenhangs zwischen Kohlendioxidkonzentration und Klima. Die Probleme, die durch Kohlendioxidemissionen verursacht und heute als „globale Erwärmung" oder „anthropogener Klimawandel" bezeichnet werden, nannte man „unbeabsichtigte Klimamodifikation", um sie von den damals in Betracht gezogenen absichtlichen Klimaveränderungen zu unterscheiden.

Das Interesse an der Steuerung des Wetters schwand in den Siebzigerjahren mit dem wachsenden Umweltbewusstsein und einer skeptischen Gegenreaktion auf den ungezügelten technologischen Optimismus der Nachkriegszeit. Außerdem stellte sich heraus, dass die Impfung von Wolken weniger wirksam war als ursprünglich behauptet.

Aber die Möglichkeit einer Steuerung des Wetters besteht weiterhin. Jüngste Fortschritte in der wissenschaftlichen Wettervorhersage haben unbeabsichtigt auch Instrumente hervorgebracht, die eine wirksame Wettersteuerung möglich machen könnten. Das wichtigste Instrument ist hierbei die Fähigkeit, Wettervorhersagemodelle auf effiziente Weise rückwärts ablaufen zu lassen, um die Auswirkungen geringfügiger Änderungen der atmosphärischen Parameter auf die Entwicklung von Wettersystemen zu beurteilen. Hierbei wird nicht das gesamte Modell zurückgespult, sondern es wird ein linearisiertes Modell generiert, das nur für geringe Störungen der vorwärts gerichteten Entwicklung des atmosphärischen Zustands gültig ist. Diese Instrumente werden in den heutigen modernen Wettervorhersagesystemen genutzt, um zu beurteilen, wie sich Fehler in den aktuellen Beobachtungen atmosphärischer Bedingungen auf die Genauigkeit der Vorhersage des Wetters in ein paar Tagen auswirken.

Abb. 2: Anlage zur Rückgewinnung von Kohlendioxid in einer chemischen Fabrik in Malaysia. Sie produziert seit Oktober 1999 Ammoniak und Harnstoff aus Erdgas und führt das aus dem Abgas abgetrennte Kohlendioxid wieder in den Herstellungsprozess ein. Rechts werden die Abgase zugeführt (großer grauer Turm), dann abgekühlt (kleiner Turm); im großen weißen Turm wird das Kohlendioxid bei Raumtemperatur durch eine Aminverbindung absorbiert und dann durch Erhitzung auf 120 °C wieder freigegeben (großer grauer Turm). Weltweit gibt es erst wenige derartige Anlagen. Hier wird das Kohlendioxid wiederverwendet anstatt deponiert. Der Prozess ist energieaufwändig und müsste effizienter werden, um auf großer Skala Verwendung zu finden. (Foto: Mitsubishi Heavy Industries)

in die Schätzungen der Kosten dieser Technologien und legen den Schluss nahe, dass das Gesamtrisiko gering sein könnte. Zwar herrscht weitgehend Übereinstimmung darüber, dass Kohlendioxid in sedimentären Reservoiren für mehr als tausend Jahre gespeichert werden kann, aber es fehlt noch an robusten Methoden für die Vorhersage der unterirdischen Lebensdauer von Kohlendioxid oder die Beurteilung der Risiken, die mit einer Kohlendioxid-Deponierung verbunden sind.

Wenn nachgewiesen werden kann, dass ein Abscheiden von Kohlendioxid aus der Atmosphäre im Industriemaßstab möglich ist, kann diese Methode eine wichtige Rolle in der Klimapolitik spielen. Sie würde nämlich eine feste Obergrenze für die Kosten der Maßnahmen zur Verringerung der Kohlendioxidemissionen vorgeben. Da beim Einfangen aus der Luft die Emissionen aus allen Bereichen der Wirtschaft mit derselben Leichtigkeit oder Schwierigkeit entfernt werden, würden die Kosten dieses Verfahrens gleichzeitig das Maximum dessen definieren, was für Maßnahmen zur Verringerung ausgegeben würde, und zwar so generell, wie es mit keiner anderen Minderungstechnologie möglich ist. Da das Einfangen aus der Luft außerdem die Beseitigung von Kohlendioxid direkt nach der Emission erlaubt, kann dadurch eine schnellere Verringerung der Konzentration erreicht werden als durch den natürlichen Kohlenstoffkreislauf, sodass eine vergleichsweise schnelle Rückkehr zu den vorindustriellen Kohlendioxidkonzentrationen möglich wäre, wenn zukünftige Generationen die Kosten einer solchen Verringerung zu tragen bereit sind. Die Kohlendioxidabscheidung aus der Atmosphäre ist eine Form des Geoengineerings, weil sie direkt die Biosphäre modifiziert und mit dem Ziel implementiert würde, ein Gegengewicht zu anderen Handlungen des Menschen zu schaffen.

MANIPULATION VON BIOLOGISCHEN KOHLENSTOFF-RESERVOIREN

Die großen natürlichen Kohlenstoffströme zwischen der Atmosphäre und der terrestrischen Biosphäre in Verbindung mit unserer Kontrolle der terrestrischen biotischen Produktivität gibt uns einen wirksamen Hebel für die Manipulation der Kohlendioxidkonzentration in der Atmosphäre an die Hand. Vorschläge, diesen Hebel zum Ausgleich der Kohlendioxidemissionen aus der Verbrennung fossiler Brennstoffe zu nutzen, sind ungefähr so alt wie unser modernes Wissen über den Zusammenhang zwischen Kohlendioxid und dem Klima. Viele unterschiedliche Methoden sind hierzu vorgeschlagen worden, darunter Wiederaufforstung und Steigerung des Kohlenstoffgehalts von landwirtschaftlich genutzten Böden.

Es könnte ebenfalls möglich sein, den Kohlenstoffstrom in die Weltmeere zu manipulieren, indem die „biologische Pumpe" gedüngt wird, die das Ungleichgewicht zwischen der Kohlendioxidkonzentration in der Atmosphäre und der Tiefsee aufrechterhält. Es ist bereits vorgeschlagen worden, Stickstoff und Phosphor als Nährstoffe auszubringen, um Kohlenstoffbindung durch pflanzliches Wachstum zu fördern. Am erfolgversprechendsten scheint aber die Eisendüngung zu sein, da das Verhältnis von Eisengabe und Kohlenstofffixierung sehr hoch ist (Abbildungen 7 bis 9). Eisendüngeversuche haben eine drastische Zunahme in der ozeanischen Produktivität bewirkt und Untersuchungen haben gezeigt, dass die biologische Produktivität über beträchtliche Flächen hinweg durch das vorhandene Eisen begrenzt wird. Zwar ist eine Steigerung der Oberflächenproduktivität möglich, aber eine Zunahme des Kohlenstoffstroms in die Tiefsee ist höchst unwahrscheinlich. Modellversuche zeigen, dass selbst bei größtmöglicher Eisendüngung der Kohlenstoffstrom nicht mehr als ein Fünftel der derzeitigen anthropogenen Emissionen betragen würde. Außerdem sind bei der Größenordnung der erforderlichen Veränderung der ozeanischen Biochemie erhebliche Nebenwirkungen wahrscheinlich.

Ist die Manipulation von biologischen Reservoiren eine Form des Geoengineerings? Nur wenige würden bestreiten, dass die Düngung der Ozeane unter die Kategorie Geoengineering fällt. Den Ausbau der terrestrischen Reservoire hat man dagegen als „grün" und „Low Tech" angesehen, was in scharfem Gegensatz zu Geoengineering steht. Die Idee hat sowohl in der Industrie als auch bei den Umweltschützern zahlreiche Anhänger gewonnen. Aber wenn sie in dem Umfang umgesetzt würde, der erforderlich wäre, um einen signifikanten Bruchteil der Emissionen aufzufangen, würde die terrestrische Fixierung von Kohlendioxid einen umwelttechnischen Eingriff planetarer Größenordnung darstellen und könnte durchaus High-Tech-Methoden wie die genetische Veränderung von Feldfrüchten einbeziehen. Die unterschiedliche Behandlung von terrestrischen und ozeanischen Reservoiren ist ein Bespiel dafür, wie wenig konsequent die Frage des Engineerings in der Größenordnung des gesamten Planeten durchdacht wird. In Standardberichten wie denen des Intergovernmental Panel on Climate Change wird die Erweiterung der terrestrischen Reservoire als zentrales Instrument der Verringerung der Kohlendioxidbelastung beschrieben, während die Erweiterung der ozeanischen Reservoire nur als Vorschlag am Rande behandelt und als Geoengineering klassifiziert wird.

Vergleichen wir einmal die Manipulation der biologischen Reservoire mit dem Einfangen und Fixieren der Kohlendioxidemissionen aus Kraftwerken. Der Begriff Geoengineering wurde in den Siebzigerjahren des vergangenen Jahrhunderts geprägt, um das Einblasen von Kohlendioxid aus Kraftwerken in die Tiefsee zu beschreiben. Trotz dieser Etymologie ist es unklar, ob das Einfangen aus industriellen Systemen zu Recht als Geoengineering bezeichnet wird. Es ist sicherlich eine End-of-Pipe-Lösung, d. h. eine Technolo-

Abb. 5: Fichtenaufforstung im Reschbachtal. Großflächige Aufforstungen und Wiederbewaldung werden als Maßnahmen zur Bindung von Kohlendioxid (in „Senken") diskutiert. Zwei Optionen einer nachhaltigen Forstwirtschaft bieten sich an: Nachwachsendes Holz wird verstärkt als kohlendioxidneutraler Energieträger verwendet oder man benutzt Holz als Baumaterial, das weniger energieaufwändig ist als Metall und Beton und den im Holz gebundenen Kohlenstoff langfristig bindet. (Foto: Lehrstuhl für Landnutzungsplanung und Naturschutz, TU München)

Abb. 6: Flachgrubber ermöglichen es, den Boden sehr flach, jedoch ganzflächig zu bearbeiten. Im Vergleich zum Pflug wird das aufliegende Stroh nicht so tief „vergraben", es kann somit schneller verrotten und zu Humus umgebaut werden. Damit wird mehr Kohlenstoff im Boden gebunden. Verfahren, die den Boden weniger intensiv bearbeiten, bezeichnet man als „konservierende Bodenbearbeitung". Sie haben mehrere ökologische Vorteile: Erosionsschutz gegen Wind und Wasser, reduzierten Einsatz von Dünger, Pflanzenschutzmitteln und von Energie. In Amerika sind diese Verfahren bereits auf 70% der Nutzflächen üblich, in Deutschland erst auf einem Sechstel der Flächen. (Foto und Leihgabe: Horsch Maschinen GmbH, Schwandorf)

Abb. 7: Bei einem Experiment des Alfred-Wegener-Instituts zur Eisendüngung von Meeren wurden im November 2000 zwölf Tonnen Eisensulfat etwa in der Mitte zwischen Südafrika und dem antarktischen Kontinent ins Meer gepumpt. Mithilfe der abgebildeten Boje und durch Markierung mit Schwefelhexafluorid (SF6), einem in geringsten Konzentrationen messbaren Spurenstoff, wurde der Fleck verfolgt. Die Boje besitzt einen Treibanker in 30 m Tiefe, einen Radiosender und zwei GPS-Empfänger zur Lokalisation. Bei dem Versuch entwickelte sich eine ausgeprägte Algenblüte. (Foto: AWI, Bremerhaven)

gie, die bereits entstandene Schadstoffe behandelt. Doch das Einblasen von Kohlendioxid aus Kraftwerken in geologische Reservoire ähnelt wohl mehr den konventionellen Techniken zur Verminderung von Umweltverschmutzung als dem Geoengineering, da es eher die Emissionen von Kohlendioxid in die Biosphäre einschränkt, anstatt bereits aufgetretene Emissionen zu kompensieren. Einfach ausgedrückt: Wenn geologische Fixierung „nach dem Schornstein" („end of pipe") erfolgt, dann erfolgt biologische Fixierung „jenseits des Schornsteins" („beyond the pipe").

GEOENGINEERING – JA ODER NEIN?

Das Nachkriegswachstum der Geowissenschaften wurde teilweise dadurch angekurbelt, dass man Umweltbelastungen quantifizieren wollte, um Argumente für ihre Verringerung zu haben. Paradoxerweise verschafft uns das dadurch gewonnene Wissen aber zunehmend einen Hebel für die bewusste Steuerung ökologischer Prozesse auf der Ebene des Planeten. Die Manipulation der Sonnenstrahlung durch Rückstrahlelemente in der Stratosphäre ist vielleicht das beste Beispiel für diese Einflussmöglichkeit: Wir könnten bei jährlichen Kosten von weniger als 0,01 % der globalen Wirtschaftsleistung die solare Einstrahlung um mehrere Prozent verringern – was wahrscheinlich ausreicht, um eine Eiszeit auszulösen. Es ist auch vorstellbar, dass Verbesserungen in der Wettervorhersage notwendigerweise auch eine effizientere Wettersteuerung ermöglichen. Unser wachsendes Verständnis für die Dynamik des Erdsystems gibt uns unvermeidlich die Macht, das System zu manipulieren, welche Motivation auch immer dahinter stecken mag.

Wie sollten wir unsere zunehmende Fähigkeit zum Engineering unseres Planeten nutzen? Es ist zurzeit unwahrscheinlich, dass Geoengineering ernsthaft als Instrument für die Reaktion auf Kohlendioxidbedingte Klimaveränderungen in Betracht gezogen, geschweige denn eingesetzt wird. Aber wenn man weiter in die Zukunft blickt, ist die Frage weniger leicht zu beantworten. Meiner Ansicht nach wird die Antwort zu einem entscheidenden Teil dadurch gegeben, welche Ziele letztlich mit der Klimapolitik verfolgt werden. Warum sollten wir Geld ausgeben, um klimatische Veränderungen zu verringern? Welche Konsequenzen sind uns am wichtigsten? Ist das Wohlergehen des Menschen der einzige Gesichtspunkt oder haben wir eine Verpflichtung zum Schutz

Abb. 8: Oben eine Mikroskopaufnahme von Phytoplankton innerhalb des eisengedüngten Flecks, unten außerhalb. Die Algenblüte entwickelte sich bei dem Experiment bis in 90 m Tiefe. Über ihren Verbleib ist wenig bekannt. Bleibt die erzeugte Biomasse an der Oberfläche, dann wird sie von Bakterien und Zooplankton abgebaut. Es wird also kein Kohlendioxid langfristig gebunden. Sinkt jedoch ein Teil davon ab oder wird er durch Strömungen in die Tiefe transportiert, so wird die entsprechende Kohlendioxidmenge der Atmosphäre für lange Zeit entzogen. (Foto: AWI, Bremerhaven)

9 Klimabeeinflussung als Ingenieurvision
9.1 Das Atlantropa-Projekt und die Erschließung Afrikas

Die Idee, das Klima gezielt zu beeinflussen, hat Wissenschaftler und Ingenieure lange vor der aktuellen Klimadebatte fasziniert und zu utopischen Plänen für eine bessere Welt beflügelt. Eines der größten Projekte dieser Art präsentierte der Münchner Architekt Herman Sörgel (1885–1952) seit Ende der Zwanzigerjahre unter dem Namen „Atlantropa“. Sörgel wollte mit einem gigantischen Damm bei Gibraltar das Mittelmeer absenken, eine unerschöpfliche Energiequelle erschließen, neuen Lebensraum an den Küsten gewinnen und die Staaten Europas politisch vereinigen. Dahinter stand die korrekte Beobachtung, dass die Verdunstungsverluste des Mittelmeeres nur vom Atlantik voll ausgeglichen werden. Durch die Absperrung der Straße von Gibraltar würde deshalb ein Gefälle entstehen, das ein riesiges Wasserkraftwerk antreiben sollte, um Strom für ganz Europa zu liefern. Das klingt heute wie Science-Fiction, wurde damals aber ernsthaft diskutiert.

9.1.1 Atlantropa-Bauten
1932; 80 x 100 cm; München, Plansammlung des Deutschen Museums (TZ 004602)

Schaubild zu Schienenverkehr, Neuland- und Energiegewinnung durch das Atlantropaprojekt

Dem Zeitgeist entsprechend begriff Sörgel die Übervölkerung Europas als zentrales Problem, für das er endgültige Lösungen suchte. Atlantropa umfasste riesige Teilprojekte zur technischen Erschließung Afrikas: Zur Kultivierung der Sahara sollten künstliche Seen angelegt und über Kanäle mit dem Mittelmeer verbunden werden; Sörgel erhoffte sich davon regelmäßige Niederschläge. Um eine weitere Energiequelle zu erschließen, plante er, den Kongo zu stauen und das Kongobecken in ein Binnenmeer zu verwandeln. Dies sollte auch die tropischen Temperaturen mildern, um die Lebensbedingungen für europäische Siedler zu verbessern. Vor allem wegen dieser Pläne zur „Klimatisierung“ Afrikas wurde Sörgel nach dem Zweiten Weltkrieg eine „bedenkliche Vermengung von Utopie und Wissenschaft" vorgeworfen. Dass das Projekt dann in Vergessenheit geriet, lag jedoch vorwiegend am Aufstieg der Atomenergie zum neuen Kristallisationspunkt technischer Utopien.

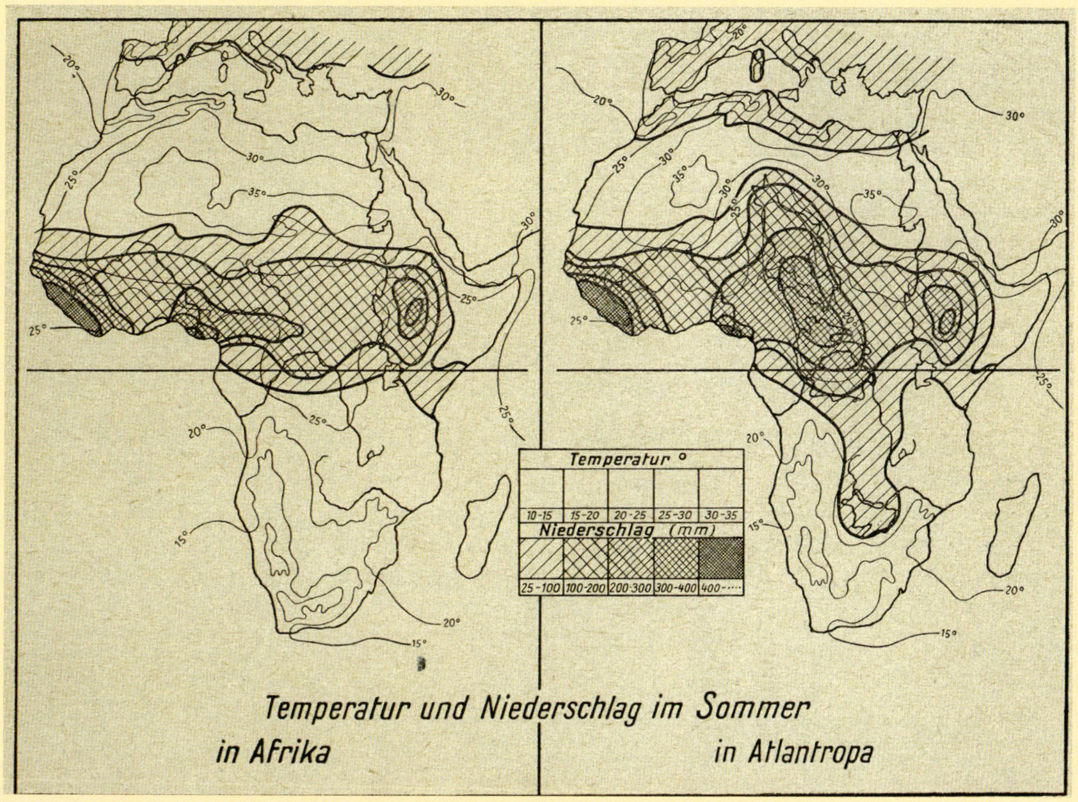

9.1.2 Klimakarten für Afrika und Atlantropa
1949; Reproduktion, aus: Atlantropa-Mitteilungen, Nr. 25; 11 x 15 cm; München, Bibliothek des Deutschen Museums (ZB 4203)

Die Karten zeigen die vorausgesagten Veränderungen der Temperatur und die Zunahme des Niederschlags in Zentralafrika als Folge des Atlantropa-Projekts.

9.2 Neue Streiter für Atlantropa

In den Achtzigerjahren fand Atlantropa in dem amerikanischen Geographen Richard B. Cathcart wieder einen überzeugten Anhänger, der die Öffentlichkeit mit immer neuen Gründen für den Gibraltar-Damm zu gewinnen sucht. 1997 trat der Meeresforscher Robert Johnson aus Furcht vor einer Vereisung Kanadas und einer Abkühlung Europas dafür ein. Seiner Meinung nach werde durch die intensive landwirtschaftliche Nutzung des Nilwassers das Mittelmeer seiner wichtigsten Frischwasserquelle beraubt; dies erhöhe den Salzgehalt, damit das spezifische Gewicht des Mittelmeerwassers und vergrößere die Tiefenströmung durch die Straße von Gibraltar in den Atlantik. Als Folge, so Johnson, sei eine Störung des nordatlantischen Strömungsgleichgewichts zu erwarten, die den Golfstrom umlenken werde. Das Szenario ist unter Klimaforschern ebenso umstritten wie die von Johnson befürchtete Eiszeit. Er selbst ist mittlerweile von seinem Vorschlag abgerückt; ihm erscheint nun eine Vereisung Kanadas als bestes Mittel gegen die globale Erwärmung.

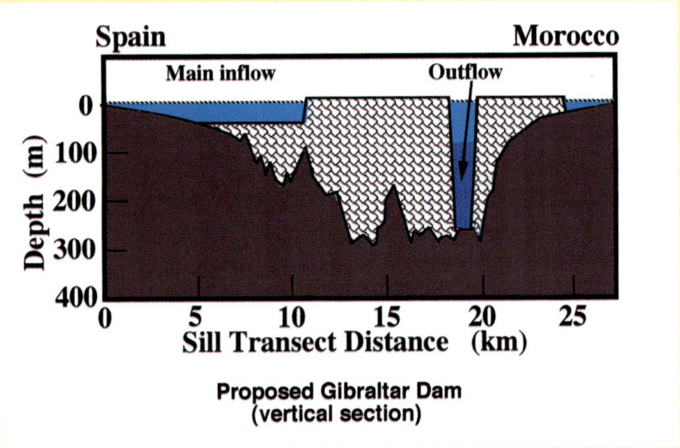

9.2.1 Schnitt durch Gibraltar-Damm
Robert G. Johnson, Minneapolis (USA), 1997; 10x18cm; Minneapolis, R.G. Johnson

Robert Johnson schlug vor, mit einem Gibraltar-Staudamm die Strömung durch die Straße von Gibraltar zu regulieren, um so auf den Golfstrom Einfluss zu nehmen und das Klima im globalen Maßstab zu gestalten.

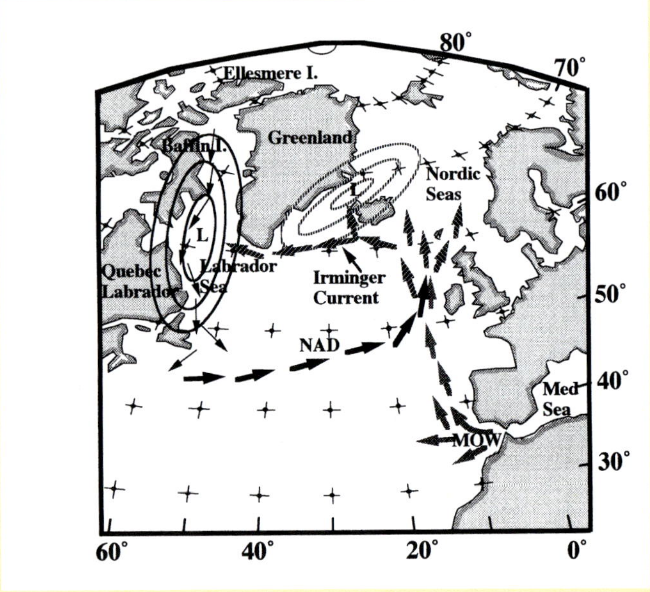

9.2.2 Meeresströmungen im Atlantik
Robert G. Johnson, Minneapolis (USA), 1997; 15x15cm; Minneapolis, R.G. Johnson

Nach Johnson verändere die zunehmend salzreiche Meeresströmung aus dem Mittelmeer die nordatlantischen Strömungen. Dies sei die Ursache für das Abschmelzen des Packeises und könne gleichzeitig für eine kommende Vereisung verantwortlich sein.

LITERATUR

Leseempfehlungen

Allenby, B. (1999): Earth systems engineering: The role of industrial ecology in an engineered world. In: Journal of Industrial Ecology 2, 73–93.

Hoffman, R.N. (2002): Controlling the global weather. In: Bulletin of the American Metrological Society, February 2002, S. 241–248.

Keith, D.W. (2000): Geoengineering the Climate: History und Prospect. In: Annual Review of Energy and Environment 25, S. 245–284.

Katalog

Gall, A. (1998): Das Atlantropa-Projekt. Die Geschichte einer gescheiterten Vision. Herman Sörgel und die Absenkung des Mittelmeers. Campus, Frankfurt/New York.

Voigt, W. (1998): Atlantropa. Weltenbau am Mittelmeer. Ein Architektentraum der Moderne. Dölling und Galitz Verlag, Hamburg.

Literaturbelege

Budyko, M.I. (1982): The Earth's climate, past and future. Academic Press, New York.

Friedman, R.M. (2000): When you find yourself in a hole, stop digging. In: Journal of Industrial Ecology 3, S. 15-19.

Govindasamy, B., K. Caldeira (2000): Geoengineering Earth's radiation balance to mitigate CO_2-induced climate change. In: Geophys. Res. Letters 27, S. 2141-2144.

Parson, E.A., D.W. Keith (1998): Fossil fuels without CO_2 emissions. In: Science 282, S. 1053-1054.

President's Science Advisory Committee (1965): Restoring the quality of our environment. Washington DC, Executive office of the president.

Teller, E., L. Wood, u. a. (1997): Global Warming und Ice Ages: I. Prospects for physics based modulation of global change. Lawrence Livermore National Laboratory, Livermore, CA.

Katalog

Johnson, R.G. (1997): Climate control requires a dam at the strait of Gibraltar. In: EOS 78, Nr. 27, S. 277–284.

Sörgel, H. (1932): Atlantropa. Fretz & Wasmuth A.G., Zürich und Piloty & Loehle, München.

Sörgel, H. (1938): Die drei großen „A". Großdeutschland und italienisches Imperium, die Pfeiler Atlantropas. Piloty & Loehle, München.

Der **Autor** David Keith ist Physiker und Assistant Professor für Engineering and Public Policy an der Carnegy Mellon Universität. Neben Arbeiten zur Atmosphärenphysik beschäftigt er sich mit der Unsicherheit in Klimaprognosen, Kohlenstoffmanagement und Geoengineering sowie Klima- und Energiepolitik. Derzeit arbeitet er an einer Studie zu historischen Wurzeln und ethischen Implikationen des Geoengineerings.

Alexander Gall **(Katalog)** ist wissenschaftlicher Mitarbeiter im Forschungsinstitut für Technik- und Wissenschaftsgeschichte des Deutschen Museums. 1998 veröffentlichte er „Das Atlantropa-Projekt. Die Geschichte einer gescheiterten Vision. Herman Sörgel und die Absenkung des Mittelmeers".

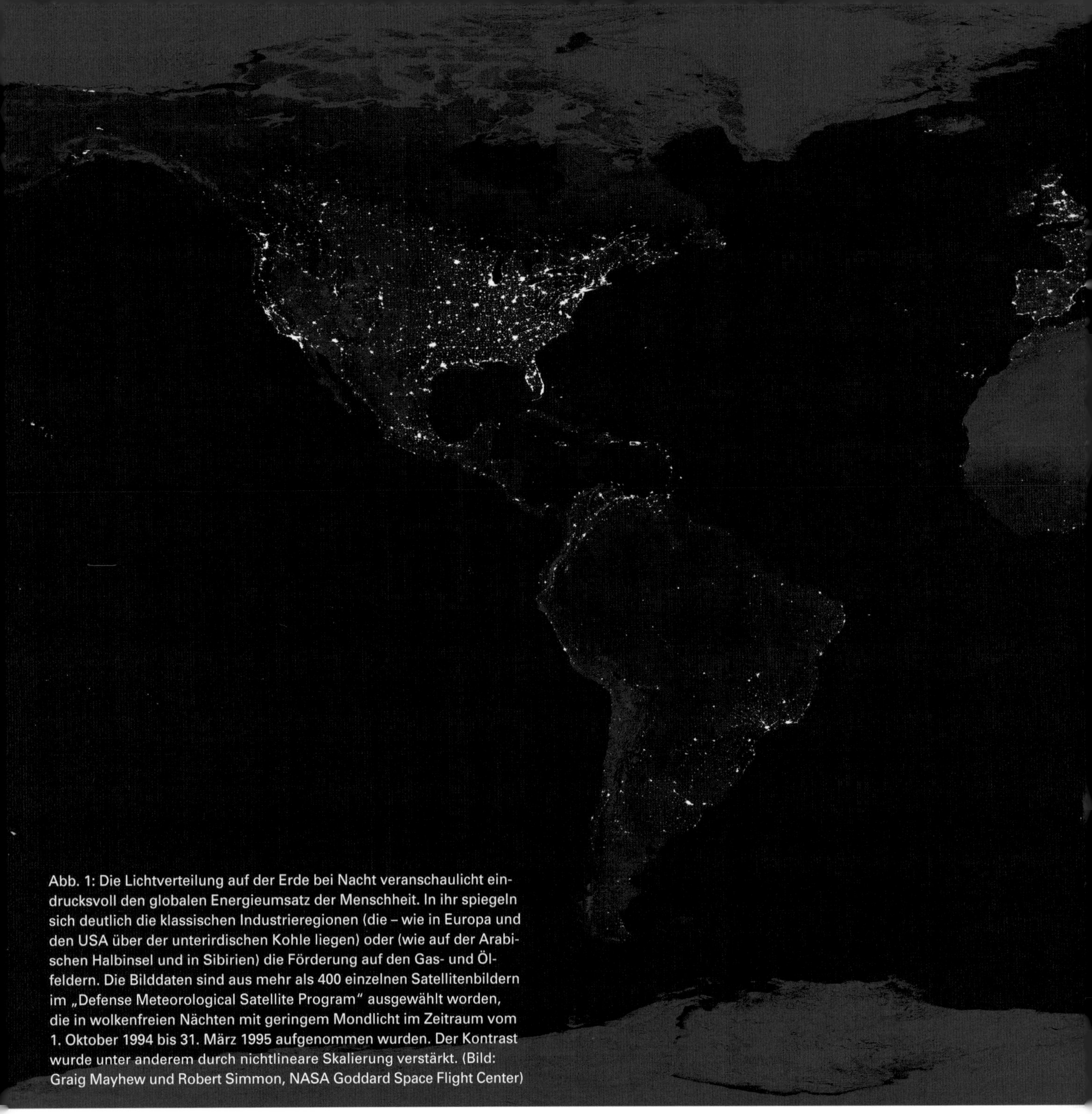

Abb. 1: Die Lichtverteilung auf der Erde bei Nacht veranschaulicht eindrucksvoll den globalen Energieumsatz der Menschheit. In ihr spiegeln sich deutlich die klassischen Industrieregionen (die – wie in Europa und den USA über der unterirdischen Kohle liegen) oder (wie auf der Arabischen Halbinsel und in Sibirien) die Förderung auf den Gas- und Ölfeldern. Die Bilddaten sind aus mehr als 400 einzelnen Satellitenbildern im „Defense Meteorological Satellite Program" ausgewählt worden, die in wolkenfreien Nächten mit geringem Mondlicht im Zeitraum vom 1. Oktober 1994 bis 31. März 1995 aufgenommen wurden. Der Kontrast wurde unter anderem durch nichtlineare Skalierung verstärkt. (Bild: Graig Mayhew und Robert Simmon, NASA Goddard Space Flight Center)

Langfristige Optionen einer globalen Energie- und Umweltpolitik

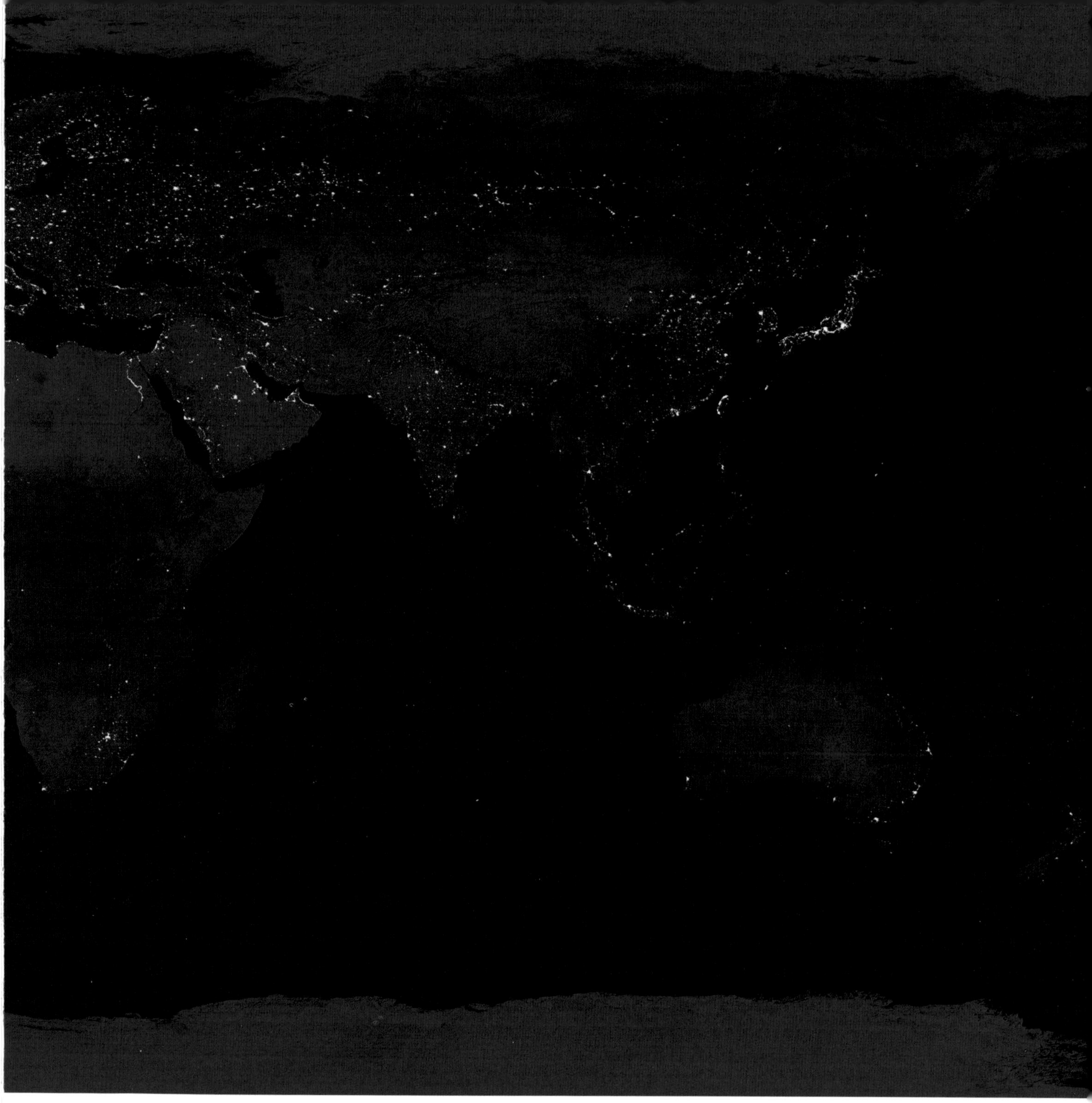

„Keine Experimente!“ empfahl seinerzeit Altbundeskanzler Konrad Adenauer. Die in erdgeschichtlichen Maßstäben ungewöhnlich rasche Veränderung der Erdatmosphäre durch die Emission von Treibhausgasen ist ein gigantisches und unfreiwilliges Experiment der Menschheit. Angesichts der Ungewissheit seines Ausgangs …

Wissensgesellschaften schon befreit sahen: Der Klimawandel verknappt Wasser und fossile Energie und er erschwert die Produktion von Nahrungsmitteln. Zu einem lähmenden Pessimismus besteht jedoch kein Grund, wenn der Einstieg in ein globales Umweltmanagement gelingt. Diese Perspektive erscheint vielen nicht geheuer, da sie vermuten, ein globales Umweltmanagement gebäre nur ein bürokratisches Monster, genährt durch die Hybris eines allumfassenden Wissens- und Machbarkeitswahns. Diese Warnung ist hilfreich, wenn sie dazu anspornt, nach unbürokratischen Instrumenten zu suchen und die Möglichkeiten und Grenzen wissenschaftlicher Erkenntnis aufzuzeigen; sie ist störend und zynisch, wenn sie weitere Untätigkeit rechtfertigt.

Bisher war die Klimapolitik auf Modelle, also Klimasimulationen am Rechner, angewiesen. Ohne diese Modelle könnten wir weder den Klimawandel verstehen noch könnten wir mögliche Optionen zu seiner weit gehenden Verhinderung diskutieren. Die Ergebnisse dieser Modellrechnungen sind zweifellos unsicher – sind sie darum aber schon für die Diskussion unbrauchbar? Nein – die Modelle sind dann nicht unbrauchbar, wenn diese Unsicherheiten offen gelegt und die Entscheidungsalternativen scharf umrissen werden: Die Weltgesellschaft wird letztlich wählen müssen, ob sie das weltweite Energiesystem umbaut zugunsten erneuerbarer Energiequellen (eventuell ergänzt durch die Lagerung von Kohlendioxid in geologischen Formationen), oder sie wird mit den Folgen des Klimawandels leben müssen – wenn sie nichts zur Vermeidung der Treibhausgas-Emissionen unternehmen will. Sie wird abzuwägen haben, welche Unsicherheit schwerer wiegt – die Unsicherheit über die volkswirtschaftlichen Kosten oder die Unsicherheit über die künftigen Schäden. Wissenschaft sollte diejenigen Fakten herausarbeiten, die für den politischen Diskurs über Chancen und Risiken verschiedener Optionen wirklich benötigt werden. Da über das komplexe System von Mensch und Natur aber unmöglich alles gewusst werden kann, sollten wir solchen Maßnahmen den Vorzug geben, die reversibel sind und überschaubar in ihren Auswirkungen (Keith 2000).

Was bedeuten all diese Analysen nun in der Praxis? Es wird in den nächsten Jahren darauf ankommen, das Kioto-Protokoll klug weiterzuentwickeln. Dabei müssen vor allem vier Bedingungen erfüllt werden:

Erstens, der weitere Anstieg der Emissionen muss gebremst werden; in den nächsten 10 bis 20 Jahren müssen weltweit die Emissionen zu sinken beginnen, damit sie schließlich in der ersten Hälfte des 22. Jahrhunderts auf null abgesenkt werden.

Zweitens müssen dafür nachhaltige Techniken entwickelt und eingesetzt werden. Hierzu müssen Anreize für Investoren geschaffen werden, damit sie in einem Prozess von Versuch und Irrtum herausfinden, welche technischen Optionen (wie Solarenergie, Wasserstofftechnik, Brennstoffzellentechnik) die vielversprechendsten sind. Dies ist nur möglich, wenn es zu langfristigen und glaubhaften Verpflichtungen kommt, die Emissionen zu reduzieren. Die Schaffung von Zertifikatsmärkten muss aus diesem Grund weiter vorangetrieben werden. Darüber hinaus wird es eine wichtige Aufgabe der Forschung sein, neue Instrumente am Kapitalmarkt zu entwickeln, die die Risiken für Investoren vermindern.

Drittens bedarf es eines Transfers von Technik und Kapital in die Entwicklungsländer, damit diese ihre Reduktionsverpflichtungen zu fairen Bedingungen auch erfüllen können. Der Klimaschutz kann für Entwicklungsländer durchaus so ausgestaltet werden, dass er zum Hebel für eine bessere wirtschaftliche Entwicklung wird. Nur dann werden die Entwicklungs- und Schwellenländer eine produktive Rolle im globalen Umweltmanagement spielen können. Die Drohung, der Klimawandel treffe vor allem die Entwicklungsländer, hat bislang zu Recht seine Wirkung auf die Entwicklungsländer verfehlt. Sie fordern, dass der globale Klimaschutz nicht dazu missbraucht werden darf, ihre wirtschaftliche Entwicklung noch mehr zu behindern. Dies ist auch gar nicht nötig, weil der Umbau des weltweiten Energiesystems den Entwicklungsländern Perspektiven eröffnet, die sie bisher nicht hatten. Es wird eine wichtige Aufgabe der Forschung sein, Vorschläge auszuarbeiten, die zeigen, wie Klimaschutz und wirtschaftliche Entwicklung gleichermaßen realisiert werden können.

Viertens, die Lagerung von Kohlendioxid in geologischen Formationen ist wahrscheinlich notwendig, um genügend Zeit für den Umbau des Energiesystems zu gewinnen. Die Lagerung von Kohlendioxid im tiefen Ozean erfordert weitere wissenschaftliche Untersuchungen, um Effizienz und unerwünschte Nebenwirkungen abschätzen zu können. Beim jetzigen Stand der Kenntnisse ist die Lagerung von Kohlendioxid im tiefen Ozean nicht zu verantworten, da es sich hier um einen Eingriff in das Erdsystem handelt, der zu weitreichend ist und bei dem derzeit nicht abzusehen ist, ob er nicht doch zu irreversiblen Schäden führt.

Der Umbau des fossilen Energiesystems ist ohne historisches Vorbild. Wir können unsere fossile Vergangenheit nicht einfach fortsetzen, sondern sind zu Neuem verpflichtet. Dieses Neue ist unbekannt und kann nur durch einen langen Prozess von Versuch und Irrtum hervorgebracht werden. Je mehr wir lernen müssen, desto geduldiger werden wir sein müssen, bis sich die notwendigen Erfolge einstellen. Die Chancen des Klimawandels wird jedoch nur wahrnehmen können, wer bereit ist, in die Zukunft zu investieren. Der Umbau des weltweiten Energiesystems erfordert Investitionen, die erst auf lange Sicht einen Ertrag abwerfen werden. Genau hier liegt das Problem – es wird bislang zu wenig und in die falschen Projekte investiert. Die Bereitschaft, unseren Kindern Schulden, einen veralteten Kapitalstock und ein fragileres Erdsystem zu hinterlassen, ist offenbar beträchtlich gestiegen. Längst stehen wir bei unseren Kindern und Enkeln in der Schuld! Wenn wir diese Schulden abtragen wollen, müssen wir die Diktatur der Gegenwart über die Zukunft schnell beenden.

LITERATUR

Leseempfehlungen

Holdren, John (2001): The Energy-Climate Challenge: Issues for the new U.S. Administration. In: Environment 43, Nr. 5.

Kates, R.W. (2000): Population and Consumption: What we know, what we need to know. In: Environment 42, Nr. 3, S. 10–19.

Schwarze, R. (2000): Internationale Klimapolitik. Marburg, S. 74–88.

Wissenschaftlicher Beirat Globale Umweltveränderungen (WBGU, 1995): Szenario zur Ableitung globaler CO_2-Reduktionsziele und Umsetzungsstrategien. Sondergutachten.

Ders. (1997): Ziele für den Klimaschutz. Sondergutachten.

Ders. (1998): Strategien zur Bewältigung globaler Umweltrisiken. Jahresgutachten. Springer, Berlin.

Die Gutachten des WGBU sind erhältlich unter: http://www.wbgu.de/wbgu_download.html#broschuere.

Literaturbelege

Keith, D.W. (2000): Geoengineering the Climate: History and Prospect. In: Annual Review of Energy and the Environment 25, S. 245–284.

Orr, J.C., O. Aumont, A. Yool, K. Plattner, F. Joos, E. Maier-Reimer, M.-F. Weirig, R. Schlitzer, K. Caldeira, M. Wickett, R. Matear (2001): Ocean CO_2 sequestration efficiency from 3-D ocean model comparison. In: Greenhouse Gas Control Technologies. Proceedings of the 5th International Conference on Greenhouse Gas Control Technologies. Hrsg. von Williams, D., B. Durie, P. McMullan, C. Paulson, A. Smith, CSIRO, Collingwood (Australien), S. 469-474.

Peter, T. (2002): Zehn Jahre Erfolgspolitik zum Schutz der Ozonschicht – nicht aber der globalen Atmosphäre. In: GAIA 11, Heft 1, S.11–14.

Rahmstorf, S. (2000): The thermohaline ocean circulation – a system with dangerous thresholds? In: Climatic Change 46, S. 247–256.

Reusswig, F., K. Gerlinger, O. Edenhofer (2002): Lebensstile und globaler Energieverbrauch. Analysen und Strategien zu einer nachhaltigen Energiestruktur. Arbeitspapier Potsdam-Institut für Klimafolgenforschung, Potsdam.

Rogner, H.-H. (1997): An assessment of world hydrocarbon resources. In: Annual Review of Energy and the Environment 22, S. 217–262.

Wigley, T.M.L, R. Richels, J.A. Edmonds (1996): Economic and environmental choices in the stabilization of atmospheric CO_2 concentrations. In: Nature 39, S. 240–243.

Der **Autor** Ottmar Edenhofer leitet am Potsdam-Institut für Klimafolgenforschung (PIK) die Forschungsplattform Technik und nachhaltige Energiesysteme. Er promovierte in Wirtschafts- und Sozialwissenschaften und beschäftigt sich mit Modellen, die eine Bewertung von Vermeidungsstrategien für Treibhausgase ermöglichen sollen.

Hermann Held ist Physiker am selben Institut (PIK). Er leitet derzeit ein Projekt zu „nichtlineare Effekte und Ausbreitung von Ungewissheit in Erdsystemmodellen". Seit 2002 bildet er zusammen mit Ottmar Edenhofer eine von der Volkswagenstiftung geförderte „Nachwuchsgruppe in der fächerübergreifenden Umweltforschung", die sich mit dem Übergang zu einem nachhaltigen Energiesystem beschäftigt.

Carlo C. Jaeger leitet die Abteilung „Globaler Wandel und Soziale Systeme" am PIK und ist Professor für die Modellierung Sozialer Systeme an der Universität Potsdam. Er leitet das European Climate Forum (ECF), das einen langfristigen Dialog zwischen Wissenschaft, Wirtschaft und Politik auch über umwelt- und wirtschaftspolitisch kontroverse Fragen zu ermöglichen sucht.

DER SPIEGEL
C 7007 C
Nr. 33
40. Jahrgang · DM 4
11. August 1986
Ozon-Loch, Pol-Schmelze, Treibhaus-Effekt: Forscher warnen
DIE KLIMA-KATASTROPHE

Abb. 1: Der Spiegeltitel vom 11. August 1986 heizte mit seinem reichlich übertriebenen Katastrophenszenario die öffentliche Diskussion zum Klimawandel an. Der Begriff „Klimakatastrophe" löste damals den bis dahin verwendeten Begriff „Klimawandel" in Deutschland ab. (Leihgeber: Der Spiegel)

Klimawissenschaft als Akteur in der öffentlichen Arena

Von der Wissenschaft erwartet die Gesellschaft sichere Erkenntnisse und eindeutige Problemlösungen. Öffentliche Auseinandersetzungen um wissenschaftliche Fragen wie den Klimawandel haben deutlich gemacht, dass auch Wissenschaftler unterschiedlicher Auffassung sind und keine eindeutigen Antworten geben können. Die Soziologen Reiner Grundmann und Nico Stehr untersuchen ...

Das Space Shuttle Challenger mit einer siebenköpfigen Crew an Bord explodiert am 28.1.1986 kurz nach dem Start in einer Höhe von mehr als 16 Kilometern. Alle Astronauten kommen bei dem Unglück ums Leben.

Der Hubschrauber des US-Präsidenten Ronald Reagan über dem zusammengebrochenen Teilstück der Bay Bridge am 20. Oktober 1989. Am 17. Oktober 1989 erreichte ein Erdbeben in der kalifornischen Stadt San Francisco 6,9 Punkte, 68 Menschen kamen ums Leben.

Blick auf den zerstörten Tamiami-Flughafen. Der schwerste Hurrikan in den USA seit 1969 verwüstete im August 1992 den Süden Floridas. Mindestens 20 Menschen kamen ums Leben, über 250 000 wurden obdachlos. Eine Million Menschen war evakuiert worden.

Wochenlange Regenfälle verursachten im Mittleren Westen der USA die schwerste Flutkatatrophe dieses Jahrhunderts. In sieben der neun betroffenen Bundesstaaten wurde der Notstand ausgerufen, nachdem der Mississippi und seine Zuläufer Anfang Juli über die Ufer traten.

Manhattan 8.1.1996. Einer der schwersten Winterstürme des Jahrhunderts hat innerhalb eines Tages den Osten der USA unter einer fast ein Meter hohen Schneedecke begraben. Die Schneedecke reichte im Süden bis nach Atlanta.

Blick auf das ukrainische Atomkraftwerk Tschernobyl (Aufnahme vom Oktober 1986). Im Vordergrund der zerstörte Reaktorblock 4, in dem sich am 26. April 1986 eine Explosion ereignete, die zum weltweit schwersten Reaktorunfall führte.

Temperaturen von 38 Grad lassen am Dienstag (21.07.1998) den Asphalt auf dem Dresdner Theaterplatz vor der Semperoper „schmelzen“.

Ein eingestürztes Bürogebäude in Kobe. In der japanischen Hafenstadt und anderen Orten der Region brach am 17. Januar 1995 um 5.43 Uhr das schwerste Erdbeben seit der Zerstörung Tokios 1923 aus.

Grafische Darstellung der amerikanischen Raumsonde Voyager 2 mit dem Planeten Neptun und seinem Mond Triton (Grafik von Don Davis). Die Sonde wurde am 20.8.1977 in Cape Canaveral zur Erforschung der Äußeren Planeten unseres Sonnensystems gestartet.

Arbeiter der Hongkonger Gesundheitsbehörde sammeln am 2.1.1998 auf einer Geflügelfarm in den „New Territories“ tote Hühner ein.

Medienstar: Das sieben Monate alte geklonte Schaf Dolly scheint am 25.2.1997 im Roslin-Institut in Edinburgh das Interesse der Fotografen zu genießen. Dolly ist eine exakte Kopie eines erwachsenen Tieres.

Ein Mann trägt am 27.9.1994 im indischen Surat seinen vierjährigen Sohn, der an der Pest gestorben ist, aus dem Krankenhaus. Am 16. September werden aus Indien erste Pest-Fälle gemeldet.

Abb. 3a und b: Zwei Teilbände des dritten Sachstandberichts des IPCC aus dem Jahre 2001. Der Bericht der Arbeitsgruppe 1 (links) fasst den aktuellen Stand der Klimatologie zusammen, der Bericht der Arbeitsgruppe 3 analysiert mögliche Vermeidungsstrategien („mitigation"). (Stiftung: IPCC)

Vereinigten Staaten am genauesten verfolgt werden. Von 689 Nachrichten, die das Center während dieser Zeit identifiziert hat, haben 39 zumindest einen gewissen Bezug zur Wissenschaft und Medizin. Im Kasten sind diese Nachrichten und der Monat und das Jahr aufgeführt, in dem die Erhebung durchgeführt wurde. Das Wetter ist das Thema von zwölf der Nachrichten auf dieser Liste, und diese häufen sich im oberen Bereich.

DIE ÖFFENTLICHE ROLLE DER WISSENSCHAFT

Die derzeitigen öffentlichen Debatten in vielen Gebieten zeigen, dass die Wissenschaftler in zunehmender Zahl ihre Labors und Arbeitszimmer verlassen, um sich an politischen Debatten über die Zukunft der Wissenschaft und die sozialen Folgen wissenschaftlicher Entwicklungen zu beteiligen. Sicherlich, viele der heutigen Klimaforscher sehen sich nicht als politische Wesen, sondern als Wissenschaftler, deren Geschäft das objektive Wissen ist. Aber die Klimawissenschaftler, die sich um die bestmögliche Bewertung des Problems bemühen, räumen ein, dass es keine einfachen wissenschaftlichen Wahrheiten über die weltweiten Klimaveränderungen gibt, einmal abgesehen von bestimmten grundlegenden Erkenntnissen wie den bekannten Eigenschaften der Treibhausgase und ihrem Beitrag zur globalen Erwärmung. Sobald wir tiefer graben und fragen, wie hoch die Erwärmung zu einem bestimmten Zeitpunkt und an einem bestimmten Ort ausfallen wird oder welche Folgen dies für Ökosysteme, den Menschen und die Weltwirtschaft haben wird oder welchen Effekt eine bestimmte Politik zur Verringerung der Treibhausgase haben wird, dann können wir uns nicht mehr auf die Schulweisheiten der Wissenschaft stützen. Wissenschaftliche Unsicherheit umgibt den gesamten Problemkreis, und das, worauf sich das Intergovernmental Panel on Climate Change (IPCC) als wissenschaftlichen Konsens geeinigt hat, ist eher gut geraten als wissenschaftlich bewiesen. Ehrliche, ja vielleicht sogar pragmatische Sorgen um die Zukunft der Gesellschaft und des menschlichen Lebens sind sicherlich die Motive, die Wissenschaftler veranlassen, sich in die politische Arena zu begeben. In diesem Sinne folgen die Klimawissenschaftler den Fußstapfen vieler anderer Wissenschaftler, die es in der Vergangenheit für notwendig hielten, ihren Standpunkt öffentlich zu vertreten; vielleicht nicht zuletzt auch deshalb, weil andere Wissenschaftler jämmerlich dabei versagt haben, ethischen Forderungen gerecht zu werden, und nicht den Mut hatten, sich an bloßen „ideologischen" Auseinandersetzungen zu beteiligen.

Wir kennen andere Beispiele, in denen viel auf dem Spiel stand, die Spieler zahlreich waren und die wissenschaftliche Beweislage alles andere als klar war. Zu diesen Beispielen zählen die anhaltende Debatte über gentechnisch veränderte Lebensmittel (und Biotechnologie im Allgemeinen) und die älteren Diskussionen über die Kernenergie oder den Schutz der Ozonschicht. Aber es gibt auch andere, weniger offensichtliche und vielleicht sollte man sagen banalere Fälle, die demselben Muster entsprechen, etwa die Fragen der Steuerpolitik, der Liberalisierung von Drogen oder der Lehrpläne in den Schulen. In den meisten, wenn nicht sogar in allen diesen Fällen ziehen die Entscheidungsträger den Rat von Experten heran.

Eine solche Beratung der Politiker übernehmen üblicherweise wissenschaftliche Institutionen, Expertenkommissionen, Berufsverbände oder einzelne Wissenschaftler. Ein Teil dieser Beratung ist mehr oder weniger dauerhaft institutionalisiert, ein Teil erfolgt je nach Bedarf; ein Teil stützt sich auf klar definiertes Expertenwissen, ein Teil auf eine Vielzahl von unterschiedlichen Arten des Wissens und beruflichen Spezialgebieten.

DIE ROLLE DER MEDIEN

In den modernen Demokratien bestimmen die Massenmedien, was auf der Tagesordnung steht. Greifen die Massenmedien ein bestimmtes Thema auf, landen die entsprechenden Fragen auf der politischen Agenda. Es ist unwahrscheinlich, dass die Entscheidungsträger in der Politik ein Thema ignorieren, das in den Medien behandelt wird (Downs 1972 und Mazur 1981). Die Medien haben eine besondere Fähigkeit für das Aufspüren, Erkennen und Darstellen von Themen, von denen sie annehmen, dass sie für ihre Leser oder Zuschauer von Interesse sind. Einige Beobachter sind der Ansicht, dass angesichts des steigenden Bildungsniveaus in den westlichen Demokratien ein zunehmendes Interesse an wissenschaftlichen Themen bestehe, die mit unserem Wohlergehen zusammenhängen und die nicht nur und nicht primär unter rein wirtschaftlichen Gesichtspunkten beurteilt werden. Daher sind Themen, die sich auf Risiken der Technik und damit verbundene Umwelt- oder Gesundheitsgefahren beziehen, zu einem wichtigen Gegenstand der Berichterstattung in den Medien geworden, die diesen Fragen bisweilen hohe Priorität einräumen (Inglehart 1977 und Beck 1986). Diese Themen beinhalten häufig wissenschaftliche Unsicherheiten und

New York Times, 3. April 2002

USA unterstützen die Ablösung eines Experten für die globale Erwärmung durch einen indischen Wissenschaftler
von ANDREW C. REVKIN

Nach einem Treffen mit Vertretern der Industrielobby, die sich unzufrieden über ein internationales wissenschaftliches Gremium zur Beurteilung des Klimawandels äußerten, beschloss das Außenministerium, die Berufung eines indischen Ingenieurs zum neuen Vorsitzenden des Gremiums zu unterstützen.

Der derzeitige Vorsitzende, Dr. Robert T. Watson, dessen Amtszeit zu Ende geht, ist Experte für atmosphärische Chemie und fordert seit langem einschneidende Maßnahmen zur Verringerung der Emissionen von Treibhausgasen, die mit der globalen Erwärmung in Verbindung gebracht und hauptsächlich durch die Verbrennung von Kohle und Öl freigesetzt werden.

Dr. Watson, der ebenfalls leitender Wissenschaftler bei der Weltbank ist, wurde 1996 von der Regierung Clinton berufen. Seine Ansichten über das Klima stehen in klarem Widerspruch zu denen von Präsident Bush, der vor kurzem vorgeschlagen hatte, das Wachstum derartiger Emissionen zu verlangsamen, nicht aber umzukehren, bis weitere Nachweise über die potenziellen Gefahren vorliegen.

Der indische Ingenieur Dr. Rajendra K. Pachauri, ein Wirtschaftswissenschaftler und Ingenieur, ist derzeit einer der fünf stellvertretenden Vorsitzenden des Intergovernmental Panel on Climate Change. Unter der Schirmherrschaft der Vereinten Nationen führt das Gremium regelmäßige Untersuchungen über die Ursachen und Auswirkungen steigender Temperaturen durch. Den Automobilherstellern und Ölgesellschaften war Dr. Watson seit langem ein Dorn im Auge und die Lobbyisten erklärten, dass Dr. Pachauri, der in der Vergangenheit mit der Industrie zusammengearbeitet hat, eindeutig vorzuziehen sei.

Einige Wissenschaftler des IPCC sagten, dass Präsident Bush diese Entscheidung vielleicht noch bereuen werde. Dr. Pachauri habe wiederholt den Präsidenten dafür kritisiert, dass er sich nicht energischer um eine Senkung der Emissionen in den Vereinigten Staaten bemühe, die der größte Verursacher von Treibhausgasen sind. Vertreter des Außenministeriums teilten mit, dass die Entscheidung eine Möglichkeit zur Verbesserung der Beziehungen mit Indien sei, das sich stark für Dr. Pachauri eingesetzt hatte.

Anhänger der Umweltschützer angesehen und später durch den Inder R.K. Pachauri ersetzt wurde, den man für moderater und den Interessen der fossile Brennstoffe produzierenden Industrie gegenüber für aufgeschlossener hielt (siehe nebenstehenden Kasten).

Für die Skeptiker ist Hansen ein ideales Zielobjekt. Man hat ihn als den „Paten" der globalen Erwärmung bezeichnet. Nach 1987 war er in seiner Einschätzung der Auswirkungen eher pessimistisch (seiner Ansicht nach würde sich die Temperatur um 1,5 bis 4,5° C erhöhen, wobei er eher mit einer Erhöhung im oberen Teil dieses Bereichs rechnete) und hat viel zum Bewertungsprozess des IPCC beigetragen. Ein erfolgreicher Angriff auf Hansen käme damit auch einer Diskreditierung des IPCC gleich.

Es gibt hierbei zwei mögliche Szenarien für den Einfluss auf die Entscheidungsträger in der Politik. Einerseits kann die enge Beziehung einzelner Befürworter zu wissenschaftlichen Institutionen ihnen Glaubwürdigkeit verleihen. Das bedeutet, dass ihre Position von der Politik übernommen werden könnte, wie wir es bei der Kontroverse über die Ozonschicht erlebt haben (Grundmann 1999). Andererseits kann auch die Unterstützung wissenschaftlicher Abweichler durch die öffentliche Meinung und die Massenmedien einen Einfluss auf die Politik ausüben. Zurzeit sieht es in der Debatte über den Klimawandel so aus, als ob Europa dem ersten Szenario folgt, während die USA dem zweiten Szenario folgen.

DEUTSCHLAND: DIE „KLIMAKATASTROPHE"

Im Januar 1986 wies eine Gruppe von Wissenschaftlern aus dem Arbeitskreis Energie (AKE) der Deutschen Physikalischen Gesellschaft auf einer Pressekonferenz auf die „drohende Klimakatastrophe" hin (hier und zum Folgenden siehe Weingart u.a. 2000): „Um die drohende Klimakatastrophe zu vermeiden, ist es unbedingt erforderlich, die Emissionen so genannter Spurengase unverzüglich und wirksam einzuschränken."*

Dieser dramatische Appell zeichnete ein extremes Bild der möglichen Auswirkungen eines Klimawandels, das von den damals diskutierten Szenarien abwich. Neben einem Anstieg der weltweiten Durchschnittstemperatur, die in der Nähe der Pole bis zu 8° C erreichen könnte, erwarteten die Wissenschaftler: „Das mögliche Abschmelzen des Schelfeises der Westantarktis vermutlich innerhalb eines Zeitraums von wenigen hundert Jahren könnte den Meeresspiegel um fünf bis zehn Meter ansteigen lassen, wodurch die tieferen Küstengegenden etwa in den Niederlanden und Norddeutschland überflutet würden."*

Diese Warnungen sorgten für Furore in den Massenmedien und veranlassten die Politiker zu einer sofortigen Reaktion.

* AKE, Warnung vor der drohenden Klimakatastrophe, Pressemitteilung, 1986, zitiert nach Weingart u.a. 2000.

Die Metapher einer „Klimakatastrophe" unterscheidet sich radikal von eher konventionellen Begriffen wie „Klimawandel" oder „Treibhauseffekt". Sie deutet an, dass das Ende naht und es dringend erforderlich ist zu handeln. Diese grundlegende Charakterisierung des Phänomens war so prägend, dass dieser Begriff in Deutschland auch heute noch verwendet wird. In anderen Ländern wird die Diskussion mit eher neutralen Ausdrücken wie „globaler Klimawandel" oder „Treibhauseffekt" geführt.

Viele Klimaforscher waren über diese vermehrte Aufmerksamkeit nicht glücklich, da ihre wissenschaftlichen Thesen dadurch zu stark dramatisiert wurden. Wie ein Insider einem der Verfasser dieses Kapitels sagte: „Das war so übertrieben, dass es einen geharnischten Protest der Meteorologischen Gesellschaft gab, nach dem Motto: Wenn ihr euch über Klima äußert, dann fragt gefälligst uns, die Fachleute, denn eure Arbeitsgruppe Energie hat keinen einzigen Klimatologen in den eigenen Reihen ... die Bedeutung des Wortes Katastrophe sagt ja: Da bricht etwas über uns herein, was wir nicht vorhersehen konnten. Wir sehen aber voraus" (zitiert in Grundmann 1999).

Auf den Appell des AKE folgte im Juni 1987 eine „Warnung vor bevorstehenden weltweiten Klimaveränderungen aufgrund menschlicher Eingriffe", die gemeinsam von der Deutschen Physikalischen Gesellschaft und der Deutschen Meteorologischen Gesellschaft formuliert wurde. Diese Warnung stellte sich als weniger dramatisch heraus, das Wort „Katastrophe" kam im Wortlaut nicht mehr vor.

Aber nachdem der griffige Begriff der „bevorstehenden Katastrophe" einmal geprägt war, erwies es sich als schwierig, die gerufenen Geister wieder in die Flasche zu bekommen. Der Begriff entwickelte in der Öffentlichkeit und der Politik seine eigene Dynamik. „Während ... deutsche Wissenschaftler versuchten, den Begriff ‚Klimakatastrophe' zurückzunehmen und durch den weniger dramatischen Begriff ‚Klimaveränderungen' zu ersetzen, hatte der Begriff ‚Katastrophe' im politischen Diskurs eine unglaubliche Dynamik entwickelt und wurde fortan von Regierungs- und Oppositionsparteien gleichermaßen benutzt." (Weingart u. a. 2000). Außerdem tauchten in den Medien Worte wie „Klima-Gau" oder „Klima-Supergau" auf. GAU steht für „größter anzunehmender Unfall" und stammt aus der Beurteilung der Risiken von Kernkraftwerken.

Im November 1987 wurde eine Untersuchungskommission des deutschen Bundestages eingerichtet, die Enquêtekommission „Vorsorge zum Schutz der Erdatmosphäre". Die Kommission bestand zu gleichen Teilen aus Wissenschaftlern und Politikern und veröffentlichte in den darauf folgenden Jahren insgesamt drei Berichte. Die Kommission wirkte sich auf die wissenschaftliche und politische Debatte vor allem dadurch aus, dass sie eine Beurteilung des aktuellen Kenntnisstands im Bereich der Klimaforschung mit einer Beurteilung der Gefahr einer Klimaveränderung selbst verband und klare Ziele für die Verringerung der Emissionen vorschlug. Es ist auffallend, dass der Bericht der Kommission – anders als bei anderen Berichten dieser Art – einen Konsens über die Schwere der Klimaveränderungen ausdrückte. Wissenschaftliche Außenseiter und Klimawandel-Skeptiker hatten in der Kommission keinen Platz.

Neben den Berichten der Enquête-Kommission gab es Aussagen von Wissenschaftlern angesehener Forschungsinstitute, denen zufolge die aktuellen Wetteranomalien oder ein beobachtetes Ansteigen des globalen Temperaturmittels bereits Anzeichen des anthropogenen Effekts waren. Die Aussagen von Hansen im Jahr 1988 haben wir bereits erwähnt. 1997 veröffentlichten Forscher vom Hamburger Max-Planck-Institut für Meteorologie Ergebnisse, aus denen später abgeleitet wurde, dass die beobachteten Klimaveränderungen mit einer Wahrscheinlichkeit von 95% auf einen anthropogenen Einfluss zurückzuführen seien (Hasselmann 1997).

Im deutschen Kontext fällt auf, dass es mehrere Befürworter (wie Hartmut Graßl, Klaus Hasselmann oder Hans-Joachim Schellnhuber), aber keine erkennbaren Skeptiker gibt. Wann immer in den Medien auf Skeptiker verwiesen wird, stammen diese aus dem Ausland. Abgesehen von den Skeptikern in den USA (wie Patrick Michaels, Richard Lindzen oder Fred Singer, die in der Presse einen bescheidenen Raum einnehmen), wurde berichtet, dass dänische Wissenschaftler eine natürliche Ursache des Klimawandels gefunden hätten. Die dänischen Wissenschaftler Henrik Svensmark und Eigil Friis-Christensen behaupten, dass der weltweite Temperaturanstieg durch die Sonne ausgelöst werde, während der Beitrag des Kohlendioxids erheblich geringer sei, als bislang geglaubt. Ihre Theorie ist in dem Buch „The Manic Sun" des britischen Wissenschaftsjournalisten Nigel Calder beschrieben. Das Buch und die Theorien der Dänen wurden sogar von der liberalen Wochenzeitung DIE ZEIT aufgegriffen, die 1997 titelte: „Den Meteorologen ist die Katastrophe abhanden gekommen." Die Berliner Meteorologin Karin Labitzke teilt – wenn auch mit gewissen Einschränkungen – die Ansicht, dass die Sonnenzyklen in der Vergangenheit unterschätzt worden seien. Nach Ansicht von Hartmut Graßl ist es allerdings kein Zufall, dass derartige Zweifel kurz vor dem Beginn internationaler Gespräche über den Klimawandel geäußert werden (in diesem Fall vor der Konferenz in Kioto 1997, Abbildung 4). Das Buch von Calder wurde vom Boettiger Verlag herausgebracht, der den Ruf genießt, skeptisches, ja unseriöses Material in Sachen Umweltschutz zu veröffentlichen. Der Verleger selbst hat behauptet, die UN habe den Treibhauseffekt nur erfunden, um die Weltwirtschaft besser gängeln zu können. Diese und ähnlich verworrene Äußerungen werfen sicherlich auch einen Schatten auf die Glaubwürdigkeit der Wissenschaftler, die mit dem Verlag in Verbindung stehen.

Abb. 4: Der amerikanische Vizepräsident Al Gore stellt am 8.12.1997 auf dem Klimagipfel in Kioto zwar mehr Flexibilität bei den Verhandlungen in Aussicht, in der Sache wollen die USA aber hart bleiben. Nach einem Verhandlungsmarathon hat die Weltklimakonferenz dennoch ein Abkommen zur Reduzierung der Treibhausgase verabschiedet. (Quelle: dpa)

SCHLUSSFOLGERUNG

Wir haben gesagt, dass es zwei mögliche Szenarien für den Einfluss der Wissenschaft auf die Politik gebe: Wir zeigten zunächst auf, dass eine enge Verbundenheit einzelner wissenschaftlicher Befürworter mit wissenschaftlichen Institutionen diesen Befürwortern Glaubwürdigkeit verleihen kann, was durch die Massenmedien noch verstärkt wird. Dies wirkt sich dann in der Politik aus. Wir sind der Ansicht, dass dies im Fall von Deutschland passiert ist. Zweitens nahmen wir an, dass die Aktivitäten von Skeptikern oder Zweiflern unter den Wissenschaftlern die Unterstützung der öffentlichen Meinung und der Massenmedien genießen und dadurch Einfluss auf die Politik ausüben können. Dies scheint auf die USA zuzutreffen. Da beide Länder international in einer exponierten Stellung sind – Deutschland (als führendes Land im Bereich der Klimapolitik innerhalb der Europäischen Union) für eine erhebliche Verringerung der Treibhausgasemissionen, die USA für eine abwartende Haltung –, ist es kein Wunder, dass sie auf den internationalen Klimagipfeln in der Vergangenheit miteinander kollidierten und auch derzeit keine Einigung erzielen können.

Generell jedoch hängt der praktische Erfolg von Wissenschaftlern als Akteuren außerhalb ihrer Labors und Arbeitszimmer (Das gilt selbst dann, wenn die Wissenschaftler, die Öffentlichkeit, die Medien und die politischen Akteure von der Notwendigkeit bestimmter Maßnahmen als Reaktion auf Probleme überzeugen können, die sie als dringende Fragen von öffentlichem Interesse identifiziert haben, und selbst wenn es ihnen gelungen ist, diese ohne allzu große Streitereien und Meinungsverschiedenheiten untereinander auf die öffentliche Tagesordnung zu setzen.) von der Formbarkeit der sozialen und ökonomischen Bedingungen in modernen Gesellschaften ab – von dem Umfang, in dem gesellschaftliche Institutionen, Normen und Verhaltensweisen als Reaktion auf derartige Aufrufe der Wissenschaft zu politischen, sozialen oder ökonomischen Maßnahmen tatsächlich bewusst geändert werden können.

Nicht nur wegen der Folgen der Globalisierung wird es selten sein, dass Maßnahmen, die von der Wissenschaft (für ein bestimmtes Land, eine Region oder die gesamte Erde) befürwortet werden, praktischen Erfolg haben. Denn es scheint einen starken säkularen Trend zu geben, der die Formbarkeit der sozialen Bedingungen reduziert, d. h. die Fähigkeit, sozialen Wandel in größerem Umfang zu planen, umzusetzen und zu kontrollieren. Die großen gesellschaftlichen Institutionen wie Staat, Kirche, Bildungssystem oder sogar Wirtschaft sind aufgrund der zunehmenden Zerbrechlichkeit moderner Gesellschaften immer weniger in der Lage, in die Gesellschaft einzugreifen oder der Gesellschaft ihren Willen aufzuzwingen (Stehr 2001). Im vorliegenden Fall zeigt sich die Zerbrechlichkeit der Weltgesellschaft daran, dass der internationale Klimabeirat der Vereinten Nationen nicht in allen wichtigen Ländern Resonanz gefunden hat. Während er in Europa und anderen Regionen der Welt die Politik in gewissem Maße beeinflussen konnte, entzogen sich die USA und andere Länder seinem Einfluss.

LITERATUR

Leseempfehlungen

Beck, Ulrich (1986): Risikogesellschaft. Auf dem Weg in eine andere Moderne. Suhrkamp, Frankfurt am Main.

Grundmann, Reiner (1999): Transnationale Umweltpolitik zum Schutz der Ozonschicht. Campus. Frankfurt am Main.

Stehr, Nico (2001): The Fragility of Modern Societies. Knowledge and Risk in an Information Age. Sage, London (deutsche Ausgabe: Stehr, N. (2000): Die Zerbrechlichkeit moderner Gesellschaften. Velbrück Verlag, Weilerswist).

Weingart, Peter, u.a. (2000): Risks of communication: discourses on climate change in science, politics, and the mass media. In: Public Understanding of Science 9, S. 261–283.

Literaturbelege

Brönnimann, Stefan (2002): Picturing Climate Change. In: Climate Research 22, S. 87-95

Downs, Anthony (1972): Up and down with ecology – the „issue attention cycle". In: The Public Interest 28, S. 38-50

Hannigan, John (1995): Environmental Sociology. A Social Constructionist Perspective. Routledge, London.

Hansen, J., P. Michaels (2000): Full transcript of inaugural AARST Science Policy Forum, New York Hilton, Freitag 20. November 1998, 7-21 Uhr. In: Social Epistemology 14, Nr. 2-3, S. 131-80.

Hasselmann, Klaus (1997): Are we seeing global warming? In: Science 276, S. 914–915.

IPCC (1990): Climate Change: The IPCC scientific assessment. Hrsg. von Houghton, J. T., u. a., Cambridge University Press, Cambridge, UK.

IPCC (1996): Climate Change 1995: The Science of Climate Change. Hrsg. von Houghton, J. T., u. a., Cambridge University Press, Cambridge, UK.

IPCC (2001): Climate Change 2001: The Scientific Basis. Hrsg. von Houghton, J. T. u. a., Cambridge University Press, Cambridge, UK.

Inglehart, Ronald (1977): The silent revolution. Changing values and political styles among Western publics. Princeton University Press, Princeton.

Mazur, Alan (1981): The Dynamics of Technical Controversy. Communications Press, Washington DC

O'Donnell, T. (2000): Of loaded dice and heated arguments: Putting the Hansen-Michaels global warming debate in context. In: Social Epistemology 14, Nr. 2-3, S. 109-127.

Seitz, F. (1996): A major deception on global warming. In: Wall Street Journal, 12. Juni 1996.

Singer, F.S. (1996): Leserbrief, Wall Street Journal, 11. Juli 1996.

Ungar, Sheldon (1992): The rise and (relative) decline of global warming as a social problem. In: The Sociological Quarterly 33, S. 484.

Der **Autor** Reiner Grundmann ist Soziologe und promovierte in Politik- und Sozialwissenschaft am European University Institute in Florenz. Er lehrt derzeit als Senior Lecturer an der Business School der Aston University, Birmingham, und beschäftigt sich mit der Soziologie von Wissenschaft, Technik, Risiko und Umwelt. Er veröffentlichte u.a. „Marxism and Ecology" (1991) und „Transnationale Umweltpolitik" (1999). Zusammen mit Nico Stehr gab er „Werner Sombart: Economic Life in the Modern Age" (2001) heraus.

Der **Autor** Nico Stehr ist Research Fellow des Forschungszentrums Karlsruhe und der GKSS Geesthacht sowie Paul-Lazarsfeld-Professor an der Universität Wien. Er befasst sich mit den sozialen, ökonomischen und kulturellen Folgen der Transformation moderner Gesellschaften in eine Wissensgesellschaft. Er veröffentlichte neben der genannten Literatur in jüngerer Zeit „Wissen und ökonomisches Handeln: Die gesellschaftlichen Grundlagen der modernen Ökonomie" (2001) und „Wissenspolitik" (2003).

VERZEICHNIS DER LEIHGEBER

Aachen
Institut für Industrieaerodynamik, FH Aachen

Aurich
Enercon GmbH

Berlin
Botanisches Museum Berlin-Dahlem
Deutsches Rotes Kreuz
Gesellschaft für konservierende Bodenbearbeitung (GKB) e.V.
Museum für Naturkunde der Humboldt-Universität

Bremen
Jürgen Pätzold, FB Geowissenschaften, Universität Bremen
Institut für Umweltphysik und Fernerkundung, Universität Bremen

Bremerhaven
Stiftung Alfred-Wegener-Institut für Polar- und Meeresforschung
Dr. Hans Oerter

Darmstadt
Architekturbüro Faktor10 GmbH
Hessisches Landesmuseum

Erlangen
Siemens AG Power Generation

Frankfurt am Main
Deutsches Architektur Museum

Freiburg
Fraunhofer-Institut für Solare Energiesysteme ISE
Geologisches Institut der Universität Freiburg

Fürth
GWU Solar GmbH

Geesthacht
GKSS Forschungszentrum

Hohenpeißenberg
Meteorologisches Observatorium Hohenpeißenberg, DWD

Idstein
Dionex GmbH

Karlsruhe
Institut für Meteorologie und Klimaforschung, Forschungszentrum Karlsruhe GmbH

Köln
FLABEG Solar International GmbH
Heinrich-Barth-Institut für Archäologie und Geschichte Afrikas

Neuss
Gematronik GmbH

Mainz
Naturhistorisches Museum/Landessammlung für Naturkunde Rheinland-Pfalz

München
Bayerische Staatsbibliothek München
Eberhard von Kuenheim Stiftung
Cray Computer Deutschland GmbH
Gesellschaft für ökologische Forschung e.V:
Institut für Paläoanatomie, Domestikationsforschung und Geschichte der Tiermedizin (LMU)
Meteorologisches Institut der Ludwigs-Maximilians-Universität
Mineralogische Staatssammlung der Ludwig-Maximilians-Universität
Referat für Gesundheit und Umwelt, Landeshauptstadt München
Schindelar Autoverwertung
Zeitungsarchiv der Bibliothek der Institute am Englischen Garten
Zoologische Staatssammlung München

Münster
Geologisch-Paläontologisches Institut und Museum
Universität Münster
Westfälisches Museum für Naturkunde

Oberpfaffenhofen
Institut für Physik der Atmosphäre, DLR
Flugdienst, DLR

Oberschleißheim
Deutscher Wetterdienst, Service und Logistik Süd

Ottobrunn
Ludwig Bölkow Stiftung

Potsdam
GeoForschungsZentrum Potsdam
Dr. Markus Schwab
Dr. M. Menning

Remscheid
Vaillant GmbH

Schwandorf
HORSCH Maschinen GmbH

Stuttgart
Dendrolabor der Universität Hohenheim
Schlaich Bergermann und Partner

Ulm
Franz Selinger

Detroit
General Motors